传感器检测技术与仪表

李永霞 主编

中国铁道出版社
CHINA RAILWAY PUBLISHING HOUSE

内 容 简 介

本书主要内容包括绪论,检测技术基本知识,温度检测,压力传感器,流量传感器,物位、厚度传感器,成分分析传感器,光电式传感器,运动参数检测传感器,显示与记录仪表,抗干扰技术,现代检测技术等。本书每章后有小结、习题,以便学生巩固所学内容。

本书适合作为普通本科院校自动化专业、电气工程及其自动化专业、仪器仪表专业及检测技术专业传感器原理及应用、检测技术与仪表等课程教材。

图书在版编目(CIP)数据

传感器检测技术与仪表/李永霞主编. —北京:
中国铁道出版社,2016.8(2018.12重印)
ISBN 978-7-113-21865-2

Ⅰ. ①传… Ⅱ. ①李… Ⅲ. ①传感器-检测②检测仪
表 Ⅳ. ①TP212②TH89

中国版本图书馆 CIP 数据核字(2016)第 195957 号

书　　名:传感器检测技术与仪表
作　　者:李永霞　主编

策　　划:周海燕　　　　　　　　　　读者热线:(010)63550836
责任编辑:周海燕
编辑助理:绳　超
封面设计:刘　颖
封面制作:白　雪
责任校对:汤淑梅
责任印制:郭向伟

出版发行:中国铁道出版社(100054,北京市西城区右安门西街8号)
网　　址:http://www.tdpress.com/51eds/
印　　刷:北京鑫正大印刷有限公司
版　　次:2016 年 8 月第 1 版　　2018 年 12 月第 3 次印刷
开　　本:787 mm×1 092 mm　1/16　印张:21.5　字数:545 千
书　　号:ISBN 978-7-113-21865-2
定　　价:49.80 元

为了推动产学研合作的深入开展,发挥教材在提高人才培养质量中的基础性作用,根据《北京联合大学"十二五"普通高等教育本科教材建设规划》以及《北京联合大学2014—2016年本科教学工作行动计划》,北京联合大学于2014年6月启动普通本科"产学合作"特色规划教材选题申报和编写工作。

《传感器检测技术与仪表》针对北京联合大学2013版普通本科人才培养方案中自动化专业应用性专业主干课程"检测技术与仪表",旨在编写具有产学合作特色的普通本科教材。

本教材自2014年6月选题申报,到2014年10月确定由北京联合大学规划教材建设项目资助出版,教材编写组成员进行多次集中讨论,确定教材章节,明确分工,收集资料,至2014年12月开始着手编写,至今经历了一年多的辛勤努力,终于付梓出版,与广大读者见面了!编写组各位成员见证了《传感器检测技术与仪表》的日益成长。

本教材资料来源于编写组成员多年来教授相关课程的资料积累和企业专家的案例资料,主要内容包括绪论,检测技术基本知识,温度检测,压力传感器,流量传感器,物位、厚度传感器,成分分析传感器,光电式传感器,运动参数检测传感器,显示与记录仪表,抗干扰技术,现代检测技术等。

教材内容符合普通本科人才培养方案中自动化专业应用性专业主干课程"检测技术与仪表"培养目标与课程教学改革要求,取材合适,深浅适宜,篇幅恰当,有利于激发学生学习兴趣和培养学生的能力、素质。

本教材由"北京联合大学规划教材建设项目"资助,由北京联合大学相关课程多年授课教师和行业、企业专家共同编写完成,企业专家承担的编写任务达三分之一。在教学内容体系设计上,既体现高校课程教学的特点与规律,又充分接轨相关主流技术发展,有效地将学科系统性与工程实践性、知识理论性与技术应用性有机结合。

本教材适合作为普通本科院校自动化专业、电气工程及其自动化专业、仪器仪表专业、检测技术专业课程教材,建议学时为48~60学时(每章4~5学时),教授章节、内容可以根据教学专业需要有所取舍。

本教材建设与课程建设相结合,除了文本形式,还包含电子教案、应用实例等立体化教学资源。

本教材由李永霞任主编,潘文昇任副主编,牛瑞燕、龙浩、李媛参与了本书的编写。其中,第1章、第2章、第4章和第6章由李永霞编写;第3章和第5章由牛瑞燕编写;第7章、第8章和第9章由龙浩编写;第11章由李媛编写;第10章和第12章由潘文昇编写。

在编写过程中,编者选用了在授课过程中搜集整理积累的大量素材,参考文献中不能一一反映,谨向相关资料的原作者致以衷心谢意。

本教材承北京联合大学李红星教授悉心审阅,并提出了宝贵意见和建设性修改建议,在此深表谢忱。

由于时间仓促,加之编者学识有限,书中难免存在不妥和疏漏之处,希望使用本书的教师和学生予以批评指正,并提出宝贵的改进意见,以便日后修订改进。

编 者

2016年3月

目 录

第 1 章 绪 论

本章要点：

➢ 传感器的概念和传感器的基本特性；

➢ 传感器的发展趋势；

➢ 生产生活中的传感器应用实例。

学习目标：

➢ 掌握传感器的概念及基本特性；

➢ 了解传感器的发展趋势及变送器的概念。

建议学时：4 学时。

引 言

随着科技的发展，传感器逐渐走进了寻常百姓家，走进了人们的生活。本章介绍传感器概念、传感器组成及分类、传感器的作用与地位，以及在生产生活中的应用实例。

1.1 传感器的组成及分类

1.1.1 传感器简介

传感器是检测系统与被测对象直接发生联系的器件或装置，它的作用是感受被测参量的变化并按照一定规律和精确度将其转换为与之有确定关系、便于应用的某种物理量信号。有的学科领域，将传感器称为变换器、检测器或探测器等。

传感器是一种能将物理量、化学量、生物量等转换成电信号的器件。输出信号有不同形式，如电压、电流、频率、脉冲等，能满足信息传输、处理、记录、显示、控制要求，是自动检测系统和自动控制系统中不可缺少的元件。如果把计算机比作大脑，那么传感器则相当于五官，传感器能正确感受被测量并转换成相应输出量，对系统的质量起决定性作用。自动化程度越高，系统对传感器要求越高。

传感器概念包含如下四个方面的含义：

①传感器是测量装置，能完成信息采集任务；

②传感器的输入量是某一被测量，可能是物理量、化学量、生物量等；

③传感器的输出量是某种物理量，这种量要便于传输、转换、处理、显示等，输出物理量可能是气、光、电量，但主要是电量；

④输出与输入有对应关系，且应有一定的精确度。

1.1.2 传感器的组成

传感器的作用是感受被测信号并将其传送出去。传感器通常由敏感元件、转换元件和转换电路三部分组成,如图 1-1 所示。其中,敏感元件直接感受被测量并输出与被测量成确定关系的物理量,转换元件将敏感元件的输出转换为适于传输和测量的电信号,转换电路将电信号转换成电量输出。

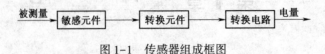

图 1-1 传感器组成框图

实际上有些传感器很简单,有些则较复杂,也有些是带反馈的闭环系统。最简单的传感器由一个敏感元件(兼转换元件)组成,它感受被测量时直接输出电量,如热电偶。

另外,不是所有的传感器都能明显区分敏感元件与转换元件两个部分,而是将二者合为一体。例如,半导体气体、湿度传感器等,它们一般是将感受的被测量直接转换为电信号,没有中间转换环节。

有些传感器由敏感元件和转换元件组成,没有转换电路,如压电式加速度传感器,其中,质量块是敏感元件,压电片是转换元件。

传感器输出信号有很多形式,如电压、电流、频率、脉冲等,输出信号的形式由传感器的原理确定。

1.1.3 传感器的分类

传感器主要有五种分类方法:按传感器输入量分类;按传感器工作原理分类;按物理现象分类;按传感器能量转换关系分类;根据传感器输出信号分类,见表 1-1。

表 1-1 传感器的分类

分类方法	传感器种类		备　注
按传感器输入量分类	位移、速度、压力、流量、温度、湿度传感器等		传感器以被测的输入量命名
按传感器工作原理分类	应变式、电容式、电感式、热电式、光电式、压电式传感器		传感器以工作原理命名
按物理现象分类	结构型传感器	电感式、电容式、光栅式传感器	传感器依赖自身结构参数变化实现信息转换
	特性型传感器	光电管、各种半导体传感器,压电式传感器	传感器依赖其敏感元件物理特性的变化实现信息转换
按传感器能量转换关系分类	能量转换型传感器	热电偶	传感器直接将被测量的能量转换为输出量的能量
	能量控制型传感器	应变式传感器	由外部供给传感器能量,由被测量控制输出信号的能量

续表

分类方法	传感器种类		备 注
按传感器输出信号分类	模拟式传感器	输出信号为模拟量	在整个测量过程中,只是模拟量之间发生转换,测量结果用指针相对标尺的位置来表示
	数字式传感器	模/数转换式	输出信号为数字量,A/D 转换器把直流电压转换成数字量
		脉冲计数式	脉冲计数式计数器对传感器脉冲进行计数

1.1.4 传感器的作用与地位

在信息时代,人们的一切社会活动都以信息获取与信息转换为中心,传感器是信息获取与信息转换的重要手段,是实现信息化的基础技术之一。以传感器为核心的检测系统就像神经和五官一样,源源不断地向人们提供宏观与微观世界的种种信息,成为人们认识自然、改造自然的有力工具,广泛地应用于工业、农业、国防和科研等领域。

传感器为感知、获取与检测信息的窗口,一切科学研究与自动化生产过程要获取的信息,都要通过传感器获取并通过它转换为容易传输与处理的电信号,所以传感器的作用与地位就特别重要了。"没有传感器就没有现代科学技术"已为全世界所公认。

若将计算机比喻为人的大脑,那么传感器就可比喻为人的感觉器官。可以设想,没有功能正常而完美的感觉器官,不能迅速而准确地采集与转换欲获得的外界信息,纵有再好的大脑也无法发挥其应有的作用。科学技术越发达,自动化程度越高,对传感器的依赖性就越大。所以,世界各国都将传感器技术列为重点发展的高端技术。

1.2 传感器的基本特性

传感器是检测系统的首要环节和关键部件,传感器的主要性能指标见表1-2。

表1-2 传感器的主要性能指标

参数	项目		相 应 指 标	
基本参数	静态指标	量程	测量范围	在误差允许范围内传感器的被测量值的范围
			量程	测量范围的上限值和下限值之差
			过载能力	在不引起传感器规定性能永久改变的条件下,允许超过测量范围的能力
		灵敏度	灵敏度、阈值、分辨率、满量程输出	
		静态精度	精确度、线性度、重复性、迟滞、稳定性	
	动态指标	频率特性	频率响应范围、幅频特性、相频特性、临界频率	时间常数、固有频率、阻尼比、动态误差
		阶跃特性	过冲量、临界速度、稳定时间、响应时间	
环境参数	温度		工作温度范围、温度误差、温度漂移、温度系数、热滞后	
	振动、冲击		允许各个方向的抗冲击振动的频率、振幅、加速度;冲击振动所允许引入的误差	
	其他		抗潮湿、抗介质腐蚀能力、抗电磁场干扰能力	

参数	项目	相 应 指 标
其他	可靠性	工作寿命、平均无故障时间、疲劳性能、耐压
	使用条件	电源、外形尺寸、质量、结构特点、安装方式、校准周期
	经济性	价格、性价比

传感器的输入/输出特性是传感器的基本特性。根据测量或控制过程中被测量的状态有静态和动态之分,从而将传感器的输入/输出特性分为静态特性和动态特性。

1.2.1 传感器静(态)特性

所谓静(态)特性是指传感器在稳态(输入量为常量或变化极慢时)输入信号作用下,传感器输出与输入信号之间的关系,一般用曲线、数学表达式或表格表示;当输入量随时间较快地变化时,这一关系就称为动(态)特性,动态特性是传感器输出随时间变化的响应特性。

在不考虑迟滞、蠕变和不稳定性等因素时,传感器的静态特性可用多项式方程表示,即

$$y = a_0 + a_1 x + a_2 x^2 + \cdots + a_n x^n \tag{1-1}$$

式中:y ——传感器的输出量;

x ——传感器的输入量;

a_0 ——零点输出;

a_1 ——零点处的灵敏度;

a_n —— $n > 1$,非线性项系数。

传感器的静态特性曲线可以通过实际测试得到。衡量静态特性的主要参数包括测量范围、线性度、灵敏度、分辨率、灵敏限、迟滞、重复性、稳定性等。

1. 测量范围

各种传感器都有一定的测量范围,超过规定的测量范围,测量结果会有较大的误差或造成传感器的损坏。满量程(Y_{FS})是用传感器的测量上限减去测量下限。例如,测量范围为 0~100℃时,量程为 100℃;测量范围为 20~100℃时,量程为 80℃;测量范围为 -20~100℃ 时,量程为 120℃。

2. 线性度

为了标定和数据处理的方便,希望得到传感器输入/输出的线性关系。因此常用硬件方法、软件方法进行线性化处理。在非线性误差不很大的情况下,经常采用直线拟合方法来线性化。

拟合直线是一条通过一定方法绘制出来的直线,求拟合直线的方法有:理论拟合、过零旋转拟合、端点连线拟合、端点平移拟合、最小二乘法拟合等。前四种拟合如图 1-2 所示。最小二乘法拟合将在 2.5.9 节以实例进行介绍。

在采用直线拟合线性化时,在规定条件下,传感器输入/输出的实际特性曲线与其拟合直线间的最大偏差(ΔL_{max})称为线性度(线性度又称非线性误差),通常用相对误差 r_L 表示,即

$$r_L = \pm \frac{\Delta L_{max}}{Y_{FS}} \times 100\% \tag{1-2}$$

该值越小,表明线性特性越好。

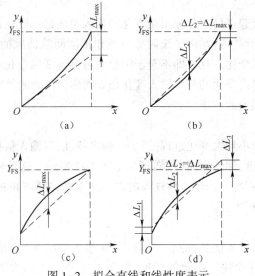

图 1-2 拟合直线和线性度表示

3. 灵敏度

传感器在稳态下,传感器输出变化量 Δy 与输入变化量 Δx 之比,称为静态灵敏度 K ,即 $K = \dfrac{\Delta y}{\Delta x}$,由此可知 K 为实际工作输出曲线的斜率。线性特性传感器检测系统和非线性特性传感器检测系统的灵敏度如图 1-3 所示。

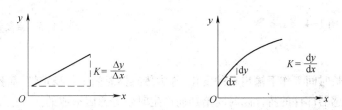

(a)线性特性传感器检测系统的灵敏度　　(b)非线性特性传感器检测系统的灵敏度

图 1-3 灵敏度

传感器的灵敏度通常随着被测量的增大而逐渐减小,同一变换原理的传感器,其工作点的变化也可能使其灵敏度发生变化,从而会产生灵敏度误差。灵敏度误差也用相对误差表示,即

$$r_K = \frac{\Delta K}{K} \times 100\%$$

4. 分辨率

分辨率是指系统能检测到被测量最小变化量的本领。也就是说,如果输入量从某一非零值缓慢地变化,当输入变化值未超过某一数值时,传感器的输出不会发生变化,即传感器对此输入量的变化是分辨不出来的。只有当输入量的变化超过分辨率时,其输出才会发生变化。通常传感器在满量程范围内各点的分辨率并不相同,因此常用满量程中能使输出量产生阶跃变化的输入量的最大变化值作为衡量分辨率的指标。上述指标若用满量程的百分比表示,则称为分辨率,即

$$r_F = \frac{\Delta x_{\min}}{Y_{FS}} \times 100\%$$

5. 灵敏限

灵敏限指仪表在刻度起点处引起输出量变化的输入量的最小变化值。所谓最小变化是指使输出有可觉察到的变化为准。这是由系统内部噪声和传动间隙造成的。为了明确表示灵敏限，通常用死区来表示输入的变化。死区即不至于引起有可察觉任何变化的有限输入区间。在仪表的任何一个刻度上引起输出变化的最小输入变化值 δ 则称为仪表的灵敏限。通常灵敏限的数值应不大于仪表允许绝对误差的一半。

6. 迟滞

传感器的输入信息由小到大变化过程的输入/输出特性，与输入信息由大到小变化过程的输入/输出特性不一致的程度，称为迟滞（或滞环），如图 1-4 所示。这反映了传感器正反行程期间输入/输出特性的不一致程度。产生这种现象的主要原因是传感器机械部分存在不可避免的缺陷，如间隙、紧固件松动、积尘等。

7. 重复性

重复性表示传感器在输入信息按同一方向（单调增大或减小）连续做全量程多次重复测量时，所得的输入/输出特性曲线不一致的程度，如图 1-5 所示。多次重复测量的曲线若重复性好，则误差也小。重复性的好坏与许多因素有关。

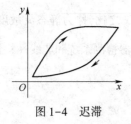

图 1-4　迟滞

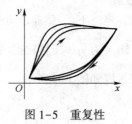

图 1-5　重复性

8. 稳定性

传感器在较长时间工作下输出量的变化，称为传感器时间工作稳定性，简称稳定性。它是由于敏感元件和传感器部件的特性随时间增加而产生时效等原因造成的。

上面所述的传感器的线性度、灵敏度、分辨率、灵敏限、迟滞和重复性等特性的好坏，都是影响传感器精度的重要因素。

1.2.2　传感器动（态）特性

1. 传感器动态特性简介

测量静态信号时，线性传感器的输入/输出特性是一条直线，二者之间有一一对应关系。而实际测试中，大量的被测信号是动态信号。传感器对动态信号的测量任务既要精确地测量信号幅值大小，又要测量和记录动态信号变化过程的波形，这就要求传感器能迅速准确地测出信号幅值大小和无失真地再现被测信号随时间变化的波形。

传感器常用于被测量在动态变化的条件，被测量可能以各种形式随时间变化。只要输入量是时间的函数，其输出量也将是时间的函数，其输入/输出关系用动态特性说明。

传感器的动态特性是指输入量随时间变化时传感器输出的响应特性。

一个动态特性好的传感器，其输出随时间变化的规律（输出曲线）将能够同时再现输入随时间变化的规律，即具有相同的时间函数，这是动态信号测量中对传感器提出的新要求。即用传感器测试动态量时，希望它的输出量随时间变化的关系与输入量随时间变化的关系尽可能一致，但实际并不尽然。实际上,除非传感器具有理想的比例特性,否则传感器输出信号将不会与输入信号具有完全相同的时间函数,这种输出与输入之间的差异即所谓的动态误差。

因此需要研究它的动态特性,分析其动态误差。它包括两部分:

(1)输出量达到稳定状态以后与理想输出量之间的差别;

(2)当输入量发生跃变时,输出量由一个稳态到另一个稳态之间的过渡状态中的误差。

产生测试失真和动态误差的原因是什么呢? 首先,信号的变化;其次,应该考查传感器对动态参数测试的适应性能。

2. 传感器动态特性的研究方法

研究传感器的动态特性目的在于从测量误差的角度分析产生动态误差的原因以及改善措施。

研究动态特性可从时域和频域两个方面分别采用瞬态响应法和频率响应法来分析。

由于输入信号的时间函数,是各种各样的,在时域内研究传感器的动态特性时,只能研究几种特性的输入时间函数,如阶跃函数、脉冲函数和斜波函数等的响应特性。通常取输入为阶跃信号时的输出响应。

在频域内研究传感器的动态特性一般是采用正弦函数输入信号得到频率响应特性。

传感器动态测量输入信号分类见表1-3。

表1-3 传感器动态测量输入信号分类

动态输入信号	规律性的	周期性的	正弦周期输入
			复杂周期输入
		非周期性的	阶跃输入
			线性变化输入
			其他变化输入
	随机性的	平稳的随机过程 (统计特性不随时间的推移而变化)	各态历经过程 (数学期望和方差不随时间和位置变化)
		非平稳的随机过程	非各态历经过程

动态特性好的传感器的瞬态响应时间很短或者频率响应范围很宽。这两种分析方法内部存在必然的联系,在不同场合,根据实际需要解决的问题不同而选择不同的方法。

传感器的种类和形式很多,一般可以简化为一阶或二阶系统(高阶系统可以分解成若干个低阶环节),因此主要分析一阶和二阶系统。

一阶系统:动态特性可用一阶微分方程来描述;二阶系统:动态特性可用二阶微分方程来描述。

解析法求解线性系统对激励的响应步骤:先建立描述该系统的数学方程;然后求满足初始条件的解。

大多数传感器都是线性系统或在特定范围内认定是线性系统。将输出量与输入量联系起来的方程是微分方程,是基本的数学方程;集总参数的线性系统可用有限阶的线性常系数微分方程来描述。设 $x(t)$ 、$y(t)$ 分别为传感器的输入量和输出量,则

$$a_n \frac{d^n y}{dt^n} + a_{n-1} \frac{d^{n-1} y}{dt^{n-1}} + \cdots + a_1 \frac{dy}{dt} + a_0 y = b_n \frac{d^m x}{dt^m} + b_{n-1} \frac{d^{m-1} x}{dt^{m-1}} + \cdots + b_1 \frac{dx}{dt} + b_0 x \quad (1-3)$$

对于零阶环节(零阶传感器、比例环节、无惯性环节),有

$$a_0 y = b_0 x \tag{1-4}$$

对于一阶环节(一阶传感器),有

$$a_1 \frac{\mathrm{d}y}{\mathrm{d}t} + a_0 y = b_0 x \tag{1-5}$$

对于二阶环节(二阶传感器),有

$$a_2 \frac{\mathrm{d}^2 y}{\mathrm{d}t^2} + a_1 \frac{\mathrm{d}y}{\mathrm{d}t} + a_0 y = b_0 x \tag{1-6}$$

对于许多激励函数,经典法容易解出输出的响应,然而对某些较一般的激励函数,当函数或其导数具有不可去间断点时,常需要求助于拉普拉斯变换,它将使运算简化。经典法是在应用变换法失效时普遍适用的方法,有助于理解微分方程及其解的暂态和稳态性质。

对于线性定常系统,在初始条件为零时,输出量(响应函数)的拉普拉斯变换与输入量(激励函数)拉普拉斯变换之比称为该系统的传递函数。

设 $x(t)$ 和 $y(t)$ 的拉普拉斯变换分别为 $X(s)$ 和 $Y(s)$,根据上述传递函数的定义对式(1-3)两边取拉普拉斯变换,可得

$$Y(s)(a_n s^n + a_{n-1} s^{n-1} + \cdots + a_0) = X(s)(b_m s^m + b_{m-1} s^{m-1} + \cdots + b_0) \tag{1-7}$$

得到系统的传递函数为

$$H(s) = \frac{Y(s)}{X(s)} = \frac{b_m s^m + b_{m-1} s^{m-1} + \cdots + b_0}{a_n s^n + a_{n-1} s^{n-1} + \cdots + a_0} \tag{1-8}$$

一个复杂的高阶传递函数可以看作是若干简单的低阶(一阶、二阶)传递函数的乘积。这时可以把复杂的二端口网络看作低阶的、简单网络的级联,如图1-6所示。

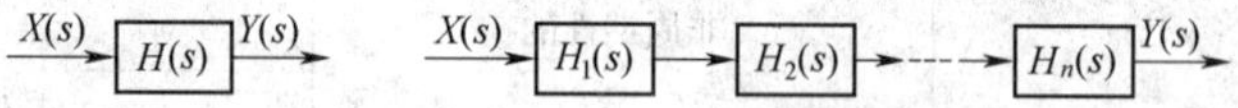

(a)复杂网络　　　　　　　　(b)网络级联

图1-6　二端口网络图

可见传递函数 $H(s)$ 可以用于描述传感器本身传递信息的特性,即传输和变换特性。由输入激励和输出响应的拉普拉斯变换求得。传感器最简单的数学模型即传递函数。该模型可在整个标定过程中进行优化,并且模型的成熟度将随标定点的增加而增加。

当传感器比较复杂或传感器的基本参数未知时,总是先分析每个单元环节,分析它们的传递函数、响应特性,然后再分析总的传递函数、总的响应特性。当总的响应特性不能满足要求时,要从对总的响应特性要求出发,提出对每个环节的要求,或增减一些环节以期得到设计要求的响应特性。

实际的传感器往往比简化的数学描述要复杂。动态响应特性一般并不能直接给出其微分方程,而是通过实验给出传感器与阶跃响应曲线和幅频特性曲线上的某些特征值来表示传感器的动态响应特性。

3. 一阶传感器动态特性

一阶传感器系统又称惯性系统,传感器的输入量和输出量 $x(t)$、$y(t)$ 均是时间的函数。其单位阶跃响应信号通式为

$$\tau \frac{\mathrm{d}y(t)}{\mathrm{d}t} + y(t) = x(t) \tag{1-9}$$

当输入为单位阶跃信号时,$X(s) = \dfrac{1}{s}$,传感器输出的拉普拉斯变换为

$$Y(s) = H(s)X(s) = \frac{k}{\tau s + 1} \cdot \frac{1}{s} \tag{1-10}$$

式中：τ ——时间常数；

k ——静态灵敏度。

在线性传感器中，静态灵敏度 k 为常数；在动态特性分析中，k 只起着使输出量增加 k 倍的作用。讨论时采用 $k = 1$。

则一阶传感器的传递函数为

$$H(s) = \frac{Y(S)}{X(S)} = \frac{1}{\tau s + 1} \tag{1-11}$$

其单位阶跃响应信号为

$$y(t) = L^{-1}[Y(s)] = 1 - e^{-t/\tau} \tag{1-12}$$

相应的响应曲线如图 1-7 所示。

由图 1-7 可知，传感器存在惯性，输出不能立即复现输入信号，而是从零开始，按指数规律上升，最终达到稳态值。

理论上，传感器的响应只在 t 趋于无穷大时才达到稳态值。实际上，当 $t = \tau$ 时其输出达到稳态值的 63.2%；当 $t = 4\tau$ 时其输出达到稳态值的 98.2%，可认为已达到稳态。

时间常数 τ 是描述一阶传感器动态特性的重要参数，τ 越小，响应速度越快。响应曲线越接近于输入阶跃曲线。因此，τ（一阶传感器的时间常数）值是一阶传感器重要的性能参数。

不带保护套的热电偶是典型的一阶传感器系统。

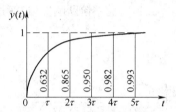

图 1-7　一阶传感器阶跃输入的响应曲线

4. 二阶传感器动态特性

二阶传感器的单位阶跃响应的通式为

$$\frac{d^2 y}{dt^2} + 2\xi\omega_n \frac{dy(t)}{dt} + \omega_n^2 y = \omega_n^2 Kx \tag{1-13}$$

式中：K ——传感器的静态特性灵敏度或放大系数；

ζ ——传感器阻尼系数；

ω_n ——传感器固有频率。

二阶传感器的传递函数为

$$H(s) = \frac{Y(s)}{X(s)} = \frac{\omega_n^2}{s^2 + 2\zeta\omega_n s + \omega_n^2} \tag{1-14}$$

在单位阶跃信号作用下，传感器输出的拉普拉斯变换为

$$Y(s) = H(s)X(s) = \frac{\omega_n^2}{s(s^2 + 2\xi\omega_n s + \omega_n^2)} \tag{1-15}$$

对 $Y(s)$ 进行拉普拉斯逆变换，即可得到单位阶跃响应。图 1-8 所示为二阶传感器的单位阶跃响应曲线。

二阶传感器对阶跃信号的响应在很大程度上取决于阻尼比 ζ 和固有频率 ω_n。固有频率 ω_n 由传感器主要结构参数所决定，ω_n 越大，传感器的响应越快。当 ω_n 为常数时，传感器的响应取决于阻尼比 ζ。

阻尼比 ζ 直接影响超调量和振荡次数：

$\zeta = 0$ 为无阻尼(零阻尼),超调量为 100%,输出为等幅振荡,达不到稳态。

$0 < \zeta < 1$ 为欠阻尼,输出衰减振荡,达到稳态值所需时间随 ζ 减小,衰减减慢而加长。

$\zeta = 1$ 为临界阻尼,无超调也无振荡,达到稳态所需时间最短。

$\zeta > 1$ 为过阻尼,无超调也无振荡,达到稳态所需时间较长。

$\zeta = 1$ 时响应时间最短。

实际使用中,为兼顾有短的上升时间和小的超调量,一般传感器常设计成稍欠阻尼,ζ 取 0.6~0.8 为最好。

带保护套管的热电偶是一个典型的二阶传感器。

5. 过渡过程与传感器的阶跃响应特性指标

过渡过程是指输入为阶跃信号时传感器的输出(响应),即传感器的输入由 0 突变到 1 并保持 1,输出将随时间变化并缓慢趋向于稳定值。这一过程可能会经过若干次振荡(或者不振荡)。

二阶传感器阶跃响应(过渡过程,又称瞬态响应)的典型特性指标如图 1-9 所示。

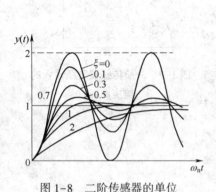

图 1-8　二阶传感器的单位
　　　　阶跃响应曲线

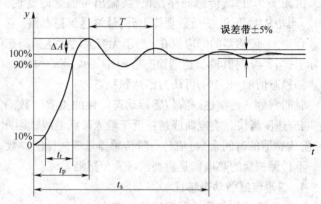

图 1-9　二阶传感器阶跃响应的典型特性指标

各特性指标定义如下:

(1)上升时间 t_r。输出由稳态值的 10% 变化到稳态值的 90% 所用的时间。

(2)响应时间(调整时间) t_s。系统从阶跃输入开始到输出进入稳态值所规定的范围(输出值处于允许误差带范围)内所需要的时间。响应时间是重要动态特性之一。

(3)峰值时间 t_p。阶跃响应曲线达到第一个峰值所需时间。

(4)超调量 σ。传感器输出超过稳态值的最大值 ΔA,常用相对于稳态值的百分比 σ 表示。超出稳态值的其他峰值称为过冲量,用 M 表示。

6. 传感器的频率响应特性

传感器的频率响应特性是指对传感器正弦输入信号的响应特性。频率响应法是从传感器的频率特性出发研究传感器的动态特性。

根据式(1-8),对于稳定系统,令 $S = j\omega$,

$$H(j\omega) = \frac{Y(j\omega)}{X(j\omega)} = \frac{b_m(j\omega)^m + b_{m-1}(j\omega)^{m-1} + \cdots + b_1(j\omega) + b_0}{a_n(j\omega)^n + a_{n-1}(j\omega)^{n-1} + \cdots + a_1(j\omega) + a_0} \tag{1-16}$$

$H(j\omega)$ 称为系统的频率响应函数,简称频率响应或频率特性。

将频率特性改写为 $H(j\omega) = H_R(\omega) + jH_I(\omega) = A(\omega)e^{-j\varphi(\omega)}$。其中,$A(\omega) = |H(j\omega)| =$

$\sqrt{[H_{\mathrm{R}}(\omega)]^2 + [H_{\mathrm{I}}(\omega)]^2}$ 称为传感器的幅频特性,表示输出与输入幅值之比随频率的变化。

$\varphi(\omega) = \arctan[H_{\mathrm{I}}(\omega)]/[H_{\mathrm{R}}(\omega)]$ 称为传感器的相频特性,表示输出超前输入的角度。通常输出总是滞后于输入,因此 $\varphi(\omega)$ 总是负值。

研究传感器的频域特性时主要用幅频特性。

(1)零阶传感器的频率特性。零阶传感器的传递函数为

$$H(s) = \frac{Y(s)}{X(s)} = K \tag{1-17}$$

频率特性为 $H(\mathrm{j}\omega) = K$。

零阶传感器的输出和输入成正比,并且与信号频率无关。因此,无幅值和相位失真问题,具有理想的动态特性。电位器式传感器是零阶传感器的一个例子。在实际应用中,许多高阶传感器在变化缓慢、频率不高时,都可以近似地作为零阶传感器来处理。

(2)一阶传感器的频率特性。将一阶传感器的传递函数式(1-9)中的 s 用 $\mathrm{j}\omega$ 代替,即可得到频率特性表达式为

$$H(\mathrm{j}\omega) = \frac{1}{\tau(\mathrm{j}\omega) + 1} \tag{1-18}$$

幅频特性表达式为

$$A(\omega) = \frac{1}{\sqrt{(\omega\tau)^2 + 1}} \tag{1-19}$$

相频特性表达式为

$$\Phi(\omega) = -\arctan(\omega\tau) \tag{1-20}$$

一阶传感器的幅频特性和相频特性如图 1-10 所示。

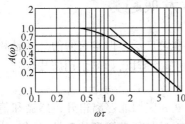
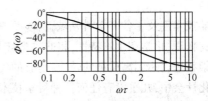

（a）幅频特性　　　　　　　　　　（b）相频特性

图 1-10　一阶传感器的幅频特性和相频特性

时间常数 τ 越小,频率响应特性越好。当 $\omega\tau \ll 1$ 时,$A(\omega) \approx 1$,$\Phi(\omega) \approx \omega\tau$,表明传感器输出与输入为线性关系,相位差与频率 ω 为线性关系,输出 $y(t)$ 比较真实地反映输入 $x(t)$ 的变化规律。因此,减小 τ 可以改善传感器的频率特性。

(3)二阶传感器的频率特性。二阶传感器的频率特性、幅频特性、相频特性表达式分别为

$$H(\mathrm{j}\omega) = \left[1 - \left(\frac{\omega}{\omega_{\mathrm{n}}}\right)^2 + 2\mathrm{j}\zeta\frac{\omega}{\omega_{\mathrm{n}}} \right]^{-1} \tag{1-21}$$

$$A(\omega) = \left\{ \left[1 - \left(\frac{\omega}{\omega_{\mathrm{n}}}\right)^2 \right]^2 + \left(2\zeta\frac{\omega}{\omega_{\mathrm{n}}} \right)^2 \right\}^{\frac{1}{2}} \tag{1-22}$$

$$\Phi(\omega) = -\arctan\frac{2\zeta\dfrac{\omega}{\omega_{\mathrm{n}}}}{1 - \left(\dfrac{\omega}{\omega_{\mathrm{n}}}\right)^2} \tag{1-23}$$

二阶传感器的幅频特性和相频特性如图 1-11 所示。

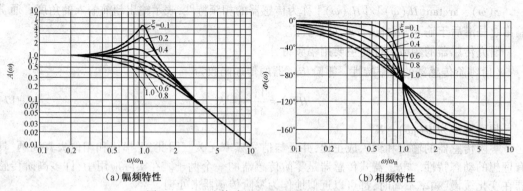

（a）幅频特性　　　　　　　　　　　　　　　（b）相频特性

图 1-11　二阶传感器的幅频特性和相频特性

频率响应特性指标如下：

①频带。传感器增益保持在一定值内的频率范围，即对数幅频特性曲线上幅值衰减 3 dB 时所对应的频率范围，称为传感器的频带或通频带，对应有上、下截止频率。

②时间常数 τ。时间常数 τ 用来表征一阶传感器的动态特性，τ 越小，频带越宽。

③固有频率 ω_n。二阶传感器的固有频率 ω_n 表征了其动态特性。

传感器特性的基本要求有两个：一是输入为 0 时输出为 0，二是对应于某个确定的输入值，按照对应关系，输出值也是确定的。如果这两条同时满足，传感器就不会有误差，否则就会产生误差。

1.3　传感器技术发展趋势

传感器技术涉及了各个学科领域，所涉及的知识非常广泛。但是它们的共性是利用物理定律和物质的物理、化学和生物特性，将非电量转换成电量。所以，如何采用新技术、新工艺、新材料以及探索新理论达到高质量的转换，是总的发展方向。

信息化社会中，几乎没有任何一种科学技术的发展和应用能够离得开传感器和信号探测技术的支持。生活在信息时代的人们，绝大部分的日常生活与信息资源的开发、采集、传送和处理息息相关。分析当前信息与技术发展状态，21 世纪的先进传感器必须具备小型化、智能化、多功能化和网络化等优良特征。

信息时代信息量激增，要求捕获和处理信息的能力日益增强，对传感器性能指标（包括精确性、可靠性、灵敏性等）的要求越来越严格。与此同时，需要传感器系统具有友好的可操作性，因此还要求传感器必须配有标准的输出模式。传统大体积、弱功能的传感器很难满足上述要求，已逐步被各种不同类型的高性能微型传感器所取代，后者主要由硅材料构成，具有体积小、重量轻、反应快、灵敏度高以及成本低等优点。

传感器设计经历了由传统结构化生产设计向基于计算机辅助设计（CAD）的模拟式工程化设计转变，设计者能在较短时间内设计出低成本、高性能的新型系统，这种设计手段的巨变很大程度上推动着传感器系统快速向着满足科技发展需求的微型化方向发展。

智能化传感器（smart sensor）是 20 世纪 80 年代末出现的一种涉及多学科的新型传感器系统。智能化传感器系统一经问世即受到科研界的普遍重视，尤其在探测器应用领域，如分布式实时探测、网络探测和多信号探测方面一直颇受欢迎，产生的影响较大。

通常情况下一个传感器只能用来探测一种物理量,但在许多应用领域中,为了能够完美而准确地反映客观事物和环境,往往需要同时测量大量的物理量。由若干种敏感元件组成的多功能传感器则是一种体积小巧而多种功能兼备的新一代探测系统,它可以借助于敏感元件中不同的物理结构或化学物质及其各不相同的表征方式,用单独一个传感器系统来同时实现多种传感器的功能。随着传感器技术和微机技术的飞速发展,目前已经可以生产出来将若干种敏感元件组装在同一种材料或单独一块芯片上的一体化多功能传感器。

传感器网络有着巨大的应用前景,被认为是将对 21 世纪产生巨大影响力的技术之一。已有的和潜在的传感器应用领域包括军事侦察、环境监测、医疗、建筑物监测等。随着传感器技术、无线通信技术、计算技术的不断发展和完善,各种传感器网络将遍布我们生活的环境,从而真正实现"无处不在的计算"。

传感器技术的主要发展动向是开展基础研究、发现新现象、开发传感器的新材料和新工艺,进一步实现传感器的集成化与多功能化。当前技术水平下的传感器系统正向着微小型化、智能化、多功能化和网络化的方向发展。今后,随着 CAD 技术、MEMS 技术、信息理论及数据分析算法的继续向前发展,未来的传感器系统必将变得更加微型化、综合化、多功能化、智能化和系统化。在各种新兴科学技术呈辐射状广泛渗透的当今社会,作为现代科学"五官"的传感器系统,作为人们快速获取、分析和利用有效信息的基础,必将获得长足发展。

1.4 变 送 器

1.4.1 变送器的概念

变送器(transmitter)是在传感器的基础上,将物理测量信号或普通电信号(非标准的输出信号)转换成标准信号或能够以通信协议方式输出的设备。顾名思义,变送器含有"变"和"送"之意。所谓"变",是指将各种从传感器来的物理量,转变(转换)为一种电信号。例如:利用热电偶,将温度转变为电势;利用压电晶体,将压力转变为电荷。所谓"送",是指将各种已变成的电信号,为了便于其他仪表或控制装置接收和传送,又一次通过电子电路,将从传感器来的电信号,统一化(比如 $1\sim5$ V,$4\sim20$ mA)。方法是通过多个运算放大器来实现。这种"变"+"送",组成了现代最常用的变送器。

变送器是把传感器的输出信号转变为可被控制器识别的信号(或将传感器输入的非电量转换成电信号,同时放大以便供远方测量和控制的信号源)的转换器。传感器和变送器一同构成自动控制的监测信号源。不同的物理量需要不同的传感器和相应的变送器。

变送器这个术语有时与传感器通用。在"自动控制原理"中,变送器是把传感器的输出信号转变为可被控制器识别的信号的转换器。至于有时候与传感器通用是因为现代的多数传感器的输出信号已经是通用的控制器可以接收的信号,此信号可以不经过变送器的转换直接为控制器所识别。所以,传统意义上的"变送器"意义是:"把传感器的输出信号转换为可被控制器识别的信号的转换器。"与传感器不同,变送器除了能将非电量转换成可测量的电量外,一般还具有一定的放大作用。

在自控系统中,常区分传感器和变送器:信号源→传感器→变送器→运算器控制器→执行机构→控制输出。

变送器种类很多,总体来说就是由变送器发出一种信号来给二次仪表使二次仪表显示测量数据。

将物理测量信号或普通电信号转换为标准电信号输出或能够以通信协议方式输出的设备称为变送器。一般分为温度/湿度变送器、压力变送器、差压变送器、液位变送器、电流变送器、电量变送器、流量变送器、重量变送器等。

变送器的传统输出直流电信号有 0~5 V、0~10 V、1~5 V、0~20 mA、4~20 mA 等，目前工业上最广泛采用的是用 4~20 mA 电流传输模拟量。

采用电流信号的原因是电流信号不容易受干扰，且电流源内阻无穷大，导线电阻串联在回路中不影响精度，在普通双绞线上可以传输数百米。上限取 20 mA 是因为防爆的要求，20 mA 的电流通断引起的火花能量不足以引燃瓦斯。下限没取 0 mA 的原因是为了能检测断线：正常工作时，电流不会低于 4 mA，当传输线因故障断路，环路电流降为 0。常取 2 mA 作为断线报警值。

电流型变送器将物理量转换成 4~20 mA 电流输出，必然要有外电源为其供电。最典型的是变送器需要两根电源线，加上两根电流输出线，总共要接四根线，称为四线制变送器。当然，电流输出可以与电源共用一根线（共用 V_{cc} 或者 GND），可节省一根线，称为三线制变送器。

4~20 mA 电流本身就可以为变送器供电。变送器在电路中相当于一个特殊的负载，特殊之处在于变送器的耗电电流在 4~20 mA 之间根据传感器输出而变化。显示仪表只需要串联在电路中即可。这种变送器只需外接两根线，因而称为两线制变送器。工业电流环标准下限为 4 mA，因此只要在量程范围内，变送器至少有 4 mA 供电。这使得两线制传感器的设计成为可能。

1.4.2　变送器的分类

传感器输出的模拟信号转变为标准信号就成为变送器。根据工作原理不同，有电阻式、电感式、电容式、电涡流式、磁电式、压电式、光电式、磁弹性式、振频式等。

根据变送参数不同，用在工业控制仪表的变送器主要针对工业五大参数和常用参量的温度/湿度变送器、压力变送器、流量变送器、差压变送器、液位变送器、电流变送器、电量/电压变送器、质量变送器等。

1.4.3　变送器的构成

下面以一体化温度变送器为例，介绍变送器的构成。

温度变送器一般由测温探头（热电偶或热电阻传感器）和两线制固体电子单元组成。采用固体模块形式将测温探头直接安装在接线盒内，从而形成一体化的变送器。一体化温度变送器一般分为热电阻温度变送器和热电偶两种类型。

热电阻温度变送器一般由基准单元、R/V 转换单元、线性电路、反接保护、限流保护、V/I 转换单元等组成。测温热电阻信号转换放大后，再由线性电路对温度与电阻的非线性关系补偿，经 V/I 转换单元后输出一个与被测温度成线性关系的 4~20 mA 的恒流信号。

热电偶温度变送器一般由基准源、冷端补偿、放大单元、线性化处理、V/I 转换、断偶处理、反接保护、限流保护等电路单元组成。它是将热电偶产生的热电势经冷端补偿放大后，再由线性电路消除热电势与温度的非线性误差，最后放大转换为 4~20 mA 电流输出信号。为防止热电偶测量中由于电偶断丝而使控温失效造成事故，变送器中还设有断电保护电路。当热电偶断丝或接触不良时，变送器会输出最大值（20 mA）以使仪表切断电源。

一体化温度变送器具有结构简单、节省引线、输出信号大、抗干扰能力强、线性好、显示仪表简单、固体模块抗震防潮、有反接保护和限流保护、工作可靠等优点。

一体化温度变送器的输出为统一的 4～20 mA 信号;可与微机系统或其他常规仪表匹配使用。也可按用户要求做成防爆型或防火型测量仪表。

不同用途、不同类型、不同原理的变送器构成各异。

1.4.4 变送器的技术指标

下面以 0.5 级精度的电流电压变送器说明变送器的技术指标,见表 1-4。

表 1-4 电流电压变送器的技术指标

参数	精度	非线性失真	额定工作电压	最小工作电压	额定电源功耗	极限工作电压	额定环路电流	额定控制端电压	响应时间
技术指标	≤0.5%	≤ 0.5 %FS	+24×(1±20%)V	>15 V	静态 4 mA,动态时等于环路电流 20 mA	≤35 V	DC 4～20 mA(静态、满量程可调节)	DC 0～5 ×(1±10%)V(静态、满量程可调节能)	≤100 ms
参数	额定控制端输入电流	额定输出过流限制保护	额定零电平	两线端口瞬态感应雷与浪涌电流TVS抑制保护能力	两线端口接错保护	输出形式	输出电流温漂系数	工作温度	储存温度
技术指标	≤100 μA	内部限制 25×(1±10%) mA	4×(1±25%) mA(3～5 mA)	TVS 抑制冲击电流 35A/20 ms/1.5 kW(需外接 1.5KE35CA 瞬态抑制二极管)	电源反接保护(需外接 IN4007 二极管)	两线制 DC 4～20 mA	≤ 50 × 10⁻⁶/℃	-40～+ 80 ℃	- 50 ～+ 100 ℃

1.5 传感器的标定

对传感器进行标定,目的是根据试验数据确定传感器的各项性能指标,实际上也是确定传感器的测量精度。标定传感器时,所用的测量仪器的精度至少要比被标定的传感器的精度高一个等级。这样,通过标定确定的传感器的静态性能指标才是可靠的,所确定的精度才是可信的。

传感器的标定分为静态特性标定和动态特性标定。

1.5.1 静态特性标定

传感器静态特性标定标准条件是没有加速度、振动、冲击(除非这些参数本身就是被测物理量)及环境温度一般为室温[(20±5)℃]、相对湿度不大于 85% 、大气压力为(101±7)kPa 的情况。静态特性标定步骤：

(1)将传感器全量程(测量范围)分成若干等间距区间；

(2)根据传感器量程分点情况,由小到大逐渐递增标准量值输入,记录与各输入值对应的输出值；

(3)将输入值由大到小逐渐递减,同时记录下与各输入值相对应的输出值；

(4)按步骤(2)、(3),对传感器进行正、反行程往复循环多次测试,将得到的输入/输出测试数据用表格或曲线表示；

(5)对测试数据进行处理,根据处理结果可确定传感器的线性度、灵敏度、滞后和重复性等静态特性指标。

1.5.2 动态特性标定

传感器动态特性标定主要研究传感器的动态响应,而与动态响应有关的参数,一阶传感器只有一个时间常数 τ,二阶传感器则有固有频率 ω_n 和阻尼比 ζ 两个参数。标准激励信号可以采用阶跃信号、正弦信号、随机信号和脉冲信号。一般采用阶跃信号响应法。

1. 一阶传感器的动态特性标定

一阶传感器输出与输入之间的关系是一阶微分方程,其单位阶跃响应函数为

$$y(t) = 1 - e^{-\frac{t}{\tau}} \tag{1-24}$$

在测得的传感器阶跃响应曲线上,取输出值达到稳定值的 63.2% 所经历的时间即为其时间常数 τ。这种方法确定 τ 仅仅取决于某个时间的瞬时值,没有涉及响应的全过程。采用下述方法,可以得到较为可靠的 τ 值。

令 $z = \ln[1 - y(t)]$,则式(1-24)变为

$$z = -\frac{t}{\tau} \tag{1-25}$$

z 和时间 t 成线性关系,并且有 $\tau = -\Delta t/\Delta z$,可以根据测得的 $y(t)$ 值做出 $z - t$ 曲线,如图 1-12 所示,根据 $\Delta t/\Delta z$ 的值获得时间常数 τ。

2. 二阶传感器的动态特性标定

二阶传感器(一般设计为 $\zeta < 1$, $\zeta = 0.7 \sim 0.8$ 的欠阻尼系统)输出与输入之间的关系是二阶微分方程,其单位阶跃输入响应函数为

$$y(t) = 1 - \frac{e^{-\zeta\omega_n t}}{\sqrt{1 - \zeta^2}} \sin(\sqrt{1 - \zeta^2}\,\omega_n t + \arcsin\sqrt{1 - \zeta^2}) \tag{1-26}$$

波形如图 1-13 所示。

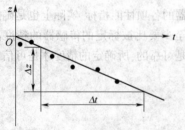

图 1-12 一阶传感器时间常数的求法

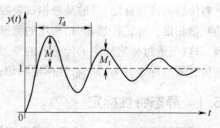

图 1-13 欠阻尼($\zeta < 1$)二阶传感器单位阶跃响应

由图 1-13，$y(t)$ 以 $\sqrt{1-\zeta^2}\,\omega_n$ 角频率做衰减振荡，按求极值的方法获得曲线各个振荡峰值对应的时间 $t_p = 0, \pi/\omega_d, 2\pi/\omega_d, \cdots$，将 $t = \pi/\omega_d$ 代入 $y(t)$ 的表达式，可得振荡周期 $T_d\,(=\pi/\sqrt{1-\zeta^2}\,\omega_n)$、稳态值（趋向于 1）、超调量（即最大过冲量）$M$ 及其发生时间 t_m。

将 $T_d = \pi/\sqrt{1-\zeta^2}\,\omega_n$ 带入式（1-26），可得

$$M = e^{-\zeta\pi/\sqrt{1-\zeta^2}} \tag{1-27}$$

或

$$\zeta = \sqrt{\dfrac{1}{\left(\dfrac{\pi}{\ln M}\right)^2 + 1}} \tag{1-28}$$

ζ-M 曲线如图 1-14 所示。

如果测得了阶跃响应的较长瞬变过程，则可利用任意两个过冲量 M_i 和 M_{i+n} 按式（1-28）求得阻尼比 ζ。

令
$$\delta_n = \ln \frac{M_i}{M_{i+n}} \tag{1-29}$$

$$\zeta = \frac{\delta_n}{\sqrt{\delta_n^2 + 4\pi^2 n^2}} \tag{1-30}$$

式中，n 是该两峰值相隔的周期数（整数）。

当 $\zeta < 0.1$ 时，以 1 近似代替 $\sqrt{1-\zeta^2}$，不会产生过大误差（不大于 0.6%），则可用 $\zeta = \dfrac{\ln \dfrac{M_1}{M_{i+n}}}{2n\pi}$ 计算 ζ。

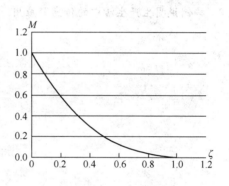

图 1-14 ζ-M 曲线

根据响应曲线测出振荡周期 $T_d\,(=1/f_d)$，

有阻尼的固有频率为 $\omega_d = 2\pi\dfrac{1}{T_d}$，无阻尼的固有频率为 $\omega_n = \dfrac{\omega_d}{\sqrt{1-\zeta^2}}$。

1.6　生产生活中的传感器应用实例

在生产生活中，传感器的应用越来越广泛，例如：自动门、声光控楼道灯、温度湿度控制系统、空调、电冰箱、电饭锅、红外防盗报警器、火灾报警器、可燃气体报警器、门禁、射频卡、智能车、无人驾驶车、流水线自动计件、噪声计、酒精测量仪等。

小　结

本章重点介绍了传感器的概念，传感器静态、动态基本特性和传感器技术发展趋势，变送器的概念和传感器的标定与校准。

传感器技术发展动向是开展基础研究，发现新现象，开发传感器的新材料和新工艺，进一步实现传感器的集成化与多功能化。当前传感器系统正向着微小型化、智能化、多功能化和网络化的方向发展。

通过本章的学习,读者可以了解传感器的概念、基本特性和发展方向,变送器的基本概念,以及传感器的标定和校准。

习　题

1.1　简述传感器的构成部分及各部分作用。

1.2　简述传感器静态特性含义、静态特性性能指标及其公式表示。

1.3　简述传感器动态特性含义及其分析方法。

1.4　简述传感器的发展趋势。

1.5　简述变送器概念和技术指标。

1.6　简述工业上变送器为什么选用电流信号而不选用电压信号输出。

1.7　简述传感器的标定、标定意义和校准步骤。

1.8　举例说明生产生活中的传感器应用。

第2章 检测技术基本知识

本章要点：

➢测概念及检测系统组成；

➢常用检测方法；

➢误差动析及数据处理基础。

学习目标：

➢了解常用检测方法；

➢掌握检测系统组成；

➢了解误差动析及数据处理基本方法。

建议学时：4 学时。

引　言

本章主要讨论检测技术概念、检测系统的构成和作用、常用检测与转换电路、误差动析及数据处理基础知识等。本章包含检测技术的基本概念和知识，是后续章节学习的基础。

2.1　概　述

2.1.1　检测的定义

测量(measurement)和试验(test)能够使人们对客观事物获得定量或定性的认识，并由此发现客观事物的规律性。

广义而言，测量就是使用专门的技术工具，依靠实验和计算，找到被测量值(包括大小和正负)的过程。狭义而言，测量是以确定量值为目的的一组操作，即用同性质的标准量与被测量比较，并确定被测量对标准量的倍数(标准量是国际国内公认的、性能稳定的量)。

测试(test and measurement)是测量与试验的合称。测试是对产品、服务或过程的特性进行的实验和测定。对产品的额定值(或极限值)或特性、指标、质量进行验证时，通常称为试验。

检验(detect)与测量相近，但是检验与测量有区别。检验常常不关心被检测对象有关参数的准确值，而是更关心被检测参数是否在给定的范围。

作为一门技术科学，统一采用基本术语"检测"(detection and measurement)一词来综合代表"测量""试验测试""检验"等相近词语。

检测是利用各种物理、化学效应，选择合适的方法与装置，将生产、科研、生活等各方面的有关信息通过检查与测量的方法赋予定性或定量结果的过程。

检测在工农业生产、科学研究、医疗卫生、交通运输、经济贸易、日常生活等方面起着重要作用。例如,电冰箱的温度调节离不开对温度的检测;家庭用电、用水和用气的多少则通过电能表、水表和煤气表对电量、水流量和气流量进行检测;医生对病人进行诊断时,常常要量测病人的体温和血压等。这些都是通过检测获取信息的简单实例。

2.1.2　检测技术

检测技术是研究检测系统中的信息提取、信息转换以及信息处理的理论与技术应用的一门技术学科。检测技术研究的主要内容是被测量的测量原理、检测方法、测量系统结构和检测信号处理。检测技术属于信息科学的范畴,与计算机技术、自动控制技术和通信技术构成完整的信息技术学科。

检测技术是应人类文明生活的需求而产生的,检测技术水平随着人类社会活动和经济活动的发展而提高。人们越来越清楚地认识到检测技术是信息技术的基础技术之一。广义地讲,检测技术是自动化技术四大支柱(检测技术、计算机技术、自动控制技术和通信技术)之一。

自动化领域的工程检测,是对生产过程和运动对象的有用信息的检出、变换分析处理、判断、控制等的综合过程,这种对被测/被控生产过程和运动对象实施的定性检查和定量测量的技术又称工程检测技术。

基于传感器的检测技术已成为工科院校大部分专业学生必修的专业基础课。虽然检测技术服务的领域非常广泛,但是这门课程涉及的研究内容,不外乎是传感器技术、误差理论、测试计量技术、抗干扰技术以及电量间互相转换的技术等。

2.1.3　检测过程

检测过程的主要目的是获得信息。首先检测被测对象的信息,经过处理,将结果提供给观测人员,或输出到其他信息处理装置,这种信息概念构成了检测仪表的理论基础。

从信息科学角度考察,一个完整的检测过程一般包括信息采集、信息转换、信息存储与传输、信号的显示记录和信号的分析处理。

2.1.4　检测技术作用

中国有句古话:"工欲善其事,必先利其器",用这句话来说明检测技术在我国现代化建设中的重要性是非常恰当的。"事"就是现代化建设大业,而"器"则是先进的检测技术。科学技术的进步,制造业和服务业的发展,军队现代化建设的大量需求,促进了检测技术的发展,而先进的检测手段可提高制造业、服务业的自动化、信息化水平和劳动生产率,促进科学研究和国家建设的进步,提高人们的生活水平。

2.2　检测系统的基本构成与分类

2.2.1　检测系统的基本构成

传感器检测(测量)系统是传感技术发展到一定阶段的产物。检测系统是传感器与测量仪表、变换装置等的有机组合。

检测系统规模大小及复杂程度与被测对象、被测量的多少、被测量的性质密切相关。检测系统的种类、型号繁多,用途、性能千差万别,但其作用都是用于各种被测量的检测。通常由各种传感器/变送器将被测物理/化学成分参量转换成电信号,然后经信号调理(信号转换、阻抗匹配、信号检波、信号滤波、信号放大等)、数据采集、信号处理后显示并输出(输出信号通常有 4 ~ 20 mA、经 D/A 转换和放大后的模拟电压、开关量、脉宽调制 PWM、串行数字通信和并行数字输出等)。上述设备、系统所需要的交/直流稳压电源和必要的输入设备(如拨动开关、按钮、数字拨码盘、数字键盘等)组成了一个完整的检测系统,如图 2-1 所示。

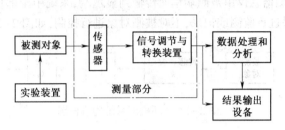

图 2-1　检测系统构成框图

测量部分:用来传输数据。当检测系统的几个功能环节独立分隔开时,则必须由一个地方向另一个地方传输数据,数据测量部分就是完成这种传输功能的。

传感器:完成检测过程中信息采集。检测时一般将被测信息由传感器转换成电信号,即把被测信号转换成电压、电流或电路参数(电阻、电感、电容)等电相关信号输出。传感器是感受被测量的大小并输出相对应的可用电输出信号的器件或装置。

信号调节与转换装置:传感器的输出信号一般都很微弱,需要有信号调节与转换装置将其放大或变换为容易传输、处理,可以存储、记录和显示,功率足够,具有驱动能力的形式。半导体器件与集成技术在传感器中的应用,使得传感器信号调节与转换装置可安装在传感器壳体里或与敏感元件集成在同一芯片上。

数据处理和分析:将传感器输出信号进行处理和分析。如对信号进行放大、运算、滤波、线性化、数/模(D/A)转换或模/数(A/D)转换,转换成另一种参数信号或某种标准化的统一信号等,使其输出信号便于显示、记录,也可与计算机系统连接,以便对测量信号进行信息处理或用于系统的自动控制。数据处理装置由数据分析仪、频谱分析仪、计算机等完成信号的处理和分析,找出被测信息的规律,为研究和鉴定工作提供有效依据,为控制提供信号。

输出设备:通常是显示及记录装置,包括显示器、指示器和记录仪,用于完成信号的显示和记录。数据显示将被测量信息变成人感觉官能接受的形式,以实现监视、控制或分析目的。测量结果可以采用模拟显示,也可以采用数字显示,并可以由记录装置进行自动记录或由打印机将数据打印出来。

简言之,测量系统是传感器与测量仪表、变换装置等的有机组合。

实际检测系统不一定需要图 2-1 中的所有部分,需要根据误差理论、检测具体任务合理设计、科学组建检测系统,以正确使用各种检测工具、设备和检测方法,正确地进行测量。

2.2.2 检测系统的分类

简单的检测系统可以只有一个模块,如玻璃管温度计。它直接将温度变化转化为液面示值,没有电量转换和分析电路,很简单,但精度低,无法实现测量自动化。

为提高测量精度和自动化程度,便于和其他环节一起构成自动化装置,通常先将被测物理量转换为电量,再对电信号进行处理和输出,如噪声计、酒精测量仪、电子温度计等。

根据检测系统里是否含有反馈通道,将检测系统分为开环检测系统和闭环检测系统。

1. 开环检测系统

系统中将输出量通过适当的检测装置返回到输入端并与输入量进行比较的过程,就是反馈。

如果检测系统的输出端与输入端之间不存在反馈,即系统输出量对系统的控制不产生任何影响(或系统输入不受输出影响),则系统称为开环检测系统。与闭环检测系统相对,开环检测检测系统中,不存在由输出端到输入端的反馈通路,又称无反馈系统。

开环检测系统检测信息仅由被测端单向传输到显示端,系统中全部信息变换只沿着一个方向进行,只对测量结果进行监测或记录,不对被测对象进行控制,如图2-2所示。

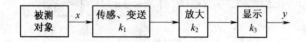

图2-2　开环检测系统构成框图

图中,x 为输入量,y 为输出量,k_1、k_2、k_3 为各环节的传递系数。输入与输出关系为

$$y = k_1 \cdot k_2 \cdot k_3 \cdot x = Kx \tag{2-1}$$

即开环检测系统的传递系数 K 为各个环节传递系数之积。

开环方式构成的测量系统,结构比较简单,同时成本低,但各环节特性的变化都会造成测量误差。开环系统适用于简单的系统,没有反馈环节,响应时间较长。

2. 闭环检测系统

闭环检测系统中,检测信息由被测端传输到显示端时,有两个通道,一个为正向通道,另一个为反馈通道,其构成框图如图2-3所示。

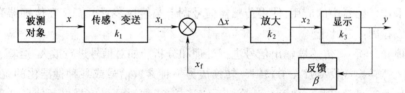

图2-3　闭环检测系统构成框图

图中,Δx 为正向通道的输入量,β 为反馈环节的传递系数,正向通道的总传递系数 $k = k_2 \cdot k_3$。由图2-3可知:

$$\Delta x = x_1 - x_f \tag{2-2}$$

$$x_f = \beta y \tag{2-3}$$

$$y = k\Delta x = k(x_1 - x_f) = kx_1 - k\beta y \tag{2-4}$$

$$y = \frac{k}{1 + k\beta}x_1 = \frac{1}{\frac{1}{k} + \beta}x_1 \tag{2-5}$$

当 $k \gg 1$ 时,则

$$y = \frac{1}{\beta}x_1 = \frac{k_1}{\beta}x \tag{2-6}$$

由式(2-6)可知,整个系统的输入与输出关系由反馈环节的特性决定,放大器等环节特性的

变化不会造成测量误差,或者说造成的误差很小。

由上述分析可知,构成测量系统时,应将开环系统与闭环系统巧妙地组合在一起加以应用,才能实现期望的目的。

2.2.3 检测系统实例

日常生活中开环检测控制系统有普通电热水壶、普通台灯、普通电磁炉、电子体温计等;闭环检测控制系统有电饭煲、空调、智能电热水壶等。

1. 开环检测系统实例

电子体温计是新一代既安全又实用的温度计,不用担心传统水银体温计玻璃破碎而引起水银中毒等不良后果,且能在短时间内准确测出体温,精度达 0.1 ℃,可用于口腔量法、腋下量法及直肠量法。与传统水银体温计相比,其不足在于体温计准确度受电子元件、电池供电状况及磁场等因素影响。

电子体温计由感温头、量温棒、显示屏、开关、按键以及电池盖组成。利用温度传感器输出数字信号,然后通过显示器(如液晶、数码管、LED 矩阵等)显示以数字形式的温度,能记录、读取被测温度的最高值。

电子体温计最核心元件是 NTC 热敏电阻。传感器分辨率±0.01 ℃,精确度±0.02 ℃,反应速度小于 2.8 s,电阻年漂移率小于或等于 0.1%(相当于小于 0.025 ℃)。电子体温计构成框图如图 2-4 所示。

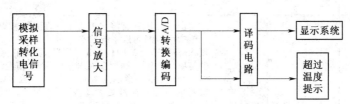

图 2-4 电子体温计构成框图

2. 闭环检测系统实例

智能电热水壶工作原理包括加热和保温两部分。

(1)加热。瓶内注水,插上电源,超温保险器、主加热器、保温加热器构成回路,加热指示灯亮。由于温控器并联于保温加热器和保温指示灯两端,因而保温加热器不发热,保温指示灯也不亮。接通电源后主加热器发热升温,当水温达到沸腾温度时,超温保险器自动跳开,加热指示灯熄灭。

(2)保温。一旦测温装置获得水温高于设定温度,保温指示灯亮,此时主加热器与保温加热器串联,而主加热器的电阻远比保温加热器小,所以保温加热器发热,进行保温。智能电热水壶构成框图如图 2-5 所示。

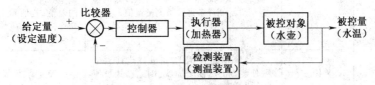

图 2-5 智能电热水壶构成框图

请读者自行查阅空调的构成框图及工作原理。

2.3　检　测　方　法

检测对象、检测环境和被测量千差万别,相应的也有不同的检测方法。对于检测方法,从不同角度出发,有不同的分类方法,见表2-1。

表2-1　常用检测方法

分类根据	检　测　方　法		备　注
是否与被测介质接触	接触式测量	检测元件与被测介质接触	对被测介质有干扰
	非接触式测量	检测元件与被测介质不接触	不干扰被测介质,易受外界干扰
检测过程	直接测量	测量时对仪表的读数不需要经过任何运算,能直接表示测量所需的结果	测量过程简单而迅速,但测量精度不高。例如:弹簧管式压力表测量锅炉压力
	间接测量	测量时,首先对与被测量有确定函数关系的几个量进行直接测量,然后将测量值代入函数关系式,经过计算得到所需的结果	被测量无法或不便于直接测量。例如:生产过程中,纸张厚度无法进行直接测量,需通过测量与厚度有确定函数关系的单位面积质量间接测量。间接测量比直接测量复杂,有时可得到较高测量精度
被测量与标准单位量的比较方式	比较法	零位法(平衡法)　测量过程中,用指零仪表的零位指示检测测量系统的平衡状态;调节已知的标准量,使与被测量平衡,测量系统达到平衡时(偏差指示为零),被测量与已知标准量相等。用已知基准量表示被测未知量。如天平、电位差计,以及单臂电桥测量电阻等	在测量过程中标准量直接与被测量相比较;在测量过程中需要调节已知的标准量,已知量应连续可调,精度高,操作复杂,速度慢,要求高灵敏的偏差指示表;广泛应用于工程检测中。优点:可获得较高的测量精度。缺点:测量过程比较复杂,用时较长,不适用于测量迅速变化的信号
		偏差法　用仪表指针的位移(即偏差)决定被测量的量值。应用这种方法测量时,仪表刻度事先用标准器具标定。在测量时,输入被测量,按照仪表指针在标尺上的示值,决定被测量的数值。如汽车仪表盘的速度表、转速表,使用万用表测量电压、电流等	在测量过程中以间接方式实现被测量与标准量的比较。优点:操作简便迅速。缺点:测量结果精度低;适合于慢变参数的检测
		微差法　微差法将偏差法和零位法相结合。它通过测量被测量与标准量之差(通常该差值很小)得到被测量量值。如电阻应变片不平衡测量电桥等	综合了零位法与偏差法的优点,在测量过程中标准量直接与被测量比较;测量过程中不需要调整标准量,而只需要测量两者的差值;差值越小,精确度越高,操作简便,反应快,但设备复杂;适合于在线控制参数检测
	替代法	在测量装置上,用已知量替代被测量后,使装置仍然恢复原状,则此已知量值大小即等于被测量	准确度高,但操作复杂
	计算法	用标准脉冲或单位量个数来表示被测量	准确度高,直观

续表

分类根据	检 测 方 法		备 注
被测量的变化速度	静态检测	被测量的变化速度慢或者不变化	准确度高,但操作复杂
	动态检测	被测量的变化速度快	检测系统需要有检测快变信号的动态特性
被测量的输出类型	模拟式测量	检测系统输出结果为模拟量	模拟量读数有误差
	数字式测量	检测系统输出结果为数字量	数字读数准确
被测量的变化速度	在线测量	不中断生产过程的情况下进行检测	测量的是被测量在生产过程中的实际值
	离线测量	中断生产过程的情况下进行检测	与被测量在生产过程中的实际值有偏差

2.4 常用检测与转换电路

被测信息采集由传感器完成,一般需要将被测信息转换成电信号,即把被测信号转换成电压、电流或电路参数(电阻、电感、电容、电荷、频率)等电信号输出。其中,电阻、电感、电容、电荷、频率等还需要进一步转换为电压或电流;一般情况下电压、电流还需要放大,这就是变送器的变换部分,这些功能由转换电路来实现。转换电路是信号检测传感器与测量、记录仪表和计算机之间的重要桥梁。转换电路的主要作用如下:

(1)将信号检测传感器输出的微弱信号进行放大、滤波,以满足测量、记录仪表需要;

(2)完成信号的组合、比较,系统间阻抗匹配及反相等工作,以实现自动检测和控制;

(3)完成信号的转换。

在信号检测技术中,常用的中间转换电路有电桥、放大器、滤波器、调频电路、阻抗匹配电路等。

2.4.1 电桥

电桥是将电阻、电感、电容等参数变化变换为电压或电流输出的一种测量电路。根据供桥电源,电桥可分为直流电桥和交流电桥。当电桥输出端接入的仪表或放大器的输入阻抗足够大时,可认为其负载阻抗为无穷大,这时的电桥称为电压桥;当其输入阻抗与内电阻匹配时,满足最大功率传输条件,这时的电桥称为功率桥或电流桥。

1. 直流电桥

直流电桥的桥臂全为电阻,如图2-6所示。电阻 R_1、R_2、R_3、R_4 作为四个桥臂,在 A、C 端(称为输入端,电源端)接入直流电源 U,在 B、D 端(称为输出端 U_o,测量端)输出电压 U_{BD}。测量时常用等臂电桥,即 $R_1=R_2=R_3=R_4$,或电源端对称电桥,即 $R_1=R_2$,$R_3=R_4$。

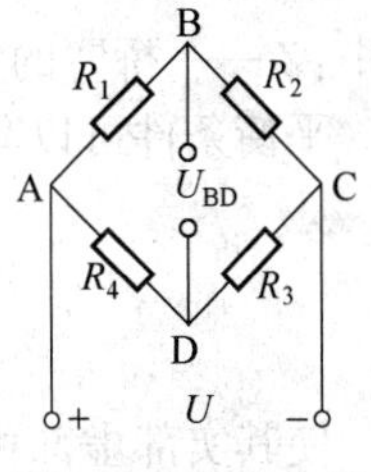

图 2-6 直流电桥

直流电桥的输出电压为

$$U_{BD} = U_{BA} - U_{DA} = \frac{UR_1}{R_1 + R_2} - \frac{UR_4}{R_3 + R_4} = \frac{R_1R_3 - R_2R_4}{(R_1 + R_2)(R_3 + R_4)}U \tag{2-7}$$

则当 $R_1R_3 = R_2R_4$ 时,电桥输出为 0。

$$R_1R_3 = R_2R_4 \quad \text{或者} \quad \frac{R_1}{R_2} = \frac{R_4}{R_3} \tag{2-8}$$

称为直流电桥的平衡条件。

设电桥四个桥臂电阻增量分别为 ΔR_1、ΔR_2、ΔR_3、ΔR_4,则电桥的输出为

$$U_{BD} = \frac{(R_1 + \Delta R_1)(R_3 + \Delta R_3) - (R_2 + \Delta R_2)(R_4 + \Delta R_4)}{(R_1 + \Delta R_1 + R_2 + \Delta R_2)(R_3 + \Delta R_3)(R_4 + \Delta R_4)}U$$

忽略高阶小量,有

$$U_{BD} = \frac{1}{4}U\left(\frac{\Delta R_1}{R_1} - \frac{\Delta R_2}{R_2} + \frac{\Delta R_3}{R_3} - \frac{\Delta R_4}{R_4}\right) \tag{2-9}$$

式(2-9)称为直流电桥的和差特性。

(1)单臂电桥(应用中常选用 $R_1 = R_2 = R_3 = R_4 = R$,称之为等臂电桥。)当 R_1 阻值变化(为工作应变片),其他三个桥臂为固定电阻时的等臂电桥称为单臂电桥,此时的输出电压为

$$U_1 \approx \frac{U}{4R}\Delta R \tag{2-10}$$

(2)半桥。当相邻的两个桥臂电阻为工作应变片,且阻值变化方向相反时,其他两个桥臂为固定电阻时的等臂电桥称为差动半桥,简称半桥。此时的输出电压为

$$U_2 \approx \frac{U}{2R}\Delta R \tag{2-11}$$

(3)全桥。四个桥臂全为工作应变片的等臂电桥称为差动全桥,简称全桥。此时的输出电压为

$$U_3 \approx \frac{U}{R}\Delta R \tag{2-12}$$

从上可知单臂电桥、半桥、全桥的输出电压之比为

$$U_1 : U_2 : U_3 = 1 : 2 : 4 \tag{2-13}$$

2. 交流电桥

当供桥电源为交流时,电桥为交流电桥。交流电桥的桥臂除了有电阻外,还有电容或电感,如图2-7所示。其中,两个桥臂分别有电容 C_1 和 C_2。

交流电桥的平衡条件为

$$\dot{Z}_1\dot{Z}_3 = \dot{Z}_2\dot{Z}_4 \tag{2-14}$$

式中:$\dot{Z}$——桥臂的复阻抗。

平衡条件可以写成:

$$\frac{R_3}{\dfrac{1}{R_1} + j\omega C_1} = \frac{R_4}{\dfrac{1}{R_2} + j\omega C_2} \tag{2-15}$$

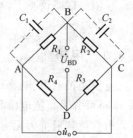

图 2-7 交流电桥

使其实部虚部相等,则

$$\begin{cases} R_1R_3 = R_2R_4 \\ R_3/R_4 = C_1/C_2 \end{cases} \tag{2-16}$$

式(2-16)为交流电桥的平衡条件。

实际应用的交流电桥电路如图2-8所示。其中,C_x 为传感器电容,Z_1 为可调等效配接阻

抗，C_0 和 Z 分别为固定电容和固定阻抗。

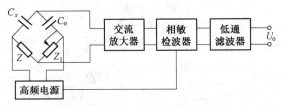

图 2-8 实际应用的交流电桥电路

首先将电桥初始状态调至平衡。当传感器工作时，电容 C_x 发生变化，电桥失去平衡，从而输出交流电压信号，交流电压信号经过交流放大器放大，再经过相敏检波器和低通滤波器分别检出直流电压、滤掉交流分量，最后得到直流电压输出信号，它的幅值随着电容的变化而变化。

3. 变压器电桥

（1）变压器电桥单臂接法。图 2-9 所示为变压器电桥单臂接法，供桥电源通过变压器耦合方式提供给电桥电路。

如图 2-9 所示，高频电源经变压器接到电容桥的一条对角线上，电容 C_1、C_2、C_3 构成电桥的三个臂，C_x 为电容传感器，Z_x 为电容传感器所在桥臂的阻抗

$$\dot{U}_\circ = \left(\frac{Z_1}{Z_1 + Z_2} - \frac{Z_x}{Z_x + Z_3} \right) \dot{U} \tag{2-17}$$

传感器未工作时，桥臂四个电容符合电桥平衡条件，即 $Z_1 = Z_2 = Z_x = Z_3 = Z$，输出为 0。

传感器工作时，电容 C_x 发生变化，产生的阻抗增量为 ΔZ，输出电压不为 0，此时输出电压为

$$\dot{U}_\circ = \left(\frac{1}{2} - \frac{Z + \Delta Z}{Z + \Delta Z + Z} \right) \dot{U} = -\frac{\dot{U}}{4} \cdot \frac{\Delta Z}{Z} \cdot \frac{1}{1 + \frac{\Delta Z}{2Z}} \approx -\frac{\dot{U}}{4} \cdot \frac{\Delta Z}{Z} \tag{2-18}$$

从而可测得电容的变化值。

根据 $\dfrac{1}{1 + \dfrac{\Delta Z}{2Z}} = 1 - \dfrac{\Delta Z}{2Z} + \left(\dfrac{\Delta Z}{2Z} \right)^2 - \left(\dfrac{\Delta Z}{2Z} \right)^3 + \cdots$

忽略高阶无穷小项，可得变压器电桥单臂接法非线性误差为 $\dfrac{\Delta Z}{2Z} \times 100\%$。

（2）变压器电桥差动接法。变压器电桥多采用差动接法，如图 2-10 所示，C_1 和 C_2 以差动形式接入相邻两个桥臂，若 Z_1 产生增量 ΔZ_1，Z_2 产生反向增量 ΔZ_2，即 $\Delta Z_1 = -\Delta Z_2 = \Delta Z$，另外，两个桥臂为变压器的二次线圈。则

$$\dot{I} = \frac{\dot{U}}{Z_1 + Z_2} \tag{2-19}$$

输出为开路时，电桥空载输出电压为

$$\dot{U}_\circ = \left(\frac{1}{2} - \frac{Z + \Delta Z}{Z + \Delta Z + Z - \Delta Z} \right) \dot{U} = -\frac{\dot{U}}{2} \cdot \frac{\Delta Z}{Z} \tag{2-20}$$

若 Z_1 产生反向增量 ΔZ_1，Z_2 产生增量 ΔZ_2，即 $-\Delta Z_1 = \Delta Z_2 = \Delta Z$

$$\dot{U}_\circ = \left(\frac{1}{2} - \frac{Z - \Delta Z}{Z - \Delta Z + Z + \Delta Z} \right) \dot{U} = \frac{\dot{U}}{2} \cdot \frac{\Delta Z}{Z} \tag{2-21}$$

由式(2-20)和式(2-21)可知,差动接法的变压器电桥不但可以测量电容的大小,还可以测量电容的变化方向。

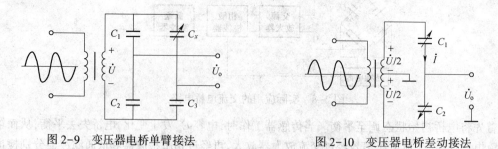

图 2-9　变压器电桥单臂接法　　　　图 2-10　变压器电桥差动接法

4. 二极管双 T 形电桥

在交流电路中,常应用二极管双 T 形电桥,如图 2-11(a)所示,高频电源 u 提供频率为 f、幅值为 U 的正弦波,VD_1、VD_2 为特性完全相同的两个二极管。C_1、C_2 为传感器的两个差动电容。

电路的工作原理:电源正半周的等效电路如图 2-11(b)所示;电源负半周的等效电路如图 2-11(c)所示。

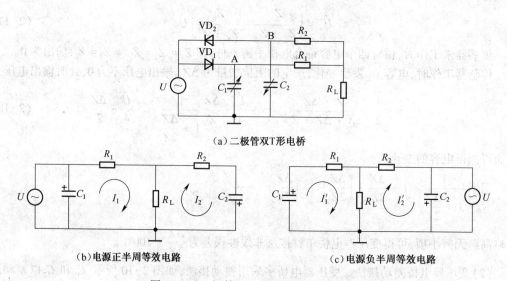

（a）二极管双T形电桥

（b）电源正半周等效电路　　　　（c）电源负半周等效电路

图 2-11　二极管双 T 型电桥及等效电路

在电源正半周,VD_1 导通,电容 C_1 充电;VD_2 截止,电容 C_2 放电;在随后的电源负半周,电容 C_1 上的电荷通过电阻 R_1、负载电阻 R_L 放电。一个周期内流经 R_L 的平均电流为 $\overline{i_{C2}}$,即

$$\overline{i_{C2}} = \frac{1}{T}\left(\frac{R_1 + 2R_L}{R_1 + R_L}\right)UC_2 \tag{2-22}$$

在电源负半周,VD_2 导通,电容 C_2 充电;VD_1 截止,电容 C_1 放电;在随后的电源正半周,电容 C_2 上的电荷通过电阻 R_2、负载电阻 R_L 放电。一个周期内流经 R_L 的平均电流为 $\overline{i_{C1}}$,即

$$\overline{i_{C1}} = \frac{1}{T}\left(\frac{R_2 + 2R_L}{R_2 + R_L}\right)UC_1 \tag{2-23}$$

在一个周期内,$\overline{i_{C1}}$、$\overline{i_{C2}}$ 方向相反,当 $R_1 = R_2 = R$ 时,上述两个过程在负载 R_L 上流过的平均电

流产生的电压为

$$U_L = \frac{RR_L}{R + R_L}(\overline{i_{C1}} - \overline{i_{C2}}) = \frac{R(R + 2R_L)}{(R + R_L)^2}R_L U f(C_1 - C_2) \tag{2-24}$$

传感器不工作时,$C_1 = C_2$,输出电压为 0;传感器工作时,负载电阻 R_L 上产生的电压反映了 $C_1 - C_2$ 的大小和方向。

电桥电路具有灵敏度高、测量范围宽、容易实现温度补偿等优点。

2.4.2 放大器

由传感器输出的信号通常需要进行电压放大或功率放大,以便对信号进行检测,因此必须采用放大器。

放大器的种类很多,使用时应根据被测物理量的性质不同合理选择,如对变化缓慢、非周期性的微弱信号(如热电偶测温时的热电势信号),可选用直流放大器或调制放大器。对压电式传感器常配有电荷放大器。

放大器应满足如下条件:

(1)放大倍数大且线性度好;

(2)抗干扰能力强且内部噪声低;

(3)动态响应快;

(4)输入阻抗高以保证测量精度;

(5)输出阻抗低使之有足够的输出功率。

1. 运算放大器

放大电路中,运算放大器是应用最广泛的一种模拟电子器件。其特点是输入阻抗高、增益大、可靠性高、价格低廉、使用方便。理想的运算放大器具有开环增益为无穷大、输入阻抗为无穷大、输出阻抗为零、带宽无穷、干扰噪声等于零等性质。

反相运算放大器是最基本的运算放大器电路,如图 2-12 所示。

其闭环电压增益 A_u 为

$$A_u = -\frac{R_F}{R_1} \tag{2-25}$$

反馈电阻 R_F 值不能太大,否则会产生较大的噪声及漂移,一般为几十千欧至几百千欧。R_1 的取值应远大于信号源 U_i 的内阻。

反相运算放大器电容测量电路如图 2-13 所示。电容式传感器跨接在高增益运算放大器的输入端与输出端之间。

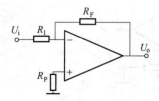

图 2-12 反相运算放大器电路

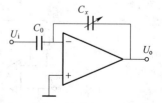

图 2-13 反相运算放大器电容测量电路

$$U_o = -\frac{C_0}{C_x}U_i \tag{2-26}$$

同相运算放大器也是最基本的运算放大器电路,如图 2-14 所示。

其闭环电压增益 A_u 为

$$A_u = 1 + \frac{R_F}{R_1} \tag{2-27}$$

同相运算放大器具有输入阻抗非常高,输出阻抗很低的特点,广泛用于前置放大器。

2. 差分放大器

当运算放大器的反相端和同相端分别输入信号 U_1 和 U_2 时,如图 2-15 所示。

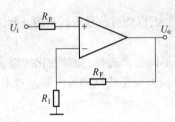

图 2-14 同相运算放大器电路

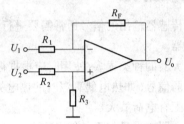

图 2-15 差分放大器电路

输出电压 U_o 为

$$U_o = -\frac{R_F}{R_1}U_1 + \left(1 + \frac{R_F}{R_1}\right)\left(\frac{R_3}{R_2 + R_3}\right)U_2 = A_u(U_2 - U_1) \tag{2-28}$$

$R_1 = R_2$,$R_F = R_3$ 时为差分放大器,其差模电压增益为

$$A_u = \frac{U_o}{U_2 - U_1} = \frac{R_F}{R_1} = \frac{R_3}{R_2} \tag{2-29}$$

当 $R_1 = R_2 = R_F = R_3$ 时,为减法器,输出电压为 $U_o = U_2 - U_1$。

由于差分放大器具有双端输入、单端输出、共模抑制比较高($R_1 = R_2$,$R_F = R_3$)的特点,通常用作传感放大器或测量仪器的前端放大器。

3. 测量放大器

运算放大器对微弱信号的放大,仅适用于信号回路不受干扰的情况。然而,传感器的工作环境往往比较恶劣和复杂,在传感器的两条输入线上经常产生较大的干扰信号,有时是完全相同的共模干扰。对微弱信号及具有较大共模干扰的场合,可采用测量放大器(又称仪用放大器、数据放大器)进行放大,如图 2-16 所示。

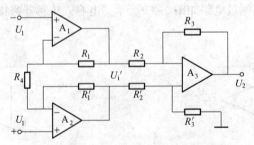

图 2-16 测量放大器的基本电路

放大器由两级串联。前级由两个同相放大器组成,为对称结构,输入信号加在前两个运算放大器的同相输入端,从而具有高抑制共模干扰的能力和高输入阻抗。后级是差分放大器,它不仅

切断共模干扰的传输,还将双端输入方式变换成单端输入方式,以适应对地负载的需要。

差分放大器的输入 U_i' 为

$$U_i' = -\frac{R_1}{R_4}U_1 - \left(1 + \frac{R_1'}{R_4}\right)U_1 = -\left(1 + \frac{R_1}{R_4} + \frac{R_1'}{R_4}\right)U_1 \tag{2-30}$$

则差分放大器输出电压 U_2 为

$$U_2 = A_u U_i' = -\frac{R_3}{R_2}\left(1 + \frac{R_1}{R_4} + \frac{R_1'}{R_4}\right)U_1$$

测量放大器的放大倍数可由式(2-31)计算,即

$$K = \frac{U_2}{U_1} = \frac{R_3}{R_2}\left(1 + \frac{R_1}{R_4} + \frac{R_1'}{R_4}\right) \tag{2-31}$$

R_4 是用于调节放大倍数的外接电阻,通常采用多圈电位器,并应靠近组件。若距离较远,应将连线绞合在一起,以减小干扰。

组成前级差分放大器的两个芯片必须要配对,即两块芯片的温度漂移符号和数值尽量相同或接近,以保证模拟输入为零时,放大器的输出尽量接近于零。此外,还要满足:

$$R_3 R_2' = R_3' R_2 \tag{2-32}$$

4. 微分放大器

微分放大器电路如图2-17所示。

由运算放大器特性可得

$$I_1 = \frac{\mathrm{d}Q}{\mathrm{d}t} = \frac{C\mathrm{d}e_1}{\mathrm{d}t} \ , \ I_2 = -\frac{e_2}{R_2}$$

$$I_1 = I_2 \tag{2-33}$$

所以

$$e_2 = -CR_2\frac{\mathrm{d}e_1}{\mathrm{d}t} \tag{2-34}$$

由式(2-34)可知,运算放大器输出与输入的微分成正比,因此称其为微分放大器。

5. 积分放大器

积分放大器与反向运算放大器类似,主要区别在于其反馈采用了电容元件,如图2-18所示。

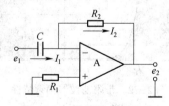

图2-17 微分放大器电路

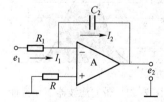

图2-18 积分放大器电路

由运算放大器特性可得

$$I_1 = \frac{e_1}{R_1} \ , \ I_2 = \frac{\mathrm{d}Q}{\mathrm{d}t} = -C\frac{\mathrm{d}e_2}{\mathrm{d}t}$$

$$I_1 = I_2 \tag{2-35}$$

所以

$$e_2 = -\frac{1}{C}\int I_2\mathrm{d}t = -\frac{1}{R_1 C}\int e_1\mathrm{d}t \tag{2-36}$$

2.4.3 滤波器

滤波器是一种选频装置,可以使信号中特定的频率成分通过,而极大地衰减其他频率成分。在测试装置中,利用滤波器的选频作用,可以滤除干扰噪声或进行频谱分析。

根据带通和带阻所处的范围不同,滤波器可以分为低通滤波器、高通滤波器、带通滤波器、带阻滤波器。

1. 低通滤波器

低通滤波器幅频特性如图 2-19 所示,频率在 0 Hz~f_2 之间,幅频特性平直,它使信号中低于 f_2 的频率成分几乎不受衰减地通过,而高于 f_2 的频率成分受到极大衰减。

2. 高通滤波器

与低通滤波器相反,高通滤波器幅频特性如图 2-20 所示,频率大于 f_1,其幅频特性平直。它使信号中高于 f_1 的频率成分几乎不受衰减地通过,而低于 f_1 的频率成分将受到极大衰减。

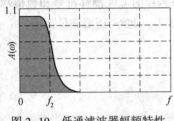

图 2-19　低通滤波器幅频特性

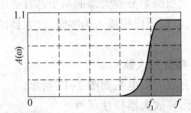

图 2-20　高通滤波器幅频特性

3. 带通滤波器

带通滤波器幅频特性的通频带在 f_1~f_2 之间,如图 2-21 所示,它使信号中高于 f_1 而低于 f_2 的频率成分可以不受衰减地通过,而其他频率成分受到衰减。

4. 带阻滤波器

与带通滤波相反,带阻滤波器幅频特性如图 2-22 所示,阻带在频率 f_1~f_2 之间。它使信号中高于 f_1 而低于 f_2 的频率成分受到衰减,其余频率成分的信号几乎不受衰减地通过。

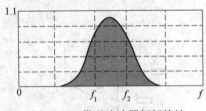

图 2-21　带通滤波器幅频特性

图 2-22　带阻滤波器幅频特性

5. RC 滤波器

在测试系统中,常用 RC 滤波器。在工程测试领域,信号频率相对来说不高。而 RC 滤波器电路简单,抗干扰性强,有较好的低频性能,并且选用标准的阻容元件,在工程测试领域最常用到的滤波器是 RC 滤波器。

(1)一阶 RC 低通滤波器。一阶 RC 低通滤波器的电路及其幅频、相频特性如图 2-23 所示,其中 $\tau = RC$。

由图 2-23 可知,当 ω($\omega = 2\pi f$)很小时,$A(\omega) = 1$,信号不受衰减地通过;当 ω 很大时,

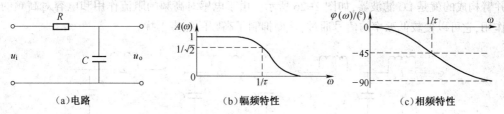

图 2-23 一阶 RC 低通滤波器的电路及其幅频、相频特性

$A(\omega)=0$,信号完全被阻挡,不能通过。

(2)一阶 RC 高通滤波器。一阶 RC 高通滤波器的电路及其幅频、相频特性如图 2-24 所示。

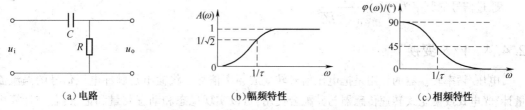

图 2-24 一阶 RC 高通滤波器的电路及其幅频、相频特性

由图 2-24 可知,当 ω 很小时, $A(\omega)=0$,信号完全被阻挡,不能通过;当 ω 很大时, $A(\omega)=1$,信号不受衰减地通过。

低通滤波器和高通滤波器的截止频率相同, $f_{c}=\dfrac{1}{2\pi RC}$。

(3)RC 带通滤波器。带通滤波器可以看作低通滤波器和高通滤波器的串联,其电路及其幅频、相频特性如图 2-25 所示。

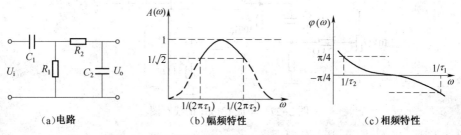

图 2-25 RC 带通滤波器电路及其幅频、相频特性

极低和极高的频率成分都完全被阻挡,不能通过;只有位于频率通带内的信号频率成分能通过。

应注意,当高、低通两级串联时,应消除两级耦合时的相互影响,因为后一级成为前一级的"负载",而前一级又是后一级的信号源内阻。实际上两级间常用射极输出器或者运算放大器隔离,所以实际带通滤波器通常是有源的。有源滤波器由 RC 调谐网络和运算放大器组成。运算放大器既可起级间的隔离作用,又可起信号幅值的放大作用。

(4)滤波器的选用。选用滤波器时需要注意仪表的外接阻抗及放大器的输入阻抗;滤波器时间常数对仪表动态性能的影响;滤波器的频率特性。

6. LC 滤波器

利用电感的感抗与频率成正比、电容的容抗与频率成反比的特性,以电感作为串臂、电容作为并臂构成的就是 LC 滤波器,如图 2-26 所示。由于电感对高频的阻流作用和电容对高频的分流作用,它可以使较低频率的信号通过,从而抑制了高频的噪声干扰。

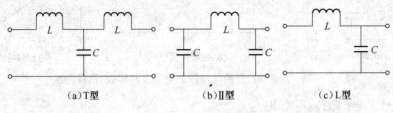

（a）T型　　　　　　（b）Ⅱ型　　　　　　（c）L型

图 2-26　LC 滤波器

通过信号的频率为 $f_c = \dfrac{1}{2\pi\sqrt{2LC}}$。

2.4.4　*V/F* 变换

电压/频率转换器的作用是把电压信号转变成频率信号。将输出是脉冲电压信号的涡流流量计、光电式或磁阻式转速传感器与其配合使用,可以实现稳态和动态测量和记录;若与计算机连接,可以对流量、转速等物理量自动实现数据采集、处理和控制。

集成 LM331 的线路图如图 2-27 所示。

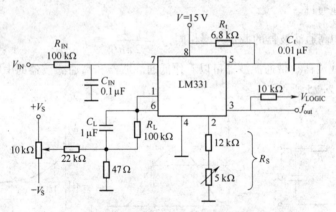

图 2-27　集成 LM331 的线路图

其输出为

$$f_{out} = \frac{V_{in}}{2.09V} \cdot \frac{R_s}{R_L} \cdot \frac{1}{R_t C_t} \tag{2-37}$$

集成 LM131/231/331 的 *V/F* 变换线性度高,可工作在单电源或双电源下,脉冲输出与 TTL CMOS 等逻辑电平兼容,温度稳定性好,低功耗,5 V 供电典型值为 15 mW,输入电压为 0.2 V ~ V_{cc};频率范围为 1~100 kHz。

2.4.5　*V/I* 变换

电流信号适于长距离传输,传输中信号衰减小、抗干扰能力强,在工业控制系统中常以电流方式为传输信号。因此,大量的常规工业仪表以电流方式互相配接。

按仪器仪表标准,DDZ-Ⅱ系列仪表各单元之间的联络信号为 0~10 mA,而 DDZ-Ⅲ系列仪表各单元之间的联络信号为 4~20 mA。D/A 转换器的输出信号有的是电压方式,有的是电流方式,但是电流幅度大都在微安数量级。因此,D/A 转换器的输出常常需要配接 V/I(电压/电流)转换器。

常用的 V/I 转换器可分为两种,如图 2-28 所示。一种为负载共电源方式,另一种为负载共地方式。

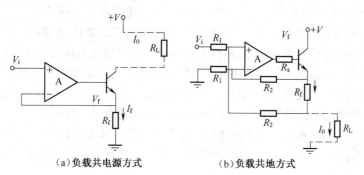

（a）负载共电源方式　　　　（b）负载共地方式

图 2-28　V/I 转换器

对于图 2-28(a)所示的负载共电源方式的 V/I 转换器,由于运算放大器输入负端与输入正端电位基本相等,即 $V_i \approx V_f$,可得

$$I_0 = I_f = \frac{V_f}{R_f} = \frac{V_i}{R_f} \tag{2-38}$$

对于图 2-28(b)所示的负载共地方式的 V/I 转换器,是一个电流并联负反馈电路。由于运算放大器正负输入端电位近似相等,当 R_2 很大且远大于 R_f,可得

$$V_i + (I_0 R_L - V_i)\frac{R_1}{R_1 + R_2} = I_0(R_f + R_L)\frac{R_1}{R_1 + R_2} \tag{2-39}$$

化简得

$$I_0 = V_i\frac{R_2}{R_1 R_f} \tag{2-40}$$

如果取 $R_1 = 100\ \text{k}\Omega$,$R_2 = 20\ \text{k}\Omega$,$R_f = 100\ \Omega$,则当 V_i 在 0~+5 V 时,I_0 为 0~10 mA。

使用负载共地方式需要注意:电路中各电阻应当选用精密电阻,以保证足够的转换精度。转换器的零位可以由运算放大器的调零端实现。如果采用没有调零端的运算放大器,必须附加额外的调零电路。正电源的取值必须满足 $+V > (R_f + R_L)I_{omax}$,I_{omax} 为 I_0 的最大值。如果需要改变输入电压范围,只需要改变 R_2/R_1 的数值就可以实现。如果需要将单极性输入改变为双极性输入,则需要在运算放大器输入端附加偏置电压。

标准输出电流信号有 0~10 mA 和 4~20 mA 两种,如图 2-29 所示,其中 4~20 mA 的标准输出电流被广泛地应用。

采用电流信号的原因是其不容易受干扰,并且电流源内阻无穷大,导线电阻串联在回路中不影响精度,在普通双绞线上可以传输数百米。上限取 20 mA 是防爆的要求;20 mA 的电流通断引起的火花能量不足以引燃瓦斯。下限没有取

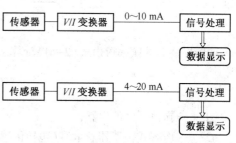

图 2-29　两种标准输出电流信号

0 mA的原因是为了能检测断线:正常工作时不会低于 4 mA,当传输线因故障断路,环路电流降为 0。常取 2 mA 作为断线报警值。

另外,工业上应用的电流型 V/I 变送器实际使用两线制传感器越来越多。

电流型变换器将物理量转换成 4~20 mA 电流输出,必然要有外电源为其供电。最典型的是变送器需要两根电源线,加上两根电流输出线,总共要接四根线,称为四线制变送器,如图 2-30(a)所示。当然,电流输出可以与电源共用一根线(共用 V_{CC} 或者 GND),可节省一根线,称为三线制变送器,如图 2-30(b)所示。4~20 mA 电流本身就可以为变送器供电,如图 2-30(c)所示。变送器在电路中相当于一个特殊的负载,特殊之处在于变送器的耗电电流在 4~20 mA 之间,根据传感器输出而变化。显示仪表只需要串联在电路中即可。这种变送器只需要外接两根线,因而被称为两线制变送器。工业电流环标准下限为 4 mA,因此只要在量程范围内,变送器至少有 4 mA供电,这使得两线制传感器的设计成为可能。在工业应用中,测量点一般在现场,而显示设备或者控制设备一般都在控制室或控制柜上,两者之间距离可能有数十米至数百米。按 100 m 距离计算,省去两根导线意味着成本降低近百元。因此在实际使用中两线制传感器得到越来越多的应用。

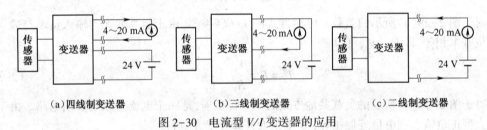

(a)四线制变送器　　　　　(b)三线制变送器　　　　　(c)二线制变送器

图 2-30　电流型 V/I 变送器的应用

2.4.6　调频电路

电容式传感器接在电容变换器的振荡器振荡槽路中,当传感器电容 C_x 发生改变时,其振荡频率发生相应变化,振荡器频率受电容式传感器的电容调制,实现由电容变化到频率的转换,故称为调频电路。但是伴随频率的改变,振荡器输出幅值往往也发生变化,为克服振荡器输出幅值的变化,在振荡器之后加入限幅放大器。此频率作为测量系统的输出量,可以用于判断被测量大小,但系统是非线性的,且不易校正。故在系统之后再加入鉴频器,用鉴频器可调整的非线性特性补偿其他部分的非线性,从而使整个系统获得线性特性,整个系统输出将为电压或电流等模拟量,如图 2-31 所示。

$$C_x \quad L \quad \boxed{振荡器} \xrightarrow[\Delta u]{\Delta f} \boxed{限幅放大器} \xrightarrow{\Delta f} \boxed{鉴频器} \xrightarrow{\Delta u}$$

图 2-31　调频电路

调频振荡器的频率可由式(2-41)计算。

$$f = \frac{1}{2\pi\sqrt{LC_x}} \tag{2-41}$$

式中: L ——振荡回路的电感;

C_x ——电容式传感器总电容(包括传感器电容、谐振回路中微调电容和传感器电缆分布电容等)。

调频电路抗干扰能力强、稳定性好、灵敏度高;可测量 $0.01\mu m$ 级的位移变化量;能获得高电平的直流信号,可达伏特数量级;输出为频率信号,易于用数字式仪器进行测量,并可以和计算机进行通信,可以发送、接收,能达到遥测遥控的目的。

2.4.7 脉冲调宽型电路

脉冲调宽型电路原理如图 2-32 所示。电路利用对传感器电容的充放电使电路输出脉冲的宽度随传感器电容量的变化而变化,再通过低通滤波器得到相应被测量变化的直流信号。

A_1 及 A_2 是电压比较器,两个比较器的同相输入端接入幅值稳定的参比电压 $+E$。若 U_c 高于 E,则 A_1 输出为负电平;或 U_D 高于 E,则 A_2 输出为负电平,A_1 和 A_2 比较器是放大倍数足够大的放大器。

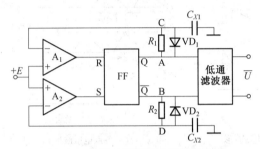

图 2-32 脉冲调宽型电路原理图

FF 为双稳态 RS 触发器,采用负电平输入。若 A_1 输出为负电平时,则 $\overline{Q}$ 端为低电平(零电平),而 $\overline{Q}$ 端为高电平;若 A_2 输出为负电平时,则 $\overline{Q}$ 端为低电平,而 Q 端为高电平。

假设传感器处于初始状态,即 $C_{X1} = C_{X2} = C_0$;且 A 点为高电平,即 $U_A = U$;而 B 点为低电平,即 $U_B = 0$。

此时,U_A 经过 R_1 对 C_{X1} 充电,使电容 C_{X1} 上的电压按指数规律上升,时间常数为 $\tau_1 = R_1 C_{X1}$。当 $U_c \geqslant E$ 时,比较器 A_1 翻转,输出端呈负电平,触发器也跟着翻转,Q 端(即 A 点)由高电平降为低电平,同时 $\overline{Q}$ 端(即 B 点)由低电平升为高电平;此时,C_{X1} 充有电荷,将经二极管 VD_1 迅速放电。由于放电时间常数极小,U_c 迅速降为零,这又导致比较器 A_1 再翻转成输出为正。从触发器 $\overline{Q}$ 输出端升为高电平开始,U_B 即经过 R_2 按指数规律,以时间常数 $\tau_2 = R_2 C_{X2}$ 的速率对 C_{X2} 充电,D 点电位开始上升,当 $U_D \geqslant E$ 时。比较器 A_2 翻转,其输出端由正变为负,这一负跳变促使触发器 FF 又一次翻转,使 $\overline{Q}$ 端为低电平,Q 端为高电平,于是充在 C_{X2} 上的电荷经 VD_2 放电,使 U_D 迅速降为零,A_2 复原,同时 A 点的高电位开始经 D_1 对 C_{X1} 充电,又重复前述过程。其波形如图 2-33 所示。

输出平均电压将正比于输入传感器的被测量大小,即

$$\overline{U} = \frac{C_{X1} - C_{X2}}{C_{X1} + C_{X2}} U \tag{2-42}$$

2.4.8 相敏检波电路

二极管相敏检波电路原理图如图 2-34 所示,该电路容易做到输出平衡,便于阻抗匹配。图 2-33 中比较电压 $\dot{U}_2$ 和 $\dot{U}_1$ 同频,经过移相器使 $\dot{U}_2$ 和 $\dot{U}_1$ 保持同相或反相,且满足 $U_2 \gg U_1$(此处 U 表示对应 $\dot{U}$ 的模值)。

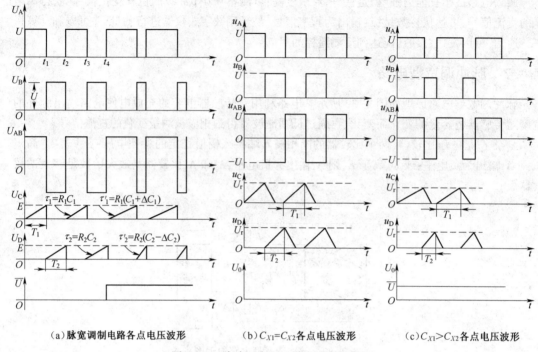

（a）脉宽调制电路各点电压波形　　　　　（b）$C_{X1}=C_{X2}$各点电压波形　　　　（c）$C_{X1}>C_{X2}$各点电压波形

图 2-33　脉冲调宽型电路各点电压波形

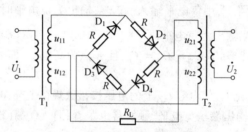

图 2-34　二极管相敏检波电路原理图

当衔铁在中间位置时，位移 $x(t)=0$，传感器输出电压 $\dot{U}_1=0$，只有 $\dot{U}_2$ 起作用，如图 2-35所示。

$\dot{U}_1$、$\dot{U}_2$ 为正半周时的等效电路如图 2-35（a）所示，$i_4=\dfrac{u_{21}}{R+R_L}$，$i_3=\dfrac{u_{22}}{R+R_L}$，因为是从中心抽头，$u_{21}=u_{22}$，故 $i_3=i_4$，流经 R_L 的电流为 $i_0=i_4-i_3=0$。

$\dot{U}_1$、$\dot{U}_2$ 为负半周时的等效电路如图 2-35（b）所示，$i_1=\dfrac{u_{22}}{R+R_L}$，$i_2=\dfrac{u_{21}}{R+R_L}$，同理可知 $i_1=i_2$，所以流经 R_L 的电流为 $i_0=i_1-i_2=0$。

当衔铁在零位以上时，位移 $x(t)>0$，$\dot{U}_1$ 与 $\dot{U}_2$ 同频同相，如图 2-36所示。

$\dot{U}_1$、$\dot{U}_2$ 正半周时的等效电路如图 2-36（a）所示，$i_3=\dfrac{u_{22}-u_{12}}{R+R_L}$，$i_4=\dfrac{u_{21}+u_{12}}{R+R_L}$，故 $i_4>i_3$，流经 R_L 的电流为 $i_0=i_4-i_3>0$。

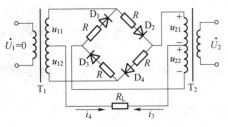 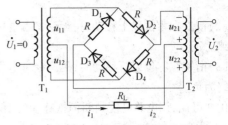

(a)$\dot{U}_1$、$\dot{U}_2$为正半周时的等效电路　　　　(b)$\dot{U}_1$、$\dot{U}_2$为负半周时的等效电路

图2-35　二极管相敏检波电路原理图(衔铁在中间位置)

$\dot{U}_1$、$\dot{U}_2$负半周时的等效电路如图2-36(b)所示，$i_1 = \dfrac{u_{22}+u_{11}}{R+R_L}$，$i_2 = \dfrac{u_{21}-u_{11}}{R+R_L}$，故 $i_1>i_2$，流经 R_L 的电流为 $i_0 = i_1-i_2>0$，表示 i_0 的方向与规定正方向相同。

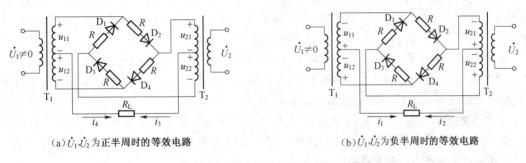

(a)$\dot{U}_1$、$\dot{U}_2$为正半周时的等效电路　　　　(b)$\dot{U}_1$、$\dot{U}_2$为负半周时的等效电路

图2-36　二极管相敏检波电路原理图(衔铁在零位以上)

当衔铁在零位以下时，位移 $x(t)<0$，$\dot{U}_1$ 与 $\dot{U}_2$ 同频反相，如图2-37所示。

$\dot{U}_1$ 为负半周、$\dot{U}_2$ 为正半周时的等效电路如图2-37(a)，$i_3 = \dfrac{u_{22}+u_{12}}{R+R_L}$ $i_4 = \dfrac{u_{21}-u_{12}}{R+R_L}$，故 $i_4<i_3$，流经 R_L 的电流为 $i_0 = i_4-i_3<0$。

$\dot{U}_1$ 为正半周、$\dot{U}_2$ 为负半周时的等效电路如图2-37(b)，$i_1 = \dfrac{u_{22}-u_{11}}{R+R_L}$ $i_2 = \dfrac{u_{21}+u_{11}}{R+R_L}$，故 $i_1<i_2$，流经 R_L 的电流为 $i_0 = i_1-i_2<0$，表示 i_0 的方向与规定正方向相反。

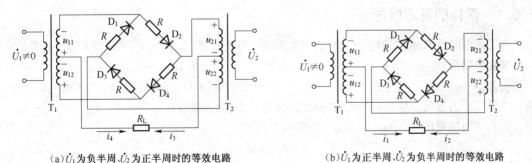

(a)$\dot{U}_1$ 为负半周、$\dot{U}_2$ 为正半周时的等效电路　　　　(b)$\dot{U}_1$ 为正半周、$\dot{U}_2$ 为负半周时的等效电路

图2-37　二极管相敏检波电路原理图(衔铁在零位以下)

综上所述：

(1)衔铁在中间位置时，无论参考电压是正半周还是负半周，在负载 R_L 上的输出电压始终

为 0。

（2）衔铁在零位以上移动时，无论参考电压是正半周还是负半周，在负载 R_L 上得到的输出电压始终为正。

（3）衔铁在零位以下移动时，无论参考电压是正半周还是负半周，在负载 R_L 上得到的输出电压始终为负。

由此可见，该电路既能判断衔铁移动的距离，又能判别衔铁移动的方向。

2.5　误差分析及数据处理基础

科尔索夫（Kolthoff）曾断言："理论上，物理量的正确值是不可能得到的。"即任何测量都不可能绝对准确，误差是客观存在的。

测量的目的是通过测量获取被测量的真实值。在实际测量过程中，由于种种原因，例如，传感器本身性能不理想、测量方法不完善、受外界干扰影响及人为的疏忽等，都会造成被测参数的测量值与真实值不一致，两者不一致程度用测量误差表示。

在科学实验和工程实践中，由于客观条件不可能完美无缺，以及在测量过程中人在主观方面的各种原因，都会使测量结果与实际值不同，也即测量误差客观存在于一切科学实验与工程实践中，没有误差的测量是不存在的，这就是误差公理。

虽然误差客观存在，真值难得，但测量工作者可以根据不同的情况采取针对措施以减小误差，使测量达到一定的准确度，并采用数理统计方法对实验数据进行处理和解析，从而满足生产、科研、环境监测等各方面检测需要。

当误差超过一定限度时，测量不仅变得毫无意义，而且会给工作带来危害。因此对测量误差的控制就成为衡量测量技术水平，以至于科技水平的重要标志之一。

研究测量误差的目的，就是要根据误差产生的原因、性质以及规律，在一定的测量条件下设法减小误差，保证测得值有一定的可信度，将误差控制在允许的范围之内。

传感器获得的信息是否正确，对整个测量系统的精度影响很大。如果传感器的误差很大，它后面的测量电路和指示装置无论怎样精确，也难于得到高精度的测量结果。当然，测量电路和指示装置的精度也会不同程度地影响测量结果的精度。

以下介绍测量误差的有关概念，这些概念适合于测量仪器、测量系统和传感器。

2.5.1　误差的基本概念

为了减小误差，明确数据处理的意义，首先需要对各类误差的基本概念、性质及来源了如指掌。

误差的表示

误差（error）指测量值与真值之差。误差表示测量结果的准确度（accuracy）。准确度即测量值与真值接近的程度。测量值与真值越接近，误差越小，准确度越高。

误差常用绝对误差（absolute error）和相对误差（relative error）表示。

$$\Delta x = x - \mu_0 \tag{2-43}$$

$$\gamma = \frac{\Delta x}{\mu_0} \times 100\% = \frac{x - \mu_0}{\mu_0} \times 100\% \tag{2-44}$$

式中：Δx、γ——绝对误差和相对误差；

　　　x、μ_0——测量值和真值。

虽然真值是客观存在的,但是由于任何测量都存在误差,一般难以获得真值。通常可能知道的真值有三类:

(1)理论真值:如三角形内角和为 180°。

(2)约定真值:如国际原子量委员会讨论修订的原子量。

(3)相对真值:一些测量中,由有经验人员采用可靠方法经过多次实验而得出的结果。

例 2-1 某圆柱直径真值为 10.0 cm,测量结果为 10.2 cm,分别求出测量的绝对误差和相对误差。

解 x (cm)　　μ_0 (cm)　　Δx (cm)　　γ

　　　10.2　　　　10.0　　　　0.2　　　　2%

有人会问,既然真值不可得,题目中是如何给出圆柱直径为 10.0 cm 的真值的呢?

真值客观存在,但是测量误差也客观存在。因此被测物理量的理论真值实际上是无法测出的,通常采用高一级量具的更精确的测量值表示真值。

2.5.2 误差的分类及来源

1. 按误差的表示方法分类

(1)绝对误差。某物理量测得值 x 与其真值 μ_0 的差,称为绝对误差,用 Δx 表示,见式(2-43)。μ_0 是被测物理量的理论精确值,实际上是无法测出的,因而用更精确的测量值代表真值。

(2)相对误差。绝对误差 Δx 与真值 μ_0 之比,称为相对误差,用 γ 表示,见式(2-44)。

(3)满度(引用)相对误差。通用的仪表误差(精度)表示方法,是相对仪表满量程的一种误差,一般用百分数表示,即绝对误差与仪表满量程 x_n 之比,称为满度相对误差,用 δ_n 表示。

$$\delta_n = \frac{\Delta x}{x_n} \times 100\% = \frac{x - \mu_0}{x_n} \times 100\% \qquad (2-45)$$

其中仪表满量程是测量范围上限与测量范围下限之差。

若 Δx_m 为仪表量程内的最大允许的绝对误差,则最大引用误差 δ_{nm} 定义为

$$\delta_{nm} = \frac{\Delta x_m}{x_n} \times 100\% \qquad (2-46)$$

国家标准规定:仪表的精度等级是根据引用误差(最大允许满度误差)来确定的。

一级标准仪表的准确度是:0.005,0.02,0.05。

二级标准仪表的准确度是:0.1,0.2,0.35,0.5。

一般工业用仪表的准确度是:0.1,0.2,0.5,1.0,1.5,2.5,5.0

若某仪表的最大引用误差满足式(2-47),则称该仪表的精度等级为 a(a 为国家标准规定中的仪表准确度等级)

$$\delta_{nm} = \frac{|\Delta x_m|}{x_n} \times 100\% \leqslant a\% \qquad (2-47)$$

例如, 0.5 级表的最大引用误差的最大值不超过 ±0.5%。

例 2-2 量程为 0~100 V 和 0~1 V 的电压表,在整个量程范围内最大允许绝对误差为 0.5 V,请问这两个电压表的精度是多少?即哪块电压表的性能更好?

解 量程为 0~100 V 的电压表,若

$$\delta_{nm} = \frac{|\Delta x_m|}{x_n} \times 100\% = \frac{0.5}{100} \times 100\% = 0.5\%,精度等级为 0.5。$$

量程为 0～10 V 的电压表,若

$$\delta_{nm} = \frac{|\Delta x_m|}{x_n} \times 100\% = \frac{0.5}{10} \times 100\% = 5\% ,精度等级为 5。$$

故量程为 0～100 V 的电压表性能好。

由式(2-47), $|\Delta x_m| \leqslant a\% x_n$,当示值为 x 时可能产生的最大相对误差为

$$\delta_m = \frac{|\Delta x_m|}{x} \leqslant a\% \frac{x_n}{x} \tag{2-48}$$

从使用仪表的角度,只有示值刚好为仪表上限时,测量结果的准确度才等于该仪表准确度等级的百分数。在其他示值时测量结果准确度则低于仪表准确度等级的百分数。

那么选择仪表时,为什么所测值最好大于或等于仪表量程的 2/3 到满量程之间呢?

根据式(2-48),用仪表测量示值为 x 的被测量时,比值 x_n/x 越大,测量结果的相对误差越大。因此,选用仪表时,被测量的大小越接近仪表上限越好。为了充分利用仪表的准确度,选用仪表前应对被测量有所预估,被测量的值应大于其测量上限的 2/3。

(4)示值相对误差。仪表某一测量示值时的绝对误差与示值之比的百分数称为示值相对误差。它反映的是示值 x 的准确程度。

$$\delta_x = \frac{\Delta x}{x} \times 100\% \tag{2-49}$$

用量程为 0～100 V 的电压表测量不同的电压(如 1 V 和 50 V 的电压)绝对误差均为 ±0.1 V,则其示值相对误差动别为±10%和±0.2%。

(5)测量精度。绝对误差越小,测量值越接近真值,测量精度越高。但这一结论只适用于被测量相同的情况,而不能说明不同值的测量精度。

例 2-3 某圆柱直径真值为 1.0 cm,测量结果为 1.2 cm,分别求出测量的绝对误差和相对误差。

解

x (cm)	μ_0 (cm)	Δx (cm)	γ
1.2	1.0	0.2	20%

细心的读者会发现例 2-3 和例 2-1 两次测量的绝对误差 Δx 相等,均为 0.2 cm。

那么这两次测量谁的精度更高呢?单纯根据绝对误差很难判断测量精度的高低。为此,人们引入了相对误差的概念。

现在考虑相对误差,发现例 2-3 测量的相对误差是例 2-1 测量相对误差的 10 倍。虽然两次测量的绝对误差 Δx 相等,但是该绝对误差相对于被测量值的比例相差却很大。

由此可以发现相对误差的物理意义是测量单位量所产生的误差(例如,对于 10 m 的材料的测量,结果为 10.2 m,则相对误差为 $\gamma = 0.02 = 2\%$,即每测量 1 m 的长度产生 0.02 m 的误差)。

例 2-3 和例 2-1 这样两次不同的测量,虽然绝对误差相同,但是由于相对误差不同,例 2-1 的测量准确度更高。对于不同的测量,只有相对误差才有可比性,可说明测量质量的好坏。

2. 按仪表误差的使用条件分类

(1)基本误差。基本误差是指仪表在规定的标准条件下所具有的误差。例如,仪表是在电源电压(220±5) V、电网频率(50±2) Hz、环境温度(20±5) ℃、湿度 65%±5%的条件下标定的。如果这台仪表在这个条件下工作,则仪表所具有的误差为基本误差。

测量仪表的精度等级是由基本误差决定的。

(2)附加误差。附加误差是指当仪表的使用条件偏离额定条件下出现的误差。例如,温度

附加误差、频率附加误差、电源电压波动附加误差等。

3. 按误差的性质分类

（1）粗大误差（gross error）。粗大误差又称过失误差（疏忽误差），用 e_e 表示，是由于某种过失所引起的误差。数据处理时含有过失误差的数据，明显偏离测量结果。这类误差是由于测量者疏忽大意或环境条件的突然变化而引起的。

（2）系统误差（systematic error）。系统误差用 e_s 表示，是由传感器或仪表本身性能不完善、安装或调整不当、环境条件变化、测量方法不当等比较确定的因素所引起的误差。其特点是具有规律性，不随时间变化，如果条件不变，系统误差是恒定的，它将在多次测量中重复出现。

（3）随机误差（random error）。随机误差又称偶然误差，用 e_r 表示，是由偶然因素引起的，其特点是难以预知，服从统计规律，可用多次测量并进行统计处理的方法予以减小或消除。

为了和多数参考书一致，下面用 δ 表示随机误差。

随机误差来源于环境温度、湿度的变化，仪器性能的微小波动，电压的变化等，由于上述因素无法控制，随机波动，所以随机误差时大时小、时正时负，所以又称偶然误差。所谓偶然即指其大小、正负难以预言，是偶然的。

设对某被测量进行了 n 次等精度、独立的测量，其结果为 $x_1, x_2, \cdots, x_n$。则测量值的算术平均值为

$$\bar{x} = \frac{x_1 + x_2 + \cdots + x_n}{n} = \frac{1}{n}\sum_{i=1}^{n}x_i \tag{2-50}$$

当测量次数 n 趋于无穷大时，取样平均值的极限称为测量值的总体平均值，即

$$a_x = \lim_{n\to\infty}\bar{x} = \lim_{n\to\infty}\frac{1}{n}\sum_{i=1}^{n}x_i \tag{2-51}$$

a_x 与测量真值 A_0 之差定义为系统误差，即

$$e_s = a_x - A_0 \tag{2-52}$$

各次测量值 x_i 与 a_x 之差定义为随机误差，即

$$\delta_i = x_i - a_x \quad (i = 1, 2, \cdots, n) \tag{2-53}$$

各次测量值的系统误差和随机误差之和即绝对误差，即

$$\delta_i + e_s = (x_i - a_x) + (a_x - A_0) = x_i - A_0 = \Delta x_i (i = 1, 2, \cdots, n) \tag{2-54}$$

4. 按被测量与时间的关系分类

（1）静态误差：被测量不随时间变化时产生的测量误差称为静态误差。

（2）动态误差：被测量随时间变化时产生的附加误差称为动态误差。其大小为动态测量和静态测量所得误差的差值。

5. 测量仪表的误差

测量仪表的示值误差简称测量仪表的误差，指"测量仪表示值与对应输入量的真值之差"。

这是测量仪表的最主要的计量特性之一，其实质反映了测量仪表准确度的大小。示值误差大，则其准确度低；示值误差小，则其准确度高。

示值误差是对真值而言的，由于真值是不能确定的，实际上使用的是约定真值或实际值。

按照不同的示值、性质或条件，测量仪表的误差又具有专门的术语。如基值误差、零值误差、固有误差、偏移等。

测量仪表的误差见表2-2。

表 2-2　测量仪表的误差

测量仪表的误差	定　义	实　质
基值误差	在规定的测量值上测量仪器或测量系统的测量误差	为检定或校准测量仪表,人们通常选取某些规定的示值或规定的被测量值处的测量仪表误差
零值误差	零值误差是指被测量为零值的基值误差,即当被测量值为零时,测量仪表的直接示值与标尺零刻线之差	通常,在测量仪表通电情况下称为电气零位;在测量仪表不通电的情况下称为机械零位。零位在测量仪表检定或校准或使用时十分重要
固有误差	固有误差是指在参考条件下确定的测量仪表的误差	固有误差通常又称基本误差,指测量仪表在参考条件下所确定的测量仪表本身所具有的误差。它来源于测量仪表自身的缺陷,如仪表结构、原理、使用、安装、测量方法及其测量标准传递等。直接反映了测量仪表的准确度。相对示值误差而言,固有误差是测量仪表划分准确度的重要依据,是测量仪表的最大允许误差
附加误差	附加误差是测量仪表在非标准条件下增加的误差	额定操作条件、极限条件等都属于非标准条件。非标准(即参考)条件下工作的测量仪表的误差,会比参考条件下的固有误差大一些,则增加部分就是附加误差。主要是影响量超出参考条件规定范围,对测量仪表带来的增加误差,属于外界因素造成的误差。测量仪表使用时与检定、校准时因环境条件不同而引起的误差,就是附加误差;测量仪表在静态条件下检定、校准,而在实际动态条件下使用,也会带来附加误差
偏移、抗偏移性	测量时希望得到真实的被测量值,但实际上多次测量同一被测量时,得到的是不同示值。由测量仪表误差形成的测量仪表示值的系统误差动量,称为测量仪表的偏移,简称偏移	造成偏移的原因很多,如仪表设计原理的缺点,标尺、度盘安装不正确,使用时测量环境变化,测量或安装方法不完善,测量人员因素以及测量标准器的传递误差等。测量仪表的偏移,直接影响着测量仪表的准确度。 不含系统误差是做不到的,但可以减小它。实际上测量仪表设计时必须考虑这一点,同时在测量仪表使用时也应考虑如何提高其抗偏移性
最大允许误差	最大允许误差是指在规定的正常情况下允许的百分比误差的最大值	在规定的参考条件下,测量仪表在技术标准、计量检定规程等技术规范上所规定的允许误差的极限值称为最大允许误差。实际上是测量仪表各计量性能所要求的最大允许误差值,简称最大允许误差,又称测量仪表的允许误差限。可用绝对误差、相对误差或引用误差等来表述

测量仪表的误差	定 义	实 质
引用误差	引用误差是指测量仪表的误差除以仪表的特定值	通常很多测量仪表用引用误差来表示该测量仪表的允许误差限。特定值一般称为应用值,它可以是测量仪表的量程,也可以是标称范围的上限或测量范围等。测量仪表的引用误差就是测量仪表的相对误差与其应用值之比。真值是难以得到的,人们常用两种方法近似确定真值,并称为约定真值。一种方法是采用相应的高一级精度的计量器具所复现的被测量值来代表真值,另一种方法是在相同条件下用多次重复测量的算术平均值来代表真值(注意:这里的测量值与其算术平均值之差才是测量误差)
精度等级	在正常使用条件下,仪表测量结果的准确程度称为仪表的准确度。仪表准确度习惯上称为精度,准确度等级习惯上称为精度等级。仪表的精度等级又称准确度级,是根据国家统一规定的允许误差大小划分成的等级	为了便于表示仪表质量,通常用准确度等级来表示仪表的准确程度。仪表的精度等级是按其引用误差确定的。准确度等级是衡量仪表质量优劣的重要指标之一。引用误差越小,仪表的准确度越高。准确度等级就是最大引用误差去掉正、负号及百分号。引用误差与仪表的量程范围有关,所以在使用同一准确度的仪表时,往往压缩量程范围以减小测量误差。精度等级是以它的允许误差占表盘刻度值的百分数来划分的,其精度等级数越大,允许误差占表盘刻度极限值越大。量程越大,同样精度等级时,它测得压力值的绝对值允许误差越大

$$\text{仪表精度} = (\text{绝对误差的最大允许值/仪表量程}) \times 100\% \tag{2-55}$$

式(2-55)取绝对值去掉%,是精度等级。

例如,0.5级电表的引用误差应不超过±0.5%。我国过程检测控制仪表的精度等级分为 0.005、0.02、0.05、0.1、0.2、0.35、0.4、0.5、1.0、1.5、2.5、4.0 等;我国工业仪表等级分为 0.1、0.2、0.5、1.0、1.5、2.5、5.0 七个等级,并标注在仪表刻度标尺或铭牌上。级数越小,精度(准确度)就越高。

另外,要区别和理解测量仪表的示值误差、最大允许误差和测量不确定度之间的关系。

示值误差和最大允许误差均是对测量仪表本身而言的。最大允许误差是指技术规范(如标准、检定规程)所规定的允许的误差极限值,是判定测量仪表是否合格的一个规定要求,而示值误差是测量仪表某一示值其误差的实际大小,是通过检定、校准所得到的一个值,可以评价是否满足最大允许误差的要求,从而判断该测量仪表是否合格,或根据实际需要进行示值修正,以提高测量仪表的准确度。

测量不确定度是表征测量结果分散性的一个参数,它只能表述一个区间或一个范围,说明被测量真值以一定概率落于其中,它对测量结果而言,用以判定测量结果的可靠性。

示值误差、最大允许误差和测量不确定度具有不同的概念,前两者相对测量仪表而言,后者相对测量结果而言;前两者相对于真值(约定真值)之差,后者是一个区间范围;前两者可以对测量仪表的示值进行修正,后者无法对测量仪表进行修正。

2.5.3 精密度、准确度、精确度

1. 精密度

测量值与平均值之差称为偏差。偏差表征测量结果的精密度。精密度即各测量值之间接近

的程度,各测量值相互接近、比较集中,或者波动性小、则离散性小,则偏差就小,精密度也就越高。由于系统误差是恒定的,偏差或者测量值的波动性决定于随机误差,也即精密度决定于随机误差。

数理统计中,常用标准差(均方根偏差)衡量数据的离散程度,表征测量的精密度。

$$\sigma = \sqrt{\frac{\sum_{i=1}^{n}(x_i - \mu_0)^2}{n-1}} = \sqrt{\frac{\sum(x_i - \mu_0)^2}{n-1}} \tag{2-56}$$

式中: $\sum_{i=1}^{n}$ ——求和,简写成 $\sum$;

μ_0 ——测量的真值。

式(2-56)又称贝塞尔公式。

2. 准确度

剔除粗大误差之后,测量值与真值之差可以表示测量的准确度。因为测量值与真值之差,即测量误差主要包括随机误差和系统误差,而随机误差体现为精密度,所以可以说准确度决定于系统误差与随机误差或精密度。

如果随机误差已基本消除,或者精密度很高,那么此时准确度主要决定于系统误差,所以精密度高是准确度高的前提。在精密度高的前提下,要使准确度高,还需要消除系统误差,否则,如果系统误差很大,即使精密度高,准确度也会很低。

图 2-38 中,假设圆心表示测量真值,图中小黑点表示每次测量的测量值。可以看出,图 2-38(a)测量值忽左忽右,忽大忽小,偏离真值,因此测量的精密度不高,准确度也不高;图 2-38(b)测量值集中偏右,但是偏离真值,因此测量的精密度高,准确度不高;图 2-38(c)测量值集中在圆心附近,因此测量的精密度高,准确度高。

显然,从理论上讲,当已经完全消除系统误差,再通过无限多次测量完全消除随机误差,那么测量结果即等于真值。因此当不存在系统误差时,总体平均值可以作为真值。

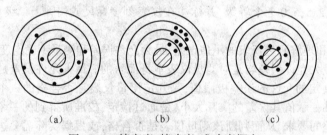

(a)　　　　　(b)　　　　　(c)

图 2-38　精密度、精确度、准确度概念

3. 精确度

精确度是精密度与准确度两者的总和,只有测量值的精密度和准确度都高,才能称该测量的精确度高。图 2-38(c)所示为精确度高。在测量中,希望得到精确度高的结果。

2.5.4　粗大误差、系统误差和随机误差的处理

(1)粗大误差的发现与剔除:首先应设法判断粗大误差是否存在,若存在粗大误差,必须将其剔除。检测人员应当严格认真,避免过失。

(2)系统误差的发现、修正或减小:系统误差的性质决定了它不可能通过增加测量次数来消

除。可以通过选择较好的检测系统、提高操作水平等技术措施使得检测系统完善,予以消除或补偿系统误差;也可在发现系统误差后用修正值的方法予以修正。

(3)随机误差的减小或消除:引起随机误差的原因很多,难以掌握或暂时未能掌握的微小因素,一般无法控制。不能用简单的修正值来修正。人们在长期实践中发现,虽然对于一次的测量偶然误差无法预言,但是重复多次测量中,随机误差符合统计规律。根据这一特点,用概率和数理统计的方法,多次测量,计算随机误差出现的可能性大小,并用统计方法予以减小或消除。

测量数据处理过程中,应当首先发现并剔除粗大误差,然后发现、修正或减小系统误差,最后利用随机误差性质进行处理。

1. 随机误差的处理

随机误差的处理任务:从随机数据中求出真值的最佳估计值,对数据可信赖程度进行评定并给出测量结果。在测量中,当系统误差已设法消除或减小到可以忽略的程度时,如果测量数据仍有不稳定的现象,说明存在随机误差。

在等精度测量情况下, n 个测量值 x_1, x_2, $\cdots$, x_n, 设只含有随机误差 δ_1, δ_2, $\cdots$, δ_n。这组测量值或随机误差都是随机事件,应用概率统计方法来研究。多数情况下,测量过程的随机误差服从正态分布规律。

随机误差的正态分布的概率密度函数为

$$y = f(\delta) = \frac{1}{\sigma\sqrt{2\pi}} e^{-\frac{(x-\mu_0)^2}{2\sigma^2}} = \frac{1}{\sigma\sqrt{2\pi}} e^{-\frac{\delta^2}{2\sigma^2}} \tag{2-57}$$

式中: y ——概率密度;

x ——测量值(随机变量);

σ ——均方根偏差(标准误差);

μ_0 ——真值(随机变量 x 的数学期望);

δ —— 随机误差(随机变量), $\delta = x - \mu_0$。

正态分布方程式关系曲线如图 2-39 所示。说明:在 $x = \mu_0 / \delta = 0$ 处的附近区域内具有最大概率。

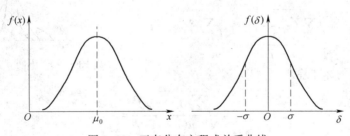

图 2-39 正态分布方程式关系曲线

由图 2-39 可知:

(1)绝对值小的随机误差出现的概率大于绝对值大的随机误差出现的概率。

(2)随机误差的绝对值不会超出一定界限。

(3)测量次数 n 很大时,绝对值相等、符号相反的随机误差出现的概率相等。$n \to \infty$ 时,随机误差的代数和趋近于零(抵偿性)。随着测量次数的增加,取多次测量结果的平均值过程中,正负误差可以相互抵消,因此增加测量次数可以减小随机误差。

(4)随机误差动布是单峰的和有界的,且当测量次数足够多时,误差具有对称性。

相关概念介绍如下：

(1)算术平均值 $\bar{x}$。对某一量进行 n 次等精度测量时，由于存在随机误差，测量值 x_i 皆不相同，应对所有数据进行数据处理后作为测量结果。

算术平均值定义为

$$\bar{x} = \frac{\sum\limits_{i=1}^{n} x_i}{n} \tag{2-58}$$

设各个测量值与真值的随机误差为 e_{ri}，则 $e_{ri} = x_i - \mu_0$

$$\sum_{i=1}^{n} e_{ri} = \sum_{i=1}^{n} (x_i - \mu_0) = \sum_{i=1}^{n} x_i - n\mu_0 \xrightarrow{n \to \infty} 0 \tag{2-59}$$

因此，

$$\mu_0 = \frac{\sum\limits_{i=1}^{n} x_i}{n} = \bar{x} \tag{2-60}$$

实际测量时，真值 μ_0 不可能得到。但如果随机误差服从正态分布，则算术平均值 $\bar{x}$ 处随机误差的概率密度最大。算术平均值是诸测量值的最可信赖的表达，为测量的最佳估计值，它可以作为等精度多次测量的结果。由式(2-58)和(2-59)可知，随着测量次数的增加，算术平均值趋近于真值。

(2)标准差 σ。标准差(标准偏差、均方根偏差、均方差、标准误差、标准差)：算术平均值反映随机误差的分布中心，而标准差则反映随机误差的分布范围。标准差愈大，测量数据的分散范围愈大，如图2-40所示。所以，标准差 σ 可以描述测量数据和测量结果的精度。

在实际测量时，由于真值 μ_0 是无法确切知道的，可用测量值的算术平均值 $\bar{x}$ 代替，各测量值与算术平均值差值称为残余误差(残差)，即 $v_i = x_i - \bar{x}$。用残余误差计算的均方根偏差称为均方根偏差的估计值 σ_s。

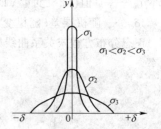

图2-40　不同 σ 的正态分布曲线

$$\sigma_s = \sqrt{\frac{\sum\limits_{i=1}^{n} (x_i - \bar{x})^2}{n-1}} = \sqrt{\frac{\sum\limits_{i=1}^{n} v_i^2}{n-1}} \tag{2-61}$$

算术平均值的标准差为

$$\sigma_{\bar{x}} = \sqrt{\frac{\sum (x_i - \bar{x})^2}{n(n-1)}} = \frac{\sigma_s}{\sqrt{n}} \tag{2-62}$$

式中，算术平均值 $\bar{x}$ 为真值 μ_0 的最佳估计值；σ_s 为有限次测量中单次测量的标准差；$\sigma_{\bar{x}}$ 为有限次测量算术平均值的标准差。由式(2-62)可知，n 次等精度测量中，算术平均值的标准差为单次测量标准差的 $\frac{1}{\sqrt{n}}$，且测量次数越多，算术平均值越接近被测量的真值，测量精度就越高。

(3)测量的极限误差。根据概率论知识可知，符合正态分布的随机误差动布曲线下的全部面积相当于全部误差出现的概率。根据随机误差的正态分布的概率密度函数式(2-57)，可得

$$P(\pm\infty) = \frac{1}{\sigma\sqrt{2\pi}} \int_{-\infty}^{+\infty} e^{-\frac{\delta^2}{2\sigma^2}} d\delta = 1 \tag{2-63}$$

而随机误差在 $\pm\delta$ 范围内的概率为

$$P(\pm\delta) = \frac{1}{\sigma\sqrt{2\pi}}\int_{-\delta}^{+\delta}e^{-\frac{\delta^2}{2\sigma^2}}d\delta = \frac{2}{\sigma\sqrt{2\pi}}\int_0^{+\delta}e^{-\frac{\delta^2}{2\sigma^2}}d\delta \tag{2-64}$$

引入变量 t，令 $\delta = t\sigma$

则

$$P(\pm t\sigma) = \frac{2}{\sqrt{2\pi}}\int_0^{+t}e^{-\frac{t^2}{2}}dt = 2\phi(t) \tag{2-65}$$

若某随机误差出现在 $\pm t\sigma$ 范围内的概率为 $2\phi(t)$，则超出该误差范围的概率为

$$\alpha = 1 - 2\phi(t) \tag{2-66}$$

表 2-3 为不同 t 值的置信区间及其对应的置信概率 $P_\alpha = 2\phi(t)$ 及 α。

表 2-3 不同 t 值的置信概率

t	0.674 5	1	1.96	2	2.58	3	4
$\|\delta\| = t\sigma$	$0.674\,5\,\sigma$	$1\,\sigma$	$1.96\,\sigma$	$2\,\sigma$	$2.58\,\sigma$	$3\,\sigma$	$4\,\sigma$
$2\phi(t)$	0.500 0	0.682 7	0.950 0	0.954 5	0.990 0	0.997 3	0.999 9
α	0.500 0	0.317 3	0.050 0	0.045 5	0.010 0	0.002 7	0.000 1

由表 2-3 可知，当 $t=1$ 时，$P_\alpha = 0.682\,7$，即测量结果中随机误差出现在 $-\sigma \sim +\sigma$ 范围内的概率为 68.27%，而 $|\delta| > \sigma$ 的概率为 31.73%。出现在 $-3\sigma \sim +3\sigma$ 范围内的概率是 99.73%，因此可以认为绝对值大于 3σ 的随机误差出现的概率极低，是小概率事件，几乎不可能出现。通常把 $|\delta| = 3\sigma$ 的随机误差称为极限误差 σ_{lim}。因此，测量结果通常表示为

$$x = \bar{x} \pm \sigma_{\bar{x}}(P_\alpha = 0.682\,7) \quad \text{或} \quad x = \bar{x} \pm 3\sigma_{\bar{x}}(P_\alpha = 0.997\,3) \tag{2-67}$$

2. 系统误差的根源、发现和消除

有效地找出系统误差的根源并减小或消除的关键是如何查找误差根源。通常需要对测量设备、测量对象和测量系统进行全面分析，明确其中有无产生明显系统误差的因素，采取相应措施予以修正或消除。

（1）系统误差的根源：

①所用传感器、测量仪表或组成元件是否准确可靠。如传感器或测量仪表灵敏度不足，仪表刻度不准确，变换器、放大器等性能不良，这些均会引起系统误差。

②测量方法是否完善。如用电压表测量电压，电压表的内阻会对测量结果有影响。

③传感器或仪表安装、调整或放置是否正确合理。如没有调好仪表水平位置，安装时仪表指针偏心等都会引起系统误差。

④传感器或仪表工作环境条件是否符合规定条件。如环境、温度、湿度、气压等的变化也会引起系统误差。

⑤测量者的操作是否正确。如读数时的视差、视力疲劳等都会引起系统误差。

（2）系统误差的发现方法：

①实验对比法。通过改变产生系统误差的条件，进行不同条件的测量以发现系统误差。这种方法适用于发现固定的系统误差。

如一台测量仪表本身存在固定的系统误差，即使进行多次测量也不能发现，只有用精度更高一级的测量仪表测量，才能发现这台测量仪表的系统误差。

②残余误差观察法。根据测量值的残余误差的大小和符号的变化规律，直接由误差数据或

误差曲线图形判断有无变化的系统误差。

图 2-41 中把残余误差按测量值先后顺序排列,图 2-41(a)的残余误差排列后有递减的变值系统误差;图 2-41(b)则可能有周期性系统误差。

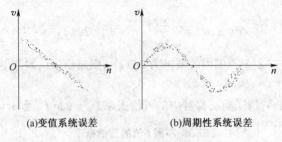

(a)变值系统误差　　　　　　　　(b)周期性系统误差

图 2-41　残值误差变化规律

③准则检查法:

a. 马利科夫准则:将残余误差前后各半分两组,若"Σv_i前"与"Σv_i后"之差明显不为零,则可能含有线性系统误差。

b. 阿贝-赫梅特检验法则:适于判断、发现和确定周期性系统误差。操作方法:将同一条件下顺序重复测量得到的测量值按序排列,求出相应残差 v_i。计算 $A = \left| \sum\limits_{i=1}^{n-1} v_i \cdot v_{i+1} \right| = | v_1 v_2 + v_2 v_3 + \cdots + v_{n-1} v_n |$ 若 $A > \sigma^2 \sqrt{n-1}$(σ 为测量数据序列标准差),则表明测量值中存在周期性系统误差。

c. 正态分布比较判别法:检查残余误差是否偏离正态分布,若偏离可能存在变化的系统误差。

(3) 系统误差的消除方法:

①在测量结果中进行修正。对于已知的系统误差,可以用修正值对测量结果进行修正;对于变值系统误差,设法找出误差的变化规律,用修正公式或修正曲线对测量结果进行修正;对未知系统误差,则按随机误差进行处理。

修正值是指为清除或减少系统误差,用代数法加到未修正测量结果上的值,用 C 表示。修正值和绝对误差大小相等,符号相反。

$$A_0 = x + C \tag{2-68}$$

注意:要正确区别误差、偏差和修正值的概念,应用时要注意误差和偏差区别。

偏差是一个值减去其参考值,对于实物量具而言,偏差就是实物量具的实际值对于标称值偏离的程度,即偏差=实际值-标称值。

例如,有一块量块,其标称值为 10 mm,经检定其实际值为 10.1 mm,则该量块的偏差为 10.1 mm-10 mm=+0.1 mm,说明此量块相对 10 mm 标准尺寸大了 0.1 mm。

此量块的误差为示值(标称值)-实际值,即误差=10 mm-10.1 mm=-0.1 mm,说明此量块示值比真值小了 0.1 mm,故此量块在使用时应加上 0.1 mm 修正值。

修正值是指为清除或减少系统误差,用代数法加到未修正测量结果上的值,和误差大小相等,符号相反。

这三个概念量值的关系:误差=-偏差;误差=-修正值;修正值=偏差。

②消除系统误差的根源。在测量之前,仔细检查、正确调整和安装仪表;防止外界干扰;选好观测位置,消除视差;选择环境条件比较稳定时进行读数。

③在测量系统中采用补偿措施。找出系统误差规律,在测量过程中自动消除系统误差。如用热电偶测量温度时,热电偶参考端温度变化会引起系统误差,消除此误差办法之一是在热电偶回路中加一个冷端补偿器,实现自动补偿。

④ 实时反馈修正。自动化测量技术及微机的应用使得实时反馈修正的办法消除复杂的变化系统误差成为可能。当查明某种误差因素变化对测量结果有明显的复杂影响时,应尽可能找出其影响测量结果的函数关系或近似函数关系。测量过程中,用传感器将这些误差因素的变化转换成某种物理量形式(一般为电量),及时按照其函数关系,通过计算机算出影响测量结果的误差值,对测量结果进行实时自动修正。

3. 粗大误差的发现和剔除

对重复测量所得一组测量值进行数据处理之前,首先应将具有粗大误差的可疑数据(坏值)找出、剔除。但绝不能凭主观愿对数据任意进行取舍,而要有一定根据。原则是看这个可疑值的误差是否处于随机误差的范围之内,是则留,不是则弃。

常用准则:

(1)3σ 准则(拉依达准则)。常把等于 3σ 的误差称为极限误差。3σ 准则就是如果一组测量数据中某个测量值的残余误差的绝对值$|v_i|>3\sigma$ 时,则该测量值为可疑值(坏值),应剔除。此处 σ 为均方根偏差的估计值。

当测量次数 n 比较少时,宜采用如下两准则:

(2)肖维勒准则。肖维勒准则以正态分布为前提,假设多次重复测量所得 n 个测量值中,某个测量值的残余误差$|v_i|>Z_c\sigma$,则剔除此数据。实用中,$Z_c<3$,所以在一定程度上弥补了 3σ 准则的不足。

(3)格拉布斯准则。某个测量值的残余误差的绝对值 $|v_i|>G\sigma$,则判断此值中含有粗大误差,应予剔除。此即格拉布斯准则。G 值与重复测量次数 n 和置信概率 P_α 有关。

2.5.5 多次测量结果的表达

1. 等精度测量数据处理方法

设对某被测量进行了 n 次等精度、独立的测量。多次测量结果中,应该修正、减小系统误差,剔除粗大误差,在系统误差修正的基础上,测量次数越多,随机误差越小。

一般取多次测量结果的算术平均值作为最后的测量结果。多次测量结果中,假设已经剔除粗大误差,修正了系统误差,则计算算数平均值 $\bar{x}$,如果 n 次测量结果分别为 x_1, x_2, $\cdots$, x_i, $\cdots$, x_n,则

(1) 计算 n 次测量数据的算术平均值 $\bar{x}$:

$$\bar{x} = \frac{x_1 + x_2 + \cdots + x_i + \cdots + x_n}{n} = \frac{1}{n}\sum_{i=1}^{n} x_i \tag{2-69}$$

(2) 计算标准差 σ_s:

$$\sigma_s = \sqrt{\frac{\sum_{i=1}^{n}(x_i - \bar{x})^2}{n-1}} = \sqrt{\frac{\sum(x_i - \bar{x})^2}{n-1}} \tag{2-70}$$

(3) 检查有无粗大误差:若残差 $v_i = (x_i - \bar{x})$ 超过 $3\sigma_s$,则予以剔除,然后重复步骤(1)~步骤(3),直到无粗大误差为止。

(4)计算测量算术平均值的标准偏差：

$$\sigma_{\bar{x}} = \frac{\sigma}{\sqrt{n}} = \sqrt{\frac{\sum (x_i - \mu)^2}{n(n-1)}}$$

(5)写出测量结果表达式：

$$x = \bar{x} \pm 3\sigma_{\bar{x}} \qquad\qquad (2-71)$$

测量随机误差符合正态分布的前提下,根据数理统计,测量结果落在多次测量的算术平均值 $\bar{x} \pm 3\sigma_{\bar{x}}$ 的范围的概率高达 99.73%。

例 2-4 对某物体长度测量 11 次,测量的数据见表 2-4。

表 2-4 例 2-4 数据

次数	1	2	3	4	5	6	7	8	9	10	11
长度/cm	20.72	20.75	20.71	20.65	20.62	20.70	20.45	20.62	20.67	20.74	20.73

解 $n = 11$

(1)算术平均值为

$$\bar{x} = \frac{1}{n}\sum_{i=1}^{n} x_i = 20.67 \text{ cm}$$

(2)标准差为

$$\sigma_s = \sqrt{\frac{\sum_{i=1}^{n} (x_i - \bar{x})^2}{n-1}} = 0.086 \text{ cm}$$

(3)检查有无粗大误差。通过计算发现,第 7 次测量剩余误差最大,为 $\nu_7 = (x_7 - \bar{x}) = 0.22$ cm,不超过 $3\sigma_s = 0.258$ cm,认为 11 个测量数据中没有含粗大误差的坏值存在。

(4)算术平均值的标准差为

$$\sigma_{\bar{x}} = \frac{\sigma}{\sqrt{n}} = 0.026 \text{ cm}$$

(5)测量结果表达式为

$$x = \bar{x} \pm 3\sigma_{\bar{x}} = (20.67 \pm 0.08) \text{ cm}$$

2. 不等精度测量数据处理方法

在不等精度测量时,对同一被测量进行 m 组测量,得到 m 组测量列(进行多次测量的一组数据称为一测量列)的测量结果及其误差,它们不能同等看待。精度高的测量列具有较高的可靠性,将这种可靠性的大小称为"权"。"权"反映为各组测量结果相对的可信赖程度。测量次数多、测量方法完善、测量仪表精度高、测量的环境条件好、测量人员的水平高、则测量结果可靠,其权也大。权是相比较而存在的。权用符号 p 表示。

(1)权值的计算:

①用各组测量列的测量次数 n 之比表示,取测量次数较小的测量列的权为 1,则

$$p_1 : p_2 : \cdots : p_m = n_1 : n_2 : \cdots : n_m$$

②用各组测量列的误差平方的倒数之比表示,取误差较大的测量列的权为 1,则

$$p_1 : p_2 : \cdots : p_m = \left(\frac{1}{\sigma_1}\right)^2 : \left(\frac{1}{\sigma_2}\right)^2 : \cdots : \left(\frac{1}{\sigma_m}\right)^2 \tag{2-72}$$

（2）加权算术平均值的计算。加权算术平均值不同于一般的算术平均值，应考虑各测量列的权重的情况。若对同一被测量进行 m 组不等精度测量，则可得到 m 个测量列的算术平均值 $\overline{x_1}, \overline{x_2}, \cdots, \overline{x_m}$，相应各组的权分别为 $p_1, p_2, \cdots, p_m$，则加权平均值可用式（2-73）表示，即

$$\overline{x} = \frac{\overline{x_1}p_1 + \overline{x_2}p_2 + \cdots + \overline{x_m}p_m}{p_1 + p_2 + \cdots + p_m} = \frac{\sum\limits_{i=1}^{m} \overline{x_i}p_i}{\sum\limits_{i=1}^{m} p_i} \tag{2-73}$$

（3）加权算术平均值 $\overline{x_p}$ 的标准误差 $\sigma_{\overline{x_p}}$，可用式（2-74）表示，即

$$\sigma_{\overline{x_p}} = \sqrt{\frac{\sum\limits_{i=1}^{m} p_i v_i^2}{(m-1)\sum\limits_{i=1}^{m} p_i}} \tag{2-74}$$

2.5.6 测量误差的合成

一个测量系统或一个传感器都是由若干部分组成的。设各环节为 $x_1, x_2, \cdots, x_n$，系统总的输入输出关系为 $y = f(x_1, x_2, \cdots, x_n)$，而各部分又都存在测量误差。若已知各环节的误差而求总的误差，称为误差的合成；反之，总误差确定后，要确定各环节具有多大误差才能保证总的误差值不超过规定值，称为误差的分配。

通过一系列的误差动量，用计算方法求得最终误差，误差动量和最终结果间不像间接测量那样有明确的函数关系。

例如在检测系统设计过程中，已知各组成环节的系统误差和随机误差，应该通过误差合成的方法得到最终的总误差。

误差有系统误差、随机误差和粗大误差之分，但是粗大误差是应当避免和在数据处理之初予以剔除的，因此误差的合成只包括随机误差的合成、系统误差的合成以及随机误差与系统误差的合成三种。

1. 随机误差的合成

设有 N 个随机误差动量，已知各个随机误差动量项的标准差为 $\sigma_1, \sigma_2, \cdots, \sigma_n$，求总的合成误差 σ_Σ。

根据随机误差合成的均方根法，设各个随机误差独立，则

$$\sigma_\Sigma = \sqrt{\sum_{i=1}^{n} \sigma_i^2} \tag{2-75}$$

例 2-5 通过间接测量法测量电阻器消耗的功率，$P = I^2 R$，测得电阻 $R = 1\ \Omega$，测得电流 $I = 5\ A$，标准差分别为 $\sigma_R = 0.002\ 8\ \Omega$，$\sigma_I = 0.007\ A$，试求功率的标准差。

解 根据随机误差的合成，得

$$\sigma_P = \sqrt{\left(\frac{\partial P}{\partial I}\right)^2 \sigma_I^2 + \left(\frac{\partial P}{\partial R}\right)^2 \sigma_R^2} = \sqrt{(2IR)^2 \sigma_I^2 + (I^2)^2 \sigma_R^2}$$

$$= \sqrt{(2 \times 5 \times 1)^2 \sigma_I^2 + (5^2)^2 \sigma_R^2}\ W = 0.009\ 9\ W$$

2. 系统误差的合成

对于误差大小和正负已知的系统误差，合成时只需要取其代数和即可，或者用修正的方法消除掉。对于未定的系统误差，有不确定度代数相加法和方和根法两种常用合成方法。

（1）不确定度代数相加法。设有 n 个系统误差动量，其不确定度分别为 e_{s1}，e_{s2}，$\cdots$，e_{sn}，求总的合成误差 e_s。

则
$$e_s = e_{s1} + e_{s2} + \cdots + e_{sn} = \sum_{i=1}^{n} e_{si} \tag{2-76}$$

（2）方和根法。即各个系统误差不确定度二次方相加。

$$e_s = \sqrt{e_{s1}^2 + e_{s2}^2 + \cdots + e_{sn}^2} = \sqrt{\sum_{i=1}^{n} e_{si}^2} \tag{2-77}$$

3. 随机误差与系统误差的合成

设测量系统和传感器的系统误差和随机误差均为相互独立的，则总的合成误差 ε 可表示为

$$\varepsilon = e_s \pm \sigma_{\Sigma} \tag{2-78}$$

工程习惯上，系统误差和随机误差都用标准差表示，然后再以平方和方式合成。

2.5.7　测量误差的分配

预先对检测系统的总误差提出要求，求出各单项误差的值，对设计一个性能良好的检测系统非常重要，这就涉及误差的合理分配问题。工程上，通常首先根据等误差原则进行分配，即令每个直接测量值的系统误差（绝对误差表示）$\Delta x_i = \dfrac{e_s}{n\left(\dfrac{\partial y}{\partial x_i}\right)}$，标准差 $\sigma_{xi} = \dfrac{\sigma_{\Sigma}}{\sqrt{n}\left(\dfrac{\partial y}{\partial x_i}\right)}$。其中，$n$ 为参加误差分配的直接测量值（或构成环节）的个数。据此求出的误差分配值是一个初步参考值，而后再根据仪器设备的精度、测量技术条件等实际情况做适当调整。

2.5.8　有效数字

测量过程中，各种测量需要记录下来经过运算得到分析结果，那么，应该如何记录测量值？

1. 有效数字

各种测量值，例如试样长度 2.54 cm，电压 1.25 V 等，既说明了数量的大小，而且也反映了测量的准确度。这是通过有效数字实现的。

所谓有效数字，是实际能够测量的数字。在测量过程中可以把有效数字的位数定义为与仪表精度相符的测量值的位数。有效数字的位数决定于测量仪表的精度，只有数据中的最后一位是可疑数字，所以根据测量值的记录结果便可以推知所用仪表的精度。

例如，试样长度 2.50 cm，说明是使用最小刻度为毫米的尺子测量得到的结果，相对误差为 $\gamma = \dfrac{\pm 0.1}{2.50} \times 100\% = \pm 4\%$；而 2.500 mm，说明是使用千分尺测量得到的结果，相对误差为 $\gamma = \dfrac{\pm 0.01}{2.500} \times 100\% = \pm 0.4\%$。似乎数值大小一样的两次测量，由于有效数字的概念而千差万别（相对误差相差整整 10 倍）。

在确定有效数字位数时，应注意问题如下：

数字"0"，当数字"0"位于 1~9 数字后面时，为有效数字；位于 1~9 数字前面时只起定位作

用。例如:10.20 有 4 位有效数字,而 0.0106 只有 3 位有效数字,其中前两个"0"只起定位作用。

科学计数法中,明确表明了有效数字的位数。例如,$6.5×10^4$,表示 2 位有效数字,$6.50×10^4$,表示 3 位有效数字。

计算中涉及的常数,例如 π,$\sqrt{2}$,e 等认为其有效位数很多或者无限多,可以根据计算需要自行取舍。

2. 数据处理时数字修约规定

一般常用的数字修约法为"四舍五入"。如果在"四舍五入"方法中把数据修约成 n 位有效数字,各种情况的舍入误差见表 2-5。

表 2-5 各种情况的舍入误差

第 $n+1$ 位数字	1	2	3	4	5	6	7	8	9
舍入误差	−1	−2	−3	−4	+5	+4	+3	+2	+1

由于在大量数据运算中第 $n+1$ 位上出现数字 $1,2,\cdots,9$ 的概率相等,所以 $1,2,3,4$ 舍去时的负误差与 $9,8,7,6$ 作为 10 进位时产生的正误差可以相抵消,而逢五进位而产生的正误差无法抵消,而且这种人为的舍入而引入的正误差是累积性的。

为解决上述问题,人们提出"四舍六入五成双"这种更为科学的数字修约方法。

所谓"四舍六入五成双",是当第 $n+1$ 位数字小于或等于 4 则舍,大于或等于 6 则入;当第 $n+1$ 位数字=5 时,根据第 n 位数字决定取舍,第 n 位数字为奇数则入,为偶数则舍(使第 n 位数字为双)。这样,由于第 n 位数字为奇数或偶数的概率各半,于是第 $n+1$ 位的数字 5 的舍入概率各半,舍入误差相互抵消。因此"四舍六入五成双"不会引入累积性舍入误差。

3. 测量值的记录及运算

(1)正确记录测量值。记录实验数据时保留一位可疑数据。例如,用最小刻度为毫米的尺子测量长度,长度记录为 3 mm,3.15 mm 都不对,应记为 3.1 mm;而用千分尺测量长度,长度记录为 3.15 mm,3.1560 mm 都不对,应记为 3.156 mm。

(2)正确表达分析结果。分析结果是由实验数据计算得来的,所以分析结果的有效数字位数由实验数据的有效数字位数决定。计算过程涉及乘除法时,实验数据的有效数字位数为几位,分析结果的有效数字的位数也应是几位;计算过程涉及加减法时,实验数据的有效数字位数一般为 1 位或 2 位。

2.5.9 数据处理实例

例 2-6 铜的电阻值 R 与温度 t 之间关系为 $R_t = R_0(1+\alpha t)$,在不同温度下,铜电阻的阻值见表 2-6。试用最小二乘法估计 0 ℃时的铜电阻电阻值 R_0 和铜电阻的电阻温度系数 α。

表 2-6 不同温度下铜电阻电阻值

$t_i/℃$	19.1	25.0	30.1	36.0	40.0	45.1	50.0
R_i/Ω	76.3	77.8	79.75	80.80	82.35	83.9	85.10

最小二乘法原理是指测量结果的最可信赖值,应在残余误差平方和为最小的条件下求出。在等精度测量和不等精度测量中,用算术平均值或加权算术平均值作为多次测量的结果,因为它们符合最小二乘法原理。最小二乘法原理是误差数据处理中一种重要的数据处理手段。

在自动检测系统中,两个变量间的线性关系是一种最简单,也是最理想的函数关系。设有 n

组实测数据 $(x_i,y_i)(i=1,2,\cdots,n)$，其最佳拟合方程（回归方程）为

$$Y=A+Bx \tag{2-79}$$

式中：A——直线的截距；

B——直线的斜率。

最小二乘法原理图如图 2-42 所示。

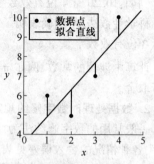

$$\varphi = \sum_{i=1}^{n} \gamma_i^2 = \sum_{i=1}^{n} y_i - Y_i = \sum_{i=1}^{n}(y_i - A - Bx_i) \tag{2-80}$$

图 2-42　最小二乘法原理图

根据最小二乘法原理，要使 $\varphi = \sum\limits_{i=1}^{n} \gamma_i^2$ 为最小，将其对 A、B 求偏导数，并令其为零，可得两个方程，联立两个方程可求出 A,B 的唯一解。

$$\frac{\partial \varphi}{\partial A} = \sum_{i=1}^{n} \left[-2(y_i - A - Bx_i) \right] = 0$$
$$\frac{\partial \varphi}{\partial B} = \sum_{i=1}^{n} \left[-2x_i(y_i - A - Bx_i) \right] = 0 \tag{2-81}$$

$$\sum_{i=1}^{n} y_i = nA + B \sum_{i=1}^{n} x_i$$
$$\sum_{i=1}^{n} x_i y_i = A \sum_{i=1}^{n} x_i + B \sum_{i=1}^{n} x_i^{2} \tag{2-82}$$

则

$$A = \frac{\sum\limits_{i=1}^{n} y_i \sum\limits_{i=1}^{n} x_i^{2} - \sum\limits_{i=1}^{n} x_i y_i \sum\limits_{i=1}^{n} x_i}{n \sum\limits_{i=1}^{n} x_i^{2} - \left(\sum\limits_{i=1}^{n} x_i \right)^{2}}$$

$$B = \frac{n \sum\limits_{i=1}^{n} x_i y_i - \sum\limits_{i=1}^{n} x_i \sum\limits_{i=1}^{n} y_i}{n \sum\limits_{i=1}^{n} x_i^{2} - \left(\sum\limits_{i=1}^{n} x_i \right)^{2}} \tag{2-83}$$

解　列出误差方程：

$$Rt_i - R_0(1+\alpha t) = \gamma_i \qquad (i = 1, 2, 3, \cdots, 7)$$

式中，Rt_i 是在温度 t_i 下测得铜电阻电阻值。令 $x=R_0,y=\alpha R_0$，则误差方程可写为

$$76.3 - (x + 19.1y) = \gamma_1$$
$$77.8 - (x + 25.0y) = \gamma_2$$
$$79.75 - (x + 30.1y) = \gamma_3$$
$$80.80 - (x + 36.0y) = \gamma_4$$
$$82.35 - (x + 40.0y) = \gamma_5$$
$$83.9 - (x + 45.1y) = \gamma_6$$
$$85.10 - (x + 50.0y) = \gamma_7$$

即 $R_0 = x = 70.8 \ \Omega$　$\alpha = \dfrac{y}{R_0} = (0.288/70.8)\,{}^{\circ}\!C^{-1} = 4.07 \times 10^{-3}\,{}^{\circ}\!C^{-1}$

小　结

本章重点介绍了检测的概念及检测系统的组成、常用的检测方法、常用的检测与转换电路、误差动析及数据处理。

测量系统是传感器与测量仪表、变换装置等的有机组合。检测对象、检测环境和被测量不同,相应的有不同检测方法;另外,从不同角度出发,检测方法有不同的分类方法。

在信号检测技术中,常用的中间转换电路有电桥、放大器、滤波器、调频电路、阻抗匹配电路等。误差是客观存在的,数据处理过程中,首先应发现、剔除粗大误差,然后发现、修正或减小系统误差,最后利用随机误差性质进行处理。

通过本章的学习,读者可以了解检测的基本概念、检测系统的组成,掌握常用检测方法和检测与转换电路,误差动析及数据处理方法。

习　题

2.1　检测系统主要由哪几部分组成?

2.2　自动测试系统可以分成哪几类?

2.3　传感器的组成、作用是什么?

2.4　测量方法有哪几种分类方法?各种方法具体是什么?

2.5　误差有哪几种分类方法?各种方法具体是什么?

2.6　何谓传感器的静态和动态特性?衡量传感器静态特性和动态特性的主要参数有哪些?

2.7　为什么被测量的真值是无法测量的?

2.8　4.5 V 和 4.50 V 这两个测量值有什么不同吗?

2.9　常规工业仪表以电流方式互相配接,为什么?

2.10　标准输出电流信号有 0~10 mA 和 4~20 mA 两种,其中 4~20 mA 的标准输出电流信号被广泛地应用,为什么?

2.11　工业上应用的电流型 V/I 变送器实际使用的两线制传感器越来越多,为什么?

2.12　某温度传感器给定相对误差为 2%,满量程输出为 100 ℃,求可能出现的最大误差 $\delta(℃)$。当传感器使用在满刻度时,计算可能产生的相对误差,并说明使用传感器量程选用的必要性。

第 3 章 温 度 检 测

本章要点:

➤温度检测的基本概念;

➤常用温度检测的方法;

➤常用温度传感器的使用方法。

学习目标:

➤了解常用温度检测的方法;

➤掌握常用温度传感器的使用方法;

➤了解温度传感器的工程应用实例。

建议学时:8 学时。

引　言

温度是一个重要的物理量,它是国际单位制(SI)中七个基本物理量之一,也是工业生产过程中的主要工艺参数之一。物体的许多性质和现象都与温度有关,很多重要的过程只有在一定的温度范围内才能有效地进行。因此,对温度进行准确的测量和可靠的控制,在工业生产和科学研究中均具有重要意义。

3.1　温度检测的基本知识

温度反映物体的冷热程度,是物体分子运动平均动能大小的标志。温度不能直接加以测量,温度的定量测量以热平衡现象为基础,两个受热程度不同的物体相接触后,经过一段时间的热交换,达到共同的平衡态后具有相同的温度。温度测量原理就是选择合适的物体作为温度敏感元件,其某一物理性质随温度而变化的特性为已知,通过温度敏感元件与被测对象的热交换,测量相关的物理量,即可确定被测对象的温度。也可利用热辐射原理和光学原理等来进行非接触测量。

温度测量方式有接触式测温和非接触式测温两大类。采用接触式测温时,温度敏感元件与被测对象接触,依靠传热和对流进行热交换,二者需要良好的热接触,以获得较高的测量精度。但是它往往会破坏被测对象的热平衡,存在置入误差。由于测量环境特点,对温度敏感元件的结构和性能要求较高。采用非接触式测温方法,温度敏感元件不与被测对象接触,而是通过热辐射进行热交换,或者是温度敏感元件接收被测对象的部分热辐射能,由热辐射能的大小推出被测对象的温度。用这种方法测温响应快,对被测对象干扰小,可测量高温、运动的被测对象,可用于有强电磁干扰、强腐蚀的场合。

3.1.1　温标

为了保证温度量值的统一和准确,应该建立一个用来衡量温度的标准尺度,简称温标。它规定了温度的读数起点(零点)和测量温度的基本单位。各种温度计的刻度数值均由温标确定。目前国际上采用较多的温标有摄氏温标、国际温标,国家法定测量单位也采用这两种温标,同时,在一些国家采用华氏温标、热力学温标。

1. 摄氏温标

摄氏温标是瑞典天文学家安德斯·摄尔修斯(Anders Celsius,1701—1744)提出的。他将标准大气压下水的冰点定为零度,水的沸点定为100度。在0~100之间分100等份,每一等份为1摄氏度(℃),用符号 t 表示。

2. 华氏温标

华氏温标规定,在标准大气压下纯水的冰点为32度,沸点为212度,中间划分180等份,每一等份为1华氏度(℉)。摄氏温度值与华氏温度值的关系为

$$C = \frac{5}{9}(F - 32) \tag{3-1}$$

式中,C 和 F 分别代表摄氏温度值和华氏温度值。

3. 热力学温标

热力学温标又称开氏温标。它规定分子运动停止时的温度为绝对零度,或称最低理论温度,它是以1948年威廉·汤姆逊首先提出的热力学第二定律(开尔文所总结)为基础的,与测温物体的任何物理性质无关的一种温标。

根据热力学的卡诺定理,如果在温度为 T_1 的热源与温度为 T_2 的冷源之间实现了卡诺循环,则有下列关系式:

$$\frac{T_1}{T_2} = \frac{Q_1}{Q_2} \tag{3-2}$$

它表示工质在温度 T_1 时吸收热量 Q_1,而在温度 T_2 时向低温热源放出 Q_2,如果指定一个定点 T_2 的数值,就可以由热量的比例求得未知量 T_1。1954年国际权度会议选了水的三相点为参考点,定义该点的温度为273.16 K,相应的换热量为 $Q_参$,式(3-2)可改成:

$$T_1 = 273.16 \frac{Q}{Q_参} \tag{3-3}$$

由此,T_1 可由热量的比值 $Q/Q_参$ 求得。上述表达式与工质本身的种类和性质无关,所以用这个方法建立起来的热力学温标避免了分度的"任意性"。但理想的卡诺循环实际上是不存在的,故热力学温标是一种纯理论性温标,不能付诸实用。可借助于理想气体温度计来实现热力学温标。而气体温度计结构复杂、使用不便,因而必须建立一种能够用计算公式表示的既紧密接近热力学温标,使用上又简便的温标,这就是国际温标。

4. 国际温标

根据卡诺循环原理建立的热力学温标是一种理想的、科学的温标,但在实际上难以实现。世界上实际通用的温标是国际温标,由其来统一各国之间的温度计量,这是一种协议温标。

国际温标以下列三个条件为基础:

(1)要求尽可能接近热力学温标;

(2)要求复现准确度高,世界各国均能以很高的准确度加以复现,以确保温度值的统一;

（3）用于复现温标的标准温度计使用方便、性能稳定。

第一个国际温标自 1927 年开始采用，随着科学技术的发展，对国际温标在不断地进行改进和修订，使之更符合热力学温标，有更好的复现性和能够更方便地使用。

目前推行的是 1990 年国际温标 ITS-90。国际温标中规定，热力学温度用符号 T 表示，单位为开尔文，符号为 K。开尔文的大小定义为水三相点热力学温度的 1/273.16。用国际开尔文温度表示的 ITS-90 温度符号为 T_{90}，单位为开尔文，符号为 K，同时使用的国际摄氏温度的符号为 t_{90}，单位为摄氏度，符号为℃，每一个摄氏度和每一个开尔文的量值相同，T_{90} 和 t_{90} 之间的关系为

$$t_{90} = T_{90} - 273.15$$

ITS-90 国际温标由三部分组成，它们是定义固定点、内插标准仪器和内插公式。

（1）定义固定点。固定点是指某些纯物质各相（态）间可以复现的平衡态温度的给定值。物质一般有三相（态）：固相、液相和气相。三相共存时，称为三相点；固相和液相共存时，称为熔点或凝固点；液相和气相共存时，称为沸点。

ITS-90 国际温标规定了 17 个定义固定点，如氧的三相点为 54.358 4 K；水的三相点为 273.16 K；金的凝固点为 1 337.33 K。

（2）内插标准仪器。ITS-90 国际温标分为四个温区，各个温区中使用的内插仪器分别如下：

第一温区为 0.65 K 到 5.00 K 之间，T_{90} 由 3He 和 4He 的蒸气压与温度的关系式来定义。

第二温区为 3.0 K 到氖三相点（24.566 1 K）之间，T_{90} 用氦气体温度计来定义。

第三温区为平衡氢三相点（13.803 3 K）到银的凝固点（961.78 ℃）之间，T_{90} 是由铂电阻温度计来定义。它使用一组规定的定义固定点及利用规定的内插法来分度。

第四温区为银凝固点（961.78 ℃）以上的温区，T_{90} 是按普朗克辐射定律来定义的，复现仪器为光学高温计。

（3）内插公式。每种内插标准仪器在 n 个固定点温度下分度，以此求得相应温度区内插公式中的常数。

3.1.2　温度测量仪表的分类

温度测量范围很广，种类很多。按工作原理分，有膨胀式、热电阻、热电偶以及辐射式等；按测量方式分，有接触式和非接触式两类。

各种测温仪表的测温原理及基本特性见表 3-1。

表 3-1　各种测温仪表的测温原理及基本特性

测量方式	测温仪表名称	测温原理	精度范围	特　　点	测量范围/℃
接触式	双金属温度计	金属热膨胀变形量随温度变化	1~2.5	结构简单、精度清楚、读数方便，但精度较低、不能远传	-100~600（一般为-80~600）
	压力式温度计	气（汽）体、液体在定溶条件下，压力随温度变化	1~2.5	结构简单可靠、可较远距离传送（<50 m），但精度较低、受环境温度影响大	0~600（一般为0~300）
	玻璃管液体温度计	液体热膨胀体积量随温度变化	0.1~2.5	结构简单、精度高、读数不便、不能远传	-200~600（一般为-100~600）
	热电阻	金属或半导体电阻随温度变化	0.5~3.0	精度高、便于远传，但需要外加电源	-258~1200（一般为-200~650）
	热电偶	热电效应	0.5~1.0	测温范围大、精度高、便于远传，但低温精度差	-269~2 800（一般为-200~1 800）

测量方式	测温仪表名称	测温原理	精度范围	特　点	测量范围/℃
非接触式	光学高温计	物体单色辐射强度及亮度随温度变化	1.0~1.5	结构简单、携带方便、不破坏对象温度场,但易产生测量误差、外界反射辐射会引起测量误差	200~3 200（一般为600~2 400）
	辐射高温计	物体辐射随温度变化	1.5	结构简单、稳定性好、光路上环境介质吸收辐射,但易产生测量误差	100~3 200（一般为700~2 000）

3.2　膨胀式温度计

膨胀式测温是基于物体受热时产生膨胀的原理进行的,分为液体膨胀式、气体膨胀式和固体膨胀式。一般膨胀式温度测量大都在-5~+550 ℃范围内,用于那些温度测量或控制精度要求较低,不需要自动记录的场合。

膨胀式温度计种类很多,按膨胀基体可分成液体膨胀式玻璃温度计、液体或气体膨胀式压力温度计及固体膨胀式双金属温度计。

3.2.1　玻璃温度计

玻璃液体温度计简称玻璃温度计(见图3-1),是一种直读式仪表。水银是玻璃温度计最常用的液体,其凝固点为-38.9 ℃,测温上限为538 ℃。对于较低温度的测量,可以用其他有机液体(如酒精下限为-62 ℃,甲苯下限为-90 ℃,而戊烷下限则可达-201 ℃)。玻璃温度计具有结构简单、制作容易、价格低廉、测温范围较广、安装使用方便、现场直接读数、一般无须能源,但易破损、测温值难自动远传、记录等特点。

玻璃温度计按使用方式可分全浸式和局浸式两大类。全浸式即把玻璃温度计液柱全部浸没在被测介质中,此种方式的特点是测温准确度高,但读数困难,使用操作不便;局浸式是把玻璃温度计液柱部分(固定长度)浸入被测介质中,部分暴露在空气中,此种方式的特点是读数容易,但测量误差较大,即使采取修正措施,其误差比全浸式仍要大好几倍或更多。

3.2.2　压力温度计

压力温度计是根据一定质量的液体、气体、蒸气在体积不变的条件下其压力与温度成确定函数关系的原理实现其测温功能的。压力温度计的典型结构示意图如图3-2所示。

图3-1　玻璃温度计

压力温度计由充有感温介质的温包、传递压力元件(细管)及压力敏感元件(弹簧管)等组成。测温时将其感温包置入被测介质中,感温包内的感温介质(为气体或液体或蒸发液体)因被测温度的高低而导致其体积膨胀或收缩,从而造成压力的增减,压力的变化经毛细管传给弹簧管使其产生变形,进而通过传动机构带动指针偏转,指示出相应的温度。

这类压力温度计其毛细管细而长(规格为1~60 m),它的作用主要是传递压力,长度愈长,

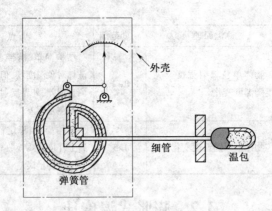

图 3-2　压力温度计的典型结构示意图

则温度计响应愈慢;在长度相等条件下,毛细管愈细,则准确度愈高。

　　压力温度计和玻璃温度计相比,具有强度大、不易破损、读数方便,但准确度较低、耐腐蚀性较差等特点。压力温度计测温范围下限能达-100 ℃,甚至更低,上限最高可达 600 ℃,常用于汽车、拖拉机、内燃机、汽轮机油水系统的温度测量。

　　压力温度计适用于工业场合测量各种对铜无腐蚀作用的介质温度,若介质有腐蚀作用应选用防腐型。压力温度计广泛应用于机械、轻纺、化工、制药、食品行业对生产过程中的温度测量和控制。防腐型压力温度计采用全不锈钢材料,适用于中性腐蚀的液体和气体介质的温度测量。

3.2.3　双金属温度计

　　固体长度随温度变化的情况可用式(3-4)表示,即

$$L_1 = L_0 [1 + k (t_1 - t_0)] \tag{3-4}$$

式中:L_1——固体在温度 t_1 时的长度;

　　　L_0——固体在温度 t_0 时的长度;

　　　k——固体在温度 t_0,t_1 之间的平均线膨胀系数。

　　典型固体膨胀式温度敏感元件是双金属片,它利用线膨胀系数差别较大的两种金属材料制成双层片状元件,在温度变化时将因弯曲变形而使其一端有明显位移,借此带动指针就构成了双金属温度计。带动电触点实现通断就构成了双金属温度开关。

　　在一端固定的情况下,如果温度升高,下面的金属 B 因热膨胀而伸长,上面的金属 A 却几乎不变。致使双金属片向上翘,温度越高则产生的线膨胀差越大,引起的弯曲角度也越大,如图 3-3 所示。

　　其关系可用式(3-5)表示,即

$$x = G (l^2 / d) \Delta t \tag{3-5}$$

式中:x——双金属片自由端的位移,mm;

　　　l——双金属片的长度,mm;

　　　d——双金属片的厚度,mm;

　　　Δt——双金属片的温度变化,℃;

图 3-3　双金属温度计原理图

　　　G——弯曲率[将长度为 100 mm,厚度为 1 mm 的线状双金属片的一端固定,当温度变化

1℃(1 K)时,另一端的位移称为弯曲率],取决于头金属片的材质,通常为(5~14)×10^{-6}/K。

将双金属片卷绕成螺旋管,一端固定,另一端带动指针轴,并用保护管保护起来,就构成了工业用的双金属温度计,如图3-4所示。

(a)双金属温度计外观

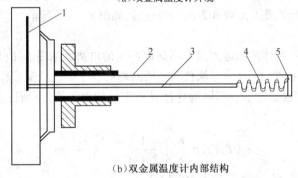

(b)双金属温度计内部结构

图3-4　双金属温度计

1—指针;2—保护管;3—指针轴;4—感温元件;5—固定端

3.3　热电偶温度计

热电偶温度计是以热电效应为基础,将温度变化转换为热电势变化进行温度测量的设备,是目前应用最为广泛的温度传感器。它测温的精度高、灵敏度好、稳定性及复现性较好、响应时间短、结构简单、使用方便、测温范围广。测温范围为-200~1 600 ℃,在特殊情况下,可测2 800 ℃的高温或4 K的低温。

3.3.1　测温原理

热电偶的测温原理是基于1821年塞贝克(Seebeck)发现的热电现象。将两种不同的导体或半导体连接成如图3-5所示的闭合回路,如果两个接点的温度不同,则在回路内就会产生热电势,这种现象称为塞贝克热电效应。图3-5中闭合回路称为热电偶。导体 A 和导体 B 称为热电偶的热电丝或热偶丝。热电偶两个接点中置于温度为 T 的被测对象中的接点称为测量端,又称工作端或热端;温度为参考温度 T_0 的一端称为参考端,又称自由端或冷端。

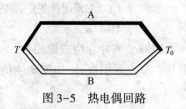

图3-5　热电偶回路

热电偶产生的热电势由接触电势与温差电势两部分组成。

1. 接触电势

接触电势是指两种不同的导体相接触时,因各自的电子密度不同而产生电子扩散,当达到动平衡后所形成的电势。接触电势的大小取决于两种不同导体的性质和接触点的温度。

温度越高,接触电势越大;两种导体电子密度的比值越大,接触电势也越大。

$$e_{AB}(T) = \frac{KT}{e}\ln\left[\frac{N_A(T)}{N_B(T)}\right] \tag{3-6}$$

式中:K ——波尔兹曼常数,$K = 1.38 \times 10^{-23}$ J/K;

　　e ——单位电荷电量,$e = 1.6 \times 10^{-19}$ C;

　$N_A(T)$ ——材料 A 电子密度;

　$N_B(T)$ ——材料 B 电子密度。

设 $N_A(T) > N_B(T)$,当两种导体相接触时,从 A 扩散到 B 的电子数比从 B 扩散到 A 的电子数多,在 A、B 接触面上形成从 A 到 B 方向的静电场,如图3-6(a)所示。

2. 温差电势

温差电势是指同一导体的两端因温度不同而产生的电势。如图3-6(b)所示,导体 A 两端温度分别为 T 和 T_0。设 $T>T_0$,从高温端移动到低温端的电子数比低温端移动到高温端的多,因此在高、低温端之间形成静电场。不同的导体具有不同的电子密度,所以它们的温差电势也不一样。

$$e_A(T,T_0) = \frac{K}{e}\int\frac{1}{N_A(t)}\frac{d[N_A(t)t]}{dt}dt \tag{3-7}$$

式中:K ——波尔兹曼常数,$K = 1.38 \times 10^{-23}$ J/K;

　　e ——单位电荷电量,$e = 1.6 \times 10^{-19}$ C。

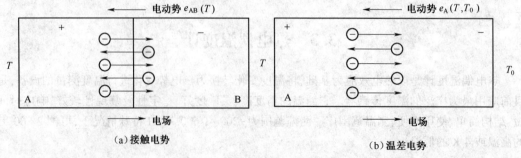

（a）接触电势　　　　　　　　　　　　　　（b）温差电势

图3-6　热电偶回路两种热电势

3. 热电偶回路的热电势

对于 A、B 两种导体构成的热电偶回路中,总热电势包括两个接触电势和两个温差电势,热

电偶接触电势和温差电势分布如图 3-7 所示,热电偶回路总电势为

$$E_{AB}(T, T_0) = e_{AB}(T) + e_B(T, T_0) - e_{AB}(T_0) - e_A(T, T_0) \quad (3\text{-}8)$$

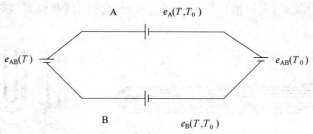

图 3-7　热电偶回路电势分布

对于确定的材料 A 和 B,$N_A(t)$ 与 $N_B(t)$ 和温度 T 的关系已知,则

$$E_{AB}(T, T_0) = f(T) - f(T_0) \quad (3\text{-}9)$$

如果参考端温度(T_0)保持恒定,则

$$E_{AB}(T, T_0) = f(T) - C \quad (3\text{-}10)$$

从中可以看出:

(1)热电偶两电极材料相同,无论热电偶两端温度如何,热电偶回路总热电势为零。

(2)如果热电偶两端温度相同($T = T_0$),则尽管两电极材料不同,热电偶回路内的总热电势也为零。

(3)热电偶回路的总热电势与相应热电极材料的性质及两接点温度有关。在热电极材料一定时,$E_{AB}(T, T_0)$ 是两端点温度的函数差,而不是温度差的函数,且热电势与温度的关系不成线性关系。

(4)若将参考端温度保持恒定,则对一定材料的热电偶,其总热电势就只是热端温度的单值函数,只要测出热电势的大小,就能得到热端温度的数值。这就是热电偶的测温原理。

一般情况下,热电偶的接触电势远大于温差电势,故其热电势的极性取决于接触电势的极性。在两个热电极中,电子密度大的导体 A 总是正极,而电子密度小的导体 B 总是负极。

3.3.2　基本定律

1. 均质导体定律

由同一种均质导体或半导体组成的闭合回路中,不论其截面和长度如何,不论其各处的温度分布如何都不能产生热电势。如果热电势本身材质不均匀,由于温度梯度的存在,将会产生附加热电势。

2. 中间导体定律

在热电偶回路中接入中间导体 C 后,只要中间导体两端温度相同,中间导体的引入对热电偶回路的总热电势没有影响。

3. 中间温度定律

热电偶在接点温度 T_1、T_3 时的热电势等于接点温度分别为 T_1、T_2 和 T_2、T_3 的两支同性质热电偶的热电势的代数和,如图 3-8 所示,即

$$E_{AB}(T_1, T_3) = E_{AB}(T_1, T_2) + E_{AB}(T_2, T_3)$$

$$(3\text{-}11)$$

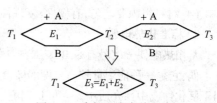

图 3-8　中间温度定律示意图

3.3.3　热电偶结构

热电偶结构类型较多,应用最广泛的主要有普通型热电偶及铠装型热电偶,其结构图如图 3-9 所示。

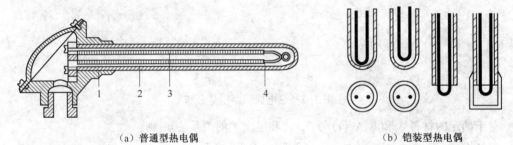

（a）普通型热电偶　　　　　　　　　　　　（b）铠装型热电偶

图 3-9　热电偶结构图

1—接线盒;2—保护管;3 绝缘套管;4—热电极

1. 普通型热电偶

热电偶是由两种不同材料的热电极所组成的。热电极的直径是由材料的价格、机械强度、导电率以及热电偶的测温范围等决定的。贵金属的热电极大多采用直径为 0.3~0.65 mm 的细丝。普通金属热电极直径一般为 0.5~3.2 mm,长度由安装条件及插入深度而定,一般为 350~2 000 mm。普通型热电偶由热电极、绝缘套管、保护套管及接线盒四部分组成,如图 3-9(a)所示。

2. 铠装型热电偶

铠装型热电偶是将热电偶丝与绝缘材料及金属套管经整体复合拉伸工艺加工而成的可弯曲的坚实组合体,如图 3-9(b)所示。它较好地解决了普通热电偶体积及热惯性大,对被测对象温度场影响较大,不易在热容量较小的对象中使用,在结构复杂弯曲的对象上不便安装等问题。与普通热电偶不同的是:

(1)热电偶与金属保护套管之间被氧化镁材料填实,三者成为一体。

(2)具有一定的可挠性,一般最小弯曲半径为其直径的 5 倍,这使得安装使用更加方便。

3.3.4　热电偶材料

1. 热电偶材料的性质

根据热电偶测温原理,理论上任意两种导体都可以组成热电偶。但为了保证一定的测量精度,对组成电极材料必须进行严格选择。工业用热电极材料应满足以下要求:

(1)热电极的物理性质和化学性能稳定性较高,即在测温范围内热电特性不随时间变。

(2)电阻温度系数小,导电率高。

(3)温度每升高 1 ℃所产生的热电势要大,而且热电势与温度之间尽可能为线性关系。

(4)材料组织要均匀,有韧性,复现性好,便于成批生产及互换。

2. 标准化热电偶

常用热电偶分度号有 S、B、K、E、T、J 等,这些都是标准化热电偶。其中 K 型也即镍铬-镍硅热电偶,它是一种能测量较高温度的廉价热电偶。由于这种合金具有较好的高温抗氧化性,可适用于氧化性或中性介质中。它可长期测量 1 000 ℃的高温,短期可测到 1 200 ℃。它不能用于还原性介质中,否则,很快被腐蚀,在此情况下只能用于 500 ℃以下的测量。它比 S 型热电偶要便宜很多,它的重复性很好,产生的热电势大,因而灵敏度很高,而且它的线性很好。虽然其测量精度略低,但完全能满足工业测温要求,所以它是工业上最常用的热电偶。

(1)铂铑$_{10}$-铂热电偶(分度号为S,又称单铂铑热电偶)。该热电偶的正极成分为含铑10%的铂铑合金,负极为纯铂。它的特点如下:

①热电性能稳定、抗氧化性强、宜在氧化性气氛中连续使用、长期使用温度可达1 300 ℃,超过1 400 ℃时,即使在空气中,纯铂丝也将会再结晶,使晶粒粗大而断裂。

②精度高,它是在所有热电偶中,精度等级最高的,通常用作标准或测量较高的温度。

③使用范围较广,均匀性及互换性好。

④主要缺点有:微分热电势较小,因而灵敏度较低;价格较高,机械强度低,不适宜在还原性气氛或有金属蒸气的条件下使用。

(2)镍铬-镍硅(镍铝)热电偶(分度号为K)。该热电偶的正极为含铬10%的镍铬合金,负极为含硅3%的镍硅合金(有些国家的产品负极为纯镍)。可测量0~1 300 ℃的介质温度,适宜在氧化性及惰性气体中连续使用,短期使用温度为1 200 ℃,长期使用温度为1 000 ℃,其热电势与温度的关系近似线性,价格便宜,是目前用量最大的热电偶。

K型热电偶是抗氧化性较强的碱金属热电偶,不适宜在真空、含硫、含碳气氛及氧化还原交替的气氛下裸丝使用;当氧分压较低时,镍铬极中的铬将择优氧化,使热电势发生很大变化,但金属气体对其影响较小,因此,多采用金属制保护管。

K型热电偶的缺点如下:

①热电势的高温稳定性较N型热电偶及贵重金属热电偶差,在较高温度下(例如,超过1 000 ℃)往往因氧化而损坏。

②在250~500 ℃范围内短期热循环稳定性不好,即在同一温度点,在升温降温过程中,其热电势示值不一样,其差值为2~3 ℃;

③其负极在150~200 ℃范围内要发生磁性转变,致使在室温至230 ℃范围内分度值往往偏离分度表,尤其是在磁场中使用时往往出现与时间无关的热电势干扰。

④长期处于高通量系统辐照环境下,由于负极中的锰(Mn)、钴(Co)等元素发生蜕变,使其稳定性欠佳,致使热电势发生较大变化。

(3)镍铬-铜镍(康铜)热电偶(分度号为E)。E型热电偶是一种较新的产品,它的正极是镍铬合金,负极是铜镍合金(康铜),其最大特点是在常用的热电偶中,其热电势最大,即灵敏度最高;它的应用范围虽不及K型热电偶广泛,但在要求灵敏度高、热导率低、可容许大电阻的条件下,常常被选用;使用中的限制条件与K型相同,但对于含有较高湿度气氛的腐蚀不很敏感。

除了以上三种常用的热电偶外,作为非标准化的热电偶还有钨铼热电偶、铂铑系热电偶、铱铑系热电偶、铂钼系热电偶和非金属材料热电偶等。

目前中国已采用国际电工委员会推荐的八种标准化热电偶。八种标准化热电偶的主要性能见表3-2。

八种标准化热电偶热电势与温度之间的关系如图3-10所示。

3.3.5 热电偶冷端温度的处理方法

为了使用上的方便,与各种标准化热电偶配套的显示仪表,是根据所配用热电偶的分度表,将热电势转换为对应的温度数值来进行刻度的。各种热电偶的分度表均是在参考端即冷端温度(t_0)为0 ℃的条件下,得到的热电势与温度之间的关系,因此,热电偶测温时,冷端温度必须为

0 ℃,否则将产生测量误差。而在工业上使用时,要使冷端保持在 0 ℃是比较困难的,所以,必须根据不同的使用条件和要求的测量精度,对热电偶冷端温度采用一些不同的处理办法。常用的如下几种:

1. 补偿导线延伸法

热电偶做得很长,使冷端延长到温度比较稳定的地方,由于热电极本身不便于敷设,对于贵金属热电偶也很不经济。因此,采用一种专用导线将热电偶的冷端延伸出来,如图 3-11 所示。而这种导线也是由两种不同金属材料制成的。在一定温度范围内(100 ℃以下)与所连接的热电偶具有相同或十分相近的热电特性,其材料也是廉价金属,将这种导线为补偿导线。

表 3-2　标准化热电偶的主要性能

分度号	热电偶名称	等级					
		Ⅰ级		Ⅱ级		Ⅲ级	
		温度范围/℃	允许误差/℃	温度范围/℃	允许误差/℃	温度范围/℃	允许误差/℃
S	铂铑$_{10}$-铂	0~1 100	±1±$[1+(t-1\ 100)]$×0.3%	0~600	±1.5	—	—
R	铂铑$_{13}$-铂	1 100~1 600		600~1 100	±0.25%t		
B	铂铑$_{30}$-铂铑$_6$	—	—	600~1 700	±0.25%t	600~800 / 800~1 700	±4 / ±0. 5%t
K	镍铬-镍硅	−40~1 100	±1.5 或 0.4%t	−40~900	±2.5 或 0.75%t	−200~40	±2.5 或 1.5%t
E	镍铬-康铜	−40~800	±1.5 或 0.4%t	−40~900	±2.5 或 0.75%t	−200~40	±2.5 或 1.5%t
J	铁-康铜	−40~750	±1.5 或 0.4%t	−40~750	±2.5 或 0.75%t	—	—
T	铜-康铜	−40~350	±0.5 或 0.4%t	−40~350	±1 或 0.75%t	−200~40	±1 或 1.5%t
N	镍铬硅-镍硅	−40~1 100	±1.5 或 0.4%t	−40~1 300	±2.5 或 0.75%t	−200~40	±2.5 或 1.5%t

表中:t 为测量温度。

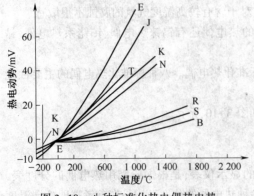

图 3-10　八种标准化热电偶热电势
与温度之间的关系

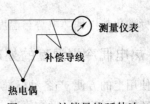

图 3-11　补偿导线延伸法

根据热电偶补偿导线标准,不同热电偶所配用的补偿导线也不同,并且有正、负极性之分,各种补偿导线的正极均为红色,负极的不同颜色分别代表不同的分度号和导线,使用时注意与型号相匹配,并且极性不能接错,否则将产生较大的测量误差。常见的热电偶补偿导线见表3-3。

表3-3 常见的热电偶补偿导线

型号	热电偶分度号	线 芯 材 料		绝缘层颜色	
		正极	负极	正极	负极
SC	S(铂铑$_{10}$-铂)	SPC(铜)	SNC(铜镍)	红	绿
KC	K(镍铬-镍硅)	KPC(铜)	KNC(康铜)	红	蓝
KX	K(镍铬-镍硅)	KPX(镍铬)	KNX(镍硅)	红	黑
EX	E(镍铬-康铜)	EPX(镍铬)	ENX(铜镍)	红	棕
JX	J(铁-康铜)	JPX(铁)	JNX(铜镍)	红	紫
TX	T(铜-康铜)	TPX(铜)	TNX(铜镍)	红	白

按照国家标准(GB/T 4989—2013)补偿导线的精度等级分为精密级(A),普通级(B),按使用温度可分为一般用(G)和耐热用(H)两类。

注意,无论是补偿型还是延伸型,补偿导线本身并不能补偿热电偶冷端温度的变化,只是起到热电偶冷端延伸的作用,改变冷位置,以便采用其他补偿方法。在规定的范围内,由于补偿导线热电特性不可能与热电偶完全相同,因而仍存在一定的误差。

2. 冰点法

各种热电偶的分度表都是在冷端为0 ℃的情况下制定的,如果把冷端置于能保持温度为0 ℃的冰点槽内,则测得的热电势就代表被测的实际温度。冰点槽内的温度变化不能超过±0.02 ℃,保持冰水两相共存。因此冰点法一般在实验室里的精密测量中使用,工业测量时均不采用。

如图3-12所示,将水与冰屑混合放入保温瓶,在瓶盖上插入盛变压器油的试管,热电偶的冷端插入到试管中。

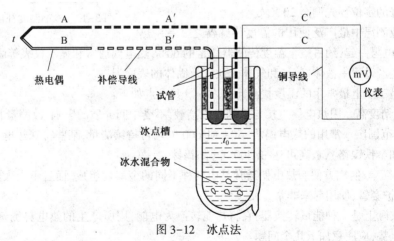

图3-12 冰点法

3. 计算修正法

当热电偶冷端温度不是0 ℃而是t_0℃时,测得的热电偶回路中的热电势为$E(t,t_0)$。可采用式(3-12)进行修正:

$$E(t,0) = E(t,t_0) + E(t_0,0) \tag{3-12}$$

式中：$E(t,0)$——冷端为 0 ℃，测量端为 t ℃时的热电势。

$E(t,t_0)$——冷端为 t_0 ℃，测量端为 t ℃时的热电势。

$E(t_0,0)$——冷端为 0 ℃，测量端为 t_0 ℃时的热电势，即冷端温度不为 0 ℃时热电势校正值。

例 3-1   用 K 型热电偶测温，$t_0 = 30$ ℃，测得 $E(t,t_0) = 25.566$ mV，求被测的实际温度。

解   由 K 型热电偶的分度表中查得 $E(30,0) = 1.203$ mV，则

$$E(t,0) = E(t,30) + E(30,0) = (25.566 + 1.203)\text{mV} = 26.796 \text{ mV}$$

再查 K 分度表，得出实际温度为 644 ℃。

用计算修正法来补偿冷端温度变化的影响，只适用于实验室或临时性测温的情况。而对于现场的连续测量显然是不适用的。

4. 仪表零点校正法

如果热电偶冷端温度比较恒定，与之配用的显示仪表零点调整又比较方便，则可采用此种方法实现冷端温度补偿。如冷端温度 t_0 已知，可将显示仪表的机械零点直接调至 t_0 处。注意，当冷端温度 t_0 变化时，需要重新调整仪表的零点，若冷端温度变化频繁，此方法则不宜采用，调整显示仪表的零点时，应在断开热电偶回路的情况下进行。

5. 补偿电桥法

补偿电桥法是采用不平衡电桥产生的直流电压信号，来补偿热电偶因冷端温度变化而引起的热电势变化，又称冷端补偿器。

设计不平衡电桥，电桥与热电偶冷端温度相同。桥臂电阻 $R_1 = R_2 = R_3 = 1$ Ω（不变），R_{Cu} 是铜导线的补偿电阻（随温度变化），$E(4$ V）是桥路的直流电源，R_s 是限流电阻，如图 3-13 所示。

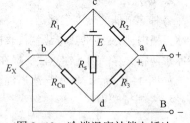

如果补偿电桥按 0 ℃时平衡设计，应将显示仪表的零位预先调至 0 ℃处；如果补偿电桥按 20 ℃时平衡设计，则应将显示仪表的零位预先调至 20 ℃处。

图 3-13   冷端温度补偿电桥法

作为工业测温中最广泛使用的温度传感器之一——热电偶，与铂热电阻一起，约占整个温度传感器总量的 60%，热电偶通常和显示仪表等配套使用，直接测量各种生产过程中液体、蒸气和气体介质以及固体的表面温度。

热电偶是工业上最常用的温度检测元件之一。其优点如下：

（1）测量精度高。因热电偶直接与被测对象接触，不受中间介质的影响，故测量精度高。

（2）测量范围广。常用的热电偶从 -50 ~ +1 600 ℃均可持续测量，某些特殊热电偶最低可测到 -269 ℃（如金铁镍铬），最高可达 +2 800 ℃（如钨铼）。

（3）构造简单，使用方便。热电偶通常是由两种不同的金属丝组成，而且不受大小和开头的限制，外有保护套管，使用起来非常方便。

热电偶实际上是一种能量转换器，它将热能转换为电能，用所产生的热电势测量温度，对于热电偶的热电势，应注意如下几个问题：

（1）热电偶的热电势是热电偶两端温度函数的差，而不是热电偶两端温度差的函数。

（2）热电偶所产生的热电势的大小：当热电偶的材料是均匀的时，热电势的大小与热电偶的长度和直径无关，只与热电偶材料的成分和两端的温差有关。

（3）当热电偶的两个热电偶丝材料成分确定后，热电偶热电势的大小，只与热电偶的温度差

有关;若热电偶冷端的温度保持一定,则热电偶的热电势仅是工作端温度的单值函数。

热电偶检测到的温度信号有如下特点:

(1)能用到高温的热电偶,信号都较小,如 B 型热电偶,1 800 ℃时只有 13.585 mV。即使是信号较大的 K 型热电偶,在 1 300 ℃时,也只有 52.398 mV。这就意味着,对检测到的信号要进行放大。

(2)热电偶分度表中给出的数据是以 0 ℃为参考点的。实际应用时,环境温度通常不是 0 ℃。一般要为热电偶冷端创造一个 0 ℃环境,通常的做法是进行冷端补偿。

(3)热电偶的温度信号非线性很大,各种热电偶随温度的升高,在某一温度下,热电势的增加量变小。这就使线性化变得困难。

由于上述特点,温度信号调理电路就比较复杂,其中的一个重要部分就是冷端补偿。现在一般用铂热电阻作为冷端补偿,在每一个热电偶信号输入卡件上专门设置一个通道连接铂热电阻,用于环境温度补偿,简单实用。

例 3-2 现用一只分度号为 K 的热电偶测量某炉温,已知热电偶冷端温度为 20 ℃,显示仪表(本身不带冷端温度补偿装置)读数为 400 ℃。(1)若没有进行冷端温度补偿,试求实际炉温为多少?(2)若利用补偿电桥(0 ℃时平衡)进行了冷端温度补偿,实际炉温又为多少?为什么?

解 由 K 型热电偶的分度表可知:

$E(400,0) = 16.395 \text{ mV}$,$E(20,0) = 0.798 \text{ mV}$

(1)设实际炉温为 T ℃,若没有进行冷端温度补偿,则输入显示仪表的电势为热电偶所产生的热电势,即

$$E_入 = E(T,20) = E(T,0) - E(20,0)$$

由显示仪表读数为 400 ℃可知:$E_入 = E(400,0)$,于是

$$E(T,0) - E(20,0) = E(400,0)$$

查 K 型热电偶分度表可知:$T = 418.9$ ℃。

(2)设实际炉温为 T ℃,若进行冷端温度补偿,则输入显示仪表的电势为热电偶所产生的热电势 $E(T,20)$ 加上补偿电桥的输出电势 $E_补$,即 $E_入 = E(T,20) + E_补$。由补偿原理可知:输出电势 $E_补 = E(20,0)$。

由显示仪表读数为 400 ℃可知:补偿电桥的 $E_入 = E(400,0)$

故

$$E(T,20) + E(20,0) = E(400,0)$$

即

$$E(T,0) = E(400,0)$$

因此,对应的实际温度 $T = 400$ ℃。

3.4 热电阻温度计

电阻式温度传感器是利用导体或半导体的电阻值随温度变化而变化的特性来测量温度的。一般把由金属导体铂、铜、镍等制成的测温元件称为热电阻,把由半导体材料制成的测温元件称为热敏电阻。热电阻测温的优点是信号可以远传、灵敏度高、无需参比温度。金属热电阻稳定性高、互换性好、准确度高,可以用作基准仪表,其缺点是需要电源激励、有自热现象,影响测量精度。

热电阻传感器主要用于中、低温度(-200~+650 ℃或+850 ℃)范围的温度测量。常用的工业标准化热电阻有铂热电阻、铜热电阻和镍热电阻。铂热电阻主要用于高精度的温度测量和标

准测温装置,性能非常稳定,测量精度高,其测温范围为$-200\sim+850$ ℃,分度号为 Pt_{500}($R_0=$ 50.00Ω)和 Pt_{100}($R_0=100.00$Ω),铂的纯度通常用 $W_{100}=R_{100}/R_0$ 来表示,其中 R_{100} 代表在沸点 (100 ℃)的电阻值, R_0 代表在冰点(0 ℃)的电阻值。当铂的纯度为 99.999 5%时, $W_{100}=1.393\ 0$, 工业上用的铂热电阻其 W_{100} 为 1.380~l.387,标准值为 1.385。铂是贵金属,价格较高。

如果测量精度要求不是很高,测量温度小于 $+150$ ℃时,可选用铜热电阻,铜热电阻的测温范围是 $-50\sim+150$ ℃,其价格便宜、易于提纯、复制性好。在测温范围内,其线性度极好,电阻温度系数 α 比铂高,但电阻率 ρ 较铂低,在温度稍高时,易于氧化,只能用于 $+150$ ℃以下的温度测量,范围较窄,而且体积也较大。所以,适用于对测量精度和敏感元件尺寸要求不是很高的场合。

热电阻的测温原理

热电阻温度计是基于金属导体或半导体电阻值与温度是一定函数关系的原理实现温度测量的。基本关系为

$$R_t = R_0 \left[\, 1 + At + Bt^2 + Ct^3 \,\right] \tag{3-13}$$

式中, R_t、R_0 分别为 t ℃和 0 ℃时的电阻值;A、B、C 分别为与金属材料有关的常数。

表示电阻与温度之间灵敏度的参数是电阻温度系数。电阻温度系数的定义是:温度变化 1 ℃时电阻值的相对变化量,用 α 来表示,单位是 ℃$^{-1}$,根据定义, α 可用式(3-14)表示,即

$$\alpha = \frac{\dfrac{\mathrm{d}R}{R}}{\mathrm{d}t} = \frac{1}{R}\frac{\mathrm{d}R}{\mathrm{d}t} \tag{3-14}$$

可以近似为

$$\alpha = \frac{R_{100} - R_0}{100R_0} \tag{3-15}$$

一般材料的温度系数 α 并非常数,在不同的温度下具有不同的数值。因此常用 $(R_{100}-R_0)/$ ($R_0\times100$)代表 0~100 ℃之间的平均温度系数,其中 R_{100} 表示 100 ℃时的电阻值, R_0 表示 0 ℃时的电阻值。电阻温度系数越大,热电阻的灵敏度越高,测量温度时就越容易得到准确的结果。

α 描述温度每变化 1 ℃时热电阻阻值的相对变化量。对于金属热电阻, $\alpha>0$,即电阻值随着温度的升高而增加;对于半导体热电阻,其温度系数 α 可正可负,且线性度差。

3.5　热电阻材料与结构

3.5.1　热电阻材料

按照热电阻的测温原理,各种金属导体均可作为热电阻材料用于温度测量,但实际使用中对热电阻材料提出如下要求:

(1)电阻温度系数大,即灵敏度高;

(2)物理化学性能稳定,能长期适应较恶劣的测温环境,互换性好;

(3)电阻率要大,以使电阻体积小,减小测温的热惯性;

(4)电阻与温度之间近似为线性关系,测温范围广;

(5)价格低廉、复制性强、加工方便。

目前,使用的金属热电阻材料有铜、铂、镍、铁等。其中,因铁、镍提纯比较困难,其电阻与温

度的关系线性度较差,纯铂丝的各种性能最好,纯铜丝在低温下性能也好,所以实际应用最广的是铜、铂两种材料,并已列入了标准化生产。

1. 铂热电阻

铂热电阻由纯铂丝绕制而成,其使用温度范围为(按 IEC 标准)$-200 \sim 850 \, ℃$。铂电阻的特点是精度高、性能可靠、抗氧化性好、物理化学性能稳定。另外,它易提纯、复制性好、有良好的工艺性,可以制成极细的铂丝(直径可达 0.02 mm 或更细)或极薄的铂箔,与其他热电阻材料相比,电阻率较高。因此,它是一种较为理想的热电阻材料,除作为一般工业测温元件外,还可作为标准器件。但它的缺点是电阻温度系数小,电阻与温度呈非线性,高温下不宜在还原性介质中使用,而且属贵重金属,价格较高。

根据国际实用温标的规定,在不同的温度范围内,电阻与温度之间的关系也不同。

在 $-200 \sim 0 \, ℃$ 范围内,铂热电阻与温度的关系为

$$R_t = R_0 \left[1 + At + Bt^2 + C(t - 100)t^3 \right] \tag{3-16}$$

在 $0 \sim 850 \, ℃$ 范围内,铂电阻分温度的关系为

$$R_t = R_0 \left[1 + At + Bt^2 \right] \tag{3-17}$$

式(3-16)、式(3-17)中 R_t、R_0 分别为 $t \, ℃$ 和 $0 \, ℃$ 时的电阻值;A、B、C 分别为常数,$A = 3.908\,02 \times 10^{-3} ℃^{-1}$,$B = -5.801\,95 \times 10^{-7} ℃^{-2}$,$C = -4.273\,50 \times 10^{-12} ℃^{-4}$。

满足上述关系的热电阻,其平均温度系数 $\alpha = 3.85 \times 10^{-3} ℃^{-1}$,一般工业上使用的铂热电阻,国际规定的分度号有 Pt_{10} 和 Pt_{100} 两种。即 $0 \, ℃$ 时相应的电阻值分别为 $R_0 = 10 \Omega$ 和 $R_0 = 100 \Omega$,Pt_{10} 的热电阻温度计电阻丝较粗,主要应用于 $600 \, ℃$ 以上的温度测量。不同分度号的铂热电阻因为 R_0 不同,在相同温度下的电阻值是不同的,因此电阻值与温度的对应关系,即分度表也是不同的。

2. 铜热电阻

铜热电阻一般用于 $-50 \sim 150 \, ℃$ 范围的温度测量。它的特点是电阻值与温度之间基本为线性关系,电阻温度系数大,且材料易提纯、价格便宜,但它的电阻率低、易氧化,所以在温度不高,测温元件体积无特殊限制时,可以使用铜电阻温度计。

铜热电阻与温度的关系为

$$R_t = R_0 (1 + At + Bt^2 + Ct^3) \tag{3-18}$$

式中,R_t、R_0 分别为 $t \, ℃$ 和 $0 \, ℃$ 时的电阻值;A、B、C 分别为常数,$A = 4.288\,99 \times 10^{-3} ℃^{-1}$,$B = -2.133 \times 10^{-7} ℃^{-2}$,$C = 1.233 \times 10^{-9} ℃^{-3}$。

由于 B 和 C 很小,某些场合可以近似地表示为

$$R_t = R_0 (1 + \alpha t) \tag{3-19}$$

式中,α 称为电阻温度系数,取 $\alpha = 4.28 \times 10^{-3} ℃^{-1}$。而一般铜导线的材料纯度不高,其电阻温度系数稍小,约为 $4.25 \times 10^{-3} ℃^{-1}$。

国内工业用铜热电阻的分度号分为 Cu_{50} 和 Cu_{100} 两种,其 R_0 的值分别为 $50 \, \Omega$ 和 $100 \, \Omega$。工业热电阻的基本参数见表 3-4。

3. 半导体热敏电阻

半导体热敏电阻是利用某些半导体材料的电阻值随温度的升高而减小(或升高)的特性制成的。热敏电阻有正温度系数(PTC)、负温度系数(NTC)和临界温度系数(CTR)三种,它们的温度特性曲线如图 3-14 所示。大多数的半导体热敏电阻具有负温度系数,称为 NTC 型热敏电阻,其电阻值与温度的关系可用式(3-20)表示,即

表3-4 工业热电阻的基本参数

热电阻名称	分度号	0 ℃时的电阻值(R_0)/Ω		基本误差/℃		电阻比 $W_{100}=R_{100}/R_0$
		名义值	允许误差	测温范围	允许值	
铜热电阻	Cu₅₀	50	±0.05	−50~150	$\Delta t = \pm(0.3+6\times10^{-3}t)$	1.428±0.002
	Cu₁₀₀	100	±0.1			
铂热电阻	Pt₁₀	10 (0~850 ℃)	A 级±0.006 B 级±0.012	−200~850	A 级：$\Delta t = \pm(0.15+2\times10^{-3}t)$ B 级：$\Delta t = \pm(0.3+5\times10^{-3}t)$	1.385±0.001
	Pt₁₀₀	100 (−200~850 ℃)	A 级±0.06 B 级±0.12			
镍热电阻	Ni₁₀₀	100	±0.1	−60~0, 0~180	$\Delta t = \pm(0.2+2\times10^{-2}t)$ $\Delta t = \pm(0.2+1\times10^{-2}t)$	1.617±0.003
	Ni₃₀₀	300	±0.3			
	Ni₅₀₀	500	±0.5			

注:表中 t 为测量温度值。

$$R_T = R_{T_0} e^{B\left(\frac{1}{T}-\frac{1}{T_0}\right)} \tag{3-20}$$

NTC 型热敏电阻,在较小的温度范围内,电阻-温度特性

$$R_T = R_0 e^{B\left(\frac{1}{T}-\frac{1}{T_0}\right)} = R_0 e^{B\left(\frac{1}{273+t}-\frac{1}{273+t_0}\right)} \tag{3-21}$$

式中:R_T,R_0——热敏电阻在绝对温度 T,T_0 时的阻值,Ω;

T_0,T——介质的起始温度和变化温度,K;

t_0,t——介质的起始温度和变化温度,℃;

B——热敏电阻材料常数,$B = \ln\left(\frac{R_T}{R_0}\right)\Big/\left(\frac{1}{T}-\frac{1}{T_0}\right)$,一般为 2 000~6 000 K,其大小取决于热敏电阻的材料。

根据电阻温度系数的定义,可求得 NTC 型热敏电阻的温度系数为

$$\alpha_T = \frac{1}{R_T} \cdot \frac{dR_T}{dT} = -\frac{B}{T^2} \tag{3-22}$$

电阻温度系数并非常数,低温段比高温段要更灵敏。NTC 型热敏电阻主要由锰、铁、镍、钴、钛、钼、镁等复合氧化物高温烧结而成,通过不同的材质组合,能得到不同的电阻值 R_0 及不同的温度特性。测温范围为−50~+300 ℃。

与金属热电阻相比,半导体热敏电阻优点如下:

(1) 电阻温度系数、灵敏度高;

(2) 电阻率 ρ 很大,体积很小,连接导线电阻变化的影响可忽略;

(3) 结构简单,可测量点的温度;

(4) 热惯性小、响应快。

缺点如下:

(1) 互换性差;

(2) 电阻和温度的关系不稳定,随时间变化。

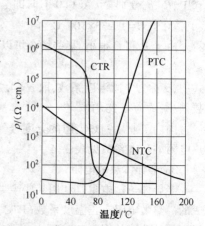

图 3-14 各种热敏电阻的温度特性曲线

3.5.2　热电阻结构

热电阻传感器一般由测温元件(电阻体)、不锈钢套管和接线盒三部分组成,如图3-15所示。铜热电阻的感温元件通常用0.1 mm的漆包线或丝包线采用双线并绕在塑料圆柱形骨架上,线外再浸入酚醛树脂起保护作用。铂热电阻的感温元件一般用0.03~0.07 mm的铂丝绕在云母绝缘片上,云母片边缘有锯齿缺口,铂丝绕在齿缝内以防短路。绕组的两面再盖以云母片绝缘。

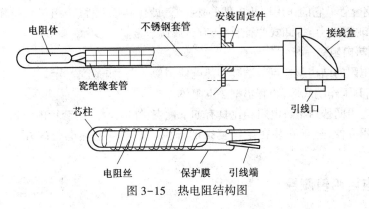

图3-15　热电阻结构图

1. 普通型热电阻

普通型热电阻的基本结构如图3-15所示。它的外形与热电偶相似,主要由感温元件(电阻体)、接线盒、不锈钢套管等几部分组成。

(1)感温元件(电阻体)。感温元件是热电阻的核心部分,由电阻丝绕制在绝缘骨架上构成。电阻丝的直径一般为0.01~0.1 mm,由所用材料或测温范围所决定。绝缘骨架用来缠绕、支承或固定电阻丝,它的质量将会直接影响热电阻的性能。因此,对骨架材料也提出了一定的要求:

①在使用温度范围内,电绝缘性能好;

②热膨胀系数要与热电阻丝相近;

③物理化学性能稳定,不产生有害物质污染电阻丝;

④比热小,热导率大,有足够的机械强度及良好的加工性能。

根据上述要求,常用的骨架材料有云母、玻璃(石英)、陶瓷等,形状有十字形、平板形、螺旋形及圆柱形等。

云母骨架的抗震性能强、响应快,老式热电阻多用云母作骨架,但即使是优质云母,在500 ℃以上也要放出结晶水并产生变形,所以使用温度宜在500 ℃以下。

玻璃骨架的体积小、响应快、抗震性好。较通用的是外径为1~4 mm,长度为10~40 mm的骨架。最高安全使用温度为400 ℃,铂热电阻丝均匀地绕在骨架上,经热处理使电阻丝固定在骨架上,外层再用相同材料制成的套管加以封固烧结。

陶瓷骨架的体积小、响应快、绝缘性能好。外径为1.6~3 mm,长度为20~30 mm,一般是将铂电阻丝绕在刻有螺纹槽的骨架上,表面涂釉后再烧结固定。

感温元件的绕制均采用了双线无感绕制方法,其目的是消除因测量电流变化而产生的感应电势或电流,尤其采用交流电桥测量时更为重要。

(2)接线盒。内引线的功能是将感温元件引至接线盒,以便于与外部显示仪表及控制装置相连接。它通常位于保护管内,因保护管内温度梯度大,作为引线要选用纯度高、不产生热电势的材料,以减小附加测量误差。其材料最好是采用与电阻丝接触电势相同,或者比电阻丝的接触电势小的材料,以免产生附加热电势。工业用热电阻中,铂热电阻高温用镍丝,中低温用银丝作引出线,这样既可降低成本,又能提高感温元件的引线强度。铜热电阻和镍热电阻的内引线,一般均采用其本身的材料即铜丝或镍丝。

为了减少引线电阻的影响,内引线直径往往比电阻丝的直径大得多。工业用热电阻的内引线直径一般为 1 mm 左右,标准或实验室用直径为 0.3~0.5 mm。内引线之间也采用绝缘子将其绝缘隔离。

(3)不锈钢套管。它的作用同热电偶的保护管,即使感温元件、内引线免受环境有害介质的影响。有可拆卸式和不可拆卸式两种,材质有金属或非金属等多种。

2. 铠装型热电阻

铠装型热电阻的结构及特点与铠装型热电偶相似。它由电阻体、引线、绝缘粉末及保护管整体拉制而成,在其工作端底部,装有小型热电阻体。

铠装型热电阻同普通型热电阻相比具有如下优点:外形尺寸小、套管内为实体、响应速度快、抗震、可挠、使用方便、适于安装在结构复杂的部位。如铠装型热电阻的外形尺寸一般为 2~8 mm,个别可制成 1 mm。

3.5.3 热电阻阻值测量

在热电阻与显示仪表的实际连接中,由于其间的连接导线长度较长,导线本身的电阻会与热电阻串联在一起,造成测量误差。如果每根导线的电阻为 r,则加到热电阻上的绝对误差为 $2r$,而且这个误差并非定值,是随着导线所处的环境温度而变化的,所以在工业应用时,为避免或减少导线电阻对测量的影响,常常采用三线制、四线制的连接方式来解决。

国产热电阻的引出线有两线制、三线制和四线制三种。

1. 两线制

在热电阻的两端各连接一根导线来引出电阻信号的方式称为两线制,如图 3-16 所示。这种引线方法很简单,但由于连接导线必然存在引线电阻 r,r 大小与导线的材质和长度等因素有关,因此这种引线方式只适用于测量精度较低等场合。

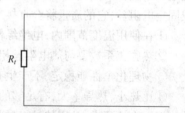

图 3-16　热电阻的两线制接线方式

2. 三线制

三线制即在热电阻的一端与一根导线相连,另一端与两根导线相连。当与电桥配合使用时,如图 3-17 所示。与热电阻 R_t 连接的三根导线,粗细、长短相同,电阻值均为 r。

当桥路平衡时,可以得到下列关系

$$(R_2 + r)R_3 = R_1(R_a + r + R_t) \tag{3-23}$$

由此可得

$$R_t = \frac{R_3(R_2 + r)}{R_1} - R_a - r \tag{3-24}$$

当 $R_1 = R_3$ 时,$R_t = R_2 - R_a$,与 r 无关。

电桥设计时,只要满足 $R_1 = R_3$,则式(3-24)中 r 的可以完全消去,即相当于 r 不存在。这种情况下,导线电阻的变化对热电阻毫无影响。必须注意,只有在全等臂电桥(四个桥臂电阻相等)而且是在平衡状态下才是如此,否则不可能完全消除导线电阻的影响,但分析可见,采用三线制连接方法会使它的影响大大减少。

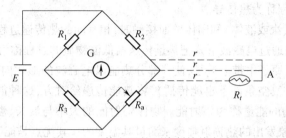

图 3-17 热电阻的三线制接线方式

G—检流计;R_1,R_2,R_3—固定电阻;R_a—零位调节电阻;R_t—热电阻

3. 四线制

四线制在热电阻体的电阻丝两端各连出两根引出线。测温时,它不仅可以消除引出线电阻的影响,还可以消除连接导线间接触电阻及其阻值变化的影响。四线制多用在标准铂热电阻的引出线上。四线制是在热电阻的两端各采用两根导线与显示仪表相连接,其接线方式如图 3-18 所示。

图 3-18 热电阻的四线制接线方式

由恒流源供给的已知电流 I 流过热电阻 R_t,使其产生电压降 U,电位差计测得 U,便可得到 R_t($R_t = U/I$)。由图 3-18 中可见,尽管导线存在电阻 r,但有电流流过的导线上,电压降不在测量范围之内,连接电位差计的导线虽然存在电阻,但没有电流流过(电位差计测量时不取电流),所以四根导线的电阻对测量均无影响。只要恒流源的电流稳定不变,这是一种比较完善的方法,它不受任何条件的限制,能消除连接导线电阻对测量的影响。

需要说明的是:无论三线制还是四线制,如果需要准确测量,引线都必须由电阻体的根部引出,即从内引线开始,而不能从热电阻的接线盒的接线端子上引出。因此,内引线处于温度变化剧烈的区域。虽然在保护管中的内引线不长,但精确测量时,其电阻的影响不容忽视。

使用注意事项:

(1)测电阻必须通过电流,但电流又会使电阻发热,使电阻增大。为了避免这一因素引起的误差过大,应该尽量用小电流通过电阻。当然,电流太小以至电阻上的电压降过分微小,又会给测量带来困难。一般通过电阻的电流不宜超过 6 mA。

用电桥法测量电阻时,电桥的输出对角线有共模电压。这对电子线路的设计或接地点有要求。

(2)三线、四线制接法都必须从电阻体的根部引出,不能从热电阻的接线盒的接线端子上引出。

3.6 辐射式温度计

工业生产中,通常采用前述的接触式温度传感器。接触式测温方法虽有结构简单、可靠、准确度高等优点,但在某些场合下(如等离子体加热或受控热核反应等),必须采用非接触式测温。较接触式温度传感器而言,非接触式温度传感器技术相对较新,还处于动态发展上升阶段。

热交换的基本形式有:热传导、热对流、热辐射三种形式。

热传导:在同一物体内,热量自高温部分传至低温部分,或相互接触的物体,热量由高温物体传递给低温物体的过程称为热传导。

热对流:流体(气、汽或液体)和固体壁面接触时,相互间的热传递过程称为热对流。

热辐射:高温物质通过电磁波形式把热量传递给低温物质的过程称为热辐射。

物体受热,激励了原子中带电粒子,使一部分热能以电磁波的形式向空间传播,它不需要任何物质作为媒介(即在真空条件下也能传播),将热能传递给对方,这种能量的传播方式称为热辐射(简称辐射),传播的能量称为辐射能。物体辐射能的大小与波长、温度有关。辐射式温度传感器是通过被测对象发出的热辐射强度来测量其温度的。其优点是能够测量运动物体的温度并且不破坏其被测温度场,又可以在中温或低温领域进行测量。常用的辐射式温度传感器包括光学高温计、光电高温计、辐射高温计、比色温度计、红外温度计或热像仪等。

3.6.1 测温原理

在自然界中,当物体的温度高于绝对零度时,由于它内部热运动的存在,就会不断向四周辐射电磁波,其中就包含了波段位于 $0.75 \sim 100~\mu m$ 的红外线。热辐射波段为 $0.3 \sim 40~\mu m$,主要工作在可见光和红外光的某些波段,如图 3-19 所示。

辐射换热是三种基本的热交换形式之一。在低温时,物体辐射能很小,主要发射的是红外线。随着温度的升高,辐射能急剧增加,辐射光谱也向短的方向移动,在 500 ℃左右时,辐射光谱包括了部分可见光;到 800 ℃时可见光大大增加,即呈现"红热";如果到 3 000 ℃时,辐射光谱包括了更多的短波成分,使得物体呈现"白热"。辐射测温的基本原理是观察灼热物体表面的"颜色"来大致判断物体的温度。

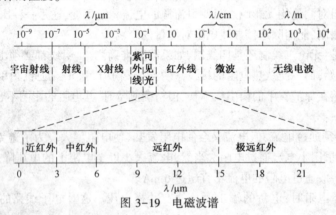

图 3-19 电磁波谱

不同温度的辐射曲线永远不会相交。随温度的增加,辐射能增大而峰值波长减小,波长与温度成反比,如图 3-20 所示。

1. 热辐射测温的基本定律

(1)普朗克定律(单色辐射强度定律)。

辐射出射度 M:离开辐射源表面一点处的面单元上的辐射能除以该单元面积,称为该点的辐射出射度,单位为瓦/米^2(W/m^2)。

全辐射体的辐射出射度 $M_{0\lambda}$ 与波长 λ 和温度 T 关系为

$$M_{0\lambda} = C_1\lambda^{-5}(e^{\frac{c_2}{\lambda T}} - 1)^{-1} \tag{3-25}$$

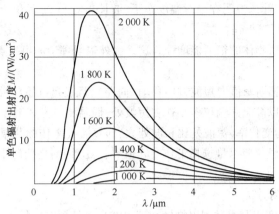

图3-20　波长与辐射能的关系曲线

式中，λ 为波长；$C_1 = 3.743 \times 10^{-6}$ W · m^2 为普朗克第一辐射常数；$C_2 = 1.439 \times 10^{-2}$ m · K 为普朗克第二辐射常数。

使用条件：温度低于 3 000 K 时，波长较短的可见光范围内，用维恩公式代替普朗克定律，误差不超过 1%，即

$$M_{0\lambda} = C_1 \lambda^{-5} e^{-\frac{C_2}{\lambda T}} \tag{3-26}$$

（2）斯特藩-玻尔兹曼定律（全辐射强度定律，又称四次方定律）

①M_0 与 $M_{0\lambda}$ 的关系。M_0 是波长 λ 从 $0 \sim \infty$ 之间全部光谱辐射出射度的总和

$$M_0 = \int_0^\infty M_{0\lambda} \, d\lambda \tag{3-27}$$

②M_0 的公式（斯特藩-玻尔兹曼定律）

$$M_0 = \int_0^\infty C_1 \lambda^{-5} (e^{\frac{C_2}{\lambda T}} - 1)^{-1} d\lambda = \sigma T^4 \tag{3-28}$$

式中：σ——斯特藩-玻尔兹曼常数，等于 $5.670\ 32 \times 10^{-8}$ W/(m^2 · K^4)。

物体的总的辐射出射度与温度的四次方成正比，式（3-28）就是辐射式温度计测温的理论根据。全辐射强度定律是单色辐射强度在全波长内积分的结果。

由于实际物体不是全辐射体，所以需要修正：

①光谱辐射出射度 M_λ（普朗克定律）：

$$M_\lambda = \varepsilon_\lambda C_1 \lambda^{-5} (e^{\frac{C_2}{\lambda T}} - 1)^{-1} \tag{3-29}$$

②维恩公式：

$$M_\lambda = \varepsilon_\lambda C_1 \lambda^{-5} e^{-\frac{C_2}{\lambda T}} \tag{3-30}$$

③斯特藩-玻尔兹曼定律：

$$M = \varepsilon \sigma T^4 \tag{3-31}$$

发射率 ε：实际物体辐射出射度和同一温度下全辐射体的辐射出射度之比称为发射率。

注意：光谱发射率 ε_λ 和发射率 ε，其值在 $0 \sim 1$ 之间，都不是常数，可用实验的方法测定。ε 与温度、该物体的特性和表面情况有关，ε_λ 按基尔霍夫定律还与 λ 有关。

在给定的温度和波长下，物体发射的辐射能有一个最大值，这种物质称为黑体，并设定它的反射系数为 1；其他的物质反射系数小于 1，称为灰体，由于黑体的光谱辐射功率 $P(\lambda T)$ 与绝对温

度 T 之间满足普朗克定律。说明在绝对温度 T 下，波长 λ 处单位面积上黑体的辐射功率为 $P(\lambda T)$。根据这个关系可以得到：

①随着温度的升高，物体的辐射能增强。这是红外辐射理论的出发点，也是单波段红外测温仪的设计依据。

②随着温度升高，辐射峰值向短波方向移动（向左），且满足维恩位移定理，峰值处的波长与绝对温度 T 成反比，所以高温测温仪多工作在短波处，低温测温仪多工作在长波处。

③辐射能随温度的变化率，短波处比长波处大，即短波处工作的测温仪相对信噪比高（灵敏度高）、抗干扰性强，测温仪应尽量选择工作在峰值波长处，特别是低温小目标的情况下，这一点显得尤为重要。

2. 辐射测温的常用方法

（1）亮度测温。亮度测温通过测出物体在某一波长上的辐射能量，确定被测物体的温度。

（2）全辐射测温。全辐射测温通过测出物体在整个波长范围内的辐射能量，确定被测物体的温度。

（3）比色测温。比色测温通过测出物体在两个特定波长范围上的辐射能量之比，确定被测物体的温度。

3.6.2　光学高温计及光电高温计

光学高温计发展最早，应用最广。在确定波长下，根据普朗克定律，通过测量单色辐射强度即单色辐射亮度来测量温度。它具有结构简单、使用方便、测温范围广（700～3 200 ℃）的特点，常用于测量高温炉窑的温度。

1. 光学高温计

物体在高温状态下会发光，也就是具有一定的光亮度，物体的波长为 λ 的光亮度 B_λ 和它的辐射强度 M_λ 是成正比的，即

$$B_\lambda = CM_\lambda \tag{3-32}$$

式中：C——比例常数。

由于 M_λ 与温度有关，因此受热物体的亮度大小反映了物体温度的高低。但因为各种物体的黑度 ε_λ 是不同的，因此即使它们的亮度相同，它们的温度也是不相同的。这样若按某一物体的温度刻度的光学高温计就不可以用来测量黑度不同的另一物体的温度，所以仪表是按黑体的温度刻度的。当测量实际物体的温度时，所测量出的结果不是物体的真实温度，而是相当黑体的温度，即所谓被测物体的亮度温度。然后通过修正求得被测物体的真实温度。

亮度温度的定义：当物体在辐射波长为 λ、温度为 T 时的亮度 B_λ 和黑体在辐射波长为 λ、温度为 T_s 时的亮度 $B_{0\lambda}$ 相等，则把 T_s 称为这个物体在波长为 λ 时的亮度温度。将维恩公式代入式（3-32），得到物体和黑体的亮度公式分别为

$$B_\lambda = C\varepsilon_\lambda C_1 \lambda^{-5} \mathrm{e}^{-\frac{c_2}{\lambda T}} \tag{3-33}$$

$$B_{0\lambda} = C\, C_1 \lambda^{-5} \mathrm{e}^{-\frac{c_2}{\lambda T}} \tag{3-34}$$

若两者的亮度相等，则

$$\frac{1}{T} - \frac{1}{T_\mathrm{s}} = \frac{\lambda}{C_2} \ln \varepsilon_\lambda \tag{3-35}$$

$$T = \frac{C_2 T_S}{\lambda T_S \ln \varepsilon_\lambda + C_2} \tag{3-36}$$

式中,$\lambda = 0.66\ \mu m$ 为红光波长;T_S 为亮度温度,K;ε_λ 为黑度系数(物体在波长 λ 下的吸收率);C_2 为普朗克第二辐射常数。

在已知物体的黑度 ε_λ 和高温计测得的亮度温度 T_S 之后,就可用式(3-36)求出物体的真实温度 T。由式(3-36)可以看出 ε_λ 越小,则亮度温度与真实温度间的差别也就越大。因 $0 < \varepsilon_\lambda < 1$,因此测得物体的亮度温度总是低于真实温度。

由于直接测量光谱辐射亮度较难实现,因此光学高温计采用了亮度比较的方法。工业用光学高温计分为隐丝式和恒定亮度式。隐丝式是利用调节电阻来改变高温灯泡的工作电流,当灯丝的亮度与被测物体的亮度一致时,灯泡的亮度就代表了被测物体的亮度温度;恒定亮度式是利用减光楔来改变被测物体的亮度,使它与恒定亮度温度的高温灯泡相比较,当两者亮度相等时,根据减光楔旋转的角度来确定被测物体的亮度温度。由于隐丝式光学高温计的结构和使用方法都优于恒定亮度式,所以应用广泛。

隐丝式光学高温计由光学系统和电测系统两部分组成,如图 3-21 所示。光学系统包括目镜、物镜、灯泡、红色滤波片和灰色吸收玻璃等。加入红色滤光片,造成窄的光谱段,使其在波长范围 0.6~0.7 μm 内进行亮度比较。由于温度超过 1 400 ℃时,钨丝易发生升华,(电阻值改变,且在灯泡玻璃上形成薄膜,改变了灯丝的温度-亮度特性),造成测量误差。加入灰色吸收玻璃,在 1 400 ℃以上时,可减弱热源进入仪表的亮度,再和灯丝亮度比较,加大了光学高温计的测量范围。电测系统包括指示仪表、灯泡、电源和调节电阻四部分。

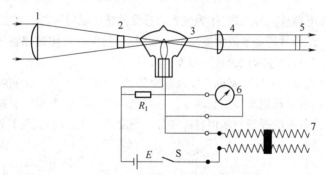

图 3-21 光学高温计结构原理图

1—物镜;2—灰色吸收玻璃;3—灯泡;4—目镜;5—红色滤波片;6—指示仪表;7—调节电阻;
E—电源;S—开关

使用光学高温计时,人眼看到的图像如图 3-22 所示。测量时,如灯丝亮度比辐射热源(被测物体)亮度低,则灯丝就在这个背景下呈现出暗的弧线;如灯丝亮度比辐射热源(被测物体)亮度高,则灯丝就在较暗的背景下呈现出亮的弧线;如两者亮度一样,则灯丝就隐灭在发光背景里。由指示仪表的读数可知被测物体的亮度温度,这种光学高温计称为隐丝式光学高温计。

使用光学高温计应注意的事项:

(1)非黑体的影响:被测物体往往是非绝对黑体,而且物体的黑度 ε_λ 不是常数,它和波长 λ、物体的表面情况及温度高低均有关系。物体黑度的变化有时是很大的,这给测量带来很不利的影响。为了消除 ε_λ 的影响,可以人为地创造黑体辐射的条件,譬如测量炉膛温度,可以插入一根细长而有底的陶瓷管,在充分受热以后,这个管子底部的辐射就可以近似认为是绝对黑体了。为

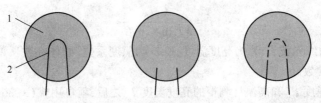

(a)灯丝亮度低　(b)灯丝和物像亮度一致(灯丝隐灭)(c)灯丝亮度偏高

图 3-22　灯丝与物像亮度的比较

1—被测物体的像;2—灯丝的像

得到足够的黑度,管子的长度与管子的内径之比不得小于10。

(2)中间介质的影响:光学高温计和被测物体之间的灰尘、烟雾和二氧化碳等气体,对热辐射会有吸收作用,因而造成测量误差。在实际测量时很难做到没有灰尘,因此光学高温计不要距离被测物体太远,一般在 1~2m 之内比较合适。

(3)光学高温计不宜测量反射光很强的物体,否则会产生误差。

光学高温计由于受被测物体黑度的影响,测量的精度要比热电偶、热电阻低,且结构复杂、价格高,不能测物体内部点的温度,因此在使用上受到限制。由于人眼是感受件,只能看到可见光,这限制了被测物体的温度不能低于 700 ℃

光学高温计测量时要手动平衡亮度。由人判定平衡点,平衡点可能因人而异。故它不是连续性测量仪表,难以做到被测温度的自动记录。

2. 光电高温计

光电高温计用光电器件代替人眼,作为仪表的感受件感受辐射源的亮度变化,并转换成与亮度成比例的电信号。此信号经电子放大器放大后被测量,其大小对应被测物体的温度。光电高温计能自动平衡亮度和自动连续记录被测温度,所以得到广泛使用。

光电高温计是在光学高温计的基础上发展起来的,它克服了光学高温计的缺点,能够连续自动地测量温度,而且能够自动记录和控制温度。它与光学高温计的本质区别就在于它利用光电器件作为敏感元件,代替人的眼睛判断辐射源和灯丝亮度的变化,并将亮度转换成电信号。光电高温计工作原理图如图 3-23 所示。

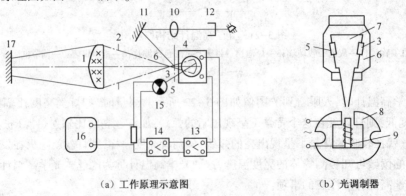

（a）工作原理示意图　　　　（b）光调制器

图 3-23　光电高温计工作原理图

1—物镜;2—光阑;3,5—孔;4—硅光电池;6—遮光板;7—光调制器;8—永久磁铁;

9—励磁绕组;10—前置放大器透镜;11—反射镜;12—观察孔;13—前置放大器;

14—主放大器;15—反馈灯;16—电位差计;17—被测物体

测量时,从被测物体 17 的表面发生的辐射能由物镜 1 聚焦后。经孔径光阑 2 和遮光板 6 上的孔 3,透过装于遮光板内的红色滤光片,射到硅光电池 4 上,反馈灯 15 发出的辐射能通过遮光板上的孔 5 和红色滤光片也照射到硅光电池上。在遮光板的前面装有每秒钟振动 50 次的光调制器 7,它交替地打开和遮住孔 3 和孔 5,使被测物体的辐射能和反馈灯的辐射能交替地照射到硅光电池上。当两个能量不相等时,硅光电池将产生一个与两个辐射亮度差成正比的脉冲光电流,经前置放大器 13 放大后,再送到由倒相器、差动相敏放大器和功率放大器组成的主放大器 14 做进一步放大后,输出驱动反馈灯;反馈灯的辐射能随着驱动电流的改变而相应变化。以上过程一直持续到被测物体和反射灯照射到硅光电池上的辐射能相等为止。这时硅光电池的脉冲光电流接近于零,而流经反馈灯电流数值的大小就代表了被测物体的亮度温度。此电流值转换成电压后由电位差计 16 自动指示和记录被测物体的亮度温度。图 3-23 中的前置放大器透镜 10、反射镜 11 和观察孔 12 组成了一个人工观察瞄准系统,其作用是使光电高温计得以对准被测物体。

光电高温计的优点如下:

(1)无 700 ℃的下限。因光电器件可感受可见光、红外光波长。

(2)分辨率高。光学高温计最高为 0.5 ℃,而光电高温计分辨率为 0.01~0.05 ℃。

(3)精确度高。由于采用性能良好的单色器故光电高温计精确度高。

(4)可连续自动测量,响应快。

光电高温计的缺点:光学元件互换性很差,更换元件时,整个仪表要进行重新调整和分度。

3.6.3 全辐射高温计

全辐射高温计习惯上称为全辐射温度计,是专指以热电堆为热接受元件的辐射感温器与电压指示或记录仪表构成的温度测量仪表,是基于被测物体的辐射热效应而进行工作的。其优点是灵敏度高、坚固耐用、可测较低温度;缺点是测量易受环境中的水蒸气、二氧化碳的影响。

全辐射高温计的工作原理

全辐射高温计是根据物体的热辐射效应测量物体表面温度的仪器。

物体受热后会发出各种波长的辐射能,其中有许多是人们眼睛看不到的,譬如铁块在未烧红前并不发出"亮"光来,也就无法使用光学高温计来测量它的温度。虽然物体辐射出来的能量看不见,但可以把它辐射出来的所有能量集中于一个感温元件(如热电偶)上。热电偶的工作端感受到这些热能后,就有热电势输出。并配以动圈式显示仪表或自动平衡显示仪表测出,这就是全辐射高温计的工作原理。

绝对黑体的热辐射能量与温度之间的关系可由斯特藩-玻尔兹曼定律表述,即

$$E_0 = \sigma T^4 \tag{3-37}$$

式中:σ——斯特藩-玻尔兹曼常数,等于 $5.670\ 32 \times 10^{-8}$ W/(m² · K⁴);

T——绝对黑体表面温度,K。

所有物体的全辐射吸收系数 ε_r 均小于 1,即 $0 < \varepsilon_r < 1$,其辐射能与温度之间的关系为

$$E_0 = \varepsilon_r \sigma T^4 \tag{3-38}$$

由于不同物体的辐射强度在同一温度时并不相同,所以全辐射高温计的刻度也是选择黑体作为标准体,按黑体的温度来分度仪表。这对用全辐射高温计所测到的是物体辐射温度,即相当于黑体某一温度 T_p。在辐射感温器工作频谱区域内,当表面温度为 T 的物体之积分辐射能量和表面温度为 T_p 的黑体之积分辐射能量相等时,$\varepsilon_r \sigma T^4 = \sigma T_p^4$,所以物体实际的表面温度为

$$T = T_p \sqrt[4]{1/\varepsilon_r} \tag{3-39}$$

因此,当知道了物体的全部辐射吸收系数 ε_r 和辐射高温计显示的辐射温度 T_p,就可得到被测物体的实际表面温度。

全辐射高温计工作原理图如图 3-24 所示。被测物体的辐射能经物镜聚焦在铂箔上,使铂箔温度升高,由热电堆测其温度输出热电势信号。

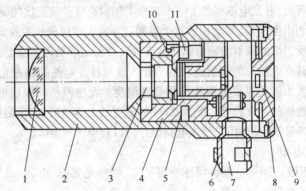

图 3-24　全辐射高温计工作原理图

1—物镜;2—外壳;3—补偿光阑;4—座架;5—热电堆;6—接线柱;
7—穿线套;8—盖;9—目镜;10—校正片;11—小齿轴

热电堆由几支同样的热电偶同向串联而成,其作用是增加输出的热电势,提高灵敏度。热电偶的热端汇集到中心一点,冷端位于受热片的四周,受热片输出热电势为所有热电偶输出电势之和,如图 3-25(a) 所示。

由于辐射感温器的热接受元件是热电堆,当环境温度发生变化时,冷端温度也发生变化,输出电势发生相应的变化,会产生测量误差。为了稳定冷端温度,热电堆的冷端补偿采取以下几种方法:

(1)加水冷套。

(2)加冷端自动补偿器。图 3-25(b) 所示的补偿光阑是常用的冷端自动补偿器。补偿光阑由双金属片控制,双金属片的一端固定,补偿片垂直焊接在双金属片的自由端。当环境温度升高,热电堆的热电势输出减少。同时双金属片的温度也升高,双金属片由轴心向外伸展,补偿片向外移动,光阑的孔径相应扩大,射到热电堆上的辐射能增加,热电堆的输出电势得到补偿。

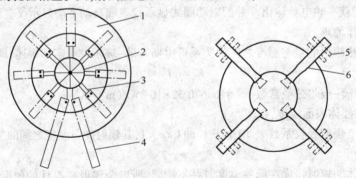

(a) 热电堆结构　　　　　　　　　(b) 补偿光阑

图 3-25　热电堆结构和补偿光阑

1—云母基片;2—受热靶面;3—热电耦丝;4—引出线;
5—补偿片;6—双金属片

3.6.4 比色温度计

比色温度计是通过测量热辐射体在两个或两个以上波长的光谱辐射亮度之比来测量温度的。其特点是测温准确度高、响应快、可测量小目标,适用于冶金、水泥、玻璃等行业,常用于测量铁液、锅液、熔渣及回转窑物料温度等。

比色温度计也是一种辐射式温度计。辐射定律表明,绝对黑体的最大单色辐射强度当温度增高时是向波长减小方向移动的。这样,就使两个固定波长为 λ_1 及 λ_2 的亮度比会随温度而变化。因此,只要测定此亮度比值,即可由计算式算得绝对黑体的相应温度,如温度为 T 的实际物体在两个波长下的亮度比与温度为 T_c 的黑体在同样两波长下的亮度比相等,则将 T_c 称为该实际物体的比色温度。实际物体的温度 T 与比色温度 T_c 之间存在一定计算关系。

通过测波长 λ_1,λ_2 下的光谱辐射亮度

$$L_{0\lambda_1 T_c} = CC_1 \lambda_1^{-5} \mathrm{e}^{-\frac{c_2}{\lambda_1 T_c}} \tag{3-40}$$

$$L_{0\lambda_2 T_c} = CC_1 \lambda_2^{-5} \mathrm{e}^{-\frac{c_2}{\lambda_2 T_c}} \tag{3-41}$$

式(3-40)与式(3-41)相除后取对数,整理后得

$$T_C = \frac{C_2 \left(\dfrac{1}{\lambda_2} - \dfrac{1}{\lambda_1} \right)}{\ln \dfrac{L_{0\lambda_1 T_c}}{L_{0\lambda_2 T_c}} - 5\ln \dfrac{\lambda_2}{\lambda_1}} \tag{3-42}$$

实际物体(温度 T)在两个波长 λ_1 和 λ_2 的相应亮度比等于绝对黑体在两个波长 λ_1 和 λ_2 的亮度比,绝对黑体的温度 T_C 就称为实际物体的比色温度。

根据比色温度的定义,用维恩公式,可导出实际温度 T 和比色温度 T_c 的关系:

$$\frac{1}{T} - \frac{1}{T_C} = \frac{\ln \dfrac{\varepsilon_{\lambda_1}}{\varepsilon_{\lambda_2}}}{C_2 \left(\dfrac{1}{\lambda_1} - \dfrac{1}{\lambda_2} \right)} \tag{3-43}$$

比色温度计的特点如下:

(1)对于绝对黑体 $T=T_C$,因为 $\varepsilon_{\lambda_1} = \varepsilon_{\lambda_2} = 1$;一般物体 T 不等于 T_C,由于 ε_{λ_1} 不等于 ε_{λ_2},对于金属物体,一般是短波 λ_1 的 ε_{λ_1} 大于长波 λ_2 的 ε_{λ_2},即 $\varepsilon_{\lambda_1} > \varepsilon_{\lambda_2}$ 则 $\ln \dfrac{\varepsilon_{\lambda_1}}{\varepsilon_{\lambda_2}} > 0$,$T < T_C$ 比色温度高于物体实际温度。对于其他物体,视 ε_{λ_1} 和 ε_{λ_2} 的大小而定。

(2)比色温度计和单色辐射高温计、辐射温度计相比较,测量准确度更高。因为实际物体一般 ε_{λ_1} 和 ε_{λ_2} 的比值变化相对要比 ε_{λ} 和 ε 的单位变化小得多。

(3)比色温度计可在周围环境较恶劣下测温。中间介质加水蒸气、二氧化碳、灰尘等对波长 λ_1 和 λ_2 的单色辐射强度均有吸收,尽管吸收律不一定相同,但对单色辐射强度比值的影响比较小。

比色温度计的结构分为单通道和双通道两种。所谓通道是指在比色温度计中使用探测器的个数。单通道是用一个探测器接收两种波长光束的能量,双通道是用两个探测器分别接收两种波长光束的能量。单通道分为单光路和多光路两种。所谓光路是指光束在调制前或调制后是否由一束分成两束进行分光处理。

国产 WDS-Ⅱ 双通道光电比色温度计原理图如图 3-26 所示。

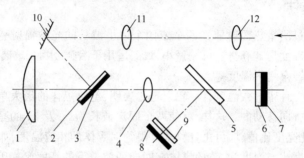

图 3-26　国产 WDS-Ⅱ 双通道光电比色温度计原理图

1—物镜;2—平行平面玻璃;3—回零通孔硅光电池;4—透镜;5—分光镜;

6—红外滤光片;7—硅光电池 E_2;8—硅光电池 E_1;9—可见光滤光片;

10—反射镜;11—倒像镜;12—目镜

被测物体的辐射能经物镜 1 聚焦后,经平行平面玻璃 2、中间有孔的回零硅光电池 3,再经透镜 4 到分光镜 5。分光镜的作用是反射 λ_1 而让 λ_2 通过,将可见光分成 λ_1($\approx 0.8~\mu m$)、λ_2($\approx 1~\mu m$)两部分。一部分的能量经可见光滤光片 9,将少量长波辐射能滤除后,剩下波长约为 0.8 μm 的可见光被硅光电池 8 接收,并转换成电信号输入显示仪表。另一部分的能量则通过分光镜,经红外滤光片 6 将少量可见光滤掉,剩下波长为 1 μm 的红外光被硅光电池 $E_2$7 接收,并转换成电信号。由两个硅光电池输出的信号电压,经显示仪表的平衡桥路测量,得出其比值 B,即可读出被测对象的温度值。

3.6.5　红外测温仪

红外辐射又称红外线。波长范围大致为 0.76 ~ 1 000 μm,分为四个区域,即近红外区、中红外区、远红外区和极远红外区。波长范围在 2 ~2.6 μm、3 ~5 μm 和 8 ~14 μm 的三个波段,红外线穿透能力强、透过率高,统称为"大气窗口"。

红外测温仪是红外辐射测温仪的简称,又称红外温度计。红外温度计也是一种辐射式温度计。任何物体只要其温度大于绝对零度,均会因分子热运动而发射红外线。物体发射的红外辐射能与其温度有关,红外温度计是根据这一特性进行温度测量的。当物体的温度低于 1 000 ℃ 时,物体向外辐射的不再是可见光而是红外光了,可用红外探测器检测温度。如采用分离出所需要波段的滤光片,可使红外测温仪工作在任意红外波段。

1. 测量原理与结构

红外测温仪是根据热辐射体在红外波段的辐射能量来测量温度的,属部分辐射式温度传感器。按测量方式可分为固定式与扫描式,按光学系统的不同又可分为可变焦点式与固定焦点式等。具有使用寿命长、性能可靠、反应快等优点,在国外塑料、五金、食品和饮料行业等垂直市场中的应用非常广泛。

红外测温仪由光学系统、光电探测器、信号放大器、信号处理电路、显示输出等部分组成。光学系统汇聚其视场内的目标红外辐射能,红外辐射能聚集在光电探测器上并转变为相应的电信号,该信号再经换算转变为被测目标的温度值。

图 3-27 是目前常见的红外测温仪结构图。它是一个包括光、机、电一体化的红外测温系统,光学系统是一个固定焦距的透射系统,滤光片一般采用只允许 8~14 μm 的红外辐射能通过的

材料。调制电动机带动调制盘转动,将被测的红外辐射调制成交变的红外辐射线。红外探测器一般为(钽酸锂)热释电探测器,透镜的焦点落在其光敏面上。辐射体发出的红外辐射,进入光学系统,经调制器把红外辐射调制成交变辐射,由红外探测器转变成为相应的电信号。该信号经过信号处理电路,并按照仪器内的算法和目标发射率校正后转变为被测目标的温度值,并显示在显示器上。

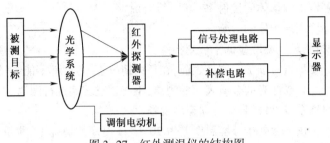

图3-27 红外测温仪的结构图

红外探测器的作用是把接收到的红外辐射强度转变成电信号,分为光电型和热敏型。光电型红外探测器是利用光敏元件吸收红外辐射后其电子改变运动状况而使电气性质改变的原理工作的。常用的光电型红外探测器有光电导型和光生伏特型。热敏型红外探测器是物体吸收红外辐射后温度升高的性质来测量温度的。根据测温元件的不同分为热敏电阻型、热电偶型及热释电型。

红外温度计的光学系统有透射式和反射式两种,分别使被测物体的红外辐射能通过透射或反射两种方式输至红外探测器。

2. 影响红外测温仪准确性的主要因素

(1)测温目标大小与测温距离。在不同距离处,可测的目标的有效直径 D 是不同的,因而在测量小目标时要注意目标的距离。

红外测温仪距离系数 K 的定义:被测目标的距离 L 与被测目标的直径 D 之比,即 $K=L/D$。

(2)被测物质发射率。红外测温仪一般都是按黑体(发射率 $\varepsilon=1.00$)分度的,而实际上,物质的发射率都小于1.00。因此,在需要测量目标的真实温度时,必须设置发射率值。

(3)强光背景。若被测目标有较亮背景光(特别是受太阳光或强灯直射),则测量的准确性将受到影响,因此可用物遮挡直射目标的强光以消除背景光干扰。

3. 红外测温仪的优点

(1)非接触测量。它不需要接触到被测温度场的内部或表面,因此,不会干扰被测温度场的状态,红外测温仪本身也不受温度场的损伤。

(2)测量范围广。因其是非接触测温,所以红外温度计并不处在较高或较低的温度场中,而是工作在正常的温度或红外温度计允许的条件下。一般情况下可测量负几十摄氏度到三千多摄氏度。

(3)测温速度快。即响应时间短,只要接收到目标的红外辐射,即可在短时间内测温。

(4)测量精度高。红外测温不与接触式测温一样破坏物体本身温度分布,因此测量精度高。

(5)灵敏度高。只要物体温度有微小变化,辐射能就有较大改变,易于测出。可进行微小温度场的温度测量和温度分布测量,以及运动物体或转动物体的温度测量。使用安全及使用寿命长。

4. 红外测温仪的缺点

(1)易受环境因素影响(环境温度、空气中的灰尘等)。

(2)对于光亮或者抛光的金属表面的测温读数影响较大。

(3)只限于测量物体外部温度,不方便测量物体内部和存在障碍物时的温度。

5. 红外测温仪的使用注意事项

(1)必须准确确定被测物体的发射率。

(2)避免周围环境高温物体的影响。

(3)对于透明材料,环境温度应低于被测物体温度。

(4)红外温度计要垂直对准被测物体表面,在任何情况下,角度都不能超过30°。

(5)最好不用于光亮或抛光的金属表面的测温,不能透过玻璃进行测温。

(6)正确选择跟离系数,目标直径必须充满视场。

(7)如果红外测温仪突然处于环境温度差为 20 ℃ 或更高的情况下,测量数据将不准确,温度平衡后再取其测量的温度值。

由于红外温度传感器实现了非接触测温、远距离测量高温等功能,进而将大部分操作人员从较恶劣的环境中解放出来,原来必须要穿防高温工作服才能工作的操作人员,现在不用再穿上那些不方便的工作服,而且可以在一个更加安全、舒适的环境中工作。

3.7　新型温度传感器

3.7.1　半导体 PN 结型温度传感器

PN 结型温度传感器是一种半导体敏感器件,它实现了温度与电压的转换。在常温范围内兼有热电偶,铂热电阻和热敏电阻的各自优点,同时它克服了这些传统测温器件的某些固有缺陷,是自动控制和仪器仪表工业不可缺少的基础元器件之一。在-50~200 ℃温区内有着极其广泛的用途。特别在温室大棚、水产养殖、医疗器械、家电等领域的应用。人们将不断开发、创新,致力于特殊、边沿领域的应用,满足不同用途的需求。

当电流密度保持不变时,PN 结正向压降随着温度的上升而下降,近似线性关系,如图 3-28 所示。

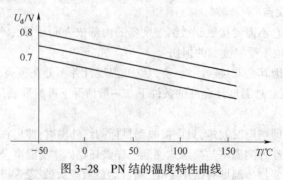

图 3-28　PN 结的温度特性曲线

使用注意事项:

(1)PN 结温度传感器是有极性的,有正负之分。

(2)流过 PN 结温度传感器的电流可选用 100 μA 左右。

（3）PN 结温度传感器在 0 ℃时的输出电压不是为 0 V,而是 0.7 V 左右,并随着温度的升高而降低。

（4）PN 结温度传感器在常温区使用(-50~200 ℃)温度范围的选取应按实际需要来确定。

（5）PN 结温度传感器的输出信号较大,每摄氏度有 2 mV 左右,因此可依据实际应用情况决定是否要加放大电路。

3.7.2 集成温度传感器

集成温度传感器从 20 世纪 80 年代进入市场,由于它有线性度好、精度适中、灵敏度高、体积小、使用简便等优点,故得到广泛应用。

集成温度传感器是利用晶体管 PN 结的电流电压特性与温度的关系,把敏感元件、放大电路和补偿电路等部分集成化,封装在同一壳体内的一种一体化温度检测元件。它除了与半导体热敏电阻一样具有体积小、反应快的优点外,还具有线性好、性能高、价格低等特点。它的输出形式分为电压输出型和电流输出型两种。

1. 电流输出型集成温度传感器

电流输出型集成温度传感器能产生一个与绝对温度成正比的电流作为输出, AD590 是电流输出型集成温度传感器的典型产品,其图形符号如图 3-29 所示。

AD590 是美国模拟器件公司生产的一种单片集成两端电流输出型集成温度传感器,其工作电压为 4~30 V;测温范围为-55~150 ℃;精度为±0.5 ℃;具有标准化的输出,固有的线性关系（温度每变化 1 ℃,其输出电流变化 1 mA）;输出零点为热力学温标零点,即-273 ℃时, AD590 的输出电流为 0 mA;0 ℃时,输出电流约为 273 mA。其高阻抗电流输出特性使它对长线路传输的电压降不敏感,因而可用于远程温度检测。

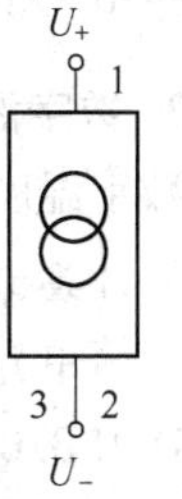

AD590 是电流输出型集成温度传感器,灵敏度为 1 μA/K。有 I、J、K、L、M 几挡,其温度校正误差大小不同。温度校正误差是指传感器输出的信号所对应的温度值与实际温度值之间的差值, AD590 低挡的校正误差很大,如 AD590I 的校正误差为±10 ℃,对精度有较大影响,要进行补偿才可以。

图 3-29 AD590 的图形符号

AD590 内部电路由两只 PN 结对管组成的温度敏感元件和恒流源组成,如图 3-30 所示。其中,V_1、V_2 为差动对管,由恒流源提供的 I_1、I_2 分别为 V_1、V_2 的集电极电流,则 ΔU_{be} 为

$$\Delta U_{be} = \frac{KT}{q} \ln\left(\frac{I_1}{I_2}\gamma\right) \tag{3-44}$$

式中:q——电子电荷量;

$\quad$ K——玻尔兹曼常数;

$\quad$ T——绝对温度;

$\quad$ γ——常数。

由式(3-44)可知,只要 I_1/I_2 为一恒定值,则 ΔU_{be} 与温度 T 为单值线性函数关系。这就是 AD590 集成温度传感器的基本工作原理。

2. 电压输出型集成温度传感器

图 3-31 所示为电压输出型集成温度传感器。V_1、V_2 为差动对管,调节电阻 R_1,可使 $I_1 = I_2$,当差分对管 V_1、V_2 的 β 值大于或等于 1 时,电路输出电压 U_o 为

$$U_o = I_2 R_2 = \frac{\Delta U_{be}}{R_1} R_2 \tag{3-45}$$

由此可得

$$\Delta U_{be} = \frac{U_o R_1}{R_2} = \frac{KT}{q} \ln\gamma \tag{3-46}$$

R_1、R_2 不变，则 U_o 与 T 成线性关系。若 $R_1 = 940\ \Omega$，$R_2 = 30\ k\Omega$，$\gamma = 37$，则电路输出温度系数为 10 mV/K。

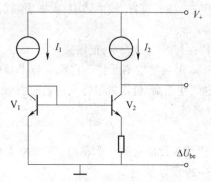 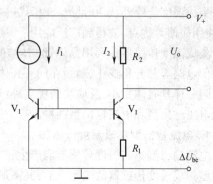

图 3-30　AD590 集成温度传感器的内部电路图　　　图 3-31　电压输出型集成温度传感器

3. 数字温度传感器

数字温度传感器就是能把温度物理量和湿度物理量，通过温、湿度敏感元件和相应电路转换成方便计算机、PLC、智能仪表等数据采集设备直接读取得数字量的传感器。下面以 DS18B20 为例进行简单介绍。

DS18B20 数字温度传感器接线方便，封装成后可应用于多种场合，型号多种多样，有 LTM8877、LTM8874 等。主要根据应用场合的不同而改变其外观。封装后的 DS18B20 可用于电缆沟测温、高炉水循环测温、锅炉测温、机房测温、农业大棚测温、洁净室测温、弹药库测温等各种非极限温度场合。耐磨、耐碰、体积小、使用方便、封装形式多样，适用于各种狭小空间设备数字测温和控制领域。DS18B20 引脚图如图 3-32 所示。DQ 为数字信号输入/输出端；GND 为电源地；VDD 为外接供电电源输入端（在寄生电源接线方式时接地）。

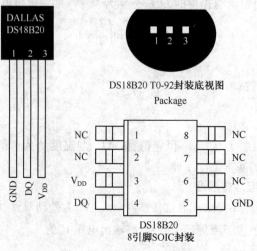

图 3-32　DS18B20 引脚图

DS18B20 采用单总线的接口方式,与微处理器连接时仅需要一条口线即可实现微处理器与 DS18B20 的双向通信。单总线具有经济性好、抗干扰能力强、适合于恶劣环境的现场温度测量、使用方便等优点,使用户可轻松地组建传感器网络,为测量系统的构建引入全新概念。

DS18B20 可以程序设定 9~12 位的分辨率,精度为±0.5 ℃,分辨率设定,以及用户设定的报警温度存储在 EEPROM 中,掉电后依然保存。测量温度范围为-55~+125 ℃。

DS18B20 内部结构主要由四部分组成:64 位 ROM、温度传感器、非挥发的温度报警触发器 TH 和 TL、配置寄存器,如图 3-33 所示。

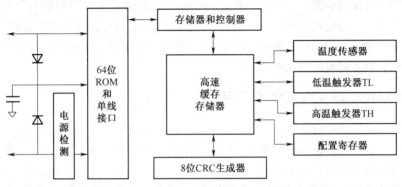

图 3-33　DS18B20 内部结构

ROM 中的 64 位序列号是出厂前被光刻好的,它可以看作是该 DS18B20 的地址序列码。64 位光刻 ROM 的排列是:开始 8 位(28H)是产品类型标号,接着的 48 位是该 DS18B20 自身的序列号,最后 8 位是前面 56 位的循环冗余校验码。光刻 ROM 的作用是使每一个 DS18B20 都各不相同,这样就可以实现一根总线上挂接多个 DS18B20 的目的。

DS18B20 温度采集转化后得到的 12 位数据,存储在 DS18B20 的两个 8 位的 RAM 中,二进制中的前面 5 位是符号位,如果测得的温度大于或等于 0,这 5 位为 0,只要将测到的数值乘 0.062 5 即可得到实际温度;如果测得的温度小于 0,这 5 位为 1,测到的数值需要取反加 1 再乘 0.0625 方可得到实际温度。

3.8　温度传感器工程应用实例

3.8.1　双金属片温度传感器在电熨斗中的应用

电熨斗是怎样调温的呢? 功劳还要归于用双金属片制成的自动开关。

双金属片是把长和宽都相同的铜片和铁片紧紧地铆在一起做成的。受热时,由于铜片膨胀得比铁片大,双金属片便向铁片那边弯曲。温度愈高,弯曲得愈显著。常温时,双金属片端点的触点与弹性钢片上的触点相接触(见图 3-34)。当电熨斗与电源相接通时,电流通过相接触的弹性刚片、双金属片,流过电热丝,电热丝发热并将热量传给电熨斗底部

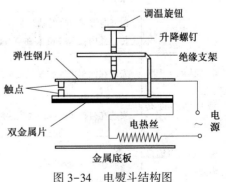

图 3-34　电熨斗结构图

的金属底板,人们就可用发热的底板熨烫衣物了。随着通电时间增加,金属底板的温度升高到设定温度时,与金属底板固定在一起的双金属片受热后向下弯曲,双金属片顶端的触点与弹性钢片上的触点相分离,于是电路断开。这时金属底板的温度不再升高,由于金属底板的散热而双金属片温度降低;双金属片的形变也逐渐恢复,当温度降至某一值时,双金属片与弹性钢片又重新接触,电路再次接通,金属底板的温度又开始升高。这样,当温度高于所需温度时电路断开,当温度低于所需温度时电路接通,便可保持温度在一定的范围内。

那么,怎样使电熨斗有不同温度呢? 当把调温旋钮上调时,上下触点随之上移,双金属片只需稍微下弯即可将触点分离。显然这时金属底板温度较低,双金属片可控制金属底板在较低温度下的恒温。当把调温旋钮下调时,上下触点随之下移,双金属片必须下弯程度较大时,才能将触点分离。显然这时金属底板的温度较高,双金属片可控制金属底板在较高温度下的恒温。这样便可适应织物对不同温度的要求了。

3.8.2 温度传感器在汽车中的应用

汽车上的温度传感器有冷却液温度传感器、进气温度传感器、排气温度传感器、液压油温度传感器、蒸发器出口温度传感器、车内(外)温度传感器 EGR 监测温度传感器等。各个传感器在汽车上的安装位置和用途见表 3-5。

下面以图 3-35 所示的进气温度传感器为例,说明温度传感器在汽车上的应用。

该传感器在电控燃油喷射系统中测量进气温度并输入到 ECU,用以修正体积型空气流量传感器由于大气温度变化带来的进气质量检测的误差。

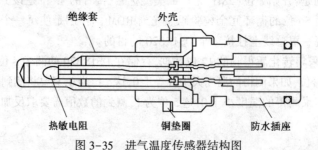

图 3-35 进气温度传感器结构图

表 3-5 汽车上的温度传感器

温度传感器	安 装 位 置	用 途
冷却液温度传感器	安装在发动机气缸体、气缸盖的水套或节温器内,并伸入水套中	检测发动机冷却液温度并输入到 ECU,用于修正喷油量
进气温度传感器	D 型电控燃油喷射系统装在空气滤清器之后或进气压力传感器内;L 型 EFI 装在空气流量计上	检测进气温度并输入到 ECU,用于提供燃油喷射量和点火正时依据
排气温度传感器	安装在汽车排气装置三元催化转化器上	检测三元催化转化器内排放气体的温度
液压油温度传感器	安装在自动变速器油底壳内的液压阀体上	检测液压油温度并输入到 ECU,用于换挡控制
蒸发器出口温度传感器	安装在空调蒸发器片上	检测蒸发器表面温度,用于控制空调压缩机

续表

温度传感器	安装位置	用途
车内(外)温度传感器	车外安装在汽车前部;车内安装在仪表板下和后风窗玻璃下	检测车内、外温度,为汽车空调控制系统提供信息
EGR(废气再循环)监测温度传感器	安装在EGR阀的出口处	检测废气温度,保证发动机和排放系统工作正常

小　结

本章介绍了温度检测的基本知识,热电偶温度传感器的原理、基本定律及冷端温度补偿方法,热电阻温度传感器的工作原理、测量电路及不同接线方法比较,辐射式温度计的原理,新型温度传感器的原理及应用。

通过本章的学习,读者可以掌握温度检测的原理、方法和应用,应能够进行温度检测。

习　题

3.1　什么叫温标?什么叫国际实用温标?请简要说明ITS-90的主要内容。

3.2　什么是热电效应?热电势由哪几部分组成?热电偶产生热电势的必要条件是什么?

3.3　什么是热电偶的中间温度定律。试说明该定律在热电偶实际测温中的意义。

3.4　采用热电偶测量温度时,为什么要进行冷端温度补偿?

3.5　什么是补偿导线?为什么热电偶与补偿导线必须匹配使用?

3.6　用热电偶测温时,使用补偿导线就可以补偿冷端变化对测量的影响,这种说法是否正确?简述理由。

3.7　热敏电阻温度系数的定义是什么?

3.8　试述热敏电阻的三种类型、特点及应用范围。

3.9　用热电阻传感器进行测温时,经常采用哪种测量线路?热电阻与测量线路有几种连接方式?通常采用哪种连接方式?为什么?

3.10　试述热电阻测温时,采用三线制接线方法的优点。

3.11　已知铂铑$_{10}$-铂(S)热电偶的冷端温度 $t_0 = 25$ ℃,现测得热电动势 $E(t, t_0) = 11.712$ mV,求热端温度?

3.12　用K型热电偶测量温度,其冷端温度为 40 ℃,在没有采取冷端温度补偿情况下,显示仪表指示值为 600 ℃。

(1)试问被测真实温度是多少?

(2)如果热端温度保持不变,用补偿导线将冷端延长至 20 ℃恒温室内,问这时显示仪表应为多少?

(3)将冷端采用冰点瓶置于 0 ℃温度中,则显示仪表的示值又应为多少?

3.13　现用一支镍铬-康铜(E)热电偶测温。其冷端温度为 30 ℃,动圈显示仪表(机械零位在 0 ℃)指示值为 400 ℃,则认为热端实际温度为 430 ℃,是否正确? 为什么? 正确值是多少?

3.14　辐射测温有几种方法? 各有哪些特点?

3.15　光学高温计中的灯泡、红色滤光片和灰色吸收玻璃的作用各是什么?

第**4**章 压力传感器

本章要点:
- ➤ 各种力与压力的检测方法与设备的性能、特点、应用及适用领域;
- ➤ 应变式压力传感器、电容式压力计、压磁式压力计、电势输出式压力计、谐振式压力计的原理、测量电路及误差补偿。

学习目标:
- ➤ 了解并掌握压力及力参数检测的各种常见方法、设备及适用领域,以及其实际应用。

建议学时:6学时。

引 言

压力与生产、科研、生活等方面密切相关。在工业自动化生产过程中,压力更是重要的工艺参数之一。正确测量和控制压力是保障生产过程安全和优质运行的重要环节。

压力传感器是工业实践、仪器仪表控制中应用最广泛的传感器之一,同流量、液位、温度传感器一同构成了支撑工业自动化的四大传感器,被广泛应用于空间流体测量,以及汽车、航空、航海、冶金、机械、机器人等各种工业自控环境领域,涉及水利水电、铁路交通、生产自控、航空航天、军工、石化、油井、电力、船舶、机床、管道等众多行业。

本章在压力的基本概念基础上,介绍现代生活及工业技术领域中常见的各种力与压力检测的方法。如应变式压力计、压电式传感器、压磁式传感器、电容式压力传感器和霍尔式压力计等测压方法,并以电子秤系统为例,介绍电子称重系统的实际组成与应用。

4.1 压力的基本概念

物理学中,压力是指垂直作用于物体表面上的力,或是气体对于固体/液体表面的垂直作用力,或是液体对于固体表面的垂直作用力。物体单位面积上受到的压力称为压强。压力的方向始终和受力物体的接触面相垂直。

国际单位制中,压力的单位是牛[顿](N),压强的单位是帕[斯卡](Pa)。1 N 的力垂直均匀作用在 1 m² 面积上,所形成的压强为 1 Pa,1 Pa=1 N/m²。帕[斯卡]是很小的压强单位。检测领域和工程技术中压力和压强不严格区分,将物理学中的压强也称为压力。但是必须明确压力和压强不是一个物理量。在阅读工程类参考书时,二者的区分方法是看它所使用的单位。本书中的压力指压强。

工程技术界广泛使用的其他压力单位,主要有工程大气压(at)、标准大气压(atm)、约定毫米汞柱(mmHg)等,气象学中还用"巴(bar)"等为压力单位。

1 个工程大气压小于 1 个标准大气压,1 at= 1 kgf/cm² =9.8×10⁴ N/m² =9.8×10⁴ Pa。

1 个标准大气压=10.132 5×10⁴ Pa=760 mmHg。

其他常用压力单位换算关系如表 4-1 所示。

表 4-1 其他常用的压力单位换算关系

兆帕 (MPa)	磅力每平方英寸 (lbf/in²)	千克力每平方厘米 (kgf/cm²)	巴 (bar)	标准大气压 (atm)	约定毫米汞柱 (mmHg)
1	145	10.2	10	9.8	—
0.006 895	1	0.070 3	0.068 9	0.068	—
0.1	14.503	1.019 7	1	0.987	—
0.101 325	14.696	1.033 3	1.013 3	1	760
0.000 133 32	—	—	—	—	1

压力测量中,按不同的测量条件,压力可分为以下几类:

(1)大气压:地球周围大气因重力而产生的压力。它和所处的海拔、纬度及气象状况有关。

(2)差压(压差):两处压力的差值(其符号表示为 P_d)。

(3)绝对压力:介质(液体、气体或蒸汽)所处空间的所有压力称为绝对压力。它是相对零压力(绝对真空)而言的压力(其符号表示为 P_a)。气象检测时,环境大气压为某某千帕就是指绝对压力。

(4)表压力(相对压力):如果绝对压力和大气压的差值是一个正值,那么这个正值就是表压力(其符号表示为 P_g),即表压力=绝对压力-大气压>0。使用血压计测量血压时,测得的实际上就是人体血压与大气压力之差。日常生活和生产中提到的压力大多都指的是表压力。

(5)密封压 :以标准大气压(101 325 Pa)为基准来表示的压力(其符号表示为 P_s)。

(6)负压力(真空表压力):负压力和表压力相对应,如果绝对压力和大气压的差值是一个负值,那么这个负值就是负压力,即负压力=绝对压力-大气压<0。负压力表示小于实际大气压时的表压力(又称真空度)。

(7)静态压力:一般理解为不随时间变化的压力,或者是随时间变化比较缓慢的压力,即在流体中不受流速影响而测得的表压力值。

(8)动态压力:动态压力和静态压力相对应。一般理解为随时间快速变化的压力,即动压是指单位体积的流体所具有的动能大小。

大气压、差压、绝对压力、表压力、负压力相互之间关系如图 4-1 所示。据压力分类,测量压力的传感器也常分为绝对压力传感器、差压传感器和表压传感器。

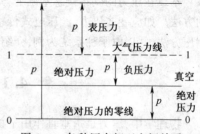

图 4-1 各种压力相互之间关系

4.2 压力传感器的分类、选型与发展

压力是工业生产中的重要参数之一,为了保证生产正常运行,必须对压力进行监测和控制。

压力传感器是工业实践、仪器仪表控制中最为常用的一种传感器,它是将压力转换为电信号输出的传感器。通常把压力测量仪表中的电测式仪表称为压力传感器。一般普通压力传感器的输出为模拟信号。压力传感器广泛应用于各种工业自控环境。

压力传感器一般由弹性敏感元件和位移敏感元件(或应变计)组成。弹性敏感元件的作用是使被测压力作用于某个面积上并转换为位移或应变,然后由位移敏感元件或应变计转换为与压力成一定关系的电信号。有时把这两种元件的功能集于一体。

传统的压力传感器以机械结构型的器件为主,用弹性元件的形变指示压力,但这种结构尺寸大、质量大,不能输出电参量。随着半导体技术的发展,半导体压力传感器应运而生,其特点是体积小、质量小、准确度高、温度特性好。特别是随着 MEMS(微机电系统)技术的发展,半导体压力传感器向着微型化方向发展,而且其功耗小、可靠性高。

4.2.1　压力传感器分类

压力传感器分类见表4-2。

表4-2　压力传感器分类

压力引起物理量的变化	电阻	压阻式压力传感器	广义的压阻式压力传感器是指由压力变化引起阻值变化的传感器,主要有金属应变片压力传感器、半导体应变片压力传感器、蓝宝石压力传感器、陶瓷压力传感器、半导体压电阻型压力传感器。狭义的压阻式压力传感器是压力传感器的一种,又称扩散硅压力传感器
		半导体压电阻抗扩散压力传感器	扩散硅压力传感器,在薄片表面形成半导体变形压力,通过外力(压力)使薄片变形而产生压电阻抗效果,从而使阻抗的变化转换成电信号
	电容	静电容量型压力传感器	静电容量型压力传感器,是将玻璃的固定极和硅的可动极相对而形成电容,通过外力(压力)使可动极变形所产生的静电容量的变化转换成电信号
		电容式加速度传感器	电容式加速度传感器是基于极距变化型的电容传感器。其中,一个电极是固定的,另一个变化电极是弹性膜片。弹性膜片在外力(气压、液压等)作用下发生位移,使电容量发生变化。这种传感器可以测量气流(或液流)的振动速度(或加速度),还可以进一步测出压力
	电感	电感式压力传感器	电感式压力传感器是用电感线圈电感量变化来测量压力的仪表。常见的有气隙式和差动变压器式两种结构。气隙式的工作原理是被测压力作用在膜片上使之产生位移,引起差动电感线圈的磁路磁阻发生变化,这时膜片距磁芯的气隙一边增加,另一边减少,电感量则一边减少,另一边增加,由此构成电感差动变化。通过电感组成的电桥输出一个与被测压力相对应的交流电压。其体积小、结构简单,适宜在有振动或冲击的环境中使用。差动变压器式的工作原理是被测压力作用在弹簧管上,使之产生与压力成正比的位移,同时带动连接在弹簧管末端的铁芯移动,使差动变压器的两个对称的和反向串联的二次绕组失去平衡,输出一个与被测压力成正比的电压,也可以输出标准电流信号。与电动单元组合仪表联用可构成自动控制系统。
	频率	谐振式压力传感器	利用谐振元件把被测压力转换成频率信号。有振弦式压力传感器、振筒式压力传感器、振膜式压力传感器和石英晶体谐振式压力传感器石英晶体谐振式传感器
	电荷/电压	压电效应	压电压力传感器
		霍尔效应	霍尔式压力传感器

4.2.2　压力传感器选型

1. 压力传感器的性能指标

压力传感器的种类繁多,其性能差异较大,如何选择较为适用的传感器,做到经济、合理的使用,需要参考性能指标,压力传感器的性能指标见表4-3。

表4-3 压力传感器的性能指标

额定压力范围	额定压力范围是指满足标准规定值的压力范围,即在最高和最低温度之间,传感器输出符合规定工作特性的压力范围。在实际应用时传感器所测压力应在该范围之内
最大压力范围	最大压力范围是指传感器能长时间承受的,且不引起输出特性永久改变的最大压力。为提高线性和温度特性,一般半导体压力传感器都大幅度减小额定压力范围。因此,即使在额定压力以上连续使用也不会损坏。一般最大压力是额定压力最高值的2~3倍
损坏压力	损坏压力是指能够加在传感器上且不使传感器元件或传感器外壳损坏的最大压力
线性度	线性度是指在工作压力范围内,传感器输出与压力之间直线关系的最大偏离
压力迟滞	压力迟滞是指在室温下及工作压力范围内,从最小工作压力和最大工作压力趋近某一压力时,传感器输出之差
温度范围	温度范围分为补偿温度范围和工作温度范围。补偿温度范围是由于施加了温度补偿,精度进入额定范围内的温度范围;工作温度范围是保证压力传感器能正常工作的温度范围

2. 压力传感器的技术参数

压力传感器的技术参数见表4-4。

表4-4 压力传感器的技术参数

指标示例	量程/MPa	灵敏度/(mV/V)	灵敏度温度系数/(≤%FS/10℃)	非线性/≤%FS	工作温度范围/℃	滞后/≤%FS	输入电阻/Ω	重复性/≤%FS	输出电阻/Ω	蠕变/(≤%FS/30 min)	安全过载/≤%FS	零点输出/≤%FS	绝缘电阻/MΩ	零点温度系数/(≤%FS/10 ℃)	推荐激励电压/V
	15~200	1.0±0.05	±0.03	±0.02~±0.03	-20~+80	±0.02~±0.03	400±10	±0.02~±0.03	350±5	±0.02	150%	±2	≥5 000	±0.03	10~15

3. 压力传感器选型常用用语

压力传感器选型常用语见表4-5。

表4-5 压力传感器选型常用语

标准压	以大气压为标准表示的压力大小,大于大气压的称为正压;小于大气压的称为负压
绝对压	以绝对真空为标准表示的压力大小
相对压	对比较对象(标准压)而言的压力大小
大气压	指大气压力。标准大气压(1 atm)相当于高度为760 mm汞柱的压力
真空	指低于大气压的压力状态。1Torr = 1/760 atm
检测压力范围	指传感器的适应压力范围
可承受压力	当恢复到检测压力时,其性能不下降的可承受压力
往返精度	在一定温度(23℃)下,当增加、减少压力时,用检测压力的全标度值去除输出进行反转的压力值而得到的动作点的压力变动值称为往返精度
精度	在一定温度(23℃)下,施加零压力和额定压力,用全量程值去除偏离输出电流规定值(4 mA、20 mA)的值而得到的值称为精度。单位用%FS表示
线性	模拟输出对检测压力呈线性变化,但与理想直线相比有偏差。用对全量程值的百分数表示这种偏差的值称为线性

磁滞(线性)	用零电压和额定电压在输出电流(或电压)值之间画出理想直线,把电流(或电压)值与理想电流(或电压)值之差作为误差求出,再求出压力上升时和下降时的误差值。用全量程的电流(或电压)值去除上述差的绝对值的最大值所得的值即为磁滞。单位以%FS表示。换言之,用压力的全量值去除输出 ON 点压力与 OFF 点压力之差所得的值即为磁滞
非腐蚀性气体	指空气中含有的物质(氮、二氧化碳等)与惰性气体(氩、氖等)

4.2.3 压力传感器的误差与标定

1. 压力传感器的误差

选择压力传感器时要综合考虑精度。当计算压力传感器的总误差时,应考虑下列误差:

(1)零点偏置:零点偏置是同时加在膜片两侧上的压力相同时传感器的输出。

(2)量程:量程是输出端点之间的代数差。通常两端点的量程是零和满刻度。

(3)偏移量误差:由于压力传感器在整个压力范围内垂直偏移保持恒定,因此压力变换器扩散和激光调节修正的变化将引起偏移量误差。

(4)灵敏度误差:灵敏度误差大小与压力成正比。

如果设备的灵敏度高于典型值,那么灵敏度误差将是压力的递增函数;如果设备的灵敏度低于典型值,那么灵敏度误差将是压力的递减函数。

(5)零点温度偏移:零点温度偏移是由温度变化引起的压力传感器零点变化。

零点温度偏移是不可预测的误差,每一个器件可能向上或向下偏移,温度变化将引起整个输出曲线沿电压轴向上或向下偏移。

(6)灵敏度温度偏移:灵敏度温度偏移是由温度变化引起的压力传感器灵敏度变化,温度变化将引起传感器输出曲线的斜率变化。

(7)线性误差:线性误差是在期望压力范围内,传感器输出曲线与一标定直线的偏差。

计算线性误差的一个方法是最小二乘法,它从数学上提供了对数据点的最佳配合直线。另一方法是末端基点线性度(端点线性度)法,即在输出曲线上两端数据点之间画一直线 l,然后从直线 l 作垂线段至输出曲线,选择相交数据点中垂线段的最大长度,即为末端基点线性误差。

线性误差对压力传感器初始误差影响较小,产生原因在传感器敏感元件(如硅压力传感器的硅片)的物理非线性;对带放大器的传感器,还包括放大器的非线性误差。线性误差曲线可以是凹形曲线,也可以是凸形曲线。

(8)重复性误差:重复性误差是在其他条件保持恒定情况下连续加上任何给定输入压力,在输出读数中的偏差。

(9)迟滞误差:迟滞误差通常表达为机械迟滞和温度迟滞的组合误差。

①机械迟滞:指输出在某一个给定输入压力时(上升、下降不同过程)的传感器误差。

②温度迟滞:指在一温度循环以前和以后,在确切输入压力下的输出偏离。

硅片机械刚度很高,压力传感器迟滞误差可忽略不计,一般只需要在压力变化很大时考虑迟滞误差。

(10)比率变化量误差:比率变化量指在其他条件保持恒定时传感器输出与电源电压之比。比率变化量误差是该比率的变化,通常表达为压力传感器量程的百分数。

总之,压力传感器误差有系统误差,也有随机误差。对可以消除的误差,要想办法予以消除,保证传感器有良好的输出。

压力传感器的偏移量误差、灵敏度误差、线性误差、迟滞误差是无法避免的初始误差,只能选择高精度的生产设备,利用高新技术来降低这些误差,也可以在出厂时进行误差校准,尽最大可能来降低误差。

2. 压力传感器的标定与误差补偿

通过传感器标定和补偿可消除或极大地减小误差。补偿技术通常要求确定系统实际传递函数的参数,而不是简单地使用典型值。补偿方法有硬件补偿和软件补偿。电位计、可调电阻以及其他硬件均可在补偿过程中采用,而软件则能更灵活地实现这种误差补偿工作。

压力传感器的标定方法主要有:

(1)一点标定法:这种标定方法通过消除传递函数零点处的漂移来补偿偏移量误差,这类标定方法通常称为自动归零。偏移量标定通常在零压力下进行,特别是差动传感器在标称条件下差动压力通常为0。标定时压力的选取决定其获取最佳精度的压力范围,标定点必须根据目标压力范围加以选择,而压力范围可以不与工作范围相一致。

灵敏度标定在数学模型中通常采用一点标定法进行。

(2)三点标定法:线性误差通常都具有一致的形式,它可以通过计算典型实例的平均线性误差,确定多项式函数($ax^2 + bx + c$)的参数而得到。确定了a、b和c后得到的模型对于相同类型的传感器都是有效的。此法可不需要第三个标定点而有效地补偿线性误差。

实际设计中,应根据精度需要选择合适的标定方法,另外还需要考虑总成本。

4.2.4　压力传感器接线方式

压力传感器的接线方式一般有两线制、三线制、四线制,有的还有五线制。

压力传感器两线制的接线方式比较简单,一根线连接电源正极,另一根线也就是信号线经过仪表连接到电源负极,这种是最简单的。

压力传感器三线制的接线方式是在两线制基础上加了一根线,这根线直接连接到电源的负极,较两线制麻烦一些。

压力传感器四线制的接线方式中,两根线是电源输入端,另外两根线是信号输出端。四线制的接线方式多半是电压输出而不是4~20 mA电流输出,4~20 mA电流输出的是压力变送器,多数做成两线制的。压力传感器的信号输出有些是没有经过放大的,满量程输出只有几十毫伏,而有些压力传感器在内部有放大电路,满量程输出为0~2 V。至于怎么接到显示仪表,要看仪表的量程是多大,如果有和输出信号相适应的挡位,可以直接测量,否则要加信号调整电路。

压力传感器五线制接线方式与四线制相差不大,压力传感器五线制接法比较少。

4.2.5　压力传感器的发展及应用领域

1. 压力传感器的发展

1954 年 C. S. 史密斯详细研究了硅的压阻效应,从此开始用硅制造压力传感器。早期的硅压力传感器是半导体应变计式的。

后来在 N 型硅片上定域扩散 P 型杂质形成电阻条,并接成电桥,制成芯片。此芯片仍需粘贴在弹性元件上才能感应压力的变化。采用这种芯片作为敏感元件的传感器称为扩散型压力传感器。

这两种传感器都采用粘片结构,存在滞后、蠕变大、固有频率低、不适于动态测量,以及难以小型化和集成化、精度不高等缺点。

20 世纪 70 年代以来制成了周边固定支撑的电阻和硅膜片的一体化硅杯式扩散型压力传感器。它不仅克服了粘片结构的固有缺陷,且能将电阻条、补偿电路和信号调整电路集成在一块硅片上,甚至将微型处理器与传感器集成在一起制成智能传感器。这种新型传感器的优点是频率响应高,适于动态测量;体积小,适于微型化;精度高,可达 0.1% ~ 0.01%;灵敏高,比金属应变计高出很多倍,有些应用场合可不加放大器;无活动部件,可靠性高,能工作于振动、冲击、腐蚀、强干扰等恶劣环境。其缺点是温度影响较大、工艺较复杂和造价高等。

2. 压力传感器的应用领域

压力传感器主要应用于以下各领域:

(1)应用于液压系统:压力传感器在液压系统中主要是来完成力的闭环控制。

(2)应用于安全控制系统:在安全控制领域有很多传感器的应用,压力传感器作为一种非常常见的传感器,也应用于安全控制系统中,主要针对领域是空气压缩机自身的安全管理系统。

(3)应用于注塑模具:压力传感器在注塑模具中有着重要的作用。压力传感器被安装在注塑机的喷嘴、热流道系统、冷流道系统和模具的模腔内,用来测量塑料在注模、充模、保压和冷却过程中从注塑机的喷嘴到模腔之间某处的塑料压力。

(4)应用于监测矿山压力:传感器技术是矿山压力检测的关键技术之一。基于矿山压力监测的特殊环境,广泛使用的矿用压力传感器主要有振弦式压力传感器、半导体压阻式压力传感器、金属应变片式压力传感器、差动变压器式压力传感器等,需要根据具体的采矿环境进行选择。

(5)应用于促进睡眠:压力传感器本身无法促进睡眠,但是将压力传感器放在床垫底下,由于压力传感器灵敏度高,当人翻身、心跳以及呼吸时,压力传感器会分析这些信息,推断睡眠人睡觉所处状态。收集压力传感器的信号,得到心跳和呼吸节奏等睡眠数据,最后将这些数据处理并谱成一首曲目,可将整晚睡眠压缩成一首几分钟的音乐。

(6)应用于空气压缩机、空调制冷设备:压力传感器常用于空气压缩机,以及空调制冷设备,这类传感器产品外形小巧、安装方便、导压口一般采用专用阀针式设计。

4.3　应变式压力计

应用最为广泛的压力传感器是压阻式压力传感器,它价格极低,精度较高,线性特性较好。根据材料的不同,分为金属电阻应变片式压力传感器、半导体压阻式压力传感器、蓝宝石式压力传感器和陶瓷压力传感器等。

4.3.1　电阻应变片式压力传感器

应变片按结构分为单片、双片、特殊形状应变片;按材料分为金属应变片(分为丝式、箔式、薄膜型)和半导体应变片(分为薄膜型、扩散型、外延型、PN 结型);按使用环境分为高温、低温、高压、磁场、水下应变片。

1. 电阻应变片

电阻应变片是一种将被测件上的应变变化转换成为电信号的敏感器件。它是压阻式应变传感器的主要组成部分。

电阻应变片应用最多的是金属应变片和半导体应变片两种。通常所说的应变片指金属应变片。金属应变片又有丝式黏应变片、金属箔式应变片和薄膜式应变片三种,如图 4-2 所示。

通常将应变片通过专用粘接剂紧密黏合在基体上,当基体受力发生应力变化时,电阻应变片也一起产生形变,此时应变片电阻值改变,从而使电阻两端电压变化。这种应变片受力产生的电阻值变化通常较小,测量电路通常采用应变片电桥,由后续仪表放大器进行放大后再传输给处理显示电路(通常是 A/D 转换器和 CPU)。

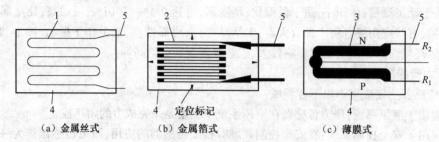

(a) 金属丝式　　　　　(b) 金属箔式　　　　　(c) 薄膜式

图 4-2　金属电阻应变片结构示意图

1—电阻丝;2—金属箔;3—薄膜;4—基片;5—引线

如图 4-2 所示,金属电阻应变片由基片、金属应变丝/应变箔/金属材料薄膜敏感栅、绝缘保护盖片和引线等部分组成,保护盖片图 4-2 中未显示。

电阻应变片的阻值由设计者根据用途不同而设计,需要注意电阻的取值范围。若电阻阻值太小,则所需要驱动电流太大,应变片发热致使本身的温度升高,应变片的阻值变化,输出零点漂移明显,调零电路过于复杂;若电阻阻值太大,则阻抗太高,抗外界的电磁干扰能力较差。一般均为几十欧至几十千欧。

金属丝式电阻应变片的敏感栅是应变片最重要的部分,一般栅丝直径为 0.015~0.05 mm。敏感栅的纵向轴线为应变片轴线。根据不同用途,栅长为 0.2~200 mm,基底用以保持敏感栅及引线的几何形状和相对位置,并将被测件上的应变迅速准确地传递到敏感栅上,因此基底做得很薄,一般为 0.02~0.4 mm。盖片则保护敏感栅。基底和盖片是用专门的薄纸制成的,称为纸基;用各种粘接剂和有机树脂薄膜制成的称为胶基,现多用后者。粘接剂将敏感栅、基底及盖层粘接在一起。在使用应变片时也采用粘接剂将应变片与被测件粘牢。引线常用直径为 0.10~0.15 mm 的镀锡铜线,并与敏感栅两输出端焊接。由于金属丝式电阻应变片蠕变较大,金属丝易脱胶,逐渐被金属箔式所取代;多用于应变、应力的大批量、一次性试验。

金属箔式电阻应变片中的箔栅是金属箔通过光刻、腐蚀等工艺制成的。箔的材料多为电阻率高、热稳定性好的铜镍合金。它与金属丝式电阻应变片相比优点如下:

(1)用光刻技术能制成各种复杂形状的敏感栅。

(2)横向效应小。

(3)允许电流大,散热性好;可提高相匹配的电桥电压,从而提高输出灵敏度。

(4)疲劳寿命长、蠕变小。

(5)生产效率高,但制造金属箔式电阻应变片的电阻值的分散性比金属丝式的大,有的能相差几十欧[姆],需要作阻值调整。金属箔式电阻应变片逐渐取代金属丝式电阻应变片占主要地位,目前广泛用于各应变式传感器中。

金属薄膜式电阻应变片主要是采用真空蒸镀技术,在薄的绝缘基片上蒸镀上金属材料薄膜,最后加保护层形成,它是近年来薄膜技术发展的产物。

2. 电阻应变片工作原理

电阻应变片的工作原理是黏附在基体材料上的应变电阻随机械形变而产生阻值变化的现

象,俗称电阻应变效应。金属导体的电阻值可用式(4-1)表示

$$R = \rho \frac{l}{S} = \rho \frac{l}{\pi r^2} \tag{4-1}$$

式中:ρ——金属导体的电阻率,$\Omega \cdot cm^2/m$;

　　S——导体的截面积,cm^2;

　　l——导体的长度,m;

　　r——导体的截面积半径,m。

在外力 F 的作用下,电阻丝的 ρ、l、$S(r)$ 发生变化。金属丝的拉伸如图4-3所示。

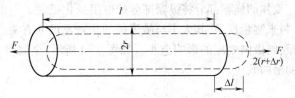

图4-3　金属丝的拉伸

则引起电阻相应变化 ΔR,相对变化为

$$\frac{\Delta R}{R} = \frac{\Delta l}{l} - \frac{\Delta S}{S} + \frac{\Delta \rho}{\rho} \tag{4-2}$$

以金属丝应变电阻为例,当金属丝受外力作用时,其长度和截面积都会发生变化。由式(4-2)可知,其电阻值也会发生改变。当金属丝受外力作用而伸长时,其长度增加,而截面积减少,电阻值便会增大;当金属丝受外力作用而压缩时,其长度减小,而截面增加,电阻值便会减小。只要测出加在电阻的变化(通常是测量电阻两端的电压),即可获得应变金属丝的应变情况。

令电阻丝轴向应变为 $\varepsilon = \dfrac{\Delta l}{l}$,径向应变为 $\dfrac{\Delta r}{r}$,μ 为电丝材料的泊松系数,$\mu = \dfrac{\Delta r/r}{\varepsilon} = \dfrac{\Delta r/r}{\Delta l/l}$,则

有 $\Delta S = 2\pi r \Delta r$,$\dfrac{\Delta S}{S} = 2\dfrac{\Delta r}{r}$

$$\frac{\Delta R}{R} = (1 + 2\mu)\varepsilon + \frac{\Delta \rho}{\rho} \tag{4-3}$$

通常把单位长度应变引起的电阻相对变化称为电阻丝的灵敏系数 K_s,其表达式为

$$K_s = \frac{\Delta R/R}{\varepsilon} = (1 + 2\mu) + \frac{\Delta \rho/\rho}{\varepsilon} \tag{4-4}$$

对于金属应变电阻,$\Delta \rho/\rho$ 很小,可以忽略,则 $K_s = 1 + 2\mu$。

对于半导体应变电阻,$\Delta \rho/\rho$ 很大,此时 $1+2\mu$ 可以忽略,则 $K_s = \dfrac{\Delta \rho/\rho}{\varepsilon}$。

对于不同的金属材料,K_s 略微不同,一般为 2 左右。对于半导体材料,受到应变时,其电阻率产生很大变化。半导体应变片的优点是灵敏度高(比金属丝式应变片高 50~80 倍)、尺寸小、横向效应小、动态响应小、易于生产线加工;缺点是温度系数较大,应变时非线性严重。

由材料力学可知,$\varepsilon = \dfrac{F}{S}/E$,式中 E 为材料的弹性模量,所以 $\Delta R/R$ 又可表示为

$$\frac{\Delta R}{R} = K \frac{F}{S}/E \tag{4-5}$$

如果已知应变片的灵敏度 K_S、试件的横截面积 S 和弹性模量 E，则只要设法测出 $\Delta R/R$ 的数值，即可获知试件受力 F 的大小。

3. 应变片的特性参数

（1）应变片的电阻值 R_0。应变片在不受外力情况下，于室温下测得的电阻值称为应变片的电阻值 R_0。一般电阻系列有 60 Ω、120 Ω、200 Ω、350 Ω、500 Ω、1 000 Ω 等。

电阻值 R_0 大，可以加大应变片承受电压，输出信号大，敏感栅尺寸也增大。

（2）应变片的灵敏系数 K。实验表明，电阻应变片的灵敏系数小于电阻应变丝的灵敏度系数。这主要是由于应变片粘接层传递变形失真，以及横向效应的存在。

（3）横向效应。应变片的横栅部分将纵栅部分的电阻变化抵消了一部分，从而降低了整个电阻应变片的灵敏度，带来测量误差，其大小与敏感栅的构造及尺寸有关。敏感栅的纵栅愈窄、愈长，而横栅愈宽、愈短，则横向效应的影响愈小。如图 4-4 所示，金属箔式应变片的横向效应小于金属丝式应变片的横向效应。

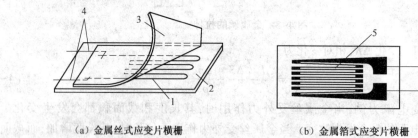

(a) 金属丝式应变片横栅　　　　(b) 金属箔式应变片横栅

图 4-4　应变片横栅示意图

1—应变丝；2,3—保护层；4,6—引线；5—金属箔式应变片

（4）机械滞后。应变片粘接在被测试件上，当温度恒定时，加载特性与卸载特性不重合，即为机械滞后，如图 4-5 所示。机械滞后产生的原因是应变片在承受机械应变后，其内部会产生残余变形，使敏感栅电阻发生少量不可逆变化；在制造或粘接应变片时，敏感栅受到不适当的变形或者粘接剂固化不充分；机械滞后值还与应变片所承受的应变量有关。所以，通常在测量前应将被测试件预加载、卸载若干次，以减少机械滞后带来的测量误差。

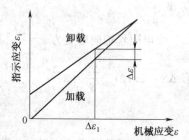

图 4-5　应变片机械滞后示意图

（5）零点漂移和蠕变。对于粘接好的应变片，当温度恒定，不承受应变时，其电阻值随时间增加而变化的特性，称为应变片的零点漂移。产生的原因是敏感栅通电后的温度效应；应变片的内应力逐渐变化；粘接剂固化不充分等。

如果在一定温度下，使应变片承受恒定的机械应变，其电阻值随时间增加而变化的特性称为蠕变。一般蠕变的方向与原应变量的方向相反。产生的原因是由于胶层之间发生"滑动"，使力传到敏感栅的应变量逐渐减少。

零点漂移和蠕变是衡量应变片特性对时间稳定性的指标，在长时间测量中意义更为突出。实际上，蠕变中包含零点漂移。

4. 温度误差及其补偿

环境温度改变引起电阻变化的主要因素有两方面：一方面是应变片电阻丝的温度系数；另一方面是电阻丝材料与试件材料的线膨胀系数不同。

（1）应变片电阻丝的温度系数。温度的变化会引起敏感栅的电阻变化，从而引起误差。当环境温度变化 Δt 时，敏感栅材料电阻丝的温度系数为 α，则引起的电阻相对变化为

$$\Delta R'_t = R_t - R_0 = R_0 \alpha \Delta t \tag{4-6}$$

（2）电阻丝材料与试件材料的线膨胀系数不同。当温度变化 Δt 时，因电阻丝材料和试件材料的线膨胀系数不同，应变片将产生附加拉长（或压缩），引起的电阻相对变化为

$$\Delta R''_t = R_0 K_0 \varepsilon_t = R_0 K_0 (\beta_g - \beta_s) \Delta t \tag{4-7}$$

式中：K_0——应片变的灵敏系数；

　　β_s——敏感栅材料的线膨胀系数；

　　β_g——被测试件的线膨胀系数。

由于温度变化而引起的总电阻变化为

$$\Delta R_t = \Delta R'_t + \Delta R''_t = R_0 \alpha \Delta t + R_0 K_0 (\beta_g - \beta_s) \Delta t \tag{4-8}$$

相应的虚假应变输出为

$$\varepsilon_t = \frac{\Delta R_t / R_0}{K_0} = \frac{\alpha \Delta t}{K_0} + (\beta_g - \beta_s) \Delta t \tag{4-9}$$

为了消除温度误差，可以采取多种补偿措施。具体如下：

（1）自补偿法。有一种特殊应变片，当温度变化时，产生的附加应变为零或相互抵消，这种应变称为温度自补偿应变片。利用这种应变片来实现温度补偿的方法称为应变片自补偿法。

①单丝自补偿法。实现温度补偿的条件为

$$\varepsilon_t = \frac{\alpha \Delta t}{K_0} + (\beta_g - \beta_s) \Delta t = 0$$

当被测试件的线膨胀系数 β_g 已知时，通过选择敏感栅材料，使 $\alpha = -K_0(\beta_g - \beta_s)$，即可达到温度自补偿的目的。

单丝自补偿应变盘容易加工、成本低。但是在被测试件确定的情况下，选择相应的应变片，只适用特定试件材料，温度补偿范围较窄。

②组合式自补偿法。敏感栅丝由两种不同温度系数（一正一负）的金属丝串联组成，如图 4-6 所示。选用具有不同符号的电阻温度系数金属丝，通过调节两种敏感栅的长度来调整 R_1 和 R_2 的比例，使温度变化时产生的电阻变化满足 $\Delta R_{1t} = -\Delta R_{2t}$，实现应变片的温度自补偿。

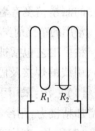

$$\frac{R_1}{R_2} = -\frac{\Delta R_{2t}/R_2}{\Delta R_{1t}/R_1} = -\frac{\alpha_2 + K_2(\beta_g - \beta_2)}{\alpha_1 + K_1(\beta_g - \beta_1)} \tag{4-10}$$

图 4-6　双金属丝自补偿应变片示意图

式中：K_1——R_1 的灵敏系数；

　　K_2——R_2 的灵敏系数；

　　β_1——R_1 的线膨胀系数；

　　β_2——R_2 的线膨胀系数。

（2）线路补偿法。具体方法如下：

①热敏电阻补偿法。热敏电阻补偿线路如图 4-7 所示。采用负温度系数的热敏电阻 R_t，串联在供桥电压支路上。

当温度升高引起电阻应变片的灵敏度下降时，热敏电阻阻值减小，则其分压减小，桥路得到的供桥电压增加，应变片灵敏系数上升。从而补偿了由于温度变化带来的温度误差。

②电桥补偿法。最常用和最好的线路补偿法是电桥补偿法，如图 4-8 所示。

图 4-8(a)中工作应变片 R_1 安装在被测试件上,另选一个特性与 R_1 相同的补偿片 R_b 安装在材料与被测试件相同的某补偿件上,温度与被测试件相同但不承受应变。R_1 和 R_b 接入电桥相邻臂上,造成 ΔR_{1t} 与 ΔR_{bt} 相同。由电桥理论可知:当相邻桥臂有等量变化时,对输出没有影响,则上述输出电压与温度变化无关。当工作应变片感受应变时,电桥将产生相应的输出电压。

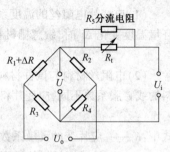

图 4-7　热敏电阻补偿线路

在某些测试条件下,可以巧妙地安装应变片而不需要补偿件并兼得灵敏度的提高。如图 4-8(b)所示,测量梁的弯曲应变时,将两个应变片分贴于梁上、下两面对称位置,R_1 与 R_b 特性相同,所以两个电阻变化值相同而符号相反。但当 R_1 与 R_b 按图 4-8(a)接入电桥时,电桥输出电压比单片时增加一倍。当梁上、下两面温度一致时,R_1 与 R_b 可起温度补偿作用。电桥补偿法简单易行,使用普通应变片可对各种试件材料在较大温度范围内进行补偿,因而最常用。

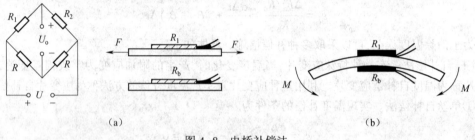

　　　　　　（a）　　　　　　　　　　　　　　　　　　　　　　　　（b）

图 4-8　电桥补偿法

5. 应变片的粘接

应变片用粘接剂粘接到被测试件表面上,粘接剂形成的胶层必须准确迅速地将被测试件的应变传到敏感栅上。粘接剂的性能及粘接工艺的质量直接影响着应变片的工作特性,如零漂、蠕变、滞后、灵敏系数、线性以及它们受温度影响的程度。可见,选择粘接剂和正确的粘接工艺与应变片的测量精度有着极其重要的关系。

常用的粘接剂类型有硝化纤维素型、氰基丙烯酸型、聚酯树脂型、环氧树脂型和酚醛树脂类等。

粘接工艺包括被测试件表面去污处理、贴片位置的确定、贴片、干燥固化、贴片质量检查(测量)、引线的焊接及固定保护处理等。其中:

(1)去污:采用手持砂轮工具除去构件表面的油污、漆、锈斑等,并用细纱布交叉打磨出细纹以增加粘接力,用浸有酒精或丙酮的纱布片或脱脂棉球擦洗。面积约为应变片的 3~5 倍。

(2)贴片:在应变片的表面和处理过的粘接表面上,各涂一层均匀的粘接剂,用镊子将应变片放上去,并调好位置,然后盖上塑料薄膜,用手指糅和滚压,以排出下面的气泡。

(3)测量:从分开的端子处,预先用万用表测量应变片的电阻,发现端子折断和坏的应变片。

(4)焊接:将引线和端子用电烙铁焊接起来,注意不要把端子扯断。

(5)固定:焊接后用胶布将引线和被测对象固定在一起,防止损坏引线和应变片。

6. 测量转换电路——不平衡电桥

金属应变片电阻变化范围很小,直接用欧姆表测量其电阻值的变化十分困难,且误差很大。

例如,有一金属箔式电阻应变片,标称阻值 R_0 为 $100\ \Omega$,灵敏系数 $K=2$,粘接在横截面积为 $9.8\ \text{mm}^2$ 的钢质圆柱体上,钢的弹性模量 $E=2\times101\ 1\ \text{N/m}^2$,所受拉力 $F=1.96\times10^3\ \text{N}$。受拉后应变片的阻值 R 的变化量仅为 $0.2\ \Omega$,根据 2.4.1 节介绍的电桥知识,可采用不平衡电桥测量这一微小的变化量。

根据式(2-9),由于 $\Delta R/R=K\varepsilon$,当各桥臂应变片的灵敏系数 K 都相同时,有

$$U_0 = K\frac{U_i}{4}(\varepsilon_1 - \varepsilon_2 + \varepsilon_3 - \varepsilon_4) \tag{4-11}$$

根据不同的要求,应变电桥有不同的工作方式:

单臂半桥工作方式(即 R_1 为应变片,R_2、R_3、R_4 为固定电阻,$\Delta R_2 \sim \Delta R_4$ 均为零),有

$$U_0 = \frac{U_i}{4}K\varepsilon$$

差动半桥双臂工作方式(即 R_1、R_2 为应变片,应变方向相反,R_3、R_4 为固定电阻,$\Delta R_3 = \Delta R_4 = 0$),有

$$U_0 = 2\frac{U_i}{4}K\varepsilon$$

差动全桥工作方式(即电桥的四个桥臂都为应变片,且相邻两个桥臂应变相反),有

$$U_0 = 4\frac{U_i}{4}K\varepsilon$$

上面讨论的三种工作方式中的 ε_1、ε_2、ε_3、ε_4 可以是被测试件的拉应变,也可以是被测试件的压应变,这取决于应变片的粘接方向及受力方向。若是拉应变,ε 应以正值代入;若是压应变,ε 应以负值代入。

上述三种工作方式中,差动全桥四臂工作方式的灵敏度最高,差动双臂半桥次之,单臂半桥灵敏度最低。

根据式(4-11),有:

(1)$\Delta R_i \ll R$ 时,电桥的输出电压与应变成线性关系。

(2)若相邻两桥臂的应变极性一致,即同为拉应变或压应变时,输出电压为两者之差;若相邻两桥臂的应变极性不同,则输出电压为两者之和。

(3)若相对两桥臂的应变极性一致,输出电压为两者之和;反之则为两者之差。

(4)电桥供电电压 U 越高,输出电压 U_0 越大。但是,当 U 大时,电阻应变片通过的电流也大,若超过电阻应变片所允许通过的最大工作电流,传感器就会出现蠕变和零点漂移。

(5)增大电阻应变片的灵敏系数 K,可提高电桥的输出电压。

采用双臂半桥或全桥的另一个好处是能实现温度自补偿的功能。当环境温度升高时,桥臂上的应变片温度同时升高,温度引起的电阻值漂移数值一致,可以相互抵消,所以这两种桥路的温漂较小。

实际使用中,R_1、R_2、R_3、R_4 不可能严格成比例关系,所以即使在未受力时,桥路的输出也不一定能为零,因此必须设置调零电路,如图4-9(b)所示。调节 R_P,最终可以使 $R_1'/R_2' = R_4/R_3$,电桥趋于平衡,U_0 被预调到零位,这一过程称为调零。图4-9(b)中的 R_5 是用于减小调节范围的限流电阻。上述的调零方法在电子秤等仪器中被广泛使用。

7. 非线性误差及其减小

(1)非线性误差。式(4-11)成立的前提条件:当应变片的参数变化很小,即 $\Delta R_i/R \ll 1$,略去高阶小量。当应变片承受的应变太大,式(4-11)线性关系不成立,产生非线性误差。

等臂桥单臂工作,示意图如图4-10(a)所示,即 R_1 桥臂变化 ΔR,由式(2-7)

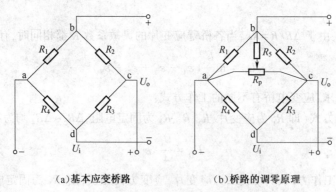

（a）基本应变桥路　　　　　　（b）桥路的调零原理

图 4-9　桥式测量转换电路

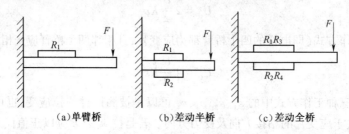

（a）单臂桥　　　　　　（b）差动半桥　　　　　　（c）差动全桥

图 4-10　桥式测量电路工作方式

实际输出电压为

$$U_o = U \frac{\Delta R}{4R + 2\Delta R} = \frac{U}{4} \cdot \frac{\Delta R}{R} \left(1 + \frac{1}{2} \cdot \frac{\Delta R}{R}\right)^{-1} = \frac{1}{4} U K \varepsilon \left(1 + \frac{1}{2} K \varepsilon\right)^{-1} \qquad (4\text{-}12)$$

按照泰勒级数展开，得

$$U_o = \frac{1}{4} U K \varepsilon \left[1 - \frac{1}{2} K \varepsilon + \frac{1}{4} (K\varepsilon)^2 - \frac{1}{8} (K\varepsilon)^3 \cdots\right]$$

忽略高次项，则相对非线性误差为

$$\delta = \frac{U_o' - U_o}{U_o'} = \left[\frac{1}{2} K \varepsilon - \frac{1}{4} (K\varepsilon)^2 + \frac{1}{8} (K\varepsilon)^3 \cdots\right] \approx \frac{1}{2} K \varepsilon \qquad (4\text{-}13)$$

（2）非线性误差消除方法：

①差动半桥输出消除非线性误差。等臂差动半桥工作，工作应变片示意图如图 4-10（b）所示，即 R_1 桥臂变化 ΔR，R_2 桥臂变化 $-\Delta R$。由式（2-7），输出电压为

$$U_o = \frac{(R + \Delta R) R - (R - \Delta R) R}{4R^2} U = \frac{1}{2} U \frac{\Delta R}{R} = \frac{1}{2} U K \varepsilon \qquad (4\text{-}14)$$

②差动全桥输出消除非线性误差。等臂差动全桥工作，工作应变片示意图如图 4-10（c），即 R_1 和 R_3 桥臂变化 ΔR，R_2 和 R_4 桥臂变化 $-\Delta R$。由式（2-7），输出电压为

$$U_o = \frac{(R + \Delta R)^2 - (R - \Delta R)^2}{(R_1 + R_2)(R_3 + R_4)} U = U \frac{\Delta R}{R} = U K \varepsilon \qquad (4\text{-}15)$$

由式（4-14）和式（4-15）可知，差动半桥和差动全桥输出，消除了非线性误差。

8. 电阻应变式力传感器应用

应变效应应用十分广泛，可用来测量压力、位移、加速度、力、力矩等非电量参数。应变式传感器中，敏感元件一般为各种弹性元件，传感元件就是应变片，测量转换电路一般为桥路；也可将

应变片粘接于被测试件上,然后将其接到应变仪上就可直接从应变仪上读取被测试件的应变量。

(1)电阻应变式力传感器的结构。电阻应变式力传感器,是外界的压力(或拉力)引起应变材料的几何形状(长度或宽度)发生改变,进而导致材料的电阻值发生变化。检测这个电阻值的变化量即可测得外力的大小。

常用的电阻应变式力传感器有三种典型结构:柱式、环式和悬臂梁式。

柱式弹性元件分实心和空心两种,分别如图4-11(a)、(b)所示。实心圆柱可以承受较大负荷,空心圆柱则适于测量力较小的情况。柱式弹性元件上应变片的粘接,一般是对称地粘接在应力均匀的圆柱表面的中间部分,如图4-11(c)所示,四片沿轴向,四片沿横向,并连接成图4-11(d)所示桥的形式,R_1和R_3,R_2和R_4分别串联,放在相对臂上,以减少弯矩的影响,横向粘接的应变片作为温度补偿片。

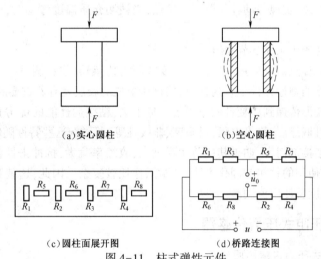

(a)实心圆柱　　　　　　　(b)空心圆柱

(c)圆柱面展开图　　　　　(d)桥路连接图

图4-11　柱式弹性元件

环式弹性元件结构如图4-12所示,分为大曲率环、小曲率环和扁环等。它们的共同特点是:在外力作用下,各点的应力分布变化较大,可采用贴片的方法反映不同方向的力;环式测力传感器一般用于测量500 N以上的载荷,由于输出有正有负,便于接成差动电桥,同时还具有线性误差小和滞后误差小等特点。

悬臂梁式元件分为等面积梁、等强度梁、双孔梁(多用于小量程工业电子秤和商业电子秤)等,如图4-13所示。它结构简单、加工容易、应变片粘接方便、灵敏度较高、适用于测量小载荷。

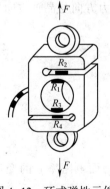

图4-12　环式弹性元件

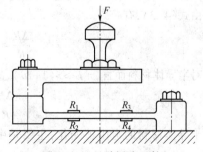

图4-13　悬臂梁式元件

（2）电阻应变式压力传感器的应用。电阻应变式压力传感器常设计成膜式、测力计式、压阻式等。

膜式应变压力传感器由膜片直接感受被测压力而产生变形，应变片贴在膜片的内表面，在外压力作用下，膜片产生径向应变和切向应变，使应变片有一定的电阻变化输出。根据应变分布安排贴片，一般在中心贴片，并在边缘沿径向贴片，接成半桥或全桥。膜式应变压力传感器最大优点是结构简单、灵敏度高。但它不适于测量高温介质，输出线性差。

测力计式应变压力传感器与膜式应变压力传感器的最大区别在于被测压力不直接作用到贴有应变片的弹性元件上，而是传到一个测力应变筒上。被测压力经膜片转换成相应大小的集中力，这个力再传给测力应变筒。测力应变筒的应变片贴在它上边的应变片测量。一般测量应变片沿圆周方向粘贴，而补偿应变片则沿轴向粘贴，在承受压力时，后者实际受有压应力，根据需要可贴两个或四个应变片，实现差动补偿测量。显然，当被测介质温度波动时，这种结构应变片受到的影响应小些。

压阻式压力传感器于 4.3.2 节介绍。

电阻应变式压力传感器是应用最广泛的应变式压力传感器，但在测试时必须将应变片粘贴在被测试件或传感器的弹性元件上。这样，粘接剂所形成的胶层就有着重要的作用，它要准确无误地将弹性元件的变形传递到应变计的电阻敏感栅上去，粘接剂性能的优劣直接影响应变计的工作特性，如蠕变、机械滞后、绝缘电阻、灵敏度、非线性等，并影响这些特性随时间或温度变化的程度。而对于某一粘接剂而言，如果其抗剪切强度高，收缩率就大，抗冲击性就差；韧性好，固化时间就长；在高温下使用的粘接剂固化方法，粘贴操作比较复杂。因此，这就制约了应变式压力传感器的精度、线性度及使用范围。

4.3.2　半导体压阻式压力传感器

1. 半导体压阻式压力传感器原理

固体受到作用力后电阻率发生变化，这种效应称为压阻效应。半导体材料的压阻效应特别强。利用半导体材料的压阻效应制成的压阻式压力传感器的灵敏系数大、分辨率高、频率响应高、体积小。主要用于测量压力、加速度和载荷等参数。因为半导体材料对温度很敏感，因此压阻式压力传感器的温度误差较大，必须要有温度补偿。

半导体电阻率为

$$\frac{\Delta \rho}{\rho} = \pi_1 \sigma = \pi_1 E \frac{\Delta l}{l} \tag{4-16}$$

式中，π_1 为半导体材料的压阻系数，它与半导体材料种类及应力方向与晶轴方向之间的夹角有关；E 为半导体材料的弹性模量，与晶向有关。

由式（4-3），有

$$\frac{\Delta R}{R} = (1 + 2\mu + \pi_1 E)\varepsilon \tag{4-17}$$

对半导体材料而言，$\pi_1 E \gg (1+2\mu)$，故 $(1+2\mu)$ 项可以忽略。

则

$$\frac{\Delta R}{R} = \pi_1 E \varepsilon = \pi_1 \sigma \tag{4-18}$$

半导体材料的电阻值变化，主要是由电阻率变化引起的，而电阻率 ρ 的变化是由应变引起的。

半导体单晶的应变灵敏系数可表示为

$$K = \frac{\Delta R/R}{\varepsilon} = \pi_1 E$$

掺杂半导体的应变灵敏系数还随杂质掺杂浓度的增加而减小。

压阻式压力传感器通常是半导体压敏材料。半导体压阻式压力传感器在受到外力后,自身的几何形状几乎没有改变,而是其晶格参数发生改变,影响到禁带宽度。禁带宽度非常微小的改变,都会引起载流子密度很大的改变,这最终引起材料的电阻率发生改变。半导体压阻式压力传感器的应变片有体型半导体应变片和扩散硅型半导体应变片两种类型。

(1)体型半导体应变片。体型半导体应变片是从单晶硅或锗上切下薄片制成的应变片,如图4-14所示。

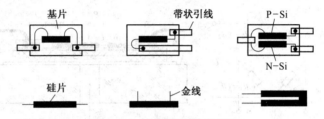

图4-14 体型半导体应变片

体型半导体应变片的主要优点是灵敏系数比金属电阻应变片的灵敏系数大数十倍,横向效应和机械滞后极小,但温度稳定性和线性度比金属电阻应变片差得多。

(2)扩散硅型半导体应变片。采用N型单晶硅为传感器的弹性元件,在它上面直接蒸镀半导体电阻应变薄膜,结构如图4-15所示。

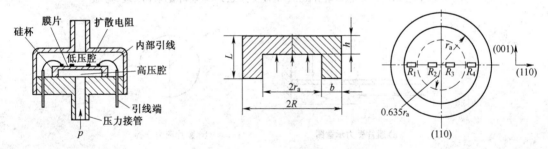

图4-15 扩散硅型半导体应变片结构

膜片两边存在压力差时,膜片产生变形,膜片上各点产生应力。四个电阻在应力作用下,阻值发生变化,电桥失去平衡,输出相应的电压,电压与膜片两边的压力差成正比。

2. 压阻式压力传感器应用实例

压阻式压力传感器(又称扩散硅型)是利用半导体材料的压阻效应和集成电路工艺制成的传感器。由于没有可动部分,有时又称固态传感器。由外壳、硅膜片和引线等所组成,如图4-16和图4-17所示。其核心部分是一块方形的硅膜片。在硅膜片上,利用集成电路工艺制作了四个阻值相等的电阻。四个电阻之间利用面积相对较大、阻值较小的扩散电阻(图4-17中的阴影区)引线连接,构成全桥,可以采用恒压源或者恒流源供电。

假设圆硅膜片半径为a,所受压力为P,在压力P的作用下膜片中心沿P的方向的位移为h,如图4-17(a)所示。

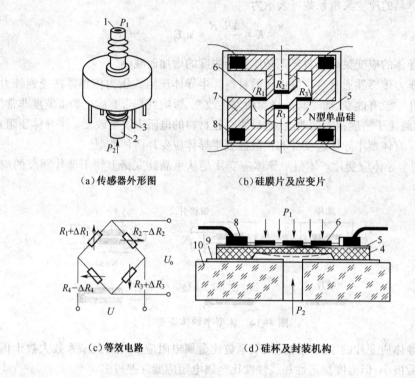

（a）传感器外形图　　　　（b）硅膜片及应变片

（c）等效电路　　　　　　（d）硅杯及封装机构

图 4-16　压阻式压力传感器

1—进气口（高压侧）；2—进气口（低压侧）；3—引脚；4—硅杯；5—单晶硅膜；
6—扩散型应变片；7—扩散电阻引线；8—电极及引线；9—玻璃粘接剂；10—玻璃基板

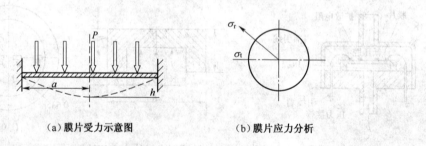

（a）膜片受力示意图　　　　（b）膜片应力分析

图 4-17　压阻式压力传感器膜片应力应变分析

根据材料力学知识可知，距离膜片中心距离为 r 处的径向应力和切向应力分布示意图如图 4-18 所示，径向应力和切向应力满足式（4-19），即

$$\sigma_r = \frac{3}{8}\frac{p}{h^2}[(1+\mu)a^2 - (3+\mu)r^2]$$

$$\sigma_t = \frac{3}{8}\frac{p}{h^2}[(1+\mu)a^2 - (1+3\mu)r^2]$$

（4-19）

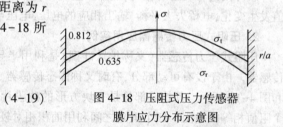

图 4-18　压阻式压力传感器
膜片应力分布示意图

在实际应用时，需要保证扩散的电阻的变化符合测量电桥要求，电阻的变化量尽量大；制作方法是在某一晶面内选择两个相互垂直的晶向扩散电阻。

压阻式压力传感器与其他型式的压力传感器相比有许多突出的优点。由于四个应变电阻是直接扩散制作在同一硅片上的,所以工艺一致性好,灵敏度 K 相等,四个应变电阻 $R_1 \sim R_4$ 初始值相等,温度引起的电阻值漂移能互相抵消。由于半导体压阻系数很高,所以压阻式压力传感器的灵敏度较高,输出信号大。因为硅膜片本身就是很好的弹性元件,而四个扩散型应变电阻又是直接制作在硅膜片上,迟滞、蠕变都非常小,动态响应快。随着半导体技术的发展,还有可能将信号处理电路、温度补偿电路等一起制作在同一硅片上,其性能将越来越好。目前,这种体积小、集成度高、性能好的压阻式压力传感器在工业中得到越来越广泛的应用。需要注意的是,金属电阻应变式应变片对应变敏感,而半导体压阻式应变片对应力敏感。

3. 敏感元件加工技术

敏感元件加工技术有薄膜技术和微细加工技术。

薄膜技术是在一定的基底上,用真空蒸镀、溅射、化学气相沉积(CVD)等工艺技术加工成零点几微米至几微米的金属、半导体或氧化物薄膜的技术。这些薄膜可以加工成各种梁、桥、膜等微型弹性元件,也可加工为转换元件,有的可作为绝缘膜,有的可用作控制尺寸的牺牲层,在传感器的研制中得到了广泛应用。薄膜技术可以分为真空蒸镀、离子溅射、化学气相沉积等。

(1)真空蒸镀是指在真空室内,将待蒸发的材料置于钨丝制成的加热器上加热,当真空度抽到 0.013 3 Pa 以上时,加大钨丝的加热电流,使材料融化;继续加大电流,使材料蒸发,在基底上凝聚成膜,如图 4-19 所示。

(2)离子溅射是在低真空室中,将待溅射物制成靶置于阴极,用高压(通常在 1 000 V 以上)使气体电离形成等离子体,等离子中的正离子以高能量轰击靶面,使靶材的原子离开靶面,淀积到阳极工作台的基片上,形成薄膜,如图 4-20 所示。

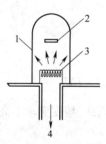

图 4-19 真空蒸镀示意图
1—真空室;2—基底;
3—钨丝;4—接高真空泵

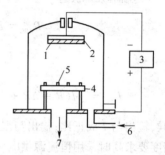

图 4-20 离子溅射示意图
1—靶;2—阴极;3—直流高压;4—阳极;5—基片;
6—惰性气体入口;7—接真空系统

(3)化学气相沉积(CVD)是将有待积淀物质的化合物升华成气体,与另一种气体化合物在一个反应室中进行反应,生成固态的沉积物质,沉积在基底上生成薄膜,如图 4-21 所示。

微细加工技术是利用硅的异向腐蚀特性和腐蚀速度与掺杂浓度的关系,对硅材料进行精细加工、制作复杂微小的敏感元件的技术。

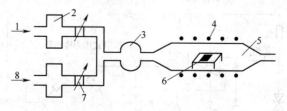

图 4-21 化学气相沉积示意图
1,8—反应气体入口;2—分子筛;3—混合器;4—加热器;
5—反应室;6—基片;7—阀门

4. 压阻式压力传感器的输出

(1)恒压源供电。设扩散电阻起始阻值都为 R,当有应力作用时,两个电阻阻值增加,两个电阻阻值减小,构成差动全桥电路如图 4-22 所示。温度变化引起的电阻值变化为 ΔR_t。

$$U_{sc} = \frac{U(R + \Delta R + \Delta R_t)}{R - \Delta R + \Delta R_t + R + \Delta R + \Delta R_t} - \frac{U(R - \Delta R + \Delta R_t)}{R + \Delta R + \Delta R_t + R - \Delta R + \Delta R_t}$$

$$= U\frac{\Delta R}{R + \Delta R_t} \qquad (4-20)$$

$\Delta R_t \neq 0$ 时,$U_{sc} = f(\Delta t)$ 是非线性关系,恒压源供电不能消除温度影响。

(2)恒流源供电。压阻式压力传感器的恒流源供电电路如图 4-23 所示。

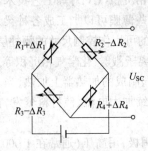

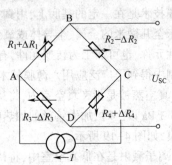

图 4-22　压阻式压力
传感器恒压源供电

图 4-23　压阻式压力传感器
恒流源供电电路

$$R_{ABC} = R_{ADC} = 2(R + \Delta R_t)$$

所以

$$I_{ABC} = I_{ADC} = \frac{1}{2}I$$

$$U_{SC} = \frac{1}{2}I(R + \Delta R + \Delta R_t) - \frac{1}{2}I(R - \Delta R + \Delta R_t) = I\Delta R \qquad (4-21)$$

任何时候,输出与 I 成正比;输出与温度无关,不受温度影响;因此,精度要求不高时采用恒压源供电,精度要求高时采用恒流源供电。

(3)放大调理电路。如图 4-24 所示,采用恒流源供电的压阻式传感器,供桥电流 $I = 5 \sim$ 10 mA,调理电路放大增益为 $G = 1 + 2\dfrac{R_6}{R_G}$。

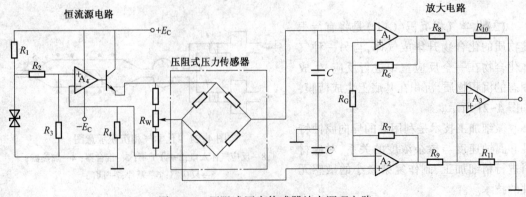

图 4-24　压阻式压力传感器放大调理电路

4.3.3 硅-蓝宝石式压力传感器

蓝宝石系由单晶绝缘体元素组成的,不会发生滞后、疲劳和蠕变现象;蓝宝石比硅要坚固,硬度更高,不怕形变;蓝宝石有着非常好的弹性和绝缘特性(1 000 ℃以内),因此,利用硅-蓝宝石制造的半导体敏感元件,对温度变化不敏感,即使在高温条件下,也有着很好的工作特性;蓝宝石的抗辐射特性极强;另外,硅-蓝宝石半导体敏感元件,无 PN 漂移,因此,从根本上简化了制造工艺,提高了重复性,确保了高成品率。

利用应变电阻式工作原理,采用硅-蓝宝石作为半导体敏感元件制造的压力传感器和变送器,可在最恶劣的工作条件下正常工作,并且可靠性高、精度好、温度误差极小、性价比高,具有无与伦比的计量特性。

硅-蓝宝石式压力传感器和变送器由钛合金测量膜片和钛合金接收膜片双膜片构成,示意图如图 4-25 所示。应变灵敏电桥电路的蓝宝石薄片被焊接在钛合金测量膜片上。被测压力传送到接收膜片上(接收膜片与测量膜片之间用拉杆坚固地连接在一起),在压力的作用下,钛合金接收膜片产生形变,该形变被硅-蓝宝石敏感元件感知后,其电桥输出会发生变化,变化的幅度与被测压力成正比。

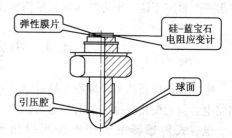

图 4-25 硅-蓝宝石式压力传感器结构示意图

传感器的电路保证应变电桥电路的供电,并将应变电桥的失衡信号转换为统一的电信号输出(0~5 mA,4~20 mA 或 0~5 V)。在绝压压力传感器和变送器中,蓝宝石薄片与陶瓷基极玻璃焊料连接在一起,起到了弹性元件的作用,将被测压力转换为应变片形变,从而达到压力测量的目的。

4.3.4 陶瓷压力传感器

1. 工作原理

陶瓷压力传感器主要由瓷环、陶瓷膜片和陶瓷盖板三部分组成。陶瓷膜片作为感力弹性元件,采用95%的 Al_2O_3 瓷精加工而成,要求平整、均匀、质密,其厚度与有效半径视设计量程而定。瓷环采用热压铸工艺高温烧制成形。陶瓷膜片与瓷环之间采用高温玻璃浆料,通过厚膜印刷、热烧成技术烧制在一起,形成周边固支的感力杯状弹性元件,即在陶瓷的周边固支部分应形成无蠕变的刚性结构。在陶瓷膜片上表面,即瓷杯底部,用厚膜工艺技术做成传感器的电路。陶瓷盖板下部的圆形凹槽使盖板与膜片之间形成一定间隙,通过限位可防止膜片过载时因过度弯曲而破裂,形成对传感器的抗过载保护。

陶瓷压力传感器,金属应变丝是贴在同一侧的,金属丝如图 4-26 中间粗黑色线条所示;被测压力作用在另一侧,外部黑圈为薄片另一侧压力作用范围。请思考图 4-26 中四个电阻器中哪两个变化一致?

抗腐蚀的陶瓷压力传感器没有液体的传递,压力直接作用在陶瓷膜片的前表面,使膜片产生微小的形变,厚膜电阻印刷在陶瓷膜片的背面,连接成一个单臂电桥(闭桥)。由于压敏电阻的压阻效应,使电桥产生一个与压力成正比的、高度线性的、与激励电压也成正比的电压信号,标准的信号根据压力量程的不同标定为 2.0 mV/V、3.0 mV/

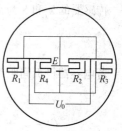

图 4-26 陶瓷压力
传感器结构示意图

V、3.3 mV/V 等,可以和应变式压力传感器相兼容。通过激光标定,传感器具有很高的温度稳定性和时间稳定性,传感器自带温度补偿 0~70 ℃,并可以和绝大多数介质直接接触。

2. 基本特性

陶瓷是一种公认的高弹性、抗腐蚀、抗磨损、抗冲击和振动的材料。陶瓷的热稳定特性及它的厚膜电阻可以使它的工作温度范围在 -40~135 ℃ 之间,而且具有测量的高精度、高稳定性。电气绝缘程度大于 2 kV,输出信号强,长期稳定性好。高特性、低价格的陶瓷压力传感器将是压力传感器的发展方向,在欧美国家有全面替代其他类型传感器的趋势,在中国也有越来越多的用户使用陶瓷压力传感器替代扩散硅压力传感器。

被测介质的压力直接作用于传感器的膜片上(单晶硅、蓝宝石、不锈钢或陶瓷),使膜片产生与介质压力成正比的微位移,使传感器的电阻值发生变化,利用电子线路检测这一变化,并转换输出一个对应于这一压力的标准测量信号,统称为膜片式压力传感器。

4.4 电容式压力传感器

电容式传感器的工作原理是将被测量的变化转换成传感元件电容量的变化,再经过测量电路将电容量的变化转换成电信号输出,电容式传感器实质是一个可变参数电容器。

电容式传感器的工作原理可以用平板电容器说明,如图4-27所示。

由绝缘介质隔开的两个平行金属板构成的平板电容器,忽略边缘效应,电容量为

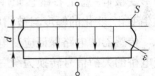

图 4-27 平板电容器结构

$$C = \frac{\varepsilon S}{d} \qquad (4-22)$$

式中:ε——电容极板间绝缘介质的介电常数,$\varepsilon = \varepsilon_0 \varepsilon_r$,$\varepsilon_0$ 为真空介电常数,ε_r 为极板间介质相对介电常数;

   S——两平行板所覆盖的面积;

   d——两平行板之间的距离。

当被测参数变化仅仅使得电容器的 S,d 或 ε 参数之一发生变化时,电容量 C 也随之变化,通过检测测量电路就可转换为电量输出。电容式传感器可分为变极距型、变面积型和变介质型三种类型,如图 4-28 所示。其中,图 4-28(a)、(b)所示为变极距型;图 4-28(c)、(d)、(f)所示为变面积型;图 4-28(g)、(h)所示为变介质型。图 4-28(a)、(b)、(c)、(e)所示为线位传感器;图4-28(d)所示为角位移传感器;图 4-28(b)、(f)所示为差动式电容传感器。

1. 变极距型电容式传感器的工作原理

传感器的 ε_r 和 S 为常数,初始极距为 d_0 时,由式(4-22)可知其初始电容量 C_0 为

$$C_0 = \frac{\varepsilon S}{d} = \frac{\varepsilon_0 \varepsilon_r S}{d_0} \qquad (4-23)$$

若电容器极板间距离由初始值 d_0 缩小 Δd,电容量由 C_0 增大到 C_1,电容量增大 ΔC,则有

$$C_1 = C_0 + \Delta C = \frac{\varepsilon S}{d_0 - \Delta d} = \frac{\varepsilon_0 \varepsilon_r S}{d_0 \left(1 - \frac{\Delta d}{d_0}\right)} = C_0 \frac{d_0}{d_0 - \Delta d} = C_0 \frac{1 + \frac{\Delta d}{d_0}}{1 - \left(\frac{\Delta d}{d_0}\right)^2} \qquad (4-24)$$

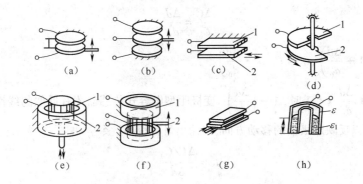

图 4-28 不同结构形式电容式传感器结构示意图
1—定极片；2—动极片

电容的相对变化为

$$\frac{C_1 - C_0}{C_0} = \frac{\Delta C}{C_0} = -\frac{\Delta d}{d_0} \frac{1}{1 - \dfrac{\Delta d}{d_0}} \tag{4-25}$$

若电容器极板间距离由初始值 d_0 增大 Δd，电容量由 C_0 减小到 C_2，电容量减小 ΔC，则有

$$C_2 = C_0 - \Delta C = \frac{\varepsilon S}{d_0 + \Delta d} = \frac{\varepsilon_0 \varepsilon_r S}{d_0 \left(1 + \dfrac{\Delta d}{d_0}\right)}$$

$$= C_0 \frac{d_0}{d_0 + \Delta d} = C_0 \frac{1 - \dfrac{\Delta d}{d_0}}{1 - \left(\dfrac{\Delta d}{d_0}\right)^2} \tag{4-26}$$

电容的相对变化为

$$\frac{C_2 - C_0}{C_0} = -\frac{\Delta C}{C_0} = -\frac{\Delta d}{d_0} \frac{1}{1 + \dfrac{\Delta d}{d_0}} \tag{4-27}$$

变极距型电容式传感器的输出特性如图 4-29 所示，$C = f(d)$ 不是线性关系，而是双曲线关系。

$\dfrac{\Delta d}{d} \ll 1$ 时，将式(4-25)和式(4-27)用泰勒级数 $\dfrac{1}{1-x} = \sum\limits_{n=0}^{\infty} x^n (\mid x \mid < 1)$，展开

$$\frac{\Delta C}{C_0} = \frac{\Delta d}{d_0}\left[1 + \frac{\Delta d}{d_0} + \left(\frac{\Delta d}{d_0}\right)^2 + \left(\frac{\Delta d}{d_0}\right)^3 + \left(\frac{\Delta d}{d_0}\right)^4 + \cdots\right] \approx \frac{\Delta d}{d_0} \tag{4-28}$$

$$-\frac{\Delta C}{C_0} = -\frac{\Delta d}{d_0}\left[1 - \frac{\Delta d}{d_0} + \left(\frac{\Delta d}{d_0}\right)^2 - \left(\frac{\Delta d}{d_0}\right)^3 + \left(\frac{\Delta d}{d_0}\right)^4 - \cdots\right] \approx -\frac{\Delta d}{d_0} \tag{4-29}$$

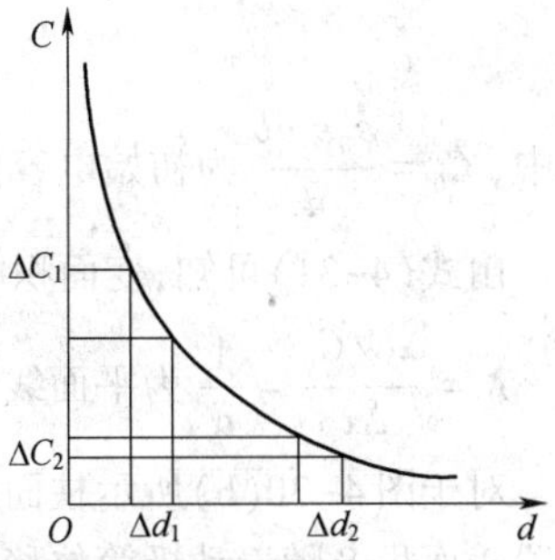

图 4-29 变极距型电容式
传感器的输出特性

略去非线性项后，有近似关系为

$$\frac{\Delta C}{C_0} = \frac{\Delta d}{d_0}$$

且 $C_1 = C_0 \left(1 + \frac{\Delta d}{d_0} \right)$，$C_2 = C_0 \left(1 - \frac{\Delta d}{d_0} \right)$。

因此，只有在 $\frac{\Delta d}{d_0} \ll 1$ 时，$1 - \left(\frac{\Delta d}{d_0} \right)^2$ 变极距型电容式传感器才有近似的线性输出，且电容量的变化正负可以反映动极板的移动方向，但输出量程很小。令

$$K = \frac{\Delta C / C_0}{\Delta d} \tag{4-30}$$

式中，K 为变极距型电容式传感器的灵敏度。它说明了单位输入位移能引起输出电容相对变化的大小，可知 $K = \frac{1}{d_0}$。

2. 变面积型电容式传感器工作原理

变面积型电容式传感器通常根据引起面积变化的位移类型可以分为线位移型和角位移型两大类。

(1)线位移变面积型电容式传感器。以图4-30(a)所示平面线位移型电容式传感器为例进行说明。随着动极板的移动，电容器的两极板有效覆盖面积 S 随着动极板位移 Δx 的变化而变化，电容量也随之改变，其值为

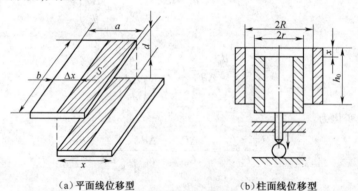

(a)平面线位移型   (b)柱面线位移型

图4-30 线位移变面积型电容式传感器

$$C = \frac{\varepsilon S}{d} = \frac{\varepsilon_0 \varepsilon_r b(a - \Delta x)}{d} = C_0 - \frac{\varepsilon_0 \varepsilon_r b}{d} \Delta x \tag{4-31}$$

式中，$C_0 = \frac{\varepsilon_0 \varepsilon_r ab}{d}$ 为初始电容值。

由式(4-31)可知，变面积电容器的电容量与动极板的位移成正比。

$K = \frac{\Delta C / C_0}{\Delta x} = \frac{1}{\alpha}$ 为平面线位移变面积型电容式传感器的灵敏度。

对于图4-30(b)所示柱面线位移型电容式传感器，随着动极筒的移动，电容器的两电极筒有效覆盖面积 S 随着动极筒位移 Δx 的变化而变化，电容量也随之改变，其值为

$$C = \frac{\varepsilon S}{d} = \frac{2\pi \varepsilon_0 \varepsilon_r (h_0 - \Delta x)}{\ln \frac{R}{r}} = C_0 - \frac{2\pi \varepsilon_0 \varepsilon}{\ln \frac{R}{r}} \Delta x \tag{4-32}$$

式中，$C_0 = \dfrac{2\pi\varepsilon_0\varepsilon_r h_0}{\ln(R/r)}$ 为初始电容值。

$K = \dfrac{\Delta C/C_0}{\Delta x} = \dfrac{1}{h_0}$ 为柱面线位移变面积型电容式传感器的灵敏度。

（2）角位移变面积型电容式传感器。角位移变面积型电容式传感器如图 4-31 所示。随着动极板的转动，电容器的两电极板有效覆盖面积 S 随着动极板位移 θ 的变化而变化，电容量也随之改变，其值为

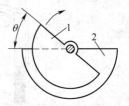

$$C = \frac{\varepsilon S_0}{d}\left(\frac{\pi - \theta}{\pi}\right) = C_0 - C_0\frac{\theta}{\pi} \qquad (4-33)$$

图 4-31 角位移变面积型电容式传感器
1—动极板；2—定极板

式中，$C_0 = \dfrac{\varepsilon S_0}{d}$ 为初始电容值。

$K = \dfrac{\Delta C/C_0}{\theta} = \dfrac{1}{\pi}$ 为角位移变面积型电容式传感器的灵敏度。

（3）变面积型电容式传感器的派生形式。变面积型电容式传感器的派生形式种类较多，如图 4-32 所示。

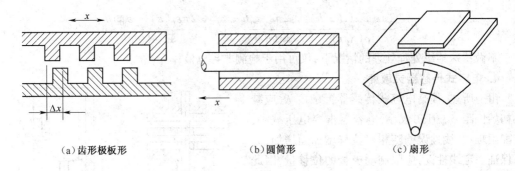

（a）齿形极板形　　　　　　（b）圆筒形　　　　　　（c）扇形

图 4-32 变面积型电容式传感器的派生形式

3. 变介电常数型电容式传感器的工作原理

根据式（4-22）可知，介质的介电常数是影响电容式传感器电容量的一个因素，不同介质的介电常数互不相同。典型介质的相对介电常数见表 4-6。

表 4-6 典型介质的相对介电常数

介质名称	相对介电常数 ε_r	介质名称	相对介电常数 ε_r
真空	1	玻璃釉	3~5
空气	略大于 1	SiO_2	38
其他气体	1~1.2	云母	5~8
变压器油	2~4	干的纸	2~4
硅油	2~3.5	干的谷物	2~5
聚丙烯	2~2.2	环氧树脂	3~10
聚苯乙烯	2.4~2.6	高频陶瓷	10~160
聚四氟乙烯	2.0	低频陶瓷、压电陶瓷	1 000~10 000
聚偏二氟乙烯	3~5	纯净的水	80

当电容式传感器两极板间电介质改变时，由于介电常数发生变化，引起电容量发生变化。变

介电常数型电容式传感器就是通过介质的改变来实现对被测量的检测,并通过传感器的电容量变化反映出来。变介电常数型电容式传感器通常可以分为柱形和平板形两种,如图4-33所示。

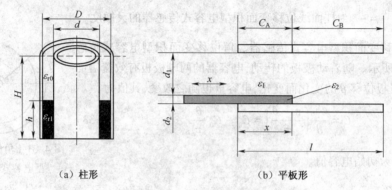

（a）柱形　　　　　　　　　（b）平板形

图4-33　变介电常数型电容式传感器

根据式(4-32),圆筒形电容器的电容量公式,由图4-33(a)可知,当初始电容为 $C_0 = \dfrac{2\pi\varepsilon_0\varepsilon_{r0}H}{\ln(R/r)}$ 的圆筒形电容器内充以 h 高的介电常数为 ε_{r1} 的介质时,电容量变化为

$$C = \frac{2\pi\varepsilon_0\varepsilon_{r0}(H-h)}{\ln(R/r)} + \frac{2\pi\varepsilon_0\varepsilon_{r1}h}{\ln(R/r)} = C_0 + \frac{2\pi\varepsilon_0(\varepsilon_{r1}-\varepsilon_{r0})h}{\ln(R/r)} \qquad (4-34)$$

不做特殊绝缘处理处理的情况下,仅可用于检测非导电液体介质。

4. 电容式传感器灵敏度

由上所述,提高电容式传感器灵敏度 K,应减小初始极距 d_0;但 d_0 太小,电容器击穿电压减小,装配困难;非线性误差随相对位移增加而增加,为了保证一定线性度,应限制动极板的位移量,因此限制了量程。

为了改善非线性,提高灵敏度,可采用差动结构,如图4-34所示。

变极距式差动电容传感器,如图4-34(a)所示,采用两个初始电容量相同的电容器 C_1 和 C_2,

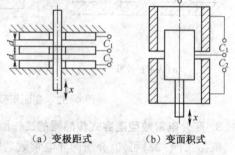

（a）变极距式　　（b）变面积式

图4-34　差动结构电容式传感器

定极板在两边,当动极板位于中间位置时,$C_1 = C_2 = C_0$。当动极板向上移动 Δd 时,假设引起其中 C_1 增加,C_2 则减小;对差动结构,输出为 $C_1 - C_2$,当动极板向上移动距离 Δd 后,上边的间隙变为 $d_0 - \Delta d$,下边则变为 $d_0 + \Delta d$,输出电容为两者之差,据式(4-28)和式(4-29),有

$$C_1 = C_0\left[1 + \frac{\Delta d}{d_0} + \left(\frac{\Delta d}{d_0}\right)^2 + \left(\frac{\Delta d}{d_0}\right)^3 + \cdots\right] \qquad (4-35)$$

$$C_2 = C_0\left[1 - \frac{\Delta d}{d_0} + \left(\frac{\Delta d}{d_0}\right)^2 - \left(\frac{\Delta d}{d_0}\right)^3 + \cdots\right] \qquad (4-36)$$

则

$$C_1 - C_2 = 2C_0\left[\frac{\Delta d}{d_0} + \left(\frac{\Delta d}{d_0}\right)^3 + \left(\frac{\Delta d}{d_0}\right)^5 + \cdots\right] \qquad (4-37)$$

$$\frac{C_1 - C_2}{C_0} = 2\frac{\Delta d}{d_0}\left[1 + \left(\frac{\Delta d}{d_0}\right)^2 + \left(\frac{\Delta d}{d_0}\right)^4 + \cdots\right] \tag{4-38}$$

由式(4-37)可知,总输出减少了偶次项,非线性误差减小,而灵敏度提高一倍。

$$\frac{\Delta C}{C_0} = 2\frac{\Delta d}{d_0} \tag{4-39}$$

5. 电容式传感器检测电路

电容式传感器检测电路很多,常见的电路有:普通交流电桥电路、变压器电桥电路、双T形电桥电路、紧耦合电感臂电桥电路、运算放大器式测量电路、调频电路、脉冲宽度调制电路等。

6. 电容式传感器主要特点

电容式传感器功率小、阻抗高、静电引力小、动态特性优良;与电阻式传感器(如电阻应变式压力传感器)相比电容式传感器本身发热影响小,可进行非接触测量;结构简单,适应性强,可以工作在温度变化较大或辐射等恶劣工作环境中。

电容式传感器广泛用于位移、振动、角度、加速度等机械量的精密测量,而且还逐步地扩大到用于压力、差压、液位、物位或成分含量等方面的测量。

利用电容式传感器测量弹性元件在负荷下产生的位移来实现力值的测量。图4-35(a)所示为大吨位电子吊秤使用的电容式压力传感器。在扁环形弹性元件的内腔上下平面上,分别固连电容式传感器的定极板和动极板。称重时,弹性元件受力变形,使动极板产生位移,导致电容式传感器电容量变化,经过测量电路可以得到相应的电信号。

图4-35(b)所示为另一种电容式力传感器的结构图。在一块特种钢(一般采用浇铸性好,弹性极限高的镍铬钼钢)上,同一高度位置并排平行打一些圆孔,孔的内壁上用特殊粘接剂固定两个T形截面的绝缘体,保持其平行并留有一定间隙,在相对面上粘贴铜箔,从而形成一排平板电容器。当圆孔受荷重变形时,电容值将改变,电路中各电容器并联连接,总电容变化量将正比于平均荷重 W。该传感器误差较小,接触面影响小,测量电路安装在孔中,工作稳定性好。

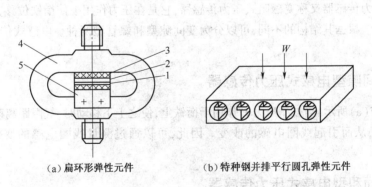

(a)扁环形弹性元件 　　　(b)特种钢并排平行圆孔弹性元件

图4-35　电容式称重传感器

1—动极板;2—定极板;3—绝缘材料;4—弹性元件;5—极板支架

两室结构的电容式差压传感器如图4-36所示。将左右对称的不锈钢基座2和3的外侧加工成环状波纹沟槽,并焊上波纹隔离膜片1和4。基座内侧有玻璃层5,基座和玻璃层中央都有孔。玻璃层内表面磨成凹球面,球面除边缘部分外镀以金属膜6,此金属膜层为电容器的定极板并有导线通往外部。左右对称的上述结构中央夹入并焊接弹性平膜片,即测量膜片7,为电容器的中央动极板。测量膜片左右空间被分隔成两个室,故有两室结构之称。

在测量膜片左右两室中充满硅油,当左右波纹隔离膜片分别承受高压 P_H 和低压 P_L 时,硅油

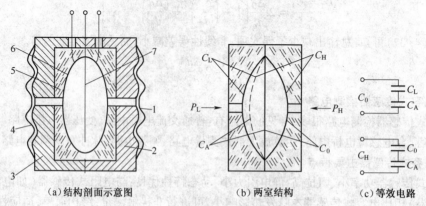

图4-36　两室结构的电容式差压传感器
1,4—波纹隔离膜片;2,3—不锈钢基座;5　玻璃层;6—金属膜;7—测量膜片

的不可压缩性和流动性便能将差压 $\Delta P = P_H - P_L$ 传递到测量膜片的左右面上。因为测量膜片在焊接前加有预张力,所以当 $\Delta P = 0$ 时处于中间平衡位置并十分平整,此时定极板左右两电容器的电容量完全相等,即 $C_H = C_L$,电容量的差值等于0。当有差压作用时,测量膜片发生变形,也就是动极板向低压侧定极板靠近,同时远离高压侧定极板,使得电容 $C_L > C_H$。这就是电容式差压传感器对压力或差压的测量过程。

该电容式差压传感器的特点是灵敏度高、线性好,减少了由于介电常数 ε 受温度影响引起的不稳定性。

4.5　电感式压力传感器

电感式压力传感器又称变磁阻式压力传感器,它是在压力作用下使衔铁位移、线圈电感发生变化而工作的。根据其结构的不同,可以分为变间隙型和螺管型两种。电感式传感器的工作原理见9.2.1节。

4.5.1　变间隙型电感式压力传感器

由图4-37(a)所示,当被测压力 P 作用于衔铁上,使之上下移动时,气隙距离改变,气隙中的磁阻发生变化,从而引起线圈电感的改变。因此,可以通过测量线圈电感的变化确定压力的大小。

4.5.2　变面积型电感式压力传感器

由图4-37(a)所示,当被测压力 P 作用于衔铁上,使之左右移动时,改变了衔铁和磁路的相对面积,磁路中的磁阻发生变化,从而引起线圈电感的改变,因此,可以通过测量线圈电感的变化确定压力的大小。

4.5.3　螺管型电感式压力传感器

在线圈的中心部分插入一个铁芯,就形成了螺管型电感式压力传感器,如图4-37(b)所示。当铁芯在被测压力 P 作用下沿轴向移时,线圈的电感就发生变化。

4.5.4 差动型电感式压力传感器

为改善传感器的非线性和减小外界干扰的影响,常用差动技术来改善其性能。即由两个相同的传感器线圈共用一个活动衔铁,构成差动传感器,以提高电感式压力传感器的灵敏度,减小测试误差。

将两只简单的电感式压力传感器完全对称配置,即两个导磁体的几何尺寸完全相同,材料性能完全相同,两个线圈的电气参数(如电感、匝数、铜电阻等)和几何尺寸也要完全相同。用一个活动衔铁(或铁芯),便构成了差动型电感式压力传感器,如图 4-37(c)、(d)所示。其中图 4-37(c)是差动变间隙型电感式压力传感器,图 4-37(d)是差动螺管型电感式压力传感器。

以差动变间隙型电感式压力传感器为例进行分析。当衔铁处于中间位置时,两线圈的电感 L_1、L_2 相等,负载电阻 R_L 上没电流通过;当衔铁移动时,一个电感器的气隙增大,另一个则减小,从而使一个线圈的电感值减小,而另一个增大,即 L_1 不等 L_2,于是在负载电阻 R_L 上就有电流,从而有电压输出。衔铁移动的方向相反,输出电压的极性也反向。这样就可根据输出电压的大小和极性确定被测压力的大小及方向(即正压或负压)。

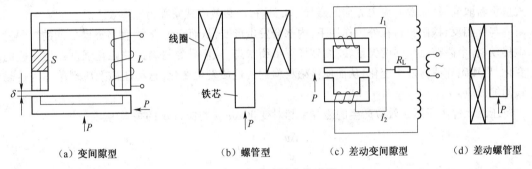

（a）变间隙型　　　　（b）螺管型　　　　（c）差动变间隙型　　　（d）差动螺管型

图 4-37 电感式压力传感器

其他形式的差动型电感式压力传感器如图 4-38 所示。

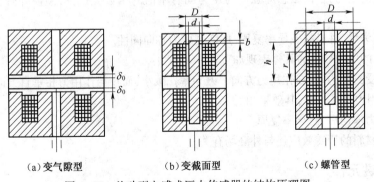

（a）变气隙型　　　　（b）变截面型　　　　（c）螺管型

图 4-38 差动型电感式压力传感器的结构原理图

经差动处理后,传感器具有下列优点:

(1)灵敏度提高一倍,即衔铁位移相同时,输出信号大一倍。

(2)线性得到明显改善。

(3)温度变化、电源波动、外界干扰等对传感器精度的影响,由于可互相抵消而减小。

（4）电磁吸力对测力变化的影响也由于能互相抵消而减小。

4.6　压磁式压力传感器

4.6.1　压磁效应

铁磁材料有类似结晶体的构造，在晶体形成过程中形成了磁畴。

磁化过程中，各磁畴之间的界限发生移动，沿磁场方向会伸长或缩短，但体积近似保持不变，因而产生机械变化。通常将磁性体在外加磁场方向上发生伸缩的现象称为磁致伸缩效应（或焦耳效应）。磁材料被磁化时，如果受到限制而不能伸缩，内部会产生应力；当铁磁材料因磁化而引起伸缩时，内部必然存在磁弹性能量 E_σ，从而产生应力 σ。

由于 E_σ 的存在，将使磁化方向改变，对于正磁致伸缩材料，如果存在拉应力，将使磁化方向转向拉应力方向，加强拉应力方向的磁化，从而使拉应力方向的磁导率 μ 增大。压应力将使磁化方向转向垂直于应力的方向，削弱压应力方向的磁化，从而使压应力方向的磁导率减小。对于负磁致伸缩材料，情况正好相反。这种被磁化的铁磁材料在应力影响下形成磁弹性能，使磁化强度矢量重新取向，从而改变应力方向的磁导率 μ，这种压磁效应现象称为磁弹效应。

与此相反，铁磁材料在外力作用下，内部会发生形变，从而产生应力，使各磁畴之间的界限发生移动，各个磁畴磁化强度矢量转动，破坏了平衡状态，从而导致材料的总磁化强度发生相应的变化，导致磁导率 μ 发生变化，从而使铁磁材料的磁性质发生变化，这种压磁效应现象称为逆磁致伸缩效应。

压磁元件由于压磁效应产生的磁导率相对变化 $\Delta\mu/\mu$ 与应力 σ 的关系为

$$\frac{\Delta\mu}{\mu} = 2\frac{\lambda_m}{B_m}\sigma \tag{4-40}$$

式中：B_m——饱和磁感应强度；

λ_m——磁致伸缩系数。

需要说明的是，为了使磁感应强度与压力间有单值的函数关系，必须使外磁场强度的数值恒定。

当外力消失后，材料的磁导率复原，即恢复成为各向同性。

铁磁材料的压磁效应的具体表现如下：

（1）材料受到压力时，在作用力方向上磁导率 μ 减小，而在与作用力相垂直方向上，磁导率 μ 略有增大；作用力是拉力时，其效果相反。

（2）作用力取消后，磁导率复原。

（3）铁磁材料的压磁效应还与外磁场有关。

4.6.2　压磁元件

压磁元件是压磁式压力传感器的核心部分，是由磁性材料构成产生压磁效应的元件，它实质上是一个力-电变换元件。

压磁元件可采用的材料有硅钢片、坡莫合金和一些铁氧体。坡莫合金是理想的压成材料，它具有很高的相对灵敏度，但成本较高；铁氧体灵敏度也较高，但材质较脆；硅钢片（其厚度大多为 0.35m）虽然灵敏度比坡莫合金低一些，但已经可以满足实际应用要求，目前主要采用正磁致伸缩特性的硅钢片。压磁传感器的冲片一般为多联冲片,某压磁式压力传感器冲片形状如图 4-39 所示,其压磁元件由 52 片多联片粘贴而成。为了减小涡流损耗,压磁元件的铁芯大都采用薄片铁磁材料叠合而成。

必须指出,压磁元件的制造工艺对其性能有很大的影响。在冲片、热处理、粘贴、穿线和装配等几个方面都要精心处理,才能使传感器达到预定的优良性能。

冲片的其他形状如图 4-40 所示,大致有四孔圆弧形[见图 4-40(a)]、六孔圆弧形[见图 4-40(b)]、中字形[见图 4-40(c)]、田字形[见图 4-40(d)]等。

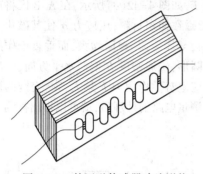

图 4-39 某压磁传感器冲片形状

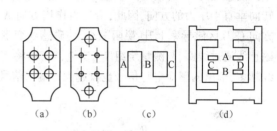

图 4-40 冲片的其他形状

四孔圆弧形冲片:它是一个矩形削去四角,这是为了减小受力面积,在冲孔部位得到较大的压应力,从而提高传感器的灵敏度。这种冲片适用于测量 5×10^5 N 以下的力,设计应力 σ 为 $2.5\times10^3 \sim 4\times10^3$ N/cm²。

六孔圆弧形冲片图:与图 4-40(a)相比,增加了两个较大的孔,因而中间部分受力减小。结果降低了灵敏度,扩大了量程。同时避免压力增大时中间部分磁路达到饱和状态。这种冲片可测量 3×10^6 N 以下的力,设计应力可达 $7\times10^3 \sim 10\times10^3$ N/cm²。

中字形冲片:励磁绕组绕在臂 A 上,输出绕组绕在臂 C 上,无外力时,磁感线沿最短路程闭合,与输出绕组交链比较小;有外力时,臂 B 的磁导率下降,通过臂 C 的磁感线增多,感应电动势增大。这种冲片的传感器灵敏高,但零电流也大。设计应力为 $2.5\times10^3 \sim 3\times10^3$ N/cm²。

田字形冲片:在 A、B、C、D 四个臂上分别绕有四个绕组,四个绕组连成一个电感电桥。无外力时,各绕组的感抗相等,电桥平衡;有外力时,A、B 两臂有压应力,μ 值下降,电感量减小,而 C、D 两臂基本不变,电桥失去平衡,输出一个正比于外力 F 的电压信号。这种冲片结构稍复杂,但灵敏度高、线性好。适用于测量 5×10^3 N 以下的力。设计应力为 $10\times10^3 \sim 15\times10^3$ N/cm²。

图 4-40(a)、(b)、(c)冲片应用的是互感原理,而图 4-38(d)冲片应用的是自感原理。

4.6.3 压磁式压力传感器测量原理

压磁式压力传感器(又称磁弹性传感器)是二十一世纪国内外新兴的一种新型传感器。它的工作原理是建立在磁弹性效应的基础上,即利用这种传感器将作用力(如弹性应力、残余应力等)变换成传感器磁导率的变化,并通过磁导率的变化输出相应变化的电信号。

对于压磁式压力传感器,为了保证传感器的长期稳定性和良好的重复性,必须具有合理的机械结构,图 4-41 为一种压磁式压力传感器典型的结构图。该传感器中冲片采用图 4-40(a)所示的形状。

在铁磁材料硅钢片中间冲有四个对称的孔,"1、2 孔"与"3、4 孔"成正交。1、2 孔绕有励磁绕组(初级绕组)W_{12},3、4 孔绕有测量绕组(次级绕组)W_{34};孔 1、2、3、4 和绕组把传感器分成 A、B、C、D 四个部分,如图 4-42(a)所示,它们具有相同的磁导率。

当压磁元件无外力作用时,在励磁绕组 W_{12} 中通以电流,则在线圈周围产生同心圆状的磁场 H。因为 A、B、C、D 各处磁导率相同,磁感线成轴对称分布,合成磁场方向 H 平行于测量绕组 W_{34} 的平面[见图 4-42(b)],磁感线不与 3、4 孔中的线圈 W_{34} 相交,在磁场作用下,磁导体沿 H 方向磁化,磁通密度 B 与 H 取向相同,此时测量绕组无磁通通过,故输出的感应电动势为零。

当压磁元件有外力作用时,如对传感器施加作用力 F,如图 4-42(c)所示,在 A、B 区将产生很大的压应力 σ,而在 C、D 区基本处于自由状态。对于磁致伸缩材料,压应力 σ 使其磁化方向转向垂直于压力的方向,因此,沿外力作用方向 A、B 区磁导率下降,磁阻增大,而垂直于作用力方向 C、D 区磁导率上升,磁阻减小,使磁感线变形为椭圆形,磁通密度 B 偏向水平方向,一部分磁感线通过线圈,与测量绕组 W_{34} 交链,W_{34} 中将产生感应电势。作用力 F 越大,W_{34} 交链的磁感线越多,输出的感应电势信号也就越大。输出信号经过测量电路的处理后,就可以得出被测力的大小。

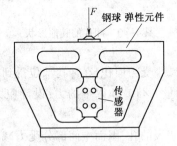

图 4-41　压磁式压力传感器典型的结构图

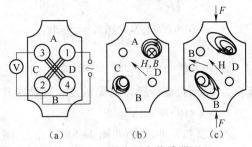

图 4-42　压磁式压力传感器原理

当作用力为拉伸力时,压磁元件材料内的磁导率的变化与施加压缩力时的磁导率变化情况相反。经变换处理后,即能用电流或电压来表示被测力 F 的大小。

压磁元件在外力作用下,磁导率的变化将引起励磁绕组和测量绕组间耦合系数的变化,从而使输出电势发生变化。压磁式压力传感器是一种有源传感器。

4.6.4　压磁式压力传感器的应用

目前应用较为广泛压力传感器主要有电阻应变式压力传感器和压电式压力传感器。压磁式压力传感器的研究和开发较少。压磁式压力传感器与上述两种压力传感器相比具有输出功率大、灵敏度高、结构简单、牢固可靠、抗干扰性能好、过载能力强、便于制造、经济实用;但测量精度一般、频率响应较低。近年来,压磁式压力传感器在测力负荷测量、称重、自动控制、机械力(弹性应力、残余应力)无损测量、生物医学及运动医学测试方面得到了广泛应用。

压磁式压力传感器用于质量检测时,当被测质量为 0 时,励磁绕组上的磁通由于铁芯的各向同性呈同心圆形状,而不与测量绕组交链,测量线圈上感应电势 $U=0$。当被测质量不为 0 时,在重力作用下,硅钢片的中心区沿垂直方向磁导率下降,而沿水平方向磁导率基本不变,导致励磁线圈产生的磁感线形状变形为椭圆形,从而会有一部分磁通与输出绕组交链,则有感应电势 U 产生,其值的大小与被测质量成正比,从而实现了质量的检测。

压磁式压力传感器应用时需要注意励磁绕组匝数的选择。

压磁元件输出电压的灵敏度和线性度很大程度上取决于铁磁材料的磁场强度,而磁场强度又取决于励磁绕组的匝数。励磁过小或过大都会产生严重的非线性和灵敏度降低。最佳条件是外加作用力所产生的磁能与外磁场及磁畴磁能之和接近相等,而且工作在磁化曲线的线性段,这样可以获得较好的灵敏度和线性度。通常,在额定压力下,磁导率的变化是 10%~20%。对测力范围为(1~100)的压磁式压力传感器,励磁绕组匝数为 8 匝左右,测量绕组匝数为 10 匝左右。

4.7 电势输出式压力传感器

4.7.1 压电式压力传感器

1. 压电效应

压电效应是某些电介质在沿一定方向上受到外力的作用而变形时,其内部会产生极化现象,同时在它的两个相对表面上出现正负相反的电荷。当外力去掉后,它又恢复到不带电的状态,这种现象称为正压电效应。当作用力的方向改变时,电荷的极性也随之改变。相反,当在电介质的极化方向上施加电场,这些电介质也会发生变形,电场去掉后,电介质的变形随之消失,这种现象称为逆压电效应。若给压电晶片两个电极面加以交流电压,压电晶片会产生机械振动,使压电晶片在电极方向上有伸缩现象,称为电致伸缩效应。

自然界中与压电效应有关的现象很多,如鸣沙丘;游客蹦跳时,干燥的沙子(SiO_2 晶体)受振表面产生电荷,通过空气放电发出声音;电子打火机等。

压电效应是压电式压力传感器的主要工作原理。经过外力作用后的电荷,只有在回路具有无限大的输入阻抗时才得到保存;而实际电路不可能具有无限大的输入阻抗,所以压电式压力传感器不能用于静态测量,只能测量动态的应力。

2. 压电材料

具有压电效应的材料很多,压电式压力传感器中的压电材料有以下几类:

一类是压电晶体(如石英晶体);另一类是经过极化处理的人造压电陶瓷(锆钛酸铅、酒石酸钾钠和磷酸二氢胺等多晶体);第三类是高分子压电材料;还有近几年出现的压电半导体材料(如硫化锌)等。

(1)石英晶体。石英有天然的和人工培育的两种。天然石英(二氧化硅,SiO_2)是非常好的天然晶体压电材料,压电效应是在这种晶体中发现的。在一定温度范围内,压电性质一直存在,但温度超过这个范围之后,压电性质完全消失(这个高温即所谓的"居里点")。

石英性能稳定,压电系数几乎不随温度改变,575 ℃时失去压电性质,熔点为 1 750 ℃,密度为 $2.65×10^3$ kg/m³,有很大的机械强度和稳定的机械性质,冲击力作用下漂移较小;灵敏度低,没有热释电效应。石英晶体不足之处是压电系数较小($d=2.31×10^{-12}$C/N)。因此主要用来测量大量值的力或用于准确度、稳定性要求高的场合和制作标准传感器。由于石英随着应力变化产生的电场变化微小(即压电系数比较低),石英逐渐被其他压电晶体替代。

天然结构的石英晶体呈六角形晶柱,通常用金刚石刀具,选择适合高温条件的石英晶体切割方法,切割出一片正方形薄片。例如 XYδ(20°~30°)割型的石英晶体可耐 350 ℃的高温。而 $LiNbO_3$ 单晶的居里点高达 1 210 ℃,是制造高温传感器的理想压电材料。当晶体薄片受到压力时,晶格产生变形,表面产生正电荷,电荷量 Q 与所施加的力 F 成正比。

(2)压电陶瓷。压电陶瓷是人工制造的多晶压电材料,由无数细微的电畴组成。这些电畴实际上是分子自发极化的小区域。无外电场作用时,各个电畴在晶体中杂乱分布,它们的极化效应被相互抵消了,因此原始压电陶瓷呈中性,不具有压电性质。为了使压电陶瓷具有压电效应,必须在一定温度下做极化处理。极化处理后,陶瓷材料内部存在很强的剩余极化强度,当压电陶瓷受外力作用时,其表面能产生电荷,所以压电陶瓷具有压电效应。

压电陶瓷制造工艺成熟,通过改变配方或掺杂微量元素可使材料的技术性能有较大改变,以适应各种要求。它具有良好的工艺性,便于加工成各种需要的形状。通常它比石英晶体压电系数高得多,而制造成本却较低。目前国内外生产的压电元件绝大多数都采用压电陶瓷,包括钛酸钡压电陶瓷、锆钛的铅压电陶瓷、铌酸盐系压电陶瓷、铌镁酸铅压电陶瓷等。

常用压电陶瓷材料主要有锆钛酸铅系列压电陶瓷(PZT,工业中应用较多)、非铅系压电陶瓷(可减少铅对环境的污染,性能多已超过含铅系列压电陶瓷,是今后压电陶瓷发展方向)、酒石酸钾钠(有很大的压电灵敏度和压电系数,只能在室温和湿度较低环境下应用)、磷酸二氢胺(属于人造晶体,能承受高温和相当高的湿度,已得到广泛应用)。

(3)高分子压电材料。高分子压电材料是近年来发展很快的一种新型材料。典型的高分子压电材料有聚偏二氟乙烯(PVF_2 或 PVDF)、聚氟乙烯(PVC)、改性聚氯乙烯(PVC)等。其中以 PVF_2 和 PVDF 的压电系数最高,有的材料比压电陶瓷还要高十几倍。其输出脉冲电压有的可以直接驱动 CMOS 集成门电路。

高分子压电材料是一种柔软的压电材料,可根据需要制成薄膜或电缆套管等形状。经极化处理后就显现出电压特性。它不易破碎,具有防水性,可以大量连续拉制,制成较大面积或较长的尺度,因此价格便宜。其测量动态范围可达 80 dB,频率响应范围为 $0.1 \sim 10^9$ Hz。这些优点都是其他压电材料所不具备的。因此在一些不要求测量精度的场合,例如水声测量,防盗、振动测量等领域中获得应用。它的声阻抗约为 0.02 MPa/s,与空气的声阻抗有较好的匹配,因而是很有希望的电声材料。例如在它的两侧面施加高压音频信号时,可以制成特大口径的壁挂式低音喇叭。

高分子压电材料的工作温度一般低于 100 ℃。温度升高时,灵敏度降低。它的机械强度不够高,耐紫外线能力较差,不宜暴晒,以免老化。

(4)压电半导体。近年来出现了多种压电半导体,如硫化锌(ZnS)、碲化镉(CdTe)、氧化锌(ZnO)、硫化镉(CdS)、碲化锌(ZnTe)和砷化镓(CaAs)等。这些材料的显著特点是:既具有压电特性,又具有半导体特性,有利于将元件和线路集成于一体,从而研制出新型的集成压电传感器测试系统。

3. 测量转换电路

压电元件受外力作用时,两表面会分别出现等量正、负电荷 Q,故该传感器可等效成一个电荷源与电容器并联的等效电路,或等效为一个电压源与一个电容器串联的等效电路,如图 4-43 所示。

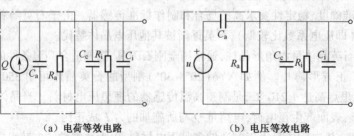

（a）电荷等效电路　　　　　（b）电压等效电路

图 4-43　压电式压力传感器测试系统的等效电路

图 4-43 中 R_a 为压电元件的漏电阻,与空气的湿度有关。由于外力作用在压电元件上产生的电荷只有在无泄漏的情况下才能保存,即需要测量回路具有无限大的输入阻抗,这实际上是不可能的,因此压电式传感器不能用于静态测量。

压电式压力传感器因电荷易"跑失",不宜进行静态压力的测量,并且信号放大需要特殊的电荷放大器,成本较高,使其通用性受到限制。

根据压电元件的工作原理及上述两种等效电路,压电式压力传感器输出的既可是电压信号,也可是电荷信号,因此与之相配的前置放大器有电压放大器和电荷放大器。

(1)电压放大器。电压放大器的作用是将压电式压力传感器的高输出阻抗经放大器变换为低阻抗输出,并将微弱的电压信号进行适当放大,因此也把这种测量电路称为阻抗变换器。

由图 4-43 可知,电压放大器的输入电压 $u_i = Q/(C_a + C_c + C_i)$,即电压放大器的输入电压 u_i 与屏蔽电缆线的分布电容 C_c 及放大器的输入电容 C_i 有关。电压放大器所配接的压电式压力传感器的电压灵敏度将随电缆分布电容及传感器自身电容的变化而变化,电缆更换需要重新标定,否则会引起误差,影响测量结果。

(2)电荷放大器。目前多采用性能稳定的电荷放大器,如图 4-44 所示。

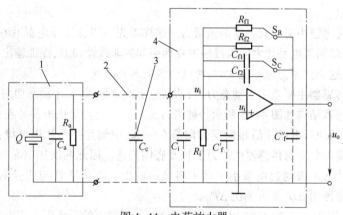

图 4-44 电荷放大器

1—压电式压力传感器;2—屏蔽电缆线;3—分布电容;
4—电荷放大器;S_C—灵敏度选择开关;S_R—带宽选择开关

在电荷放大器电路中,C_f 在放大器输入端的等效电容 $C_f' = (1+A)C_f \gg C_a + C_c + C_i$,所以 $C_c + C_i$ 的影响可以忽略,电荷放大器的输出电压仅与输入电荷和反馈电容有关,电缆长度等因素的影响很小。电荷放大器的输出电压可由式(4-41)得到

$$u_o \approx -Q/C_f \tag{4-41}$$

式中,Q 为压电式压力传感器产生的电荷;C_f 为并联在放大器输入端和输出端之间的反馈电容。

电荷放大器便于远距离测量,目前被公认为是一种较好的冲击测量放大器。

电荷放大器能将压电式压力传感器输出的电荷转换为电压(Q/U 转换器),但并无放大电荷的作用,只是一种习惯叫法。

4. 压电式压力传感器的应用

通常使用的压力传感器主要是利用压电效应制造而成的,又称压电传感器,广泛应用于各种工业自控环境。

(1)高分子压电材料的应用。具体如下:

①玻璃打碎报警装置。将高分子压电测振薄膜粘贴在玻璃上,可以感受到玻璃破碎时发出

的振动,并将电压信号传送给集中报警系统。

将厚约 0.2 mm 的 PVDF 薄膜裁制成 10 mm×20 mm 大小。在它的正反两面各喷涂透明的二氧化锡导电电极,再用超声波焊接上两根柔软的电极引线,并用保护膜覆盖。使用时,用瞬干胶将其粘贴在玻璃上。当玻璃遭暴力打碎的瞬间,高分子压电测振薄膜感受到剧烈振动,表面产生电荷量 Q ,在两个输出引脚之间产生窄脉冲报警信号。

由于感应片很小且透明,不易察觉,所以可安装于贵重物品柜台、展览橱窗、博物馆及家庭等玻璃窗角落处。

②交通监测。将高分子压电电缆埋在公路上,可以获取车型分类信息(包括轴数、轴距、轮距、单双轮胎)、监测车速、收费站地磅、闯红灯拍照、监控停车区域、采集交通数据信息(道路监控)及机场滑行道等。例如,将两根高分子压电电缆相距若干米,平行埋设于柏油公路的路面下约 5 cm,可以用来测量车速及汽车的载质量,并根据存储在计算机内部的档案数据,判定汽车的车型。

(2)压电陶瓷传感器的应用。压电陶瓷多制成片晶状,称为压电晶片。压电晶片通常是两片(或两片以上)粘接在一起,一般常用并联接法,其总面积是单片的两倍,极板上总电荷量也为单片电荷量的两倍。

压电晶片在传感器中必须有一定的预紧力。这样首先可以保证压电晶片在受力时,始终受到压力,其次能消除两压电晶片之间因接触不良而引起的非线性误差,保证输出与输入作用力之间的线性关系,但这个预紧力也不能太大,否则会影响其灵敏度。

压电式压力传感器主要是用于动态力、振动加速度的测量,如车床动态切削力的测试。压电式单向动态力传感器结构如图 4-45 所示。被测力通过传力上盖使压电晶片在沿轴方向受压力作用而产生电荷,两块压电晶片沿轴向反方向叠在一起,中间是一个片形电极,它收集负电荷。两压电晶片正电荷侧分别与传感器的传力上盖及底座相连。因此两块压电晶片并联,提高了传感器的灵敏度。片形电极通过电极引出插头将电荷输出。电荷量 Q 与所受的动态力成正比。只要用电荷放大器测出 ΔQ,则可测出 ΔF。

图 4-46 是利用压电式单向动态力传感器测量刀具切削力的示意图。压电式单向动态力传感器位于车刀前端的下方。切削前,虽然车刀紧压在传感器上,压电晶片在压紧的瞬间也曾产生出很大的电荷,但几秒之内,电荷就通过电路的泄漏电阻中和掉了。切削过程中,车刀在切削力的作用下,上下剧烈颤动,将脉动力传递给压电式单向动态力传感器。传感器的电荷变化量由电荷放大器转换成电压,再用记录仪记录下切削力的变化量。

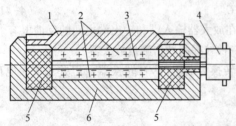

图 4-45　压电式单向动态力传感器结构
1—传力上盖;2—压电晶片;3—片形电极
4—电极引出插头;5—绝缘材料;6—底座

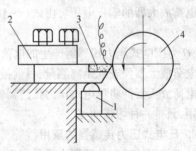

图 4-46　测量刀具切削力示意图
1—单向动态力传感器;
2—刀架;3—车刀;4—工件

压电元件在交变力的作用下,电荷可以不断补充,可以供给测量回路以一定的电流,故压电传感器只适用于动态测量(一般必须高于 100 Hz,但在 50k Hz 以上时,灵敏度下降)。

压电传感器主要应用在加速度、压力和力等的测量中。压电式加速度传感器是一种常用的加速度计。它具有结构简单、体积小、质量小、使用寿命长等优点。压电式加速度传感器在飞机、汽车、船舶、桥梁和建筑的振动和冲击测量中已经得到了广泛的应用,特别是在航空和宇航领域中更有它的特殊地位。压电式传感器也可以用来测量发动机内部燃烧压力与真空度。还可以用于军事工业。例如,用它来测量枪炮子弹在膛中击发的一瞬间的膛压的变化和炮口的冲击波压力。它既可以用来测量大的压力,也可以用来测量微小的压力。

压电式压力传感器也广泛应用在生物医学测量中,例如,心室导管式微音器就是由压电式传感器制成的,因为测量动态压力是如此普遍,所以压电式传感器的应用非常广泛。

4.7.2　磁电式压力传感器

1. 磁电效应

磁电效应,包括电流磁效应和狭义的磁电效应。

电流磁效应是指磁场对通有电流的物体引起的电效应,如磁阻效应和霍尔效应。

狭义的磁电效应是指物体由电场作用产生的磁化效应或由磁场作用产生的电极化效应,如电致磁电效应或磁致磁电效应。即在一些磁性物质内,可能产生与外加电场 E 成正比的磁化强度 M 或与外加磁场 H 成正比的电极化强度 P,这种现象统称为磁电效应。前者称为电致磁电效应,后者称为磁致磁电效应。

2. 磁阻传感器

磁阻效应(magnetoresistance effect)是指某些金属或半导体的电阻值随外加磁场变化而变化的现象。金属或半导体的载流子在磁场中运动时,由于受到电磁场的变化产生的洛伦兹力作用,产生了磁阻效应。

同霍尔效应一样,磁阻效应也是由于载流子在磁场中受到洛伦兹力而产生的。在达到稳态时,某一速度的载流子所受到的电场力与洛伦兹力相等,载流子在两端聚集产生霍尔电场,比该速度慢的载流子将向电场力方向偏转,比该速度快的载流子则向洛伦兹力方向偏转。这种偏转将导致载流子的漂移路径增加。或者说,沿外加电场方向运动的载流子数减少,从而使电阻增加。

根据电场和磁场的原理,当沿着一条长而且薄的铁磁合金带的长度方向施加一个电流时,如果在垂直于电流的方向再施加磁场,铁磁材料中就有磁阻的非均质现象出现,从而引起铁磁合金带自身的电阻值变化。

对于非铁磁性物质,外加磁场通常使电阻率增加,即产生正的磁阻效应。在低温和强磁场条件下,磁阻效应显著。

对于单晶材料,电流和磁场相对于晶轴的取向不同时,电阻率随磁场强度的改变率也不同,即磁阻效应是各向异性的。

磁性材料(如坡莫合金,即铁镍合金)具有各向异性,对它进行磁化时,其磁化方向将取决于材料的易磁化轴、材料的形状和磁化磁场的方向。当给带状坡莫合金材料通电流 I 时,材料的电阻取决于电流的方向与磁化方向的夹角。如果给材料施加一个磁场 B(被测磁场),就会使原来的磁化方向转动。如果磁化方向转向垂直于电流的方向,则材料的电阻将减小;如果磁化方向转向平行于电流的方向,则材料的电阻将增大。

磁阻效应传感器是根据材料的磁阻效应制成的。由长而薄的镀膜合金(一种铁镍合金)薄膜制成磁阻敏感元件,采用标准的半导体工艺,将薄膜附着在硅片上,构成磁阻。磁阻效应传感器一般由四个这样的磁阻组成,将它们接成差动电桥。在被测磁场 B 的作用下,电桥中位于相对位置的两个电阻器阻值增大,另外两个电阻器阻值减小。在其线性范围内,电桥的输出电压与被测磁场成正比。磁阻传感器已经能制作在硅片上,从而可以实现力的测量。

磁阻效应广泛用于磁传感器、磁力计、电子罗盘、位置和角度传感器、车辆探测、GPS 导航、仪器仪表、磁存储(磁卡、硬盘)等领域。

磁阻器件由于灵敏度高、抗干扰能力强等优点在工业、交通、仪器仪表、医疗器械、探矿等领域得到广泛应用,如数字式罗盘、交通车辆检测、导航系统、伪钞鉴别、位置测量等。

其中,最典型的锑化铟(InSb)传感器是一种价格低廉、灵敏度高的磁阻器件磁电阻,有着十分重要的应用价值。

2007 年诺贝尔物理学奖授予来自法国国家科学研究中心的物理学家阿尔贝·费尔和来自德国尤利希研究中心的物理学家彼得·格林贝格尔,以表彰他们发现巨磁阻效应的贡献。

磁电式压力传感器是利用电磁感应原理,将输入运动速度变换成感应电势输出的传感器。它不需要辅助电源,就能把被测对象的机械能转换成易于测量的电信号,是一种无源传感器。下面介绍其中的霍尔式压力传感器。

4.7.3 霍尔式压力传感器

霍尔式压力传感器(又称霍尔式压力计)是利用霍尔元件测量弹性元件形变的一种电测压力计。其结构简单、体积小、频率响应宽、可靠性高、动态范围大、易于微型化和集成电路化,但信号转换效率低、温度影响大、要求精度高时需要进行补偿。

1. 霍尔效应

1879 年,美国物理学家霍尔(Hall)在研究金属的导电机构时发现把金属或半导体薄片置于磁感应强度为 B 的磁场中,磁场方向垂直于薄片,当有电流 I 流过薄片时,在垂直于电流和磁场的方向上将产生电动势 U_H,后来发现半导体、导电流体等也有这种效应。这个现象后来被人们称为霍尔效应。霍尔效应是磁电效应的一种。半导体薄片的霍尔效应比金属导体要强得多,半导体材料成为霍尔元件的发展趋势。

利用霍尔效应制成的各种霍尔元件,广泛地应用于工业自动化技术、检测技术及信息处理等方面。霍尔效应是研究半导体材料性能的基本方法。通过霍尔效应实验测定的霍尔系数,能够判断半导体材料的导电类型、载流子浓度及载流子迁移率等重要参数。

2. 工作原理

图 4-47 为霍尔效应原理图,外磁场的磁感应强度 B 垂直于薄片。

假设薄片为 N 型半导体,在其左右两端通以电流 I(称为控制电流)。那么 N 型半导体中的载流子(电子)将沿着与电流 I 相反的方向运动。

由于外磁场 B 的作用,使电子受到洛伦兹力 F_L 作用而发生偏转,结果在半

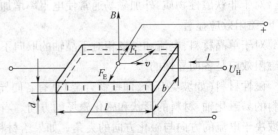

图 4-47 霍尔效应原理图

导体的后端面上有电子积累,而前端面缺少电子,因此后端面带负电,前端面带正电,在前后端面间形成电场。该电场产生的电场力 F_E 阻止电子继续偏转。

当 F_L 与 F_E 相等时,电子积累达到动态平衡。这样在半导体前、后两端面之间(即垂直于电流和磁场方向)建立了电场,称为霍尔电场,相应的电势就称为霍尔电势 U_H。

电子电量 $e = -1.602 \times 10^{-19}C$,载流子受到的洛伦兹力 $F_L = evB$,霍尔电场强度 $E_H = \dfrac{U_H}{b}$,电子受到的电场力 $F_E = eE_H$。当动态平衡时,$eE_H = evB$;又有电子运动的平均速度为 $v = -\dfrac{I}{bdne}$(其中,负号表示电子运动方向与电流方向相反),由此可推出霍尔电势为

$$U_H = \frac{1}{ne} \cdot \frac{IB}{d} = R_H \cdot \frac{IB}{d} = K_H IB \tag{4-42}$$

式中,$R_H = \dfrac{1}{ne}$ 为霍尔常数;$K_H = \dfrac{R_H}{d} = \dfrac{1}{ned}$ 为霍尔元件灵敏度(灵敏系数)。

霍尔常数大小取决于导体的载流子密度 n,金属的自由电子密度太大,霍尔常数小,霍尔电势也小,所以不适宜用金属材料制作霍尔元件。

霍尔电势与导体厚度 d 成反比,为了提高霍尔电势,霍尔元件制成薄片形状。

N 型半导体中电子迁移率(电子定向运动平均速度)比空穴迁移率高,因此 N 型半导体较适合于制造灵敏度高的霍尔元件。

若磁感应强度 B 不垂直于霍尔元件,而是与霍尔元件法线成某一角度 θ 时,实际上作用于霍尔元件上的有效磁感应强度是其法线方向(与薄片垂直的方向)的分量,即 $B\cos\theta$。这时的霍尔电势为

$$U_H = K_H IB\cos\theta \tag{4-43}$$

霍尔电势与输入电流 I、磁感应强度 B 成正比,且当 B 的方向改变时,霍尔电势的大小和方向随之改变。如果所施加的磁场为交变磁场,则霍尔电势为同频率交变电势。

3. 霍尔元件

常用的霍尔元件材料是 N 型硅,N 型硅的霍尔元件灵敏度、温度特性、线性度较好。

锑化铟(InSb)、砷化铟(InAs)、锗(Ge)等也是常用的霍尔元件材料,砷化镓(GaAs)是新型的霍尔元件材料。

近年来,已采用外延离子注入工艺或采用溅射工艺制造出了尺寸小、性能好的薄膜型霍尔元件,如图 4-48 所示。它由衬底、十字形薄膜、引线(电极)及塑料外壳等组成。它的灵敏度、稳定性、对称性等均比老工艺优越得多,目前得到越来越广泛的应用。

霍尔元件的壳体可用塑料、环氧树脂等制造,封装后的外形如图 4-49 所示。

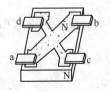

图 4-48 薄膜型霍尔元件

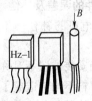

图 4-49 霍尔元件封装后的外形

霍尔元件的结构和基本测量电路如图 4-50 所示。

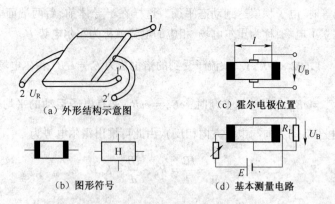

（a）外形结构示意图　　　　　（c）霍尔电极位置

（b）图形符号　　　　　　（d）基本测量电路

图 4-50　霍尔元件的结构和基本测量电路

4. 霍尔元件的主要性能参数

（1）灵敏度 K_H（参考定义）。

（2）输入电阻和输出电阻。输入电阻是控制电极间的电阻；输出电阻是霍尔电极间的电阻。

（3）不等位电势 U_o 和不等位电阻 r_o。不等位电势是当霍尔元件通以控制电流 I，元件所处位置的磁感应强度为零，其霍尔输出端之间存在的空载霍尔电势，称该电势为不等位电势（或零位电势）。如图 4-51 所示，当霍尔电极不对称时造成的 r_o 称为不等位电阻。

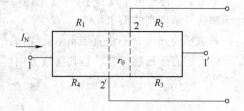

图 4-51　霍尔元件的不等位电阻

（4）额定控制电流 I_c 和最大允许控制电流 I_{max}。额定控制电流指当霍尔元件由控制电流使其本身在空气中产生 10 ℃温升时对应的控制电流值；最大允许控制电流指以元件允许的最大温升为限制所对应的控制电流值。

（5）霍尔电势温度系数 α。在一定磁感应强度和控制电流下，温度每变化 1 ℃时，霍尔电势变化的百分率。

（6）寄生直流电势 U_{OD}。当没有外加磁场，交流控制电流通过霍尔元件时，霍尔电极输出的直流电势称为寄生直流电势。

寄生直流电势主要是由于控制电极和霍尔电极与基片的连接是非完全欧姆接触（金属与半导体接触，接触面的电阻远小于半导体本身的电阻），从而产生整流效应造成的。

寄生直流电势是霍尔元件零位误差的一部分。

5. 霍尔元件的误差及补偿

（1）不等位电势的补偿。不等位电势主要由加工工艺决定。产生不等位电势的主要原因有：

①霍尔电极安装位置不对称或不在同一等位面上。

②半导体材料不均匀造成了电阻率不均匀或几何尺寸不均匀。

③控制电极接触不良造成控制电流不均匀分布等。

实际应用中为了克服不等位电势，通常应用电桥原理对不等位电势进行补偿，不等位电势与不等位电阻是一致的，因此可以用分析其电阻的方法来进行补偿。

如图 4-52 所示，其中 A、B 为控制电极，C、D 为霍尔电极，极间存在的分布电阻用 R_1、R_2、R_3、

R_4 来表示。

理想情况下, $R_1 = R_2 = R_3 = R_4$,即零位电势为零(或零位电阻为零)。

实际上,若存在零位电势(即零位电势不为零),说明四个电阻不等,将其视为电桥的四个臂,则电桥不平衡,为使其达到平衡可在阻值较大的臂上并联电阻[见图4-52(a)]或在两个臂上同时并联电阻[见图4-52(b)、(c)]。显然图4-52(c)更便于调整。

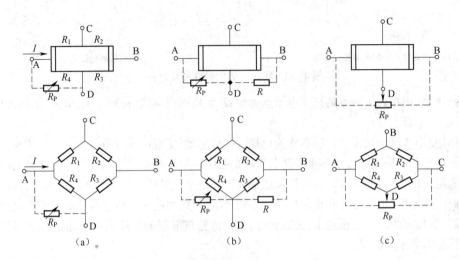

图4-52 不等位电势的补偿

(2)霍尔电势的温度补偿。温度对霍尔电势的影响主要体现在温差电势及灵敏度系数随温度变化两种情况。

温差电势产生的原因是由于霍尔片与引出电极由不同性质材料制成。实际应用中,由于接触电阻不同、材料不均匀、散热条件不同等造成温度场不均匀,从而产生温差电势。减小温差电势的前提是采用良好的制作工艺和良好的散热条件。

灵敏度系数随温度变化是产生误差的一个方面。霍尔元件由半导体材料制成,半导体材料的电阻率、迁移率和载流子浓度等大都随温度变化而变化,因此霍尔元件的性能参数如灵敏度、输入电阻及输出电阻等也随温度变化而变化,同时元件之间参数离散性也很大,不便于互换。为此对其进行温度补偿是必要的。

温度对输入阻抗的影响可采用恒流源供电方式进行补偿。另外还可使用电桥补偿法。

实际应用可采取图4-53所示方法同时实现霍尔元件的不等位电势补偿和温度补偿。不等位电势用调节电位器 R_P 的方法进行补偿。另外,与霍尔输出电极串联接入一个温度补偿电桥,该电桥的四个臂中有一个臂是锰铜电阻器并联热敏电阻器,用以调整其温度系数,其余三个臂均为锰铜电阻器。补偿电桥可以给出一个随温度变化而改变的可调不平衡电压,该电压与温度为非线性关系,通过调整这个不平衡的非线性电压就可以实现霍尔元件的温度漂移补偿。

实际应用中,在要求较高时可采用恒温法,这不但消除了霍尔元件的温度误差,同时也消除了弹性元件的温度误差。

6. 霍尔式压力传感器的应用

霍尔电势是关于 I 、 B 、 θ 三个变量的函数,即 $U_H = K_H I B \cos\theta$ 。利用这个特性,可保持其中两个量一定,将第三个量作变量,或者固定其中一个量,其余两个量都作变量。另外,霍尔传感器可以做得很小(几平方毫米),能实现非接触测量。这些特点使霍尔传感器有许多用途,如测角位

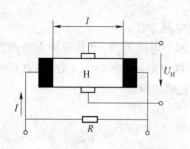

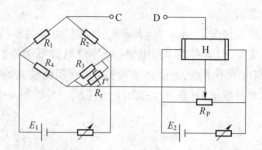

（a）恒流源和并联电阻补偿电路　　　　　　　　（b）电桥补偿法

图 4-53　霍尔电势的温度补偿电路

移、转速、压力,用在无接触点的汽车电子点火装置,无电刷电动机,接近开关,电流,电压传感器,液位计,电子罗盘上等。

例如:使用非接触式霍尔传感器作为电梯智能传感器,实现电梯载荷量的远距离传送。

霍尔传感器在应用于电梯称重变送装置时(见图 4-54),将集成了线性霍尔传感器的整个变送装置固定在活动轿厢的底部,并在轿厢底部放置一块永久磁体。当人进入轿厢内时,活动轿底因受重而产生形变,永久磁体和霍尔传感器之间产生位移,引起霍尔传感器感应的磁场磁通量变化,从而产生相应的线性电压输出,进而获得载重、位移与电压的对应关系。输出的电压经过差动放大得出需要采集的量。

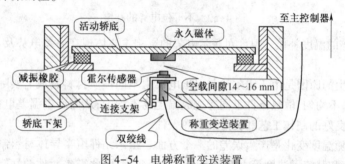

图 4-54　电梯称重变送装置

4.8　谐振式压力传感器

谐振式压力传感器是在微电子机械加工技术基础之上发展起来的硅微结构传感器。它利用谐振元件直接把被测量的变化转换为物体谐振频率的变化,又称频率式传感器。当被测量发生变化时,振动元件的固有振动频率随之改变,通过相应的测量电路,可得到与被测参量成一定关系的电信号。

按谐振元件不同,谐振式压力传感器可分为振弦式、振筒式、振梁式、振膜式和谐振式等。

谐振式压力传感器主要用于测量压力,也用于测量转矩、密度、加速度和温度等。下面说明以压电石英晶体谐振器作为敏感元件的谐振式压力传感器的工作原理。

4.8.1　石英晶体谐振式压力传感器

石英晶体谐振式压力传感器是以石英晶体谐振器作为敏感元件的谐振式传感器。

石英晶体谐振器是用石英晶体经过适当切割后制成,当被测参量发生变化时,它的固有振动频率随之改变,用基于压电效应(见压电式传感器)的激励和测量方法就可获得与被测参量成一定关系的频率信号。石英晶体谐振式压力传感器的精度高、响应速度较快,常用于测量温度和压力。

石英晶体谐振式压力传感器的谐振器可制成包括圆片形振子和受力机构的整体式或分离式结构。振子有扁平形、平凸形和双凸形三种,受力机构为环绕圆片的环形或圆筒形。

图 4-55 是振子和圆筒为整体式结构的谐振筒的外形和结构图。

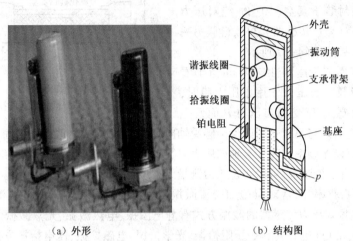

（a）外形　　　　　　　　　　（b）结构图

图 4-55　整体式结构的谐振筒

振子和圆筒由一整块石英晶体加工而成,谐振器的空腔被抽成真空,振动两侧的一对电极连接外电路组成振荡电路,如图 4-56 所示。

圆筒和端盖严格密封。石英圆筒能有效地传递周围的压力。当电极上加以激励电压时,利用逆压电效应使振子振动,同时电极上又出现交变电荷,通过与外电路相连的电极来补充这种电和机械等幅振荡所需的能量。当石英振子受静态压力作用时,振动频率发生变化,并且与所加压力成线性关系。在此过程中石英的厚度切变模量随压力的变化起了主要作用。

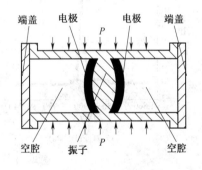

图 4-56　整体式结构的谐振筒和振子

$$f_0 = \frac{1}{2h}\sqrt{\frac{E_{66}}{P}} \qquad (4\text{-}44)$$

式中:f_0——振子的固有振动频率;

h——振子的高;

P——石英谐振筒所受压力;

E_{66}——石英的厚度切变模量。

与分离式结构相比整体式结构的主要优点是滞后小、频率稳定性极佳。但它的结构复杂、加工困难、成本也高。

压力传感器的谐振器还有振梁式,也是由 AT 切型石英晶体制成,振梁横跨于谐振器中央。在振梁的两端上下对称设置四个电极,用于激励振动和拾取频率信号。

当振梁受拉伸力时,其谐振频率提高;反之,则频率降低。因此输出频率的变化可反映输入力的大小。

4.8.2 微机械氮化硅谐振梁压力传感器

微机械氮化硅谐振梁压力传感器由包含氮化硅谐振器的上硅片和作为压力膜的单晶硅下硅片组成。二者通过硅-硅键合技术熔焊成一整体。氮化硅梁封装于真空(10^{-3}Pa 绝对压力传感器)或非真空(差压传感器)之中,硅膜另一边接入待测压力源,如图 4-57 所示。

硅感压膜四周与管座刚性连接,可近似看成四边固支矩形膜。当压力作用于压力膜时,膜两侧存在压力差,膜感受均布压力 P 而发生

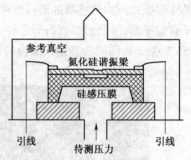

图 4-57　绝对压力传感器探头示意图

形变,膜内产生应力。与膜紧贴的梁也会感受轴向应力,这个应力将改变梁的固有谐振频率。在一定范围内,固有谐振频率的改变与轴向应力以及外加压力三者之间有很好的线性关系。因此,通过检测梁的固有谐振频率,可以实现压力测量。

为了测量谐振频率,通常对梁施加交流激振信号,使梁做受迫振动,并检测梁的振动信号(称为拾振)。谐振式压力传感器的激振方式有静电激振、电热激振、光热激振、电磁激振、压电激振等,相应的有静电(电容)拾振、压阻拾振、光学拾振、电磁拾振、压电拾振方式。谐振器的频率特性曲线如图 4-58 所示。

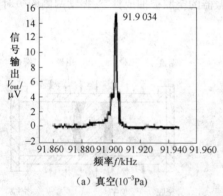

（a）真空(10^{-3}Pa)

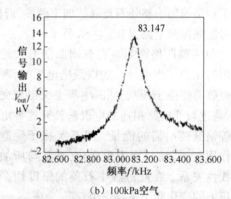

（b）100kPa空气

图 4-58　谐振器的频率特性曲线

当外加压力作用于压力敏感膜时,压力膜弯曲,将应力传递到氮化硅谐振梁上,改变谐振梁的固有谐振频率,运用锁相放大器的开环方式检测频率变化,但每测一点都要扫描一次,非常不方便。因此要测压力特性,需要用闭环测试系统,即将拾振信号放大,经限幅、调相再反馈到励磁电阻上,形成正反馈,产生自激振荡,输出振荡频率。谐振器频率改变时,自动跟踪新的谐振频率。根据闭环测试系统,可以实现满量程测压范围内的自激振荡和频率跟踪。运用该系统测定了传感器在不同压力作用下的频率移动曲线,如图 4-59 所示。

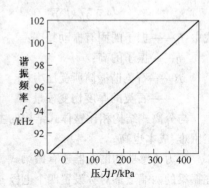

图 4-59　频率移动曲线

20世纪70年代以来,谐振式压力传感器在电子技术、测试技术、计算技术和半导体集成电路技术的基础上迅速发展起来。其优点如下:

(1)体积小、质量小、结构紧凑、分辨率高、精度高以及便于数据传输、处理和存储等。

(2)稳定性高、可靠性高、抗干扰能力强。

(3)适于长距离传输且功耗低。

(4)能直接与数字设备相连接。

(5)无活动部件,机械结构牢固。

(6)品质因数高、动态响应特性好。

4.9　重载型压力传感器

重载型压力传感器是压力传感器中的一种,它通常被用于交通运输中,通过监测气动、轻载液压、制动压力、机油压力、传动装置,以及卡车/拖车的气闸等关键系统的压力、液力、流量及液位来维持重载设备的性能。

重载压力传感器是一种具有外壳、金属压力接口以及高电平信号输出的压力测量装置。许多传感器配有圆形金属或塑料外壳,外观呈筒状,一端是压力接口,另一端是电缆或连接器。这类重载型压力传感器常用于极端温度及电磁干扰环境。工业及交通运输领域的客户在控制系统中使用重载型压力传感器,可实现对冷却液或润滑油等流体的压力测量和监控。同时,它还能够及时检测压力尖峰反馈,发现系统阻塞等问题,从而即时找到解决方案。

重载型压力传感器一直在发展,为了能够用于更加复杂的控制系统,设计工程师必须提高传感器精度,同时降低成本,便于实际应用。

4.10　压力传感器工程应用实例

利用作用于物体上的重力来测量该物体质量(重量),并装有电子装置的秤称为电子秤,又称电子衡。电子衡是采用现代传感器技术、电子技术和计算机技术一体化的电子称量装置,满足并解决现实生活中提出的"快速、准确、连续、自动"称量要求,同时有效地消除人为误差,使之更符合法制计量管理和工业生产过程控制的应用要求,因此具有广泛的应用市场。

4.10.1　电子秤

1. 电子秤的构成

电子秤一般由称重传感器、放大滤波电路、A/D转换器、CPU、显示器、键盘、交互界面和稳压电源电路等电组组成,电子秤的构成如图4-60所示(图中未显示稳压电源),外观如图4-61所示。

称重物品经由装在机构上的称重传感器,将重力转换为电压或电流的模拟信号,经放大及滤波处理后由A/D转换器转换为数字信号,数字信号由中央处理器(CPU)运算处理,而周边所需要的功能及各种接口电路也和CPU连接应用,最后由显示屏以数字方式显示。

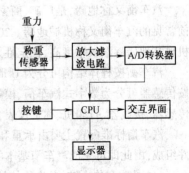

图4-60　电子秤的构成

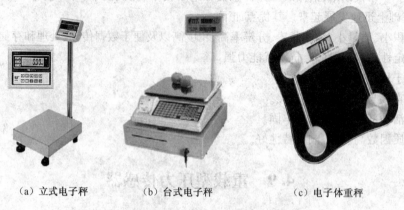

（a）立式电子秤　　　　（b）台式电子秤　　　　（c）电子体重秤

图 4-61　电子秤的外观

电子秤上称重传感器的类型可以有很多种,如电阻应变式,其价格适中、精度高、使用广泛;电容式,其体积小、精度低;振弦式,其主要用于实验室、小秤及工业上的平台秤和传动带秤等。

2. 电子秤的应用

电子秤的应用极其广泛,其主要分类与应用见表 4-7。

表 4-7　电子秤的分类与应用

系统类别	名　称	应　用
静态称重系统	汽车衡、轨道衡、废钢秤、吊车秤	汽车、火车、飞机等的质量,货物质量以及确定钢锭的质量的测量
动态称重系统	轨道衡、驼峰称重、轨道液体罐车、双秤台系统	铁路车辆、卡车、拖车等在运动状态下称重
配料称重系统	多种原料组分装入一个称重料斗的微机配料系统;多种原料组分装入几个称重料斗的微机配料系统	塑料工业、洗涤剂生产、食品工业、铸造工业、玻璃生产、炼钢等方面
其他称重系统	传动带秤、重量检验秤、计数秤	控制物料流量,检验欠重、超重,以及对库房中的零件、元件的进货和发货等进行计数

生活中使用的电子秤,例如人体健康秤,可帮助人们有效监视体重变化,有的可检测脂肪含量,还有的带脚底按摩等附属功能。

4.10.2　汽车衡

汽车衡又称地磅,是厂矿、商家等用于大宗货物计量的主要称重设备。在 20 世纪 80 年代之前常见的汽车衡又称机械地磅。20 世纪 80 年代中期,随着高精度称重传感器技术的日趋成熟,机械式地磅逐渐被精度高、稳定性好、操作方便的电子式地磅所取代。

汽车衡按秤体结构可分为 U 形钢汽车衡、槽钢汽车衡、工字钢汽车衡、钢筋混凝土汽车衡;按传感器可分为数字式汽车衡、模拟式汽车衡、全电子汽车衡。汽车衡的基本配置一样,都需要传感器、接线盒、打印机、称重仪表,现今的汽车衡可以配上计算机和称重软件。

汽车衡标准配置主要由承重和传力机构(秤体)、高精度称重传感器、称重显示仪表三大主件组成,由此即可完成汽车衡基本的称重功能。

(1)承重和传力结构:将物体的重量传递给称重传感器的机械平台,常见的有钢结构及钢混结构两种。

（2）高精度称重传感器：它是汽车衡的核心部件，起着将重量值转换成对应的可测电信号的作用，它的优劣性直接关系到汽车衡的品质。

（3）称重显示仪表：用于显示传感器传输的电信号，再通过专用软件处理以显示读数，并可将数据进一步传递至打印机、大屏幕显示器、计算机管理系统。

汽车衡的配件有：打印机（用于打印数据表单）、报警灯（三色报警灯）、大屏幕（用于远距离读数）、计算机管理系统（用于数据的进一步处理、储存、传输等）。

汽车衡广泛应用于煤矿、冶金、水泥、饲料、化工、港口、电厂等各行业。

小　结

本章重点介绍了压力传感器的基本概念、种类、检测转换电路及应用实例，以及应变式压力计、电容式压力传感器、压磁式压力传感器、电势输出式压力传感器、谐振式压力传感器的原理及其应用。

检测领域和工程技术中压力和压强不严格区分，本书中的压力指压强。

压力传感器是将压力转换为电信号输出的传感器。通常把压力测量仪表中的电测式仪表称为压力传感器。压力传感器根据压力引起物理量的变化来分类。

通过本章的学习，读者可以掌握压力传感器的概念、性能指标、选型、检测与转化电路等基本应用，能够进行压力检测。

习　题

4.1　不同测量条件下，压力分为哪几类？

4.2　压力传感器的主要性能指标和技术参数是什么？

4.3　应变式压力传感器的测量原理是什么？

4.4　比较压阻式压力传感器的恒流源和恒压源检测与转换电路。

4.5　简述电容式压力传感器的工作原理。

4.6　简述电容式压力传感器转换电路的工作原理。

4.7　电势输出式压力传感器有哪些？

4.8　简述压电式压力传感器的工作原理。

4.9　简述霍尔式压力传感器的工作原理。

4.10　简述谐振式压力传感器的工作原理。

4.11　简述电子秤的工作原理。

4.12　简述汽车衡的构成和基本工作原理。

第5章 流量传感器

本章要点：
> 流量检测的概念；
> 常用流量检测的方法。

学习目标：
> 掌握常用流量检测的方法及仪表的使用方法；
> 了解流量传感器工程应用实例。

建议学时： 4 学时。

引　言

流量是过程控制中的主要参数之一。在工农业生产和科学研究试验中，流量都是一个很重要的参数。例如，在石油化工生产过程自动检测和控制中，为了有效地操作、控制和监测，需要检测各种流体的流量。此外，对物料总量的计量还是能源管理和经济核算的重要依据。流量检测仪表是发展生产、节约能源、提高经济效益和管理水平的重要工具。

测量流体流量的仪表统称为流量计或流量表。流量计是工业测量中重要的仪表之一。随着工业生产的发展，对流量测量的准确度和范围的要求越来越高，流量测量技术日新月异。为了适应各种用途，各种类型的流量计相继问世。目前已投入使用的流量计已超过100种。

5.1　流量测量的基本概念

5.1.1　流量的定义

流量就是在单位时间内流体通过一定截面积的量。这个量用流体的体积来表示，称为瞬时体积流量（q_v），简称体积流量；用流量的质量来表示，称为瞬时质量流量（q_m），简称质量流量。它的表达式如下：

$$q_v = \lim_{\Delta t \to 0} \frac{\Delta V}{\Delta t} = \frac{dV}{dt} = uA \tag{5-1}$$

$$q_m = \lim_{\Delta t \to 0} \frac{\Delta m}{\Delta t} = \frac{dm}{dt} = \rho uA \tag{5-2}$$

式中：u——管内平均流速；

A——管道横截面积；

ρ——流体密度；

q_{m}、q_{v}——在单位时间内通过的流体的质量或体积。

从 t_1 到 t_2 这一段时间内流体体积流量或质量流量的累积值称为累积流量，它们的表达式如下：

$$V = \int_{t_1}^{t_2} q_{\mathrm{v}} \mathrm{d}t \tag{5-3}$$

$$M = \int_{t_1}^{t_2} q_{\mathrm{m}} \mathrm{d}t \tag{5-4}$$

5.1.2　流量测量中的基本参数

在流量测量和计算中，要使用到一些流体的物理性质（流体物性），它们对流量测量的准确度及流量计的选用都有很大影响。

1. 流体的密度

流体的密度由式(5-5)定义

$$\rho = m/V \tag{5-5}$$

式中：ρ——流体密度，kg/m^3；

M——流体的质量，kg；

V——流体的体积，m^3。

对于液体，压力变化对 ρ 影响较小，温度变化不大时，可忽略 ρ 的变化影响；对于气体，必须同时测介质的压力和温度，考虑其变化对 ρ 的影响。

2. 流体的黏度

流体本身阻滞其质点相对滑动的性质称为流体的黏性。流体黏性的大小用黏度来度量。同一流体的黏度随流体的温度和压力而变化。通常温度上升，液体的黏度下降，而气体黏度上升。液体黏度只在很高压力下才需要进行压力修正，而气体的黏度与压力、温度的关系十分密切。表征流体黏度常用有如下两种：

(1)动力黏度。流体运动过程中阻滞剪切变形的黏滞力 F 与流体的速度梯度($\mathrm{d}u/\mathrm{d}y$)和接触面积 A 成正比，即

$$F = \mu A \frac{\mathrm{d}u}{\mathrm{d}y} \tag{5-6}$$

式(5-6)称为牛顿黏性定律，服从牛顿黏性定律的流体称为牛顿流体。μ 为动力黏度。

(2)运动黏度。流体的动力黏度与流体密度的比值称为运动黏度，即

$$v = \mu/\rho \tag{5-7}$$

3. 热膨胀率

流体的体积随温度变化而变化。通常情况下，温度升高，体积膨胀，流体的这种属性用热膨胀率表示。

热膨胀率是指流体温度变化 1 ℃时其体积的相对变化率，即

$$\beta = \frac{1}{V} \cdot \frac{\Delta V}{\Delta T} \tag{5-8}$$

式中，V 和 ΔV 分别为流体原有体积和因温度变化膨胀的体积；ΔT 为流体温度变化值。

4. 压缩系数

压缩系数是当流体温度不变而所受压力变化时，其体积的相对变化率，即

$$k = -\frac{1}{V} \cdot \frac{dV}{dP} \tag{5-9}$$

5. 雷诺数

雷诺数是流体流动的惯性力与黏滞力之比,即

$$Re = \frac{\bar{u}\rho L}{\mu} = \frac{\bar{u}L}{v} \tag{5-10}$$

式中：$\bar{u}$——平均流速；

L——管道直径。

层流:流体沿轴向做分层平行流动,各流层质点没有垂直于主流方向的横向运动,如图 5-1 所示。在层流流动状态下,流速分布是以管轴为中心线的轴对称抛物线分布。

紊流:管内流体不仅有轴向运动,而且还有剧烈的无规则的横向运动,如图 5-2 所示。在紊流流动状态下,管内流速同样是以管中心线轴对称分布,但是其分布呈指数曲线形式。

图 5-1　液体层流示意图　　　　　　　图 5-2　液体紊流示意图

雷诺数 $Re = 2\ 320$ 时,为紊流的临界值;雷诺数 $Re < 2\ 320$ 时,为层流;雷诺数 $Re > 2\ 320$ 时,为紊流。

6. 管内流速的分布

由于流体具有黏性,当它在管内运动时,流体在同一个截面上不同径向位置流速不同。靠近管壁,由于管壁与流体黏滞作用,流速较慢;靠近管道中心,流速较快。

流体的流动状态不同,管内流体在半径方向上的流速分布不同。

所谓平均流速,一般用流过管道的体积流量除以管道截面积所得到的数值。

(1)层流流动状态。当管内流体为层流流动状态时,流速分布是以管轴为中心线的轴对称抛物线分布,在管中心线上达到最大流速 v_{max}。管内流体在半径方向上的流速分布可以用式(5-11)描述：

$$v = v_{max}\left[1 - \left(\frac{r}{R}\right)^2\right] \tag{5-11}$$

式中,v_{max} 为管中心线处的最大流速;R 为管道半径;r 为距管道中心的距离;v 为距管道中心 r 处的流速。

管道中心处的流速最大,而距轴线 $\frac{\sqrt{2}}{2}R$ 处的流速大小为截面上的平均流速,即 $\bar{v} = v\left(\frac{\sqrt{2}}{2}R\right)$,则流量为

$$q_v = A\bar{v} = Av\left(\frac{\sqrt{2}}{2}R\right) \tag{5-12}$$

式中：$\bar{v}$——平均流速；

A——管道流通截面积。

在层流中,平均流速从管壁算起为 $y = 0.292\ 9R$ 处。

(2)紊流流动状态。当管内流体为紊流流动状态时,管中心线处的流速最大,截面上流速呈

旋转对称分布,流速分布符合尼古拉兹模型:

$$v = v_{mx}\left[\left(\frac{R-r}{R}\right)^{\frac{1}{n}}\right] \tag{5-13}$$

式中,n 与雷诺数有关。

5.1.3　流量测量的方法

目前流量测量的方法很多,测量原理和流量传感器(又称流量计)各不相同。可分为直接测量法和间接测量法。

5.1.4　常见流量计的分类及特点

从不同的角度出发,流量计有不同的分类方法。常用的分类方法有两种:一是按流量计采用的测量原理进行归纳分类;二是按流量计的结构原理进行分类。

1. 按流量计采用的测量原理分类

按不同的测量原理,流量仪表可分为容积式、速度式和质量式三类:

(1)容积式流量计是利用流体单位时间内连续通过固定体积的数目作为测量依据的流量仪表,有椭圆齿轮流量计、腰轮流量计、刮板式流量计等。

(2)速度式流量计是以测量流体在管道内的流动速度作为测量依据的仪表,有差压流量计、涡轮流量计、涡街流量计、电磁流量计、超声波流量计等。

(3)质量式流量计是以测量流过流体质量作为测量依据的仪表,有科里奥利流量计、热质式流量计等。

2. 按流量计结构原理分类

按当前流量计产品实际情况,根据流量计结构原理,大致可归纳为以下几种类型:

(1)容积式流量计。容积式流量计相当于一个标准容积的容器,它接连不断地对流动介质进行度量。流量越大,度量的次数越多,输出的频率越高。容积式流量计的原理比较简单,适于测量高黏度、低雷诺数的流体。根据回转体形状不同,目前生产的产品分:适于测量液体流量的椭圆齿轮流量计、腰轮流量计(罗茨流量计)、旋转活塞和刮板流量计;适于测量气体流量的伺服式容积流量计、皮膜式和转筒流量计等。

(2)叶轮式流量计。叶轮式流量计的工作原理是将叶轮置于被测流体中,受流体流动的冲击而旋转,以叶轮旋转的快慢来反映流量的大小。典型的叶轮式流量计是水表和涡轮流量计,其结构可以是机械传动输出式或电脉冲输出式。一般机械式传动输出的水表准确度较低,误差约±2%,但结构简单、造价低,国内已批量生产,并标准化、通用化和系列化。电脉冲信号输出的涡轮流量计的准确度较高,一般误差为±(0.2%~0.5%)。

(3)差压式流量计(变压降式流量计)。差压式流量计由一次装置和二次装置组成。一次装置称为流量测量元件,它安装在被测流体的管道中,产生与流量(流速)成比例的压力差,供二次装置进行流量显示。二次装置称为显示仪表,它接收测量元件产生的差压信号,并将其转换为相应的流量进行显示。差压式流量计的一次装置常为节流装置或动压测定装置(皮托管、均速管等)。二次装置为各种机械式、电子式、组合式差压计配以流量显示仪表。差压式流量计的差压敏感元件多为弹性元件。由于差压和流量呈平方根关系,故流量显示仪表都配有开平方装置,以使流量刻度线性化。多数仪表还设有流量积算装置,以显示累积流量,以便经济核算。

(4)变面积式流量计(等压降式流量计)。上大下小的锥形流道中的浮子受到自下而上流动的流体的作用力而移动。当此作用力与浮子的"显示重力"(浮子本身的重力减去它所受流体的浮力)相平衡时,浮子即静止。浮子静止的高度可作为流量大小的量度。由于流量计的通流截面积随浮子高度不同而异,而浮子稳定不动时上下部分的压力差相等,因此该型流量计称为变面积式流量计或等压降式流量计。该式流量计的典型仪表是转子(浮子)流量计。

(5)动量式流量计。利用测量流体的动量来反映流量大小的流量计称为动量式流量计。由于流动流体的动量 P 与流体的密度及流速的二次方成正比。当通流截面确定时,流速与容积流量 Q 成正比。因此,测得 P,即可反映流量 Q。这种类型的流量计,大多利用检测元件把动量转换为压力、位移或力等,然后测量流量。这种流量计的典型仪表是靶式和转动翼板式流量计。

(6)冲量式流量计。利用冲量定理测量流量的流量计称为冲量式流量计,多用于测量颗粒状固体介质的流量,还可用来测泥浆、结晶型液体和研磨料等的流量。流量测量范围从每小时几公斤到近万吨。典型的仪表是水平分力式冲量流量计,其测量原理是当被测介质从一定高度 h 自由下落到有倾斜角的检测板上产生一个冲力,冲力的水平分力与质量流量成正比,故测量这个水平分力即可反映质量流量的大小。按信号的检测方式,该类型流量计分位移检测型和直接测力型。

(7)电磁流量计。电磁流量计是应用导电体在磁场中运动产生感应电动势,而感应电动势又和流量大小成正比,通过测电动势来反映管道流量的原理而制成的。其测量精度和灵敏度都较高。工业上多用以测量水、矿浆等介质的流量。可测最大管径达 2 m,而且压损极小。但导电率低的介质,如气体、蒸汽等则不能应用。

电磁流量计造价较高,且信号易受外磁场干扰,影响了其在工业管流测量中的广泛应用。为此,该产品在不断改进更新,向微机化方向发展。

(8)超声波流量计。超声波流量计是基于超声波在流动介质中传播的速度等于被测介质的平均流速和声波本身速度的几何和的原理而设计的。它也是由测流速来反映流量大小的。超声波流量计虽然在 20 世纪 70 年代才出现,但由于它可以制成非接触式,并可与超声波水位计联动进行开口流量测量,对流体又不产生扰动和阻力,所以很受欢迎,是一种很有发展前途的流量计。

利用多普勒效应制造的超声多普勒流量计近年来得到广泛的关注,被认为是非接触测量双相流的理想仪表。

(9)流体振荡式流量计。流体振荡式流量计是利用流体在特定流道条件下流动时将产生振荡,且振荡的频率与流速成比例这一原理设计的。因此,测量振荡频率即可测得流量。这种流量计是 20 世纪 70 年代开发和发展起来的。由于它兼有无转动部件和脉冲数字输出的优点,很有发展前途。目前典型的产品有涡街流量计、旋进漩涡流量计。

(10)质量流量计。由于流体的容积受温度、压力等参数的影响,用容积流量表示流量大小时需要给出介质的参数。在介质参数不断变化的情况下,往往难以达到这一要求,而造成仪表显示值失真。因此,质量流量计就得到广泛的应用和重视。质量流量计分直接式和间接式两种。直接式质量流量计利用与质量流量直接有关的原理进行测量,目前常用的有量热式、角动量式、振动陀螺式、马格努斯效应式和科里奥利力式等质量流量计。间接式质量流量计是用密度计与容积流量直接相乘求得质量流量的。

5.2　容积式流量计

容积式流量计又称排量流量计(positive displacement flowmeter),简称 PD 流量计或 PDF,在流量仪表中是精度最高的一类。它利用机械测量元件把流体连续不断地分割成单个已知的体积部分,根据计量室逐次、重复地充满和排放该体积部分流体的次数来测量流量体积总量。PD 流量计一般不具有时间基准,为得到瞬时流量值需要另外附加测量时间的装置。定排量测量方法可追溯到 18 世纪,20 世纪 30 年代进入普遍商业应用。PD 流量计由于具有精确的计量特性,可用以在石油、化工、涂料、医药、食品以及能源等工业部门计量昂贵介质的总量或流量。

5.2.1 容积式流量计的工作原理

PD 流量计从原理上讲是一台从流体中吸收少量能量的水力发动机,这个能量可用来克服流量检测元件和附件转动的摩擦力,同时在仪表流入与流出两端形成压力降。如果使流体以固定的、已知大小的体积 V 逐次从流量计中排放流出,则计数单位时间内排放的次数就可以求得通过仪器的体积流量,即 $q_v = nV$,这就是容积式流量计的工作原理。

5.2.2 常见的容积式流量计

1. 椭圆齿轮式流量计

椭圆齿轮式流量计的工作原理如图 5-3 所示。两个椭圆齿轮具有相互滚动进行接触旋转的特殊形状。p_1 和 p_2 分别表示入口压力和出口压力,显然 $p_1 > p_2$,图 5-3(a)下方齿轮在两侧压力差的作用下,产生逆时针方向旋转,为主动轮;上方齿轮因两侧压力相等,不产生旋转力矩,是从动轮,由下方齿轮带动,顺时针方向旋转。在图 5-3(b)位置时,两个齿轮均在差压作用下产生旋转力矩,继续旋转。旋转到图 5-3(c)位置时,上方齿轮变为主动轮,下方齿轮则成为从动轮,继续旋转到与图 5-3(a)相同位置,完成一个循环。一次循环动作排出四个由齿轮与壳壁间围成的新月形空腔的流体体积,该体积称为流量计的"循环体积"。

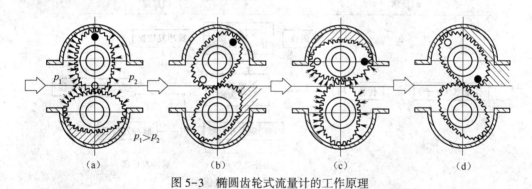

图 5-3 椭圆齿轮式流量计的工作原理

设流量计"循环体积"为 v,一定时间内齿轮转动次数为 N,则在该时间内流过流量计的流体体积 $V = Nv$。

椭圆齿轮的转动通过磁性密封联轴器及传动减速机构传递给计数器,直接指示出流经流量计的总量。若附加发信装置后,再配以电显示仪表,则可实现远传指示瞬时流量或累积流量。PD 流量计产生误差的主要原因是分割单个流体体积的活动测件和静止测量室之间的缝隙泄漏量所形成。产生泄漏的原因之一是为克服活动件摩擦力;之二是受仪表水力学阻力形成压力降的作用。

2. 腰轮流量计

腰轮流量计的工作原理与椭圆齿轮式流量计相同,结构也相似,只是转子的形状略有不同如图 5-4 所示。腰轮流量计的转子是一对不带齿的腰形轮,在转动过程中两腰轮不直接接触而保持微小的间隙,依靠套在壳体外的与腰轮同轴上的啮合齿轮来完成驱动。

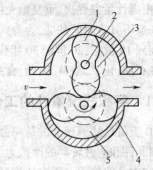

腰轮流量计的构造框图如图 5-5 所示。流量由测量部和积算部两大部分组成,必要时可附加自动温度补偿器、自动压力补偿器、发信器和高温延伸(散热)件等。

(1)计量室:腰轮流量计由一对腰轮和壳体构成,两腰轮是有互为共轭曲线的转子,即罗茨(Roots)轮,与腰轮同轴装有驱动齿轮,被测流量推动转子旋转,转子间由驱动齿轮相互驱动。在流量计的壳体内,有一个计量室。腰轮、计量室壳体一般由铸铁、铸钢或不锈钢制成的,要根据流体腐蚀性及其工作压力、温度选用。计量室也有单独制成的,与仪表外壳分离,这样计量室就不承受静压,没有静压引起变形的附加误差。

图 5-4　腰轮流量计的工作原理

1—腰轮;2—转动轴;

3—驱动齿轮;4—外壳;5—计量室

(2)传动机构:传动机构包括磁性联轴器(或机械密封装置)和减速变速机构。减速变速机构由"齿轮对"组合而成。

(3)指示表头(积算器):指示表头类型较多,有指针式指示和数字式指示;有不带复位计数器和带复位计数器;也由带瞬时流量指示,带打印机,带设定部等。

(4)自动温度补偿器:自动温度补偿器可对被测介质温度变化影响进行连续自动补偿,有机械式、电气电子式。

(5)脉冲发信器:脉冲发信器有多种形式,如接触式和非接触式。

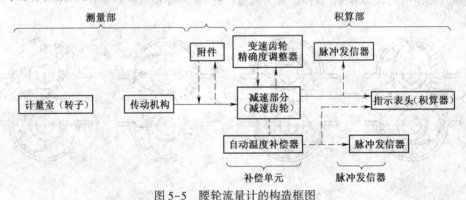

图 5-5　腰轮流量计的构造框图

3. 刮板式流量计

刮板式流量计结构如图 5-6 所示。流量计的转子带动刮板在凸轮外缘滚动,转子每转一周就有计量容积液体排出。转子的筒壁上开有四个互成 90°的槽,刮板可在槽内径向自由滑动。四块刮板由两根连杆连接,相互垂直,在空间交叉。每一刮板的一端装有一个小滚轮,沿一具有特定曲线形状的固定凸轮的边缘滚动,使刮板时伸时缩。由于刮板有连杆相连,若某一刮板从转子筒边槽口伸出,则另一端刮板就缩进筒内。转子在流量计进、出口差压作用下转动。每当相邻两刮板进入计

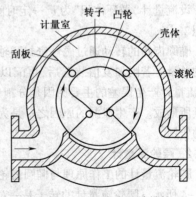

图 5-6　刮板式流量计结构

量区时,均伸出至壳体内壁且只随转子旋转而不滑动,形成具有固定容积的测量室。当离开计量区时,刮板缩入槽内,流体从出口排出,同时另一刮板又与其另一相邻刮板形成测量室。

4. 旋转活塞式流量计

旋转活塞式流量计由壳体、活塞机构等部件组成。计数器完全与油液隔离,靠磁性转动,当流量计接入管路并有油液流过时,进出口两侧的压力差将推动活塞做回转运动,此时与活塞相连接的磁性耦合器也随之转动,由于活塞的转数正比于流过流量计的油量,因此计数器所记下的活塞转数即流过流量计的油量的倍数。旋转活塞式流量计工作原理如图5-7所示。

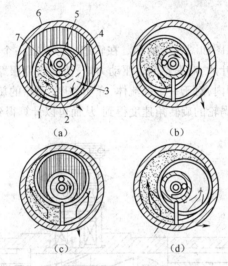

图5-7　旋转活塞式流量计工作原理
1—液体入口;2—隔板;3—液体出口;4—活塞轴;5—计量室轴;6—计量室;7—旋转活塞

5.2.3　容积式流量计的特点及使用注意事项

1. 优点

PD流量计的计量精度高,基本误差一般为±0.5%,特殊的可达±0.2%或更高,通常在昂贵介质或需要精确计量的场合使用;PD流量计在旋转流和管道阻流件流速场畸变时对计量精确度没有影响,没有前置直管段要求,这一点在现场使用中有重要的意义;PD流量计可用于高黏度流体的测量,范围宽,一般为10∶1到5∶1,特殊的可达30∶1或更大;PD流量计是直读式仪表,无须外部能源,可直接获得累计总量,清晰明了,操作简便。

2. 缺点

PD流量计的结构复杂、体积大、笨重,尤其较大口径PD流量计体积庞大,故一般只适用于中小口径。与其他几类通用流量计(如差压式、浮子式、电磁式)相比,PD流量计的被测介质种类、介质工况(温度、压力)、口径局限性较大,适应范围窄。由于高温下零件热膨胀、变形,低温下材质变脆等问题,PD流量计一般不适用于高低温场合。

3. 使用注意事项

(1)容积式流量计使用时要加滤网,仪表处加旁路,以便于清扫。

(2)被测液体混有气体时,要加装气体分离装置。

(3)注意被测流体的温度。

5.3　速度式流量计

速度式流量计是以测量介质在管道内的流动速度作为测量依据的流量仪表。这种测量方法是利用平均流速来计算流量的,故测量中受管路条件的影响大。常用的速度式流量计有涡轮流量计、涡街流量计、电磁流量计、超声波流量计等。

5.3.1　涡轮流量计

1. 涡轮流量计的构造

涡轮流量计的结构示意图如图 5-8 所示。在管道中心安放一个涡轮,两端由轴承支撑。当流体通过管道时,冲击涡轮叶片,对涡轮产生驱动力矩,使涡轮克服摩擦力矩和流体阻力矩而产生旋转。在一定的流量范围内,对于一定的流体,介质黏度、涡轮的旋转角速度与流体流速成正比。由此,流体流速可通过涡轮的旋转角速度得到,从而可以计算得到通过管道的流体流量。

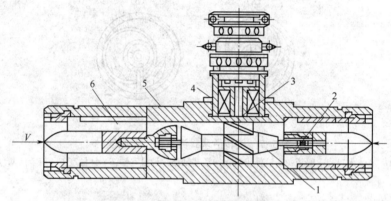

图 5-8　涡轮流量计的结构示意图
1—涡轮;2—支承;3—永久磁钢;4—感应线圈;5—壳体;6—导流器

涡轮的转速通过装在机壳外的传感线圈来检测。当涡轮叶片切割由壳体内永久磁钢产生的磁感线时,就会引起传感线圈中的磁通变化。传感线圈将检测到的磁通周期变化信号送入前置放大器,对信号进行放大、整形,产生与流速成正比的脉冲信号,送入单位换算与流量积算电路得到并显示累积流量值;同时,亦将脉冲信号送入频率电流转换电路,将脉冲信号转换成模拟电流量,进而指示瞬时流量值。

2. 涡轮流量计的工作原理

涡轮由高导磁的不锈钢制成,线圈和永久磁钢组成磁电感应转换器。当流体通过涡轮叶片时使涡轮旋转,涡轮叶片周期性地改变磁电系统的磁阻值,使通过线圈的磁通量发生周期性的变化,因而在线圈两端产生感应电势,该电势经过放大和整形,便可得到足以测出频率的方波脉冲,脉冲的频率与涡轮转速成正比,即与流过流体的流量成正比。如将脉冲送入计数器就可求得累积总量。流体从机壳的进口流入,通过支架将一对轴承固定在管中心轴线上,涡轮安装在轴承上。在涡轮上下游的支架上装有呈辐射形的整流板,以对流体起导向作用,以避免流体自旋而改变对涡轮叶片的作用角度。在涡轮上方机壳外部装有传感线圈,接收磁通变化信号。

当流体通过使涡轮旋转,叶片在永久磁钢正下方时磁阻最小,两叶片空隙在磁钢下方时磁阻最大,涡轮旋转,不断地改变磁路的磁通量,使线圈中产生变化的感应电势,送入放大整形电路,变成脉冲信号。

输出脉冲的频率与通过流量计的流量成正比,其比例系数为 ζ。

$$q_v = C\frac{2\pi r_0 A_0}{\tan\theta}\cdot\frac{1}{z}f = \frac{1}{\zeta}f$$

$$\zeta = \frac{f}{q_v} = \frac{z\tan\theta}{C2\pi r_0 A_0} \tag{5-14}$$

式中:f 为涡轮流量计输出脉冲频率;q_v 为通过流量计的流量;ζ 为比例系数,又称涡轮流量计的仪表系数,表示单位体积流量输出的脉冲数。

3. 涡轮流量计的特点

从前面的讨论中可知,涡轮流量计是一种有很多优点的流量仪表。归纳起来,它有如下特点:

(1)准确度高。涡轮流量计的准确度在 0.5%~0.1%。在线性流量范围内,即使流量发生变化,累积流量准确度也不会降低,并且在短时间内,涡轮流量计的再现性可达 0.05%。

(2)量程比宽。涡轮流量计的量程比为 8~10。在同样口径下,涡轮流量计的最大流量值大于很多其他流量计。

(3)适应性强。涡轮流量计可以做成封闭结构,其转速信号是非接触测量的,所以容易实现耐高压设计。

(4)数字信号输出。涡轮流量计输出为与流量成正比的脉冲数字信号,它具有在传输过程中准确度不降低、易于累积、易于送入计算机系统的优点。

5.3.2 涡街流量计

涡街流量计是 20 世纪 70 年代发展起来的一种新型流量计,主要用于工业管道介质流体的流量测量,如气体、液体、蒸气等多种介质。其特点是压力损失小、量程范围大、精度高,在测量工况体积流量时几乎不受流体密度、压力、温度、黏度等参数的影响。无可动机械零件,因此可靠性高、维护量小。仪表参数能长期稳定。涡街流量计采用压电应力式传感器,可靠性高,可在-20~+250 ℃的工作温度范围内工作。有模拟标准信号输出,也有数字脉冲信号输出,容易与计算机等数字系统配套使用,是一种比较先进、理想的测量仪器。它输出频率信号,抗干扰性能好,便于远距离传输。

1. 涡街流量计的工作原理

涡街流量计是利用流体流过阻碍物时产生稳定的漩涡,通过测量其漩涡产生频率而实现流量计量的。

(1)卡门涡街的产生与现象。在流动的流体中放置一根其轴线与流向垂直的非流线性柱形体(如三角柱、圆柱等),称为漩涡发生体,如图 5-9 所示。当流体沿漩涡发生体绕流时,会在漩涡发生体下游产生不对称但有规律的交替漩涡列,这就是所谓的卡门涡街。

在一定的雷诺数范围内,稳定的卡门涡街及漩涡脱落频率与流体流速成正比。

(2)卡门涡街的稳定条件。并非在任何条件下产生的涡街都是稳定的。冯·卡门在理论上已证明涡街稳定的条件是:涡街两列漩涡之间的距离为 h,单列两涡之间距离为 l,若两者之间关系满足式(5-15)时所产生的涡街是稳定的。

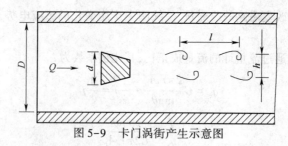

图5-9 卡门涡街产生示意图

$$\frac{h}{l} = 0.281 \tag{5-15}$$

h 可通过柱体特征尺寸 d 保证。

（3）流体流速与漩涡脱落频率的关系。如果单列漩涡的产生频率为每秒 f 个漩涡，那么，阻流体处平均流速 $\bar{v}_d$ 与频率的关系为

$$f = S_t \frac{\bar{v}_d}{d} \tag{5-16}$$

式中：S_t——斯特劳哈尔数。

S_t 是以柱体特征尺寸 d 计算流体雷诺数 Re 的函数，在 $500 \sim 150\,000$ 范围内基本不变。S_t 对于柱体为 0.2，对三角体为 0.16。

根据流动的连续性原理，管道的通流截面比与柱体处的流体流速及管内平均流速有如下关系：

$$m = \frac{A_d}{A_D} = \frac{\bar{v}_D}{\bar{v}_d} \tag{5-17}$$

则

$$\bar{v}_D = m\bar{v}_d = m\frac{fd}{S_t} \tag{5-18}$$

式中：$\bar{v}_D$——管道截面平均流速。

体积流量为

$$q_v = \frac{\pi D^2}{4}\bar{v}_D = \frac{\pi D^2}{4} \cdot \frac{mfd}{S_t} \tag{5-19}$$

$$m = \left[1 - \frac{2}{\pi}\left(\frac{d}{D}\sqrt{\frac{D^2 - d^2}{D^2}} + \sin^{-1}\frac{d}{D} \right) \right] \tag{5-20}$$

当 $d/D < 0.3$ 时，有

$$m \approx \left(1 - 1.25\frac{d}{D} \right) \tag{5-21}$$

所以，体积流量与频率之间的关系为

$$q_v = \frac{\pi D^2 fd}{4S_t}\left(1 - 1.25\frac{d}{D} \right) \tag{5-22}$$

从式（5-22）可知，流量 q_v 与漩涡脱落频率 f 在一定雷诺数范围内成线性关系。因此，也将这种流量计称为线性流量计。

2. 涡街流量计的构造

涡街流量计由漩涡发生体、检测元件和转换器组成，如图5-10(a)所示。转换器包括前置放大器、滤波整形电路、D/A 转换电路等，如图5-10(b)所示。近年来，智能式流量计还把微处理

器、显示通信及其他功能模块亦装在转换器内。

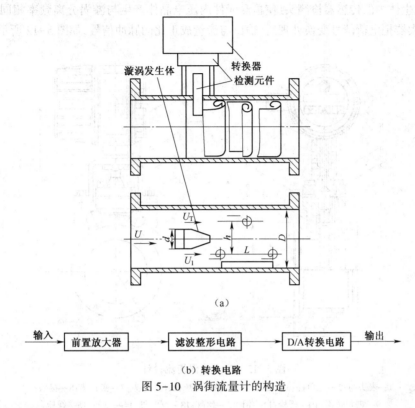

（a）

输入 → 前置放大器 → 滤波整形电路 → D/A转换电路 → 输出

（b）转换电路

图 5-10　涡街流量计的构造

3. 漩涡频率的测量

（1）热检式：若采用圆柱形漩涡发生体时，圆柱体表面开有导压孔与圆柱体内部空腔相通，如图 5-11(a)所示。空腔由隔离墙分成两部分，在隔离墙中央有一小孔，在小孔中装有被加热的铂电阻丝。当圆柱检测器后面一侧形成漩涡时，由于产生漩涡的一侧的静压力大于不产生漩涡一侧的静压力，两者之间形成压力差，通过导压孔引起检测器空腔内流体移动，从而交替地对铂电阻丝产生冷却作用，且改变其电阻值，由测量电桥给出电信号输送至放大器。

若采用三角柱漩涡发生体时，埋在三角柱正面的两支热敏电阻器组成电桥的两臂，由恒流源供以微弱的电流对其加热，如图 5-11(b)所示。当三角柱两侧交替发生漩涡时，发生漩涡处由于流速降低，换热条件变差，这侧热敏电阻器温度升高，电阻值变小，在电桥对角线就输出电压脉冲，与漩涡频率对应，进而得到流量值。随着漩涡的交替产生，电桥输出与漩涡产生频率相一致的交变电压信号，经放大、整形和 D/A 转换后，送至显示仪表进行流量的指示、记录和控制等。

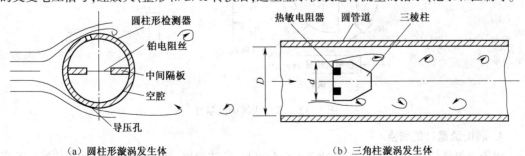

（a）圆柱形漩涡发生体　　　　　　　（b）三角柱漩涡发生体

图 5-11　热检式涡街流量计

（2）应力式：漩涡在柱体两侧交替产生时，将产生与流通方向垂直的横向交变力，此力传于插入漩涡发生体内的传感器检测头，使检测元件内压电晶体产生与漩涡分离频率相同的电荷信号，检测放大器把电荷信号变换处理后，输出与流量成正比的脉冲信号，如图5-12所示。

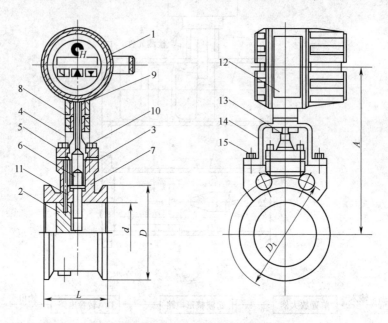

图5-12　应力式涡街流量计

1—表头组；2—三角柱；3—表体；4—联轴；5—压板；6—探头；7—密封垫；8—接头；
9—密封垫圈；10—螺栓；11—销；12—铭牌；13—圆螺母；14—支架；15—螺栓

（3）超声式：由图5-13可见，在管壁上安装两对超声探头 T_1、R_1、T_2、R_2，探头 T_1、T_2 发射高频、连续声信号，声波横穿流体传播。当漩涡通过声束时，每一对旋转方向相反的漩涡对声波产生一个周期的调制作用，受调制声波被接收探头 R_1、R_2 转换成电信号，经放大、检波、整形后得到漩涡信号。仪表有较高检测灵敏度，下限流速较低，但温度对声调制有影响，流场变化及液体中含有气泡对测量影响较大，故适用于温度变化小的气体和含气量微小的液体流量测量。

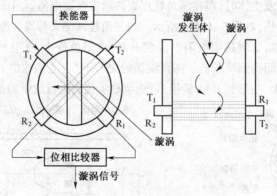

图5-13　超声式涡街流量计

4. 涡街流量计的特点

涡街流量计结构简单而牢固，长期运行十分可靠；安装简单，维修十分方便；检测传感器不直接接触介质,性能稳定,寿命长;涡街流量计输出是与流量成正比的脉冲信号,无零点漂移,精度高,并方便和计算机联网;测量范围宽,量程比可达 $1:10$。

5.3.3　电磁流量计

电磁流量计(eletromagnetic flowmeters,EMF)是 20 世纪 50~60 年代随着电子技术的发展而迅速发展起来的新型流量测量仪表。电磁流量计是根据法拉第电磁感应定律制成的,电磁流量计是用来测量导电液体体积流量的仪表。由于其独特的优点,电磁流量计目前已广泛地被应用于工业过程中各种导电液体的流量测量,如各种酸、碱、盐等腐蚀性介质;电磁流量计各种浆液流量测量,形成了独特的应用领域。

1. 电磁流量计的工作原理

电磁流量计是把流过管道内的导电液体的体积流量转换为线性电信号,其转换原理就是著名的法拉第电磁感应定律,即导体通过磁场,切割磁感线,产生电动势。电磁流量计的磁场是通过励磁实现的,分直流励磁、交流励磁和低频方波励磁。现在大多流量传感器采用低频方波励磁。变送器是由励磁电路、信号滤波放大电路、A/D 采样电路、微处理器电路、D/A 电路、变送电路等组成。

根据法拉第电磁感应定律,当导体在磁场中运动切割磁感线时,在导体的两端即产生感生电动势 E,其方向由右手定则确定,其大小与磁场的磁感应强度 B,导体在磁场内的长度 L 及导体的运动速度 v 成正比,如果 B,L,v 三者互相垂直,则

$$E = Blv \qquad (5\text{-}23)$$

与此相仿,在磁感应强度为 B 的均匀磁场中,垂直于磁场方向放一个内径为 D 的不导磁管道,当导电液体在管道中以流速 v 流动时,导电流体就切割磁感线。如果在管道截面上垂直于磁场的直径两端安装一对电极,如图 5-14 所示,则可以证明,只要管道内流速分布为轴对称分布,两电极之间也产生感生电动势:

$$E = C_1 B D \bar{v} \qquad (5\text{-}24)$$

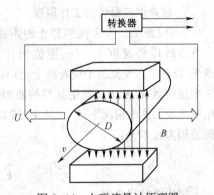

图 5-14　电磁流量计原理图

式中:C_1——常数,与分式中参量单位有关;

$\bar{v}$——流体的平均流速。

所以流量为

$$q_v = \frac{\pi D^2}{4} \bar{v} = \frac{\pi}{4C_1} \frac{D}{B} E \qquad (5\text{-}25)$$

$$E = 4C_1 \frac{B}{\pi D} q_v = K q_v \qquad (5\text{-}26)$$

式中,K 为电磁流量计的仪表常数,D、B 一定时,K 为常数,感生电动势和体积流量为线性关系。

需要说明的是,要使式(5-26)严格成立,必须使测量条件满足下列假定:

(1)磁场是均匀分布的恒定磁场;

(2)被测流体的流速轴对称分布;

(3)被测液体是非磁性的;

(4)被测液体的电导率均匀且各向同性。

2. 电磁流量计的构造

电磁流量计由电磁流量传感器和转换器两部分组成。传感器安装在工业过程管道上,它的

作用是将流进管道内的液体体积流量值线性地变换成感生电动势信号,并通过传输线将此信号送到转换器。转换器安装在离传感器不太远的地方,它将传感器送来的流量信号进行放大,并转换成与流量信号成正比的标准电信号输出,以进行显示、累积和调节控制。

3. 电磁流量计的特点

(1)无可动部件和插入管道的阻流件,故压力损失小;

(2)测量范围大,管径可从 1 mm ~ 2 m,量程为 0.5 ~ 10 m/s;

(3)反应灵敏.可测双相流及脉动流量;

(4)电磁流量计的上游管道要有长度 5 ~ 10 倍管道直径的直管;

(5)工作温度不超过 200 ℃,压力不过高;

(6)被测介质必须是导电的,不能测气体、蒸汽及石油产品等。

5.3.4　超声波流量计

众所周知,目前的工业流量测量普遍存在着大管径、大流量测量困难的问题,这是因为一般流量计随着测量管径的增大会带来制造和运输上的困难,造价提高、能损加大、安装困难这些缺点,超声波流量计均可避免。

超声波流量计是通过检测流体流动时对超声束(或超声脉冲)的作用,以测量体积流量的仪表,是一种非接触式仪表。根据检测的方式,可分为传播速度差法、多普勒法、波束偏移法、噪声法及相关法等不同类型的超声波流量计。超声波流量计是近十几年来随着集成电路技术迅速发展才开始应用的一种流量计。

1. 超声波流量计的工作原理

(1)时差法。假定流体静止的声速为 c,流体速度为 v,顺流时传播速度为 $c+v$,逆流时传播速度为 $c-v$,如图 5-15 所示。在流道中设置两个超声波发生器 T_1 和 T_2,两个接收器 R_1 和 R_2,发生器与接收器的间距为 l。在不用两个放大器的情况下,声波从 T_1 到 R_1 和 T_2 到 R_2 的时间分别为 t_1 和 t_2:

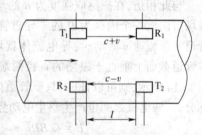

图 5-15　时差法示意图

$$t_1 = \frac{l}{c+v}, t_2 = \frac{l}{c-v} \tag{5-27}$$

则传播时间差为

$$\Delta t = t_2 - t_1 = \frac{l}{c-v} - \frac{l}{c+v} = \frac{2lv}{c^2 - v^2} \tag{5-28}$$

因为流速远小于声速,即 $c^2 >> v^2$
所以

$$\Delta t = \frac{2lv}{c^2} \tag{5-29}$$

(2)相差法。如发送器发出的是连续正弦波,则上、下游接收到的波的相位差为

$$\Delta \phi \approx \omega \Delta t = \frac{2\omega Lv}{c^2} \tag{5-30}$$

但流体的声速 c 随温度而变化,因此造成误差,须采用流体温度补偿装置。

(3)频差法。频差法可消除声速的影响。

$$\Delta f \approx \frac{c+v}{L} - \frac{c-v}{L} = \frac{2v}{L} \tag{5-31}$$

由图 5-16(a)所示,实际应用中超声波探头安装在管道之外,超声波通路与管道轴线成一定的夹角 θ,故频差为

$$\Delta f \approx f_2 - f_1 = \frac{\sin2\theta}{D}\left(1 + \frac{\tau c}{D}\sin\theta\right)^{-2} v_D \tag{5-32}$$

Δf 与管道直径的平均速度 v_D 有关,流量与管道截面的平均速度 v 有关,二者有系数的差别。

$$q_v = \frac{\pi}{4}D^2 v = \frac{\pi}{4k}D^2 v_D = \left[\frac{1}{k}\left(\frac{\pi}{4}\right)\frac{D(D+\tau c\sin\theta)^2}{\sin2\theta}\right]\Delta f \tag{5-33}$$

式中:k——流量修正系数;

τ ——延时时间;

c ——声速。

2. 超声波流量计的构造

超声波流量计结构如图 5-16(b)所示。每个超声波流量计至少有一对换能器,即发射换能器和接收换能器超声波发射换能器将电能转换为超声波能量,并将其发射到被测流体中,接收器接收到的超声波信号,经电子线路放大并转换为代表流量的电信号,这样就实现了流量的检测和显示。

超声波流量计常用压电换能器。它利用压电材料的压电效应,采用适当的发射电路把电能加到发射换能器的压电元件上,使其产生超声波振动。超声波以某一角度射入流体中传播,然后由接收换能器接收,并经压电元件变为电能,以便检测。发射换能器利用压电元件的逆压电效应,而接收换能器则是利用压电元件的压电效应。

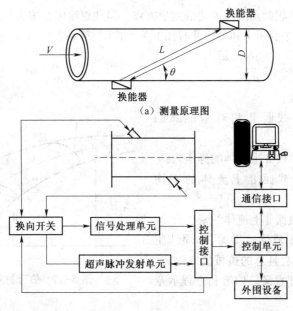

(a)测量原理图

(b)电路原理图

图 5-16 超声波流量计

3. 超声波流量计的特点

(1)优点。超声波流量计属于非接触式仪表,适于测量不易接触和观察的流体以及大管径

流量。它与水位计联动可进行敞开水流的流量测量。使用超声波流量计不用在流体中安装测量元件,故不会改变流体的流动状态,不产生附加阻力,仪表的安装及检修均可不影响生产管线运行,因而是一种理想的节能型流量计。

另外,超声测量仪表的流量测量准确度几乎不受被测流体温度、压力、黏度、密度等参数的影响,又可制成非接触及便携式测量仪表,故可解决其他类型仪表所难以测量的强腐蚀性、非导电性、放射性及易燃易爆介质的流量测量问题。另外,鉴于非接触测量的特点,再配以合理的电子线路,一台仪表可适应多种管径测量和多种流量范围测量。超声波流量计的适应能力也是其他仪表不可比拟的。

(2)缺点。超声波流量计目前所存在的缺点主要是可测流体的温度范围受超声波换能器及换能器与管道之间的耦合材料耐温程度的限制,以及高温下被测流体传声速度的原始数据不全。目前我国只能用于测量 200 ℃以下的流体。另外,超声波流量计的测量线路比一般流量计复杂。

5.4　差压式流量计

差压式测量方法是流量或流速测量方法中使用历史最久和应用最广泛的一种。它们的共同原理是伯努利定律,即通过测量流体流动过程中产生的差压来测量流速或流量。这种差压可能是由于流体滞止造成的,也可能是由于流体流通截面改变引起流速变化造成的。属于这种测量方法的流量计有毕托管、均速管、节流式流量计、转子流量计等。

5.4.1　两个流动的基本方程

1. 伯努利方程

流体流动伯努利方程就是流体流动的能量方程。当理想流体在重力作用下在管内定常流动时,对于管道中任意两个截面Ⅰ和截面Ⅱ有如下关系式(伯努利方程):

$$gZ_1 + \frac{p_1}{\rho_1} + \frac{\bar{u}_1^2}{2} = gZ_2 + \frac{p_2}{\rho_2} + \frac{\bar{u}_2^2}{2} \qquad (5-34)$$

式中:g——重力加速度;

Z_1, Z_2——截面Ⅰ和截面Ⅱ相对基准线的高度;

p_1, p_2——截面Ⅰ和截面Ⅱ上流体的静压力;

$\bar{u}_1 . \bar{u}_2$——截面Ⅰ和截面Ⅱ上流体的平均流速;

ρ_1, ρ_2——截面Ⅰ和截面Ⅱ上流体的密度。

伯努利方程说明了流体运动时,不同性质的机械能可以相互转换,且总的机械能守恒,这就是伯努利方程的物理意义。伯努利方程示意图如图 5-17 所示。

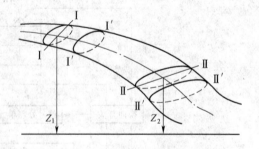

图 5-17　伯努利方程示意图

2. 流体流动的连续性方程

任取一管段,设截面Ⅰ、截面Ⅱ处的面积 A_1, A_2、流体密度 ρ_1, ρ_2、截面上流体的平均流速分别为 $\bar{u}_1$、$\bar{u}_2$(见图 5-18),则

$$\rho_1 \bar{u}_1 A_1 = \rho_2 \bar{u}_2 A_2 \qquad (5-35)$$

5.4.2 节流式流量计

节流式流量计是一种典型的差压式流量计,是目前工业生产中用来测量气体、液体和蒸气流量的最常用的一种流量仪表。据调查统计,在炼钢厂、炼油厂等工业生产系统中所使用的流量计有 70%~80%是节流式流量计。

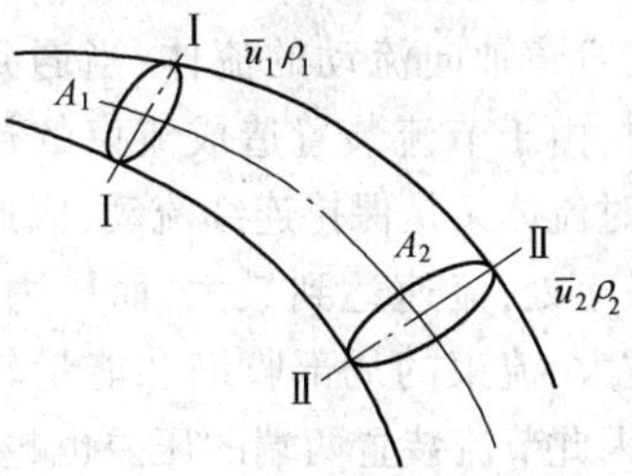

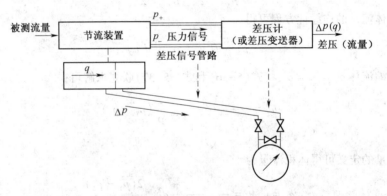

图 5-18 流体流动的连续性方程示意图

1. 基本原理

节流式流量计流体流过孔板、喷嘴或文丘里管等节流元件时,将产生局部收缩,其流速增加,静压降低,在节流元件前后产生静压差,测出这个压差就可以算出流量。流体流量愈大,产生的压差愈大,这样可依据压差来衡量流量的大小。这种测量方法是以流动连续性方程(质量守恒定律)和伯努利方程(能量守恒定律)为基础的。压差的大小不仅与流量还与其他许多因素有关,例如,当节流装置形式或管道内流体的物理性质(密度、黏度)不同时,在同样大小的流量下产生的压差也是不同的。

2. 基本组成

节流式流量计通常由能将流体流量转换成差压信号的节流装置,传输差压信号的管路及测量差压并显示流量的差压计组成,如图 5-19 所示。安装在流通管道中的节流装置又称"一次装置",它包括节流件、取压装置和前后直管段。显示装置又称"二次装置",它包括差压信号管路及测量中所需的仪表。

图 5-19 节流式流量计组成框图

节流式流量计有标准化和非标准化两类。无论哪一类,它们都是非通用仪表,即安装在生产过程中使用的节流式流量计仅适用于该地的情况和工况。因此节流式流量计是根据要求具体设计、安装、使用的。标准节流装置在火电生产过程中是很重要的一类流量仪表。

标准节流装置的设计计算,要严格遵循标准节流装置设计、安装和使用的国家"标准"或国际"标准"。按"标准"进行设计、安装、使用的标准节流装置,其流量与差压的关系按理论公式标定,并有统一的基本误差、计算方法,一般不需要进行实验标定或比对。

非标准节流装置多用于脏污介质、高黏度、低雷诺数、非圆管道截面、超大及过小管径等流量测量。它们的测量原理与计算方法与标准节流装置相同,所不同的是非标准节流装置没有统一标准化的数据、资料,没有统一的误差计算方法等。

3. 流量公式

沿管道轴向流动的流体，当遇到节流装置时，由于节流装置造成流束的局部收缩，同时流体又是保持连续流动，因此在截面积最小处，流速达到最大，而压力最小。流量越大，流束的局部收缩和能量转换越显著，因此节流装置两端的压差也越大，如图 5-20 所示。

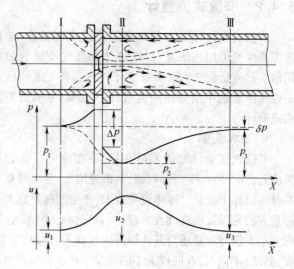

选定两个截面，截面 Ⅰ 是节流装置前流体未受节流装置影响，流速充满管道，直径为 D，流体压力为 p_1，平均流速为 u_1，流体密度为 ρ_1；截面 Ⅱ 是流束经过节流装置后收缩最厉害的流束截面，直径为 d，流体压力为 p_2，平均流速为 u_2，流体密度为 ρ_2。

图 5-20　孔板附近的流速和压力分布

节流元件前后差压与流量之间的关系，即节流式流量计的流量方程可由伯努利方程和流体流动的连续性方程推出。设管道水平放置，对于截面 Ⅰ、截面 Ⅱ，由于 $Z_1 = Z_2$，由伯努利方程得

$$\frac{p_1}{\rho_1} + \frac{u_1^2}{2} = \frac{p_2}{\rho_2} + \frac{u_2^2}{2} \tag{5-36}$$

根据流体流动的连续性方程可得

$$\rho_1 \frac{\pi}{4} D^2 u_1 = \rho_2 \frac{\pi}{4} d^2 u_2 \tag{5-37}$$

不可压缩流体 $\rho_1 = \rho_2 = \rho$，将式（5-36）和式（5-37）联立求解可得

$$u_2 = \frac{1}{\sqrt{1 - \left(\dfrac{d}{D}\right)^4}} \sqrt{\frac{2}{\rho}(p_1 - p_2)} \tag{5-38}$$

根据流量的定义可得体积流量为

$$q_v = u_2 A_2 = \frac{1}{\sqrt{1 - \beta^4}} \frac{\pi}{4} d^2 \sqrt{\frac{2(p_1 - p_2)}{\rho}} \tag{5-39}$$

式中：β——节流体的直径比，$\beta = \dfrac{d}{D}$。

质量流量为

$$q_m = \rho u_2 A_2 = \frac{1}{\sqrt{1 - \beta^4}} \frac{\pi}{4} d^2 \sqrt{2\rho(p_1 - p_2)} \tag{5-40}$$

式中：A_2——截面 Ⅱ 上流束的截面积。

在推导式（5-39）、式（5-40）时，未考虑损失压力 δp，且截面 Ⅱ 的位置是变化的，流束收缩后的最小截面直径难以确定，在实际使用节流装置流量公式时，以节流元件的开孔直径 d 来代替流束收缩后的最小截面直径。$(p_1 - p_2)$ 是理论差压，不易测量，以实际采用的某种取压方式所得到的压差 Δp 来代替 $(p_1 - p_2)$ 的值；同时引入流出系数 C 对式（5-39）、式（5-40）进行修正，得到实

际的流量公式为

$$q_v = \frac{C}{\sqrt{1-\beta^4}} \frac{\pi}{4} d^2 \sqrt{\frac{2\Delta p}{\rho}} = \alpha A \sqrt{\frac{2\Delta p}{\rho}} \tag{5-41}$$

$$q_m = \frac{C}{\sqrt{1-\beta^4}} \frac{\pi}{4} d^2 \sqrt{2\rho\Delta p} = \alpha A \sqrt{2\rho\Delta p} \tag{5-42}$$

式中,流出系数 $\alpha = \dfrac{C}{\sqrt{1-\beta^4}}$。

对可压缩流体,将式(5-41)、式(5-42)中 ρ 使用节流前的流体密度 ρ_1 替代,将可压缩流体对流量的影响用流速膨胀系数 ε 来修正(不可压缩流体 $\varepsilon = 1$)。

故流量公式可统一写为

$$q_m = \frac{C}{\sqrt{1-\beta^4}} \varepsilon \frac{\pi}{4} d^2 \sqrt{2\rho_1\Delta p} = \frac{C}{\sqrt{1-\beta^4}} \varepsilon \frac{\pi}{4} \beta^2 D^2 \sqrt{2\rho_1\Delta p} \tag{5-43}$$

$$q_v = \frac{C}{\sqrt{1-\beta^4}} \varepsilon \frac{\pi}{4} d^2 \sqrt{\frac{2}{\rho_1}\Delta p} = \frac{C}{\sqrt{1-\beta^4}} \varepsilon \frac{\pi}{4} \beta^2 D^2 \sqrt{\frac{2}{\rho_1}\Delta p} \tag{5-44}$$

ε 是对流体通过节流件时密度发生变化而引起的流出系数变化的修正,它的误差由两部分组成:其一为常用流量下 ε 的误差,即标准确定值的误差;其二为由于流量变化,ε 值将随之波动带来的误差。一般在低静压高差压情况,ε 值有不可忽略的误差。当 $\Delta p/p \leqslant 0.04$ 时,ε 的误差可忽略不计。

4. 标准节流装置

常用的节流元件有孔板、喷嘴、文丘里管,如图5-21所示。它们的结构形式、相对尺寸、技术要求、管道条件和安装要求等均已标准化,故又称标准节流元件。

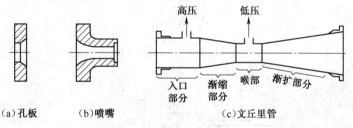

图 5-21 常用的节流元件

(1)标准孔板。标准孔板又称同心直角边缘孔板,其轴向截面如图5-22所示。孔板是一块加工成圆形同心的具有锐利直角边缘的薄板。孔板开孔的上游侧边缘应是锐利的直角。

(2)标准喷嘴。标准喷嘴有两种结构形式:ISA 1932 喷嘴和长径喷嘴。

①ISA 1932 喷嘴(见图5-23)上游面由垂直于轴的平面、廓形为圆周的两段弧线所确定的收缩段、圆筒形喉部和凹槽组成的喷嘴。ISA 1932 喷嘴的取压方式仅角接取压一种。

②长径喷嘴轴向截面如图5-24所示,上游面由垂直于轴的平面、廓形为1/4 椭圆的收缩段、圆筒形喉部和可能有的凹槽或斜角组成的喷嘴。长径喷嘴的取压方式仅径距取压一种。

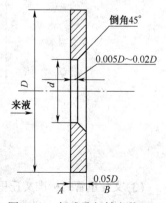

图 5-22 标准孔板轴向截面

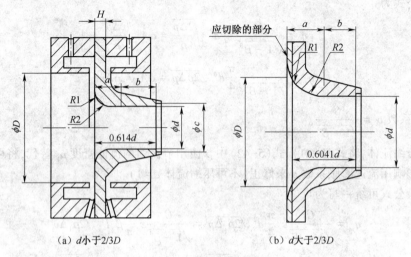

（a）d小于2/3D （b）d大于2/3D

图 5-23 标准喷嘴轴向截面

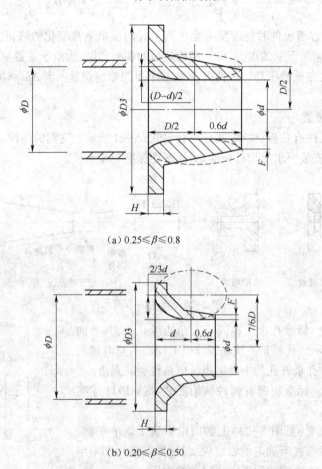

（a）0.25≤β≤0.8

（b）0.20≤β≤0.50

图 5-24 长径喷嘴轴向截面

（3）文丘里管。标准文丘里管分两种形式：一种为经典文丘里管，另一种为文丘里喷嘴。

①经典文丘里管。经典文丘里管由入口圆筒段 A、圆锥收缩段 B、圆筒形喉部 C 和圆锥扩散

段 E 组成,如图5-25所示。根据不同的加工方法,有以下结构形式:

　a. 具有粗铸收缩段的;

　b. 具有机械加工收缩段的;

　c. 具有铁板焊接收缩段的。

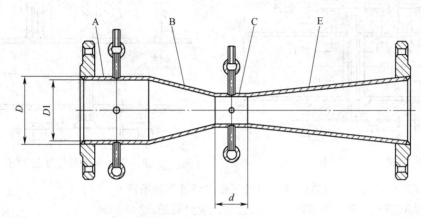

图5-25　经典文丘里管

②文丘里喷嘴,如图5-26所示。

5. 取压方式

节流式流量计的输出信号就是节流件前后取出的差压信号。目前国内常用的三种取压方式:角接取压、法兰取压及径距取压(又称 D-$D/2$ 取压)。

(1)角接取压。角接取压装置有环室取压和单独钻孔取压两种。环室取压的前后环室在节流件的两边;单独钻孔取压可以钻在法兰上,也可以钻在法兰之间的夹紧环上,如图5-27所示。

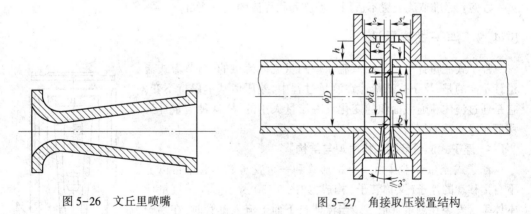

图5-26　文丘里喷嘴　　　　图5-27　角接取压装置结构

(2)法兰取压。上、下游侧取压孔的轴线至孔板上、下游侧端面之间的距离均为 (25.4 ± 1) mm。取压孔开在孔板上、下游侧的法兰上,如图5-28所示。

(3)径距取压(D-$D/2$)。上游侧取压孔的轴线至孔板上游端面的距离为 $(1\pm0.1)D$,下游侧取压孔的轴线至孔极下游端面的距离为 $0.5D$,如图5-29所示。

6. 标准节流装置适用的流体条件

标准节流装置适用于测量圆形截面管道中的单相、均质流体,即可压缩的(气体)或认为不可压缩的(液体)牛顿流体。同时,要求流体充满管道;流体流动是稳定的或随时间缓变的;流体不可以是脉动流和旋转流,流束与管道轴线平行;流体流经节流件前流动应达到充分紊流,在节流件前后一定距离内不发生相变或析出杂质;流速小于音速。

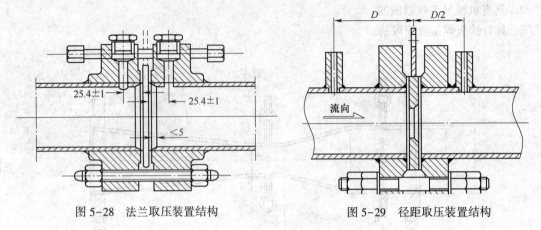

图 5-28　法兰取压装置结构　　　　　图 5-29　径距取压装置结构

使用标准节流装置时,流体的性质和状态必须满足下列条件:

(1)流体必须充满管道和节流装置,并连续地流经管道。

(2)流体必须是牛顿流体,即在物理上和热力学上是均匀的、单相的,或者可以认为是单相的,包括混合气体,溶液和分散性粒子小于 0.1 m 的胶体,在气体中有不大于 2%(质量成分)均匀分散的固体微粒,或液体中有不大于 5%(体积成分)均匀分散的气泡,也可认为是单相流体。但其密度应取平均密度。

(3)流体流经节流件时不发生相交。

(4)流体流量不随时间变化或变化非常缓慢。

(5)流体在流经节流件前,流束是平行于管道轴线的无旋流。

注意:标准节流装置不适用于动流和临界流的流量测量。

5.4.3　浮子式流量计

浮子式流量计也是利用节流原理测量流体流量的,与节流式流量计不同的是,浮子式流量计在测量过程中,差压值基本保持不变,它是通过流体流通截面积的变化反映流量大小的,故这种流量计又称恒压降变截面流量计。

1. 浮子式流量计的工作原理与结构

浮子式流量计本体由一个锥形管和一个置于锥形管中可以上下自由移动的浮子(又称转子)构成,如图 5-30 所示。浮子流量计本体垂直安装在测量管道上。当流体自下而上流入锥管时,在浮子上、下游之间产生压力差,浮子在压力差的作用下上升,此时作用在浮子上的力有三个:流体作用在浮子上的动压力、浮子在流体中的浮力、浮子的重力。

当这些力平衡时,浮子就浮在锥管内某一位置上。对于给定的浮子流量计,浮子在流体中的浮力和自身重力都是已知的,唯有流体对浮子的动压力是随来流大小而变化的。因此当来流变大或变小时,浮子将在其平衡位置上,做向上或向下的移动;当来流重新恒

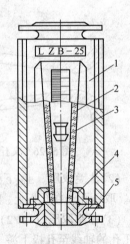

图 5-30　转子流量计
1—罩壳;2—锥管;3—浮子;
4—密封填料;5—连接法兰

定时,浮子就在新的位置上稳定。对于一台给定的浮子流量计,浮子在锥管中的位置与流体流经锥管的流量的大小成一一对应关系。因此在仪表结构、流体一定的情况下,浮子悬浮的高度就代表了被测流量。这就是浮子流量计的工作原理。

浮子处于锥管中,相当于流通面积 A_0 可变的节流件。根据节流原理,流体流经节流件(浮子)前后所产生的差压与体积流量的关系为

$$q_v = A_0 \alpha \sqrt{\frac{2}{\rho} \Delta p} \tag{5-45}$$

式中: α ——浮子流量计的流量系数,大小与浮子的形状、尺寸,流体的流动状态等因素有关;

ρ ——流体密度。

根据浮子在锥管中的受力平衡条件,可以得到平衡公式。

转子承受的压力差=转子重力-转子受到的浮力,即

$$(p_1 - p_2)A_f = V_f \rho_f g - V_f \rho g$$

$$p_1 - p_2 = \frac{V_f \rho_f g - V_f \rho g}{A_f} \tag{5-46}$$

式中:$(p_1 - p_2)$——转子下端与上端的压力差;

A_f——转子最大部分的截面;

V_f——浮子的体积;

ρ_f——浮子密度;

ρ——流体密度;

g——重力加速度。

$$q_v = \alpha C H \sqrt{\frac{2g V_f}{A_f}} \sqrt{\frac{\rho_f - \rho}{\rho}} \tag{5-47}$$

式中:C——与圆锥管锥度有关的比例系数;

H——浮子的高度。

式(5-47)可作为按浮子高度来刻度流体流量的基本公式。

2. 刻度的修正

浮子流量计上的刻度,是在出厂前用某种流体进行标定的。一般液体流量计用 20 ℃的水(密度为 1 000 kg/m³)标定,而气体流量计则用 20 ℃和 101.3 kPa 下的空气(密度为 1.2 kg/m³)标定。当被测流体与上述条件不符时,应进行刻度换算。

(1)被测流体密度变化时

$$q_v = q_v' \sqrt{\frac{(\rho_f - \rho)\rho_0}{(\rho_f - \rho_0)\rho}} \tag{5-48}$$

式中:q_v——体积流量的准确值;

q_v'——仪表体积流量的读数;

ρ_0——仪表分度时的流体密度;

ρ——仪表使用时的流体密度;

ρ_f——仪表分度时的转子材料密度。

(2)所需量程不同时

$$q_v = q_v' \sqrt{\frac{(\rho_f' - \rho)}{(\rho_f - \rho)}} \tag{5-49}$$

式中：q_v——仪表上改量程后新的体积流量的刻度数；

　　　q'_v——仪表上原来的体积流量的刻度数；

　　　ρ'_f——仪表改量程后的转子材料密度。

3. 浮子流量计的特点

浮子流量计的优点是读数方便，流动阻力很小，测量范围宽，测量精度较高，对不同的流体适用性广。缺点是玻璃管不能经受高温和高压，在安装使用过程中玻璃容易破碎。

5.5　质量流量计

质量流量计通常可分为两大类：直接式质量流量计和间接式（推导式）质量流量计。直接式质量流量计直接输出与质量流量相对应的信号，反映质量流量的大小。间接式质量流量计采用密度或温度、压力补偿的方法，即在测量体积流量的同时，测量流体的密度，或者测量流体的温度、压力值，按一定的数学模型自动换算出相应的密度值，再将密度值与体积流量值相乘即可求得质量流量。

5.5.1　科里奥利质量流量计

流体在旋转的管内流动时会对管壁产生一个力，它是科里奥利在 1832 年研究水轮机时发现的，简称科氏力。然而通过旋转运动产生科里奥利力是困难的，目前产品均以振动代替旋转运动。初期开发的产品是单管式，因易受外界振动干扰影响，后期开发则多趋向于双管式。

科里奥利质量流量计（Coriolis mass flowmeter，CMF）是利用流体在直线运动的同时处于一旋转系中，产生与质量流量成正比的科里奥利力原理制成的一种直接式质量流量仪表。

1. 科里奥利质量流量计的原理和结构

如图 5-31 所示，在流量计内部有两根平行的 U 形测量管，中部装有驱动器，两端装有拾振线圈，变送器提供的激励电压加到驱动线圈上时，弯管做往复周期振动。

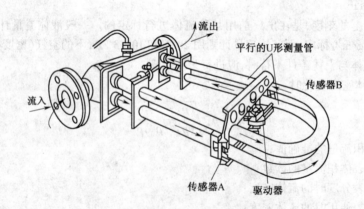

图 5-31　科里奥利质量流量计的基本结构

工业过程的流体介质流经振动的弯管，就会在振动的弯管上产生科氏力效应，使两根振动的弯管发生扭转，安装在振动的弯管两端的拾振线圈将产生相位不同的两组信号，这两组信号差与流经传感器的流体质量流量成比例关系。

图 5-31 中,当质量为 m 的质点在旋转参考系中以速度 u 运动时,质点受到一个力的作用,即

$$F_k = 2m\omega u \tag{5-50}$$

式中:F_k ——科氏力;

    ω ——旋转角速度。

由于同一 U 形管道上进出口的两根平行直管内流体流动的方向相反,使 U 形管两直管段受到的作用力相反,产生力矩。如果 U 形管两平行直管段结构是对称的,则直管上长为 dy 的微元所受力矩为

$$dM_c = 2r dF_k = 4ru\omega dm \tag{5-51}$$

式中:dF_k ——微元 dy 所受科氏力;

    dm ——dy 管内流体质量;

    u ——dy 管内流体流速,$u = dy/dt$。

式(5-51)还可以写成

$$dM_c = 4r\left(\frac{dy}{dt}\right)\omega dm = 4r\omega q_m dy \tag{5-52}$$

式中:$q_m = \dfrac{dm}{dt}$。

式(5-52)两端积分得

$$M_c = \int dM_c = \int 4r\omega q_m dy = 4r\omega q_m L \tag{5-53}$$

设在扭矩 M_c 作用下,U 形测量管产生的扭角为 θ ,

$$M_c = K_s \theta \tag{5-54}$$

式中:K_s ——U 形测量管扭转变形弹性系数。

由式(5-53)和式(5-54)得出

$$q_m = \frac{K_s \theta}{4r\omega L} \tag{5-55}$$

可见,质量流量与扭角 θ 成正比。

如果 U 形测量管端在振动中心位置时,垂直方向的速度为 u_p($u_p = L\omega$),则 U 形测量管两根直管段 A,B 先后通过振动中心平面的时间差为

$$\Delta t = \frac{2r\theta}{u_p} = \frac{2r\theta}{L\omega} \tag{5-56}$$

将式(5-56)中 θ 代入式(5-55)得

$$q_m = \frac{K_s \theta}{4r\omega L} = \frac{K_s}{8r^2}\Delta t \tag{5-57}$$

因此,直接或间接测量在旋转管道中流动流体产生的科里奥利力就可以测得质量流量,这就是科里奥利质量流量计的基本原理。

2. 科里奥利质量流量计的特点

(1)优点。科里奥利质量流量计可直接测量质量流量,有很高的测量精确度;可测量流体范围广泛,包括高黏度的各种液体、含有固形物的浆液、含有微量气体的液体、有足够密度的中高压气体。U 形测量管的振动幅度小,可视作非活动件,测量管路内无阻碍件和活动件。流量计对上

游侧的流速分布不敏感,因而无上下游直管段要求。测量值对流体黏度不敏感,流体密度变化对测量值的影响微小。可做多参数测量,如同期测量密度,并由此派生出测量溶液中溶质所含的浓度。

(2)缺点。科里奥利质量流量计零点不稳定形成零点漂移,影响其精确度的进一步提高,使得许多型号仪表只得采用将总误差分为基本误差和零点不稳定度量两部分。科里奥利质量流量计不能用于测量低密度介质和低压气体;液体中含气量超过某一限制(按型号而异)会显著影响测量值。科里奥利质量流量计对外界振动干扰较为敏感,为防止管道振动影响,大部分型号科里奥利质量流量计的流量传感器安装固定要求较高。不能用于较大管径,目前尚局限于 150 mm(200 mm)以下。测量管内壁磨损腐蚀或沉积结垢会影响测量精确度,尤其对薄壁管测量管的科里奥利质量流量计更为显著。

压力损失较大,与容积式仪表相当,有些型号科里奥利质量流量计甚至比容积式仪表大100%。大部分型号科里奥利质量流量计质量和体积较大、价格昂贵。国外价格 5 000~10 000 美元一套,为同口径电磁流量计的 2 ~5 倍;国内价格为同口径电磁流量计的 2~8 倍。

5.5.2　热式质量流量计

热式质量流量计(Thermmal Mass Flowmeter,TMF)是利用传热原理,即流动中的流体与热源(流体中加热的物体或测量管外加热体)之间热量交换关系来测量流量的仪表,过去习称量热式流量计。当前主要用于测量气体。

热式质量流量计中被测流体的质量流量可表示为

$$q_m = \frac{P}{c_p \Delta T} \tag{5-58}$$

式中:P——加热器的功率;

c_p——被测流体的定压比热;

ΔT——加热器前后的温差。

若采用恒定功率法,测量温差 ΔT 可以求得质量流量;若采用恒定温差法,则测量出热量的输入功率 P 就可以求得质量流量。

5.6　流量传感器工程应用实例

5.6.1　电磁流量计在污水处理中的应用

根据污水具有流量变化大、含杂质、腐蚀性小、有一定的导电能力等特性,测量污水的流量可选择电磁流量计。它结构紧凑、体积小,安装、操作、维护方便,如测量系统采用智能化设计,整体密封加强,能在较恶劣的环境下正常工作。选用电磁流量计,可满足污水流量测量的要求。

某冶炼厂在生产中,由于生产工艺的需要,会产生大量的工业污水,污水处理分厂必须对污水的流量进行监控。在以往的设计中,流量仪表不少都选用漩涡流量计和孔板流量计。而实际应用中发现测量的流量显示值与实际流量偏差较大,而改用电磁流量计偏差大大减小。

污水电磁流量计安装示意图如图 5-32 所示。

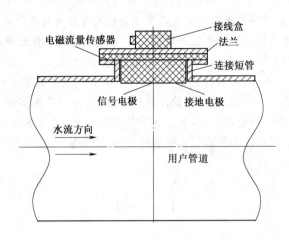

图 5-32 污水电磁流量计安装示意图

5.6.2 超声波流量计在煤气计量中的应用

在工业生产中,经常需要精确计量和控制液体的流速和流量。焦炉煤气由于冷却、净化等原因,总是含有一定的杂质,高炉煤气也含有较多的杂质。寻找适合于各类煤气的计量仪表始终是困扰企业的技术难题。随着现代化生产技术的发展和自动化管理水平的提高,企业对气体测量要求越来越高。

为了煤气的综合利用,经过多年论证实践,煤气流量测量中采用了超声波流量计,取得了较好的效果。

测量信号通过变送器传至积算仪,进行补偿运算,如图 5-33 所示。

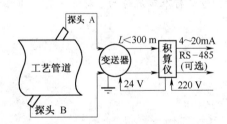

图 5-33 超声波流量计在煤气计量中的应用示意图

超声波流量计的测量管路内无可动部件或突出于管路内部的部件,因此不但压力损失小,而且不存在堵塞管路的现象。所采用的 WZ-2188 型超声波气体流量计,应用于煤气方面的计量,提高了煤气能源计量的精度,测量精度可达±0.5%。

小　结

本章介绍了流量测量仪表的分类,容积式流量计、速度式流量计、差压式流量计、质量流量计的原理及应用。

容积式流量计相当于一个标准容积的容器,它接连不断地对流动介质进行度量。流量越大,度量的次数越多,输出的频率越高。速度式流量计是以测量在管道内的流动速度作为测量依据的流量仪表。差压式测量方法是流量或流速测量方法中使用历史最久和应用最广泛的一种。它的原理是伯努利定律,即通过测量流体流动过程中产生的差压来测量流速或流量。质量流量计通常可分为两大类:直接式质量流量计和间接式(推导式)质量流量计。直接式质量流量计直接输出与质量流量相对应的信号,反映质量流量的大小。间接式质量流量计采用密度或温度、压力补偿的方法,即在测量体积流量的同时,测量流体的密度,或者测量流体的温度、压力值,按一定的数学模型自动换算出相应的密度值,再将密度值与体积流量值相乘即可求得质量流量。

通过本章的学习,读者可以掌握容积式流量计、速度式流量计、差压式流量计、质量流量计的原理及应用,能够进行流量检测。

习　题

5.1　简述常见流量计的分类及特点。

5.2　简述容积式流量计误差产生的原因。

5.3　说明涡街流量计和涡轮流量计测量原理的异同。

5.4　涡轮流量计的仪表常数的含义是什么? 仪表常数的大小与哪些因素有关?

5.5　说明涡街流量计的测量原理,常见的漩涡发生体有哪几种?

5.6　说明转子流量计的工作原理。

5.7　说明超声波流量计的工作原理以及它适合哪类流体的测量。

5.8　在超声波流量计中除了使用时差法之外,常用的另外一种方法是什么? 它和时差法相比有什么优点?

5.9　说明电磁流量计的工作原理。它对被测流体的要求。

5.10　为什么科里奥利质量流量计可以测量质量流量?

5.11　举出两种用于流量测量的标准节流件的名称和三种取压方式的名称。

第6章 物位、厚度传感器

本章要点：

➤ 物位传感器的分类；

➤ 物位传感器的工作原理；

➤ 厚度传感器的分类；

➤ 厚度传感器的工作原理；

➤ 生产生活中的物位、厚度传感器应用实例。

学习目标：

➤ 掌握物位传感器、厚度传感器的工作原理及应用。

建议学时：4 学时。

引　言

在生产过程中，常需要对生产物料（固体物料：包括块料、颗粒和粉料等；液体物料）的体积或在容器内的相对高度进行测量，即物位测量。物位测量的目的在于确定容器或设备中储存物的体积或质量。它是物料消耗和产量的参考参数，也是连续生产和设备安全的重要参数。物位测量的目的是测知容器中物料的存储量，以便对物料进行监控，保证生产顺利和安全。

例如，工业锅炉汽包水位的测量与控制是保证锅炉安全的必要因素。若锅炉汽包水位太高，则容易使蒸汽带液增加、蒸汽品质变坏，长时间还会导致过热结垢，对锅炉的安全造成极大的隐患。

6.1　物位检测方法

物位是液位、料位和界位的统称。液体介质液面的高低称为液位；固体颗粒或粉末状物质的堆积高度称为料位；两种密度不同且互不相溶液体间或液体与固体的分界面称为界位。

测量液位、界位或料位的仪表称为物位计。为了满足生产过程中各种不同条件和要求的物位测量，物位计的种类很多，测量方法也各有不同。

常用的物位检测方法及仪表见表 6-1。

表 6-1　常用的物位检测方法及仪表

分类法	类　型	检 测 原 理	典型检测仪表
测量目的	连续式	连续测量物位变化	超声波、雷达、电容和静压（差压）式
	开关式（物位开关）	以点测为目的	浮球式、音叉式、电容式、射频导纳式、超声波式、阻旋式

分类法	类　型	检　测　原　理	典型检测仪表
测量对象	液位计	测量容器内液体表面高度	玻璃管式、称重式、浮力式、静压式、射频导纳式、磁致伸缩式、磁浮子式、电阻式、超声波式、放射线式、激光式、微波式、振弦式、光纤式、雷达液位计
	界位计	测量不同介质之间界面位置	浮力式、磁浮子式、差压式、电极式、核辐射式、超声波式、射频导纳式、磁致伸缩式
	料位计	测量容器内固体表面高度	重锤探测式、音叉式、射频导纳式、超声波式、激光式、放射式、雷达料位计
工作原理	直读式	由容器上的窗户观察料位；用与容器连通的玻璃管（板）显示液位	玻璃管（板）式
	静压式　压力式	采用半导体膜盒，利用金属片承受液体压力，通过封入的硅油导压传递给半导体应变片	压力式液位计
	静压式　差压式	容器内的液位改变时，液柱产生的静压也相应变化	差压式液位计
	浮力式　恒浮力式液体计	浮子本身的重力和所受的浮力均为定值，浮子始终漂浮在液面上，随液面变化而变化	浮球、浮标式
	浮力式　变浮力式液位计	沉浸在液体中的浮筒，随液位变化产生浮力变化，推动气动或电动元件，发信号给显示仪表，指示被测液面	浮筒式、伺服式液位计
	电学式	两个导体电极（通常把容器壁作为一个电极），由于电极间是气体、流体或固体而导致静电容的变化，敏感物位	电容式、射频导纳式
	声学式	向液面或粉体表面发射超声波，被反射后，传感器再接收反射波。声速一定，根据声波往返的时间计算出传感器到液面（粉体表面）距离，即测量出液面（粉体表面）位置	超声波式物位传感器
	光学式	工作原理与超声波物位传感器相同，只是把超声波换成光波	激光式物位传感器
	核辐射式	利用物体对放射性同位素射线的吸收作用来检测物位	γ 射线料位计
	其他形式	多相界面的测量	

6.2　差压式液位计

差压式液位计是利用容器内液位改变时，液柱产生的静压力也相应变化的原理工作的。

6.2.1　差压式液位计的工作原理

差压式液位计(简称"差压计")根据液柱静压力与液柱高度成正比的原理实现,称为静压法。差压式液位计测量原理如图6-1所示。

当差压计一端接液相,另一端接气相时,由流体静力学原理,有

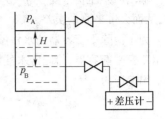

$$p_B = p_A + H\rho g \tag{6-1}$$

式中:H——液位高度;

　ρ——被测介质密度;

　g——被测当地的重力加速度。

由式(6-1)可得

图6-1　差压式液位计测量原理

$$\Delta p = p_B - p_A = H\rho g \tag{6-2}$$

一般被测介质的密度和重力加速度是已知的,差压计测得的差压与液位高度 H 成正比,从而把测量液位高度的问题变成了测量差压的问题。另外,压力仪表实际指示的压力是液面至压力仪表入口的静压力。

6.2.2　液位差压转换装置

下面以水位测量为例,介绍液位差压转换装置的工作原理。

水位-差压转换装置又称平衡容器,形成恒定的水静压力,输出与被测水位之间的水静压力之差,其结构形式如图6-2所示。图6-2(a)为简单单室平衡容器,图6-2(b)为双室平衡容器。

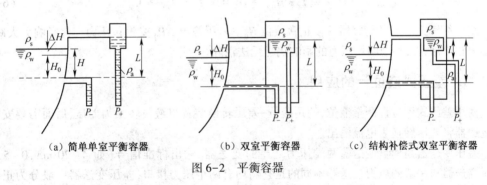

(a) 简单单室平衡容器　　　(b) 双室平衡容器　　　(c) 结构补偿式双室平衡容器

图6-2　平衡容器

按照流体静力学原理,图6-2(a)中所示简单单室平衡容器输出的差压为

$$\begin{aligned}
\Delta p &= P_+ - P_- \\
&= L\rho_a g - (H_0 + \Delta H)\rho_w g - (L - H_0 - \Delta H)\rho_s g \\
&= L(\rho_a - \rho_s)g - H_0(\rho_w - \rho_s)g - (\rho_w - \rho_s)g\Delta H
\end{aligned} \tag{6-3}$$

$$\delta_{\Delta p} = L(\Delta\rho_a - \Delta\rho_s)g - H_0(\Delta\rho_w - \Delta\rho_s)g - (\Delta\rho_w - \Delta\rho_s)g\Delta H \tag{6-4}$$

式中:ρ_s——密闭容器里气体密度;

　ρ_w——密闭容器中液体密度;

　ρ_a——平衡容器中液体密度;

　H_0——密闭容器的理想液位;

ΔH——密闭容器的液位偏离理想液位的值，$\Delta H = H - H_0$；

　　L——平衡容器中液体液位。

输出的差压信号受 ρ_s、ρ_a、ρ_w 变化的影响，而 ρ_s、ρ_a、ρ_w 受容器内压力和平衡容器的水柱温度影响，从而会带来测量误差。

为了消除平衡容器的水柱温度与容器内液体温度不同带来的测量误差，采用如图 6-2（b）所示双室平衡容器，给固定水柱增装了蒸汽保温室，使固定水柱温度达到了汽包内的汽水温度，其输出差压为

$$\Delta p = P_+ - P_-$$
$$= L\rho_w g - (H_0 + \Delta H)\rho_w g - (L - H_0 - \Delta H)\rho_s g$$
$$= (L - H_0 - \Delta H)(\rho_w - \rho_s)g \tag{6-5}$$
$$\delta_{\Delta p} = (L - H_0 - \Delta H)(\Delta \rho_w - \Delta \rho_s)g \tag{6-6}$$

输出的差压信号不受 ρ_a 的影响，消除固定水柱非饱和状态时温度的影响，实现了温度补偿。

但是输出的差压信号仍受 ρ_s、ρ_w 变化的影响，而 ρ_s、ρ_w 受容器内压力的影响，从而会带来测量误差。

为了消除双室平衡容器内压力影响带来的误差，设计了结构补偿式双室平衡容器，如图 6-2（c）所示，其输出差压为

$$\Delta p = (l - H_0)\rho_w g - (L - H_0)\rho_s g \tag{6-7}$$
$$\delta_{\Delta p} = (l - H_0)\Delta \rho_w g - (L - H_0)\Delta \rho_s g \tag{6-8}$$

在 $\Delta H = 0$ 时，使压力的影响所产生的输出误差为零，因此长度 l 需要经过设计而确定，适当选择的长度 l 就可以在一定水位上（$\Delta H = 0$）使压力的影响减小到最低程度。

$$\delta_{\Delta p} = (l - H_0)\Delta \rho_w g - (L - H_0)\Delta \rho_s g = 0 \tag{6-9}$$
$$l = \frac{\Delta \rho_s}{\Delta \rho_w}(L - H_0) + H_0 = \alpha(L - H_0) + H_0 \tag{6-10}$$

结构补偿式双室平衡容器可使正常液位 H_0 下差压输出 ΔP_0 受汽包压力变化影响大大减少，但偏离正常液位 $\Delta H \neq 0$ 时，压力的影响仍然无法消除。

6.2.3　差压式液位计的应用

使用差压式液位计测量液位，使用液位-差压转换装置将液位转换为差压，后面需要安装差压变送器将差压转换为电流输出。

差压变送器是测量变送器两端压力之差的变送器，输出标准信号（如 4~20 mA，0~5 V）。差压变送器与一般的压力变送器不同的是它们均有两个压力接口，差压变送器一般分为正压端和负压端，一般情况下，差压变送器正压端的压力应大于负压端压力才能测量。

差压变送器测量的是两个压力之差。这两个压力可以一个是 0 MPa，另一个是 0.01 MPa；也可以一个是 10 MPa，另一个是 10.01 MPa。测得的结果都是 0.01 MPa。变送器的两个测量口或其中之一工作时承受的压力称为工作压力（上述的 0 MPa 或 10.01 MPa），变送器所能承受的最大允许工作压力，称为最大工作压力。

安装时必须注意遇含有杂质、结晶、凝固或易自聚的被测介质，用普通的差压变送器可能引起连接管线的堵塞，此时，需要采用法兰式差压变送器。实际应用中需要根据安装情况不同，进行零点调整和量程迁移。

需要零点调整和量程迁移的根本原因在于：

（1）差压式液位计安装位置与容器底部（液位 $H=0$）不在同一高度；

（2）差压变送器低于液位 $H=0$ 位置安装，导压管存在液柱；

（3）差压变送器正负压室外装有隔离罐。

差压变送器的输出为"0"的概念，对于气动差压变送器是 0.02 MPa，对于 DDZ-Ⅱ变送器是 0 mA，对于 DDZ-Ⅲ变送器是 DC 4 mA。差压变送器的量程有 $0 \sim P$，如 $P=0.5$ inH₂O，（1 inH₂O = 249.082 Pa）；$-P \sim P$，如 $P=15$ inH₂O。

1. 有量程迁移与无量程迁移的区别

差压式液位计的压差 Δp 与液位 H 是线性的，即 $\Delta p = kH$，由于差压变送器的 Δp 与输出电流 I 也是线性的，所以得到液位 H 与输出电流 I 是线性的（即 $H \sim I$），此时不需要进行量程迁移，称为无迁移。

当差压式液位计的压差 Δp 与液位 H 的关系是 $\Delta p = kH + b$，其中 $b \neq 0$，而差压变送器的 Δp 与输出电流 I 是线性的，从而使得液位 H 与输出电流 I 不满足线性关系，因而会出现读数不准确现象。此时需要根据 b 进行量程迁移。当 $b > 0$ 时，进行正迁移；当 $b < 0$ 时，进行负迁移。

对压力（差压）变送器进行零点调整，使它在只受附加静压时（即液位 $H=0$ 时）输出为"零"，这种方法称为"量程迁移"。

2. 量程迁移的分类及判断

（1）常压容器液位检测。用差压法测量常压容器液位如图 6-3 所示。测液位时容器预留上、下两个孔，安装时上孔可以不接任何加工件，通大气。下孔接差压变送器的正压室。差压变送器的负压室通大气。下孔一般要配一个法兰，法兰接管装一个截止阀，阀后的配管接差压变送器的正压室。

由图 6-3 可知，

$$\Delta p = P_+ - P_- = (P_A + H\rho g) - P_A = H\rho g \qquad (6-11)$$

此时，差压式液位计的压差 Δp 与液位 H 是线性关系，$H=0$ 时，正负压室的差压 $\Delta p = 0$，变送器输出信号为 4 mA；当 $H = H_{max}$ 时，差压 $\Delta p_{max} = \rho_1 g H_{max}$，变送器的输出信号为 20 mA，不需要迁移，称为无迁移。

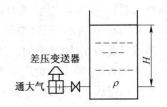

图 6-3 用差压法测量常压容器液位（无迁移）

（2）密闭有压容器液位检测：

①密闭有压容器（差压变送器安装于容器最低液位处）。如图 6-4 所示，安装时上孔接负压室，下孔接正压室，配上两对法兰（包括垫片和螺栓）、两个截止阀和配管。

差压变送器位于有压容器最低液位处，则 $\Delta p = P_+ - P_- = H\rho g$，仍然不需要迁移。

②密闭有压容器（差压变送器安装于容器允许的最低液位之下）。如果由于安装条件的限制，差压变送器安装在容器的下面，如图 6-5 所示。

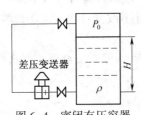

图 6-4 密闭有压容器
（差压变送器安装于容器最低液位处）

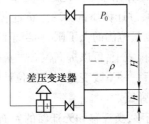

图 6-5 密闭有压容器
（差压变送器安装于容器最低液位下面）

由图 6-5 可知,
$$\Delta p = P_+ - P_- = (P_0 + \rho gH + \rho gh) - P_0 = \rho gH + \rho gh \tag{6-12}$$
由于差压变送器安装在容器下面,正压力室比负压力室要多承受 ρgh 的压力。

液位 H 为 0 时,
$$\Delta p = P_+ - P_- = \rho gh > 0 \tag{6-13}$$

若不对 ρgh 的压力做适当处理,变送器在 $H=0$ 时输出电流大于 4 mA;$H=H_{max}$ 时,输出电流大于 20 mA;H 在 $0\sim H_{max}$ 内变化时,差压变送器的可变差压范围缩小,液位测量系统量程减小、精度下降。

解决办法是安装差压变送器后,在负压室加上 ρgh 的压力,使它平衡正压室的 ρgh 的压力,即把正压室的 ρgh 压力迁移掉,这就是正迁移,令 $A = \rho_2 gh$ 为正迁移量。此时正、负压室受压平衡,其输出为"0"。

或者迁移弹簧螺钉上调(在正压室加上 ρgh 的压力,可用水来标定),使差压变送器的输出为 0,即用正迁移迁移掉一部分正压,使液位 H 在 $0\sim H_{max}$ 内变化时,差压变送器的输出电流 I 仍与液位成正比,从而提高整个系统的精度。

③密闭有压容器(差压变送器的正负差压室外均安装有隔离液罐)。实际应用中,密闭有压容器液位差压计的安装常常如图 6-6 所示,正负差压室外均安装有隔离液罐。被测溶液密度为 ρ_1,隔离液的密度为 ρ_2。正常情况下,正压室所受的压力 P_+ 要小于负压室所受的压力 P_-。

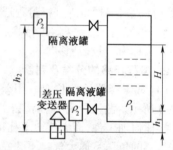

图 6-6 密闭有压容器(差压变送器的正负差压室外均安装有隔离液罐)

若正负室压力分别为 P_+、P_-,则差压为
$$\Delta p = P_+ - P_- = (P_0 + \rho_1 gH + \rho_2 gh_1) - (P_0 + \rho_2 gh_2) = \rho_1 gH - \rho_2 g(h_2 - h_1) \tag{6-14}$$
液位 H 为 0 时,
$$\Delta p = P_+ - P_- = -\rho_2 g(h_2 - h_1) < 0 \tag{6-15}$$

若不对 $-\rho g(h_2 - h_1)$ 的压力做适当处理,变送器在 $H=0$ 时输出电流小于 4 mA;$H=H_{max}$ 时,输出电流小于 20 mA,使液位 H 在 $0\sim H_{max}$ 范围内变化时,差压变送器的可变差压范围缩小,这样会使液位测量系统量程减小、精度下降。

如果在负压室减去 $\rho_2 g(h_2 - h_1)$,或在正压室加上 $\rho_2 g(h_2 - h_1)$,即把负压室 $\rho_2 g(h_2 - h_1)$ 的压力迁移掉,这就是负迁移,令 $B = \rho_2 g(h_2 - h_1)$ 为负迁移量。此时正、负压室受压平衡,其输出为"0"。

3. 迁移机构

差压变送器附带了一组迁移弹簧。调整迁移弹簧,使液面 H 为 0 时,差压变送器的输出为"0"即可。通过迁移弹簧实现正负迁移,从而消除测量误差。迁移弹簧可以改变差压变送器的零点,改变测量范围的上下限,相当于测量范围的平移,但它并不改变量程的大小。将迁移机构安装在测量仪表上,可以提高仪表的灵敏度和准确度。

有无迁移,并不改变差压式液位计的安装方式和安装难度,只是在安装结束二次联调时,多调一次迁移弹簧。

4. 正迁移、负迁移和无迁移的判断依据

$H=0$ 时,$\Delta p = 0$,无迁移;$H=0$ 时,$\Delta p > 0$,正迁移;$H=0$ 时,$\Delta p < 0$,负迁移。一般压力变送器型号后面加 A 的为正迁移,加 B 的为负迁移。

无迁移、正迁移和负迁移时差压变送器的量程迁移特性如图 6-7 所示。其中虚线 1 表示无迁移，差压变送器的量程为 $0 \sim P$(Pa)。直线 2 表示正迁移后差压变送器的输出特性，差压变送器的量程为 $A \sim P + A$（Pa）。直线 3 表示负迁移后差压变送器的输出特性，差压变送器的量程为 $-B \sim P - B$(Pa)。

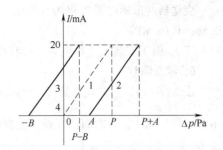

图 6-7 量程迁移特性

例 6-1 差压变送器的安装如图 6-5 所示，已知 $\rho = 1\,200\ \text{kg/m}^3$，$h = 1.0\ \text{m}$，$H = 0 \sim 3.0\ \text{m}$，求差压变送器的量程、迁移量和测量范围。

解 液位高度变化形成的差压值为 $\rho g H = 1\,200 \times 10 \times 3\ \text{Pa} = 36\ \text{kPa}$，可选择差压变送器量程为 40 kPa。

$H = 0$ 时，$\Delta p = \rho g h = 1\,200 \times 10 \times 1\ \text{Pa} = 12\ \text{kPa}$。

正迁移量 $A = 12\ \text{kPa}$，即将差压变送器的零点调为 12 kPa。测量范围为 12~52 kPa。

例 6-2 差压变送器的安装如图 6-5 所示，已知 $\rho_1 = 1\,200\ \text{kg/m}^3$，$\rho_2 = 950\ \text{kg/m}^3$，$h_1 = 1.0\ \text{m}$，$h_2 = 5.0\ \text{m}$，$H = 0 \sim 3.0\ \text{m}$，求差压变送器的量程、迁移量和测量范围。

解 液位高度变化形成的差压值为 $\rho_1 g H = 1\,200 \times 10 \times 3\ \text{Pa} = 36\ \text{kPa}$，可选择差压变送器量程为 40 kPa。

$H = 0$ 时，$\Delta p = - (h_2 - h_1)\rho_2 g = - (5 - 1) \times 950 \times 10\ \text{Pa} = -38\ \text{kPa}$。

负迁移量 $B = 38\ \text{kPa}$，即将差压变送器的零点调为 $-38\ \text{kPa}$。测量范围为 $-38 \sim 2$ kPa。

例 6-3 某储罐内的压力变化范围为 12~15 MPa，已知一台 DDZ-Ⅲ 型压力变送器，精度等级为 0.5 级，测量范围 ΔP 为 0~25 MPa，输出信号 I 范围为 0~10 mA。已知该表量程规格有 0~10，16，25，60 MPa。试问如果压力由 12 MPa 变到 15 MPa，变送器的输出变化了多少？若附加迁移机构，确定为正迁移且迁移量为 7 MPa 时，问是否可以提高仪表的准确度和灵敏度？试举例说明。

解 测量范围为 0~25 MPa，准确度等级为 0.5 级，这时最大允许绝对误差为

$$\Delta m = 25\ \text{MPa} \times 0.5\% = 0.125\ \text{MPa}$$

由于变送器的测量范围 ΔP 为 0~25 MPa，输出信号 I 范围为 0~10 mA，而变送器 $\Delta P \sim I$，故压力为 12 MPa 时，输出电流为 $\dfrac{12}{25} \times 10\ \text{mA} = 4.8\ \text{mA}$。

压力为 15 MPa 时，输出电流为 $\dfrac{15}{25} \times 10\ \text{mA} = 6\ \text{mA}$。

即储罐内的压力由 12 MPa 变化到 15 MPa 时，变送器输出电流只变化了 1.2 mA。

由本题可知，如果确定正迁移且迁移量为 7 MPa，则变送器的量程规格可选 16 MPa。那么此时变送器的实际测量范围为 7~23 MPa，即输入压力为 7 MPa 时，输出电流为 0 mA；输入压力为 23 MPa 时，输出电流为 10 mA。这时如果：

压力为 12 MPa 时，输出电流为 $\dfrac{12 - 7}{23 - 7} \times 10\ \text{mA} = 3.125\ \text{mA}$。

压力为 15 MPa 时，输出电流为 $\dfrac{15 - 7}{23 - 7} \times 10\ \text{mA} = 5\ \text{mA}$。

即储罐内的压力由 12 MPa 变化到 15 MPa 时，变送器输出电流变化了 1.875 mA，比不带迁移机构的变送器灵敏度提高了。

变送器的准确度等级仍为 0.5 级,此时仪表的最大允许绝对误差应为 $\Delta m = (23-7)\text{ MPa} \times 0.5\% = 0.08\text{ MPa}$。

可见,由于安装了迁移机构,仪表的测量误差减小了。

5. 零点调整

由式(6-14)可知,随着液面 H 的增高,正负压室的差压减小,差压变送器输出也会减小,指示表示数也减小。当液面增高到一定程度 $H = \dfrac{\rho_2(h_2 - h_1)}{\rho_1}$,指示表示数减小到 0,而后随着液位增高,指示表示数反向增加。

这种指示表读数与人们对液位 H 读数习惯不一致,因此需要进行零点调整。

零点调整的方法是差压变送器的正、负差压室的 P_+、P_- 反接,然后采用正迁移进行量程迁移。或者直接用负迁移来进行零点调整和量程迁移。

6.2.4　差压式液位计的特点

(1)检测元件在容器中几乎不占空间,只需要在容器壁上预留一或两个孔即可。

(2)安装检测元件只需一、两根导压管,其结构简单、安装方便、便于操作维护、工作可靠。

(3)采用法兰式差压变送器可以解决高黏度、易凝固、易结晶、腐蚀性、含有悬浮物介质的液位测量问题。

(4)差压式液位计通用性强,可以用来测量压力和流量等参数,是目前使用最多的一种液位计。

6.3　超声波式物位计

6.3.1　超声波式物位计的工作原理

1. 超声波的特性

一般人耳听觉范围是 20~20 000 Hz,超声波的频率范围为 $2\times10^4 \sim 2\times10^{12}$ Hz 以上。频率在 10^{12} Hz 以上的超声波称为特超声波;频率低于 20 Hz 的声波称为次声波。超声波是一种振动频率高于声波的机械波,由换能压电晶片在电压激励下发生振动而产生。

超声波可以在气体、液体及固体中传播。在常温下,空气中的声速约为 334 m/s,水中的声速约为 1 440 m/s,而在钢铁中约为 5 000 m/s。

声波的传播速度与介质所处的状态(如温度)有关。例如,理想气体中的声波与绝对温度 T 的平方根成正比。空气影响声速的主要因素是温度,可用 $v = 20.067\sqrt{T}$ 计算声速的近似值。

声波在介质中传播时会被吸收而衰减,衰减的程度与介质性质有关:气体中衰减最大,液体其次,固体中衰减最小,因此声波对液体、固体的穿透本领很大。

声波在介质中传播时衰减的程度还与声波的频率有关,频率越高,声波的衰减也越大;超声波比其他声波在传播时的衰减更明显。

声波传播时的方向性随声波频率的升高而变强,发射的声束也越尖锐,超声波可近似为直线传播,具有很好的方向性。

超声波碰到杂质或不同密度的介质分界面会产生显著反射,形成反射回波,碰到运动物体能产生多普勒效应。

超声波具有频率高、波长短、绕射现象小、方向性好、能够成为射线而定向传播等特点。

2. 超声波式物位计的工作原理

超声波式物位计利用超声波的特性,当超声波遇到被测物的界面时部分反射,另一部分则折射入介质。当它由气体传播到液体或固体中,或者由固体、液体传播到空气中时,因介质密度相差太大几乎发生全反射。一般可从发射超声波到接收反射回波的时间间隔与物位的关系来检测物位。

超声波式物位计按传声介质不同,可分为气介式、液介式和固介式三种,如图6-8所示。按探头的工作方式可分为自发自收的单探头方式和收发分开的双探头方式,单探头液位计使用一个换能器,由控制电路控制它分时交替作为发射器与接收器;双探头液位计则使用两个换能器分别作为发射器和接收器,图6-8(a)为双探头式,图6-8(b)、(c)为单探头式。

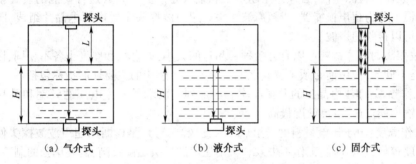

图6-8 超声波式液位计的类型

对于固介式,需要有两根金属棒或金属管分别作为发射波与接收波的传输管道;对于双探头方式有时也需要发射波与接收波的传输管道。

超声波式物位计使用超声波传感器发射和接收超声波,由超声波的传播时间 t 计算超声传感器距被测物位的距离,超声波传播速度 v 已知,若超声波传感器安装如图6-8(a)所示,则物位 H 为

$$H = vt - L \qquad (6-16)$$

若超声波传感器安装在图6-8(b)所示位置,探头向液面发射短促的脉冲波,经过时间 t,探头接收到从液面反射回来的反射波脉冲。探头到液面的距离为 H,声波在液体中的传播速度为 v,则物位 H 为

$$H = \frac{1}{2}vt \qquad (6-17)$$

对于一定的液体来说,超声波传播速度 v 是已知的,用测量时间的方法可以确定液面高度 H。

6.3.2 超声波式物位计的特点

(1)无可动部分,压电晶片振动以声频振动,其振幅小、结构简单、寿命长。

(2)仪表不受光线、湿度、黏度的影响,与介质的介电常数、电导率、热导率等无关。

(3)可测范围广,液体、粉末、块体(固体颗粒)的物位都可以测量,工业应用的超声波式物位计有气介式、液介式和固介式三种。

(4)探头不接触被测介质,适用于强腐蚀性、高黏度、有毒和低温介质等特殊场合的物位和界面测量。

（5）不仅可进行连续测量和定点测量，还能方便地提供遥测或遥控信号。

（6）能测量高速运动或有倾斜晃动的液体的液位，如置于汽车、飞机、轮船中的超声波式液位计。

（7）超声波式液位计的缺点是电路复杂，价格较高；检测元件探头不能承受高温；声速又受介质温度等影响，对此超声波式物位计应有相应的补偿措施，否则将严重影响测量精度；有些被测介质对声波吸收能力很强，应用有一定的局限性，选用测量方法和测量仪器时要充分考虑液位测量的具体情况和条件。

6.3.3　超声波式物位计的应用问题

1. 超声波式物位计的性能指标

以超声波作为检测手段，必须产生超声波和接收超声波。完成这种功能的装置就是超声波传感器，习惯上称为超声换能器，或超声波探头。超声波探头主要由压电晶片组成，既可以发射超声波，也可以接收超声波。

超声波探头的晶片材料可以有许多种。晶片的大小，如直径和厚度也各不相同，因此每个探头的性能是不同的，使用前必须了解其性能。超声波传感器的主要性能指标包括：

（1）工作频率：即压电晶片的共振频率。当加到它两端的交流电压的频率和晶片的共振频率相等时，输出能量最大，灵敏度最高。

（2）工作温度：由于压电材料的居里点一般比较高，特别是诊断用超声波波探头使用功率较小，工作温度较低，可长时间工作不失效。医用超声波探头温度较高，需要单独的制冷设备。

（3）灵敏度：主要取决于制造晶片本身；机电耦合系数大，灵敏度高；反之，灵敏度低。

2. 超声波式物位计速度补偿措施

超声波传播速度受介质温度、密度、压力的影响，对此超声波物位计采用相应的校正具进行补偿（见图6-9）。

校正具补偿的检测过程中，有

$$L_0 = \frac{1}{2}v_0 t_0, \quad H = \frac{1}{2}vt$$

$$v_0 = \frac{2L_0}{t_0}, \quad v = v_0$$

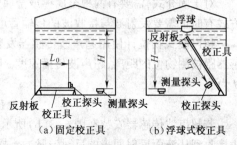

（a）固定校正具　　　（b）浮球式校正具

图6-9　应用校正具检测液位原理

式中：L_0——校正具的反射板和矫正探头距离；

$\quad\quad v_0 t_0$——校正探头发射超声波到接收超声波的速度和时间的积；

$\quad\quad vt$——测量探头发射超声波到接收超声波的速度和时间的积，$v = v_0$；

$\quad\quad H$——物位。

$$H = \frac{t}{t_0}L_0 \tag{6-18}$$

由式（6-18）可知，消除了液位表达式里的超声波传播速度，从而消除了温度、压力、密度对液位测量的影响。

6.4　射频导纳式液位计

射频导纳式液位计是在传统电容式物位计的基础上改进而进行液位测量的。下面首先简单介绍电容式物位计的工作原理。

6.4.1　电容式物位计的工作原理及应用

把敏感元件做成一定形状的电极置于被测介质中,则电极之间的电气参数,如电阻、电容等随被测参量变化而变化,根据电气参数不同,分为电阻式、电容式和电感式等。这种方法既可检测液位,也可检测料位。

电容式物位计是电学式物位检测方法之一,它直接把物位变化量转换成电容的变化量,原理是插入料仓中的电极与料仓壁之间构成电容器,当料仓内料位变化引起电容量的变化时,通过转换电路得到相应的控制信号。传统的方式是通过调频振荡电路实现电容量到频率的转换,又经限幅放大及鉴频器的线性化,得到相应的电压或电流信号;然后再变换成统一的标准电信号,传输给显示仪表进行指示、记录、报警或控制。

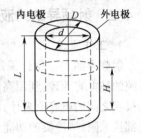

图6-10　圆筒形
电容器液位计

1. 工作原理

电容式物位计的电容检测元件是根据圆筒形电容器原理进行工作的。结构形式如图6-10所示。

电容器由两个相互绝缘的同轴圆柱极板内电极和外电极组成,在两筒之间液位 $H=0$ 时,只充以介电常数为 ε_1 的空气时,两圆筒间的电容量为

$$C_0 = \frac{2\pi\varepsilon_1 L}{\ln(D/d)} \tag{6-19}$$

式中:L——两极板相互遮盖部分的长度;

D——外电极的内径;

d——圆筒形内电极的外径;

ε_1——空气的介电常数,$\varepsilon_1 = \varepsilon_0\varepsilon_{r1}$,其中 $\varepsilon_0 = 8.84\times10^{-12}$ F/m,为真空干空气的介电常数,ε_{1r} 为空气的相对介电常数。

若两筒之间液位为 H,液体的介电常数为 ε_2($\varepsilon_2 = \varepsilon_0\varepsilon_{r2}$),将两部分电容器并联,有

$$C = C_1 + C_2 = \frac{2\pi\varepsilon_1(L-H)}{\ln(D/d)} + \frac{2\pi\varepsilon_2 H}{\ln(D/d)} \tag{6-20}$$

整理成 $C = C_0 + \Delta C$ 形式,其中,

$$\Delta C = \frac{2\pi(\varepsilon_2 - \varepsilon_1)}{\ln(D/d)}H \tag{6-21}$$

由式(6-19)可知,ε、L、D、d 中任何一个参数发生变化,引起电容 C 的变化。在实际应用中,D、d、ε 是基本不变的,测得 C 即可测出液位。

2. 应用

电容式液位计造价低、无机械磨损、安装和维修方便。

电容量 C 连续变化,该料位计可连续测量料位,也可作料位开关,作为报警或喂料、卸料设备的输入信号。

可用于非导电液体的液位检测,也可用于固体颗粒的料位检测。

若被测介质为导电性液体,检测液位时需要在内电极外加装绝缘套管,液体和外圆筒一起作为外电极,如图6-11所示。

由图 6-11 可知,导电液体液位测量时的电容为

$$C = \frac{2\pi\varepsilon_3 H}{\ln(R/r)} \qquad (6-22)$$

式中:R——导电液体和外极筒等效外电极的半径。

电容式物位计使用一段时间后若电极(探头)上粘有物料,往往会导致控制器误动作,现已由传统的检测电容量发展为检测探头与仓壁间导纳的方式。

电容式物位计变送电路可选用交流电桥。

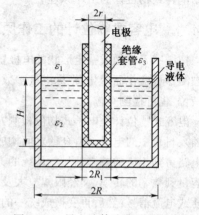

图 6-11　导电液体液位测量示意图

6.4.2　射频导纳式液位计的工作原理及应用

1. 工作原理

射频导纳式液位计采用先进的射频导纳原理替代传统的纯电容原埋,利用高频电流测量探头与电容器两个极板之间的电容值来计算出液位,它是在传统电容式物位计的基础上进行了改进,增加了探头根部抗黏附、抗冷凝的功能。

一切物质的电特性都是由该物质的电导率和绝缘率表现出来的,其中电导率为对某一单位体积的物质施加一定数值电压,流过该物质的电流特性;绝缘率为单位时间内流过该物质的电流特性,物质电特性等效电路如图 6-12 所示。其中 R_0 为该物质的直流电阻特性,C_0 为该物质的固有电容特性,R_0 与 C_0 并联。

图 6-12　物质电特性等效电路

对该等效电路施加一个高频电压时,每个交流周期流过该等效电路一个固定的电流 I,即

$$I = \frac{V}{R_0 + \dfrac{1}{2\pi f C_0}} \qquad (6-23)$$

式中:I——流过等效电路的电流;

V——高频电压有效值。

根据这一特性组成检测电路,如图 6-13 所示。

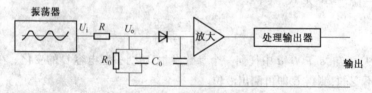

图 6-13　射频导纳式液位计检测电路

该检测电路的数学模型为

$$U_o = \frac{U_i}{1 + \dfrac{R}{R_0} + j\omega C_0 R} \qquad (6-24)$$

式中:U_o——被检测高频电压的有效值;

ω——角频率;

R——采样电阻。

由于连续测量仪表的检测电极与地电极之间的距离是固定的,那么单位长电极之间阻抗和容抗也是固定的,即单位高物料导纳特性为一线性常数。

电导=电阻值的倒数=$1/R$。

电纳=容抗值的倒数=$2\pi fC = \omega C$。

射频导纳式液位计所测量出的电容量为

$$c = \frac{\varepsilon S}{D} \tag{6-25}$$

式中:ε——电容器两极板间介质的介电常数;

S——极板面积;

D——极板间距离。

由式(6-25)可知,介质介电常数的变化是影响测量的关键。

2. 应用

即使在极端恶劣条件下,不论是液体、浆体、颗粒还是界面,都能进行可靠测量,且不受物料、温度、压力、密度、温度甚至化学特性变化的影响。由于其测量所依据的是世界万物皆有的介电常数,几乎能够测量任何料位。射频导纳测量技术能够应用于每一个工业环节,如冶金、石化、电力、煤炭、水泥、水处理、制药、造纸、汽车、采矿等。

6.5 射线式物位计

自然界中某些元素能放射出某种看不见的粒子流,即射线。如同位素钴(^{60}Co)能放射出 γ 射线,铀(^{235}U、^{233}U)也能放射出 α 和 β 射线等。当这些射线穿过一定厚度的物体时,因粒子的碰撞和克服阻力而消耗了粒子的动能。以致最后动能耗尽,粒子便留在物体中,即被吸收了。不同的物体对射线的穿透与吸收能力是不同的。一般来说,固体的吸收能力大于液体,液体大于气体。

利用放射性同位素发出的射线与物质相互作用时的吸收、散射、电离、激发等效应可以制成各种核仪表。核仪表在无损检测、质位检测、厚度检测、密度检测、灰粉检测、湿度检测、质量检测以及材料成分分析等方面的应用最广泛。

利用放射性同位素射线穿透性强,且能被物质吸收的特点检测物位的仪表称为射线物位计。射线物位计常用 γ 放射源。下面介绍 γ 射线物位计。

6.5.1 射线式物位计的工作原理

γ 射线是一种波长极短(<0.2Å)的电磁波,其能量较大,具有 0.1~1 MeV 的能量,能够轻易穿透具有一定厚度的金属物质。γ 射线在穿透某物质(被测介质)的同时其辐射强度的衰减与被穿透物质的密度、厚度(穿越路径长短)等相关。

γ 放射源的 γ 射线穿过物质后,透射强度可以表示为

$$I = I_0 e^{-\mu\rho d} \tag{6-26}$$

式中:I_0、I——射线穿过被测物前、后的强度;

μ——被测物质对 γ 射线的质量吸收系数;

ρ、d——被测物质的密度和厚度。

式(6-26)两边取对数可得

$$d = \frac{1}{\mu\rho}(\ln I_0 - \ln I) = C_1 - C_2 \ln I \tag{6-27}$$

式(6-27)是物位检测的理论基础。

同位素物位计按照其检测功能分为两类。一类是能连续反映出物位的瞬时位置,称为连续式物位计,此时,式(6-27)中的 d 即是测得的物位相对高度;另一类是仅仅对容器一定位置有无物料定点检测,称为开关物位计或同位素继电器。开关物位计有时也选用 β 放射源。

图 6-14 为 γ 射线物位计测量原理图。γ 射线物位计测量系统由放射源、探测器、二次仪表等组成。如图 6-14 所示,在容器的一侧安放一个放射源,在容器的另一侧放一个探测器(测量射线的仪表),就可测量物位了。

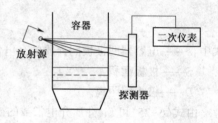

图 6-14 γ 射线物位计测量原理图

当 γ 射线穿过介质,由于介质的吸收,穿透的 γ 射线总量将减少。根据此原理,当料位高度低于放射源的位置时,射线粒子大部分通过气体介质到达探测器;若料位上升到超过放射源的高度时,因固体吸收能力强,大部分射线粒子被容器中的物料所吸收,而探测器测得的粒子数很少了,穿透容器的 γ 射线量因容器内物料的多少而不同,对同一种物料,物料的高度与穿透的 γ 射线量存在一定关系。所以,由探测器测得的粒子数的多少,可知容器中的料位高低。

将穿透的 γ 射线用探测器接收并转换成电信号,传送至二次仪表显示百分比高度。二次仪表同时提供 4~20 mA 的输出信号,为闭环控制提供依据,指示仪表把测得的粒子数进行转换、功率放大成标准电信号,进行远传、指示、记录或调节,实现物位自动控制。

6.5.2 放射性物位计的特点

(1)可实现完全非接触式的测量,这是放射性物位计的最大特点。

(2)日常运行维护工作量小,安装、维护、调试时不停产,测量准确,操作简单。

(3)在被测容器上不用开孔,可用于高温、高压的工况。

(4)由于放射源物质的放射不受温度、压力的影响,并且测量元件与被测介质不接触,可测量高温、低温、高压容器中的高黏度、强腐蚀性、沸腾、易燃易爆介质的物位。

(5)不仅可以测量液位,如钢水液位、矿浆物位、密封容器、界面等泡沫面,两相界面、分层界面,还可测量矿仓中粉状、粒状和块状介质的料位。与被测介质的组分,化学及物理性质无关,也与被测容器内的物理及化学状态无关。

(6)仪表可在强光、浓烟、尘埃环境下工作,如环境恶劣的大型混凝土库,水泥熟料库;可以连续测量,也能进行定值控制。

(7)特别适合对以下设备料位的测量:聚合釜、反应釜、氧化釜、脱气仓、闪蒸罐、带滤器、气蒸罐、高低压排放罐、低压分离器、甲醇分离器、合成塔、吸收塔、汽提塔、再生塔、氨分离器、冷凝塔、冷交换器、铜洗塔。广泛应用于冶金、石油、化工、电力、矿山、建材、煤炭、食品、轻纺等行业的料位检测与控制。

6.5.3 应用问题

1. 放射源

我国国家标准规定,放射性活度的法定计量单位是 Bq(贝可[勒尔])。常用单位有 kBq(10^3

Bq),MBq(10^6 Bq),GBq(10^9 Bq)。

常用同位素源有钴-60,^{60}Co 源,源强达 50~100mCi(1mCi = 3.7×10^7Bq);铯-137,^{137}Cs 源,源强较低的且半衰期很长,半衰期达 30.17 年,E_B = 0.661 MeV。由于半衰期长,射线能量小,因此使用寿命长,安全可靠。由于物理上的原因,放射源的半衰期并非使用期限。

放射源活度大小取决于被测装置的直径、壁厚、材料及被测物料的密度、成分。

γ 射线对人体有较大的伤害,且污染环境,放射源的衰减使料位控制不可靠,因而在选用上必须慎重,同时做好射线防护工作。放射性 γ 射线料位计需要在符合安全规范的前提下使用,因此,放射源必须盛放在防护容器内方能投入使用。铅防护罐是主流的防护容器。

放射源必须封装,封装罐上设有旋转开关,当旋转开关转到"开"位置时,此时放射源正对直孔口;当旋转开关转到"关"位置时,源体被封装。在运输、存储、检修设备时,旋转开关应处在关闭状态。

有时接收器靠近热源,易导致信号失真和仪器使用寿命缩短,因此在高温环境工作时应重视冷却问题。

2. 探测器

γ 射线探测器是测量 γ 射线强度的专用器件,石化行业中放射性 γ 射线料位计探测器依探测元件来划分,主要有三类:计数管、电离室、闪烁体。

探测器吸收放射源辐射的 γ 射线,并转换成相应的电脉冲信号,输送给二次仪表运算处理,如图 6-15 所示。探测器是由射线计数管、直流高压电源、脉冲形成、整形、放大等环节组成的电子电路。探测器封装在不锈钢管内。

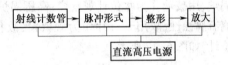

图 6-15 探测器原理示意图

3. 二次仪表

二次仪表采集探测器输出的与物料高度成一定关系的脉冲信号,经处理后显示百分比高度,并输出 4~20 mA 的电流信号。

4. 典型测量模式

γ 射线物位计四种典型测量模式如图 6-16 所示。点源和棒源外面均需要安装屏蔽罩。

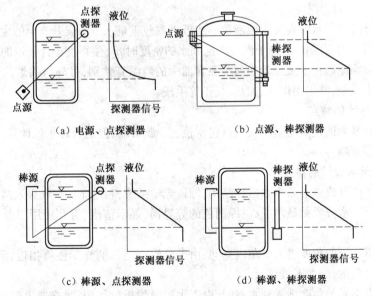

(a) 电源、点探测器   (b) 点源、棒探测器

(c) 棒源、点探测器   (d) 棒源、棒探测器

图 6-16 γ 射线物位计四种典型测量模式

5. γ 射线物位开关

γ 射线物位计常用作料位开关。工作原理是在料库的一侧设置同位素源,在另一侧设置探测器,同位素源向探测器定向发射 γ 射线,若库内料面低于它,探测器检测得出料空信号;若库内料面高于它,则物料遮挡、吸收 γ 射线,探测器检测得出料满信号。依据料仓的形状和工艺要求,γ 射线物位计可安装在不同的位置。

6.6　直读式水位计

6.6.1　云母水位计

1. 云母水位计的工作原理

由于汽包内汽水界面不像一般储水容器中那样分明,所以汽包水位的测量目前都是测量汽包内的重量水位,即假想某一瞬时汽包出口与入口都封闭起来,汽侧中的水回到水一侧,水侧中的汽回到汽一侧,而且汽、水平静下来时的水位。

云母水位计是一根装有观察窗的连通管。低压锅炉,用玻璃作为水位计观察窗;高压锅炉,炉水对玻璃有腐蚀性,故用云母片作为观察窗,故称为云母水位计,如图 6-17 所示。

$$\rho_w g H = \rho_{av} g H_0 + \rho_s g (H - H_0)$$

$$H = \frac{\rho_{av} - \rho_s}{\rho_w - \rho_s} H_0 \qquad (6\text{-}28)$$

式中:ρ_w,ρ_s——汽包饱和压力下饱和蒸汽和水的密度。

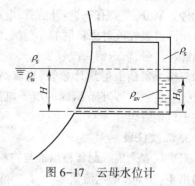

图 6-17　云母水位计

2. 云母水位计的误差

云母水位计误差指的是汽包的重量水位 H 和云母水位计示值 H_0 之间的误差。

云母水位计的示值水柱高度示数液位一般低于汽包重量水位。误差产生的主要原因是云母水位计中的水的平均密度 ρ_{av} 不等于汽包内饱和水的密度时 ρ_w,使得液位计显示的液位不同于容器中的液位。影响原因在于液位计中与被测容器中的液温有差别,另外与锅炉汽包压力的变化有关。为了减小误差,常采用保温、加热、校正等手段。

3. 云母水位计的特点

云母水位计最大的优点是直接反映汽包水位,直观、可靠;但是云母水位计只能就地监视,并且液位显示不够清晰。

4. 双色云母水位计的特点

双色云母水位计改进了云母水位计结构,辅以光学系统,利用光从空气进入蒸汽和水中产生不同的折射,使汽、水分界面显示成红、绿两色的分界面,显示清晰,有利于用工业电视等方式远传显示。

当红绿光以不同的角度进入到蒸汽空间,由于蒸汽与空气的光学性质相近,所以折射小,红光通过到影屏上显示,绿光不被显示。

当红绿光以不同的角度进入到水空间,由于水棱镜的折射作用,绿光通过到影屏上显示,红光不被显示。

结果使得水位计显示屏上汽柱侧呈现红色,水柱侧呈现绿色,如图 6-18 所示。

5. 多窗式双色水位计

在超高压锅炉中,对单观察窗双色水位计进行改进,沿水位高度开多个圆形观察窗口,从而减小玻璃板受力。多窗式双色水位计的缺点是小窗之间有一小段不透明,看不见水位分界面,存在盲区。

6.6.2 电接点水位计

1. 电接点水位计的工作原理

电接点水位计是利用汽包内汽、水介质的电阻率相差极大的性质来测量汽包水位的。

2. 电接点水位计的具体结构

电接点水位计由水位传感器和电气显示仪表组成。

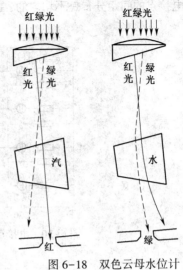

图 6-18 双色云母水位计
红绿光折射示意图

水位传感器就是一个带有若干个电接点的连通容器,利用其中汽、水导电性能的差别,被水淹没的电接点所在电路处于低电阻(相当于开关闭合),因此被水接通的电接点位置可表示水位。

电接点水位计电接点的安装如图 6-19 所示。

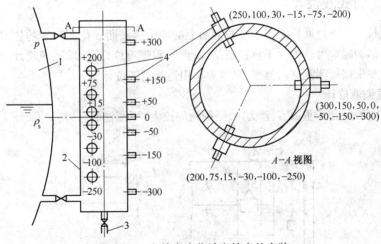

图 6-19 电接点水位计电接点的安装

显示电接点已被导通(即水位位置)的方法很多,最简单的如灯泡亮,也有用带放大器的发光二极管等,如图 6-20 所示。

图 6-20 中 R_1 是限流电阻,R_2 是保护电阻。当液位上升,液面以下电接点对应的氖灯所在回路接通发光,液位以上接点所在回路的氖灯不发光。从而可以用氖灯发光与否指示液位。

3. 电接点水位计的特点

散热引起的误差比云母水位计小,但指示不连续,两电接点的间距就是仪表的不灵敏区。通常在高度上电接点的间距分布是不均匀的,在正常水位附近电接点要密一些。

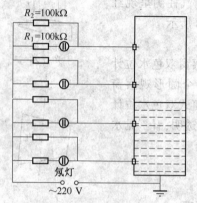

图 6-20　电接点水位计水位显示仪表

6.7　浮力式液位计

浮力法测液位是依据力平衡原理,通常借助浮子一类的悬浮物,浮子做成空心刚体,使它在平衡时能够浮于液面。当液位发生变化时,浮子跟随液面上下移动。因此,测出浮子位移就可测出液位的变化量。

浮子式液位计按浮子形状,可分为浮子式、浮筒式等;按机构不同可分为钢带式、杠杆式等;按测量过程中浮力的变化情况,可以分恒浮力式、变浮力式。

6.7.1　恒浮力式液位计

恒浮力式检测是通过测量漂浮于被测液面上的浮子随液面变化而产生的位移测量液位的。根据采用具体结构构成可分为浮子重锤液位计、浮子刚带液位计、浮球式液位计、翻板式液位计等。应用时需要根据待测液体的温度、黏度等选用适当的液位计。

1. 浮力重锤液位计

如图 6-21 所示,浮子重力 G、浮力 F、平衡物的拉力(平衡物的重力) W。

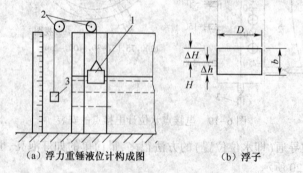

(a) 浮力重锤液位计构成图　　　　　(b) 浮子

图 6-21　浮力重锤液位计原理图
1—浮子;2—滑轮;3—平衡重物

当浮子静止时,受力平衡。因此有 $G - F = W$。

当液面变化时,浮子所受浮力的大小不发生改变,浮子随液面一起运动产生位移,通过传递、放大系统显示出液位的变化和液面高度。

浮子重锤液位计的优点是直观,但是精度不够高,而且液位信号不能远传。

2. 浮球式液位计

当测量温度较高、黏度较大,而压力不太高的密闭容器内的液体介质的液位时,可以选用浮球式液位计,如图 6-22 所示。

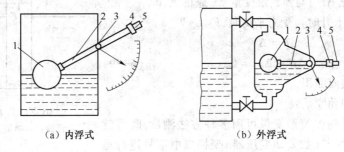

（a）内浮式 （b）外浮式

图 6-22 浮球式液位计原理图

1—浮球;2—连杆;3—转轴;4—平衡锤;5—杠杆

3. 翻板式液位计

翻板式液位计利用浮子电磁性能传递液位信号,如图 6-23 所示。将待测液位和液位计之间由连通器接通,径向充磁的浮子置于连通器测量管内,测量管外壁上以一定间距安装了若干个指示用小磁针。浮子静止时,水平位置的小磁针即为液位指示。

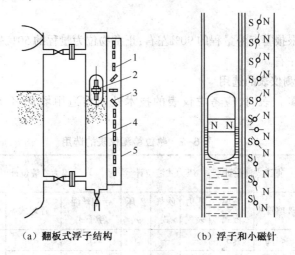

（a）翻板式浮子结构 （b）浮子和小磁针

图 6-23 翻板式液位计原理图

1、3—磁针;2—浮子;4—待测液体;5—安装架

翻板式液位计结构牢固、工作可靠,显示醒目,测量时不会产生火花,适用于易燃易爆场合。但当被测介质黏度较大时,浮子与器壁产生黏附现象,摩擦增大,严重时可能使浮子卡死而造成指示错误并引发事故。

6.7.2 变浮力式液位计

如图 6-24 所示的浮筒式液位计,它利用沉浸在被测液体中的浮筒被液体浸没高度不同时,所受浮力不同检测液位。

如图6-24所示,浮筒浮力 F、重力 G、弹簧力 W,受力平衡时,$F=G+W$。

正常液位 H_0,弹簧形变 $x=0$,$W=0$,$F=G$。

被测液位 H 变化时,浮筒浸没体积变化,所受浮力也变化,通过测量浮力变化来确定液位的变化量。液位高度变化 ΔH(浮筒浮力变化 ΔF)与弹簧形变量 Δx 成正比,即

液位变化时(上升时),受力平衡时,$F=G+W$

$$\Delta F = \Delta W$$
$$\rho g S(\Delta H - \Delta x) = k\Delta x \qquad (6\text{-}29)$$

式中:S——浮筒底面面积;

k——弹簧的劲度系数。

浮筒式液位计的弹簧形变量可用多种方法测量,既可就地指示,也可用变换器(如差动变压器)变换成电信号进行远传控制。

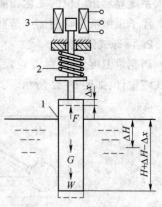

图 6-24　浮筒式液位计
1—浮筒;2—弹簧;3—差动变压器

6.8　物位检测仪表的选用

现有物位检测仪表种类虽多,测量方法差异较大,应该根据测量对象、测量目的,选用适宜的物位检测仪表。

1. 量程的选择

最高物位或上限报警点为量程的90%左右;正常物位为量程的50%左右;最低物位或下限报警点为量程的10%左右。

2. 常用物位检测仪表的选用

在选用物位检测仪表时,应考虑仪表的技术性能与适用场合、介质条件与功能要求,见表6-2。

表 6-2　物位检测仪表的选用

	液位计 仪表种类 比较项目	直读式液位计		压力式液位计			浮力式液位计			电容式 液位计	光纤式 液位计
		玻璃管式	玻璃板式	压力表式	吹气式	差压式	带钢丝绳浮子式	浮球式	浮筒式		
仪表特性	测量范围/m	<1.5	<3	—	—	20	20	—	—	2.5	—
	测量精度	—	—	—	—	1%	—	1.5%	1%	2%	—
	可动部件	无	无	无	无	无	有	有	有	无	有
	是否接触被测介质	是	是	是	是	是	是	是	是	是	是
输出方式	连续测量还是间断测量,是定点控制的	连续	连续	连续	连续	连续	连续	连续 定点	连续 定点	连续	连续 定点 间断
	操作条件	现场 直读	现场 直读	远传 仪表 显示	现场 目测	远传 仪表 显示	远传可计数	报警	指示 记录	指示	远传 报警

比较项目	液位计 仪表种类	直读式液位计		压力式液位计			浮力式液位计			电容式 液位计	光纤式 液位计
		玻璃管式	玻璃板式	压力表式	吹气式	差压式	带钢丝绳浮子式	浮球式	浮筒式		
测量条件	工作压力/kPa	<160	<400	常压	常压		常压	<160	<3 200	<3 200	—
	工作温度/℃	100~150	100~150			-20~200		<150	<200	-200~200	
	防爆性	本质安全	本质安全	隔爆	本质安全	防爆	隔爆	隔爆、本质安全	隔爆	—	本质安全
	泡沫、沸腾介质适用性	精度过低	精度过低	适用	适用	适用	—	适用	适用		

3. 特殊物位的测量

（1）低温液位的测量。在空气分离出液氧温度为-183 ℃，液氢温度为-254 ℃，冷冻中液氨蒸气温度为-33.3 ℃，用于这些介质的液位测量，其专用仪表有现场指示用直读式的低沸点液位计、连续测定用电容式的低温液面计等。

（2）高压容器内的液位测量。常采用的有浮筒式液位计和 γ 射线液位计。前者耐压32 MPa，后者与内部压力无关。

（3）悬浮液及结焦介质液位的测量。在被测液位的液体内有悬浮物或者易在容器壁上结焦时，可采用核辐射液位计或吹气式液位计等。

物位检测仪表的选用可参考表6-2。

6.9　厚　度　检　测

工业测厚仪按照形式分为接触式、非接触式两大类；按照工作原理分为 γ 射线测厚仪、X 射线测厚仪、涡流测厚仪、超声测厚仪、激光测厚仪、接触式测厚仪。目前国内和国外各种生产线上使用的测厚仪主要包括 γ 射线测厚仪、X 射线测厚仪、涡流测厚仪、激光测厚仪、接触式测厚仪等，见表6-3。

表6-3　工业测厚仪的分类

	接触式测厚仪	机械接触式测厚仪	光电码盘式测厚仪
测厚仪			位移传感器式测厚仪
	非接触式测厚仪	超声波测厚仪	超声波测厚仪
		射线测厚仪	γ 射线测厚仪
			X 射线测厚仪
		涡流测厚仪	高频涡流测厚仪
			电容测厚仪
		激光测厚仪	激光测厚仪

1. 机械接触式测厚仪

机械接触式测厚仪的工作原理是采用上下两个压头分别压在被测目标的上下两个表面上,然后通过测量压头的位移或者旋转角度来测量被测目标的厚度。机械接触式测厚仪应用的场合主要是测量速度不高或者是被测目标运行平稳。此种测量方式比较常见的应用场合是冷轧带生产线。

2. 超声波测厚仪

超声波测厚仪是利用超声波在被测目标中的传播和反射的原理进行厚度测量的,其工作原理如图6-25所示。超声波探头发出超声始波信号,通过耦合剂进入被测物体内部,传输过程中在被测目标上下表面各反射回一个声波信号界面波和底面回波,利用终端处理界面波和底面回波的相位差即可测量出被测目标的厚度,可用式(6-30)表示:

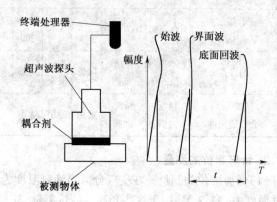

图 6-25　超声波测厚仪工作原理

$$H = vt/2 \qquad (6-30)$$

式中:H——被测目标厚度;

v——声波在被测目标中的传播速度;

t——声波在被测目标中的传播时间。

超声波测厚仪在测量中为了提高信号强度和减小界面波必须使用耦合剂,因此属于接触式测厚仪。另外,由于超声波在不同介质中传播的速度不同,必须修正材质不同引起的测量误差。

3. γ射线测厚仪

γ射线是从原子核内部放出的不带电的光子流,穿透力极强。如果放射线源的半衰期足够长,单位时间内放射出的射线量是一定的,即射线的发射强度 I 恒定。当 γ 射线穿透被测目标时,被测目标本身吸收了一定的射线能量(被吸收能量的多少取决于被测目标的厚度和材质等因素)。如果能够测量被吸收后的射线强度,就可以知道被测目标的厚度。被测目标厚度与射线衰减强度的关系可用式(6-31)表示:

$$I = I_0 e - \mu\rho h \qquad (6-31)$$

式中:I、I_0——射线通过被测目标前、后的辐射强度;

μ——被测目标的吸收系数;

h——被测目标的厚度;

ρ——被测目标的密度。

γ射线测厚仪分为穿透式 γ 射线测厚仪和反射式 γ 射线测厚仪两种。后者很少应用于在线厚度测量。下面仅介绍穿透式 γ 射线测厚仪。

穿透式 γ 射线测厚仪的检测器和放射源分别置于被测目标的上下方,如图 6-26 所示 。 γ 射线测厚仪采用的放射源一般为^{137}Cs 或^{60}Co。当被测目标通过时,检测器检测到射线强度的变化,然后计算机根据强度变化计算出被测目标的厚度。

穿透式 γ 射线测厚仪是最先出现的非接触式测厚仪,经过几十年的发展和应用比较完善。它的优点是稳定、使用寿命长、测量精度较高。由于 γ 射线测厚仪的计算公式中吸收系数 μ 是被测目标的厚度、温度、材质等的函数,因此在测量过程中必须向测量系统提供被测目标的厚度、温度、材质,否则测量结果将带来较大的误差。很重要的一点 γ 射线是一种对人体有害的射线,其穿透力极强。一般测厚仪使用的辐射剂量根据测量物体厚度和材质的不同,使用单位应制定相应的防止射线危害人体的有关规定,设立专门人员管理,明确限制进入管理区内的停留时间。

4. X 射线测厚仪

X 射线测厚仪的工作原理与 γ 射线测厚仪的工作原理基本相同,不同之处在于所采用的放射源不同。γ 射线测厚仪采用天然放射性元素作为射线源,X 射线测厚仪采用人造 X 射线管作为射线源。X 射线测厚仪的优缺点与 γ 射线测厚仪基本相同。但是天然射线源比人造射线管稳定,因此 γ 射线测厚仪一般比 X 射线测厚仪稳定。X 射线可以在断电后停止产生射线,但是再次启动后需要 20 min 左右的稳定时间,然后才可以进入测量状态。

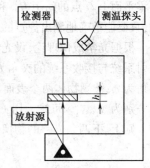

图 6-26　射线测厚仪原理图

5. 高频涡流测厚仪

高频涡流测厚仪主要应用于测量金属板带的厚度。传感器感受的是被测目标表面到传感器间距离的变化。为克服被测目标表面不平整或者上下振动对测量的影响,通常在被测目标的两侧分别对称安装两个特性相同的传感器 L_1 和 L_2。预先通过厚度给定系统移动传感器的位置,使 $X_1 = X_2 = X_0$。若板厚不变而板材上下移动,则恒有 $X_1 + X_2 = 2X_0$,输出电压总和为 $2U_0$。

若被测厚度变化了 Δh,则输出电压变为 $2U_0 + \Delta U$。通过适当转换即可由偏差指示表指示出厚度的变化量。

高频涡流测厚仪主要应用于目标厚度变化不大、环境好、被测目标运行平稳等场合。缺点是对测量环境要求高、测量精度受外界因素影响大、不能测量高温物体。

6. 激光测厚仪

激光测厚仪是 20 世纪 80 年代随着激光技术、CCD 技术的发展而研制的新一代在线、非接触式测厚仪。激光测厚仪原理图如图 6-27 所示。

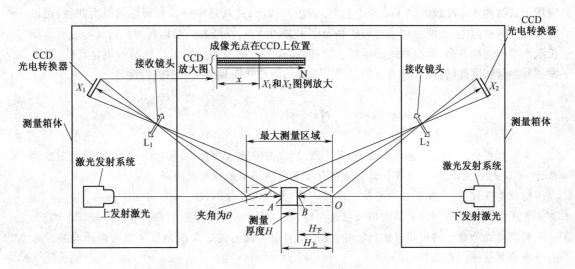

图 6-27　激光测厚仪原理图

图 6-27 中上、下两激光器发射的激光束,经压缩器垂直投射到被测钢板两个表面的 A、B 两点,形成测量光斑。A、B 两点上的激光漫反射的能量,经接收光学系统 L_1 和 L_2 分别成像在 CCD 器件上。CCD 器件上的两个像点位置与原先位于零平面上 O 点的激光斑的成像位置进行比较,则可测出像点的位移量 X_1 和 X_2。通过几何换算,可根据像点的位移量 X_1 和 X_2 求出 A、B 两点与零平面上 O 点的间距 $H_上$ 和 $H_下$。$H_上$ 和 $H_下$ 经计算机运算后,即可得出被测物的厚度 H。因此,只要能精确地测出像点的位移量 X_1 和 X_2,即可精确测定被测钢板的厚度 H。

根据光学成像理论,设光学系统的参数为:接收镜头的焦距为 f;激光发射系统为垂直照射,发射系统与接收系统的夹角为 θ;物距为 l;系统的放大倍率为 β;接收系统光轴与 CCD 光敏面的夹角为 ϕ;被测物体两个表面与测量零平面的相对位置分别为 $H_上$、$H_下$;像点在 CCD 中的相对位移分别为 X_1、X_2。可统一用 x 表示。

则上、下两条光路的物像关系都满足式(6-32):

$$H = \frac{lx}{f\sin\theta + x\cos\theta} \tag{6-32}$$

式(6-32)表明:被测钢板的表面位置 H 和像点在 CCD 右的位置 x 之间存在单调的和非线性的关系。

则被测目标的厚度为

$$H = H_上 - H_下 \tag{6-33}$$

由测量原理可以看出,此法的突出优点是所测得的被测物厚度 H 值与被测物的材质、温度和标准值无关;采用上、下对称测量可以自动消除由于被测物的跳动、弯曲和振动所引入的测量误差,从而大大提高了动态测量的准确度。与射线测厚仪相比具有无辐射危害、测量稳定、操作简单、全数字化信号处理等特点。

目前在工业现场应用的测厚仪主要包括 X 射线测厚仪、γ 射线测厚仪、激光测厚仪、接触式测厚仪,根据它们的测量原理和现场应用情况可知:X 射线和 γ 射线测厚仪主要应用于被测物体厚度较小、生产线自动化程度(人员少)比较高的场合,发展方向是提高检测元器件的灵敏度、减小射线源的剂量、提高射线管的稳定性,从而减小环境危害和提高测量精度;激光测厚仪主要应用于被测物体厚度较大(5 mm 以上)的各种生产线上,尤其是中厚板和板坯的厚度测量,可以充分发挥测量范围大、测量精度与材质和温度无关的特点,发展方向是提高测量精度和进一步延长激光器的使用寿命,减少系统的维修次数;接触式测厚仪主要应用于冷轧薄带钢生产线,充分发挥其测量精度高的特点,发展方向是提高系统的防撞性能和测头的耐磨性能。

小　结

本章重点介绍了物位检测方法,差压式液位计、超声波式物位计、射频导纳式液位计、射线物位计、直读式水位计、浮力式液位计和物体厚度测量传感器的原理及应用。

物位是液位、料位和界位的统称。测量液位、界位或料位的仪表称为物位计。

差压式液位计是利用容器内的液位改变时,液柱产生的静压力也相应变化的原理工作的。

超声波式物位计利用超声波的特性,根据发射超声波到接收反射回波的时间间隔与物位的关系来检测物位。

射频导纳式液位计采用先进的射频导纳原理替代传统的纯电容原理,利用高频电流测量探头与电容器两个极板之间的电容值来计算出液位。

γ射线在穿透某物质(被测介质)的同时其辐射强度的衰减与被穿透物质的密度、厚度(穿越路径长短)等相关。γ射线物位计测量系统由放射源、探测器、二次仪表等组成。

直读式水位计有云母水位计、双色云母水位计、多窗式双色水位计、电接点水位计。

浮力法测液位依据力平衡原理,借助浮子等悬浮物,使它在平衡时能够浮于液面。当液位发生变化时,浮子跟随液面上下移动。因此,测出浮子位移就可测出液位变化。

工业测厚仪按照形式分为接触式、非接触式两大类。

通过本章的学习,读者可以了解物位传感器和厚度传感器的原理、应用和选型等相关知识,进行物位和厚度的检测。

习　题

6.1　简述液位差压转换装置的工作原理。

6.2　简述零点迁移的概念。

6.3　简述有迁移与无迁移的区别。

6.4　简述迁移机构及用途。

6.5　简述零点迁移的分类。

6.6　零点迁移的判断依据是什么?

6.7　试述超声波式液位计的工作原理。

6.8　试述射频导纳式液位计的工作原理。

6.9　试述放射性物位计的工作原理。

6.10　简述直读式液位计的分类和工作原理。

6.11　简述浮力式液位计的分类和工作原理。

6.12　简述物位检测仪表的选用原则。

6.13　厚度检测有哪几种方法?

6.14　试述激光测厚仪的工作原理。

第7章 成分分析传感器

本章要点:
➤ 热导式检测技术;
➤ 热磁式检测技术;
➤ 红外线式检测技术;
➤ 水分和湿度的检测;
➤ 密度和浓度的检测。

学习目标:
➤ 了解成分参数检测传感器的工作原理及相应的测量电路。

建议学时: 2 学时。

引　言

　　成分是指混合气体或液体中的各个组分,成分检测的目的是要确定某一或全部组分在混合气体(液体)中所占的百分含量。在工业生产及科学实验中,需要检测的成分参数有很多,例如,在锅炉燃烧系统中,为了确定炉子燃烧状况,计算燃烧效率,要求知道烟道气中 O_2、CO、CO_2 等气体的含量。本章主要介绍气体成分检测、湿度检测、密度和浓度检测等方法。

　　气体成分参数的检测方法主要有化学式、物理式和物理化学式等。其中化学式和物理式检测方法是利用被测样品中待测组分的某一化学或物理性质比其他组分有较大差别这一事实进行的。物理化学式检测方法主要是根据待测组分在特定介质中表现出来的物理化学性质的不同来分析待测组分含量的。例如,利用氧化锆电解质构成浓差电池用来测量氧含量;利用色谱柱可将被测样品中各组分进行分离等。湿度检测包括气体湿度的电测法和固体湿度的电测法;密度检测包括流体密度的检测和固体密度的检测;浓度检测包括电导法、电磁感应法及光电式光电法等。

7.1　气体成分检测

7.1.1　热导式检测技术

　　热导式检测技术是根据待测组分的导热系数与其他组分的导热系数有明显的差异这一事实进行检测的。当被测气体的待测组分含量变化时,将引起导热系数的变化,通过热导池,转换成电热丝电阻值的变化,从而间接得知待测组分的含量。利用这一原理制成的仪表称为热导式气体分析仪,它是一种应用较广的物理式气体成分分析仪器。

1. 检测原理

表征物质导热能力大小的物理量是导热系数 λ , λ 越大,说明该物质传热速率越大、更容易导热。不同的物质,其导热系数是不一样的,常见气体的导热系数见表7-1。

表7-1 常见气体的导热系数 λ(0 ℃时)

气体名称	空气	N_2	O_2	CO	CO_2	H_2	SO_2	NH_3	CH_4	Cl_2
$\lambda \times 10^{-2}$ /[(W/m·K)]	2.440	2.432	2.466	2.357	1.465	17.417	1.004	2.177	3.019	0.788
相对导热系数	1.00	0.996	1.013	0.96	0.605	7.15	0.35	0.89	1.25	0.323

对于由多种组分组成的混合气体,若彼此之间无相互作用,实验证明其导热系数可近似由式(7-1)计算,即

$$\lambda = \sum_{i=1}^{n} \lambda_i c_i \tag{7-1}$$

式中, λ_i 为混合气体中第 i 组分的导热系数; c_i 为混合气体中第 i 组分的浓度。

设待测组分的浓度为 c_1 ,相应的导热系数为 λ_1 ;混合气体中其他组分的导热系数近似相等,即 $\lambda_2 \approx \lambda_3 \approx \lambda_4 \approx \cdots$,则利用式(7-1)可得待测组分浓度 c_1 与混合气体的导热系数之间的关系为

$$c_1 = \frac{\lambda - \lambda_2}{\lambda_1 - \lambda_2} \tag{7-2}$$

式(7-2)表明,当待测组分浓度 c_1 变化时,将引起导热系数 λ 的变化。如果测得 λ ,即可求得待测组分的浓度。

值得注意的是,在应用式(7-2)时,必须满足以下两个条件:混合气体中除待测组分外,其余各组分的导热系数应相同或十分接近;待测组分的导热系数与其余组分的导热系数,要有显著的差别,差别越大,灵敏度越高,即由于待测组分浓度变化引起的混合气体的 λ 的变化就越大。

由表7-1可知,H_2 的导热系数一般是其他气体的几倍,而 CO_2、SO_2 比其他气体的导热系数明显要小得多,因此从原理上讲,热导式检测技术可用于 H_2、CO_2 和 SO_2 等气体在某一混合气体中所占的浓度的检测。

2. 热导式气体分析仪

热导式气体分析仪由热导池、测量电桥和显示仪表组成。

热导池又称热导检测器。由于气体的导热系数都比较小,一般不能进行直接测量。热导池的作用是将气体的导热系数的大小及其变化转换成热导池中热电阻丝的电阻值的变化,以便进行测量。热导池的结构如图7-1所示。它是一个垂直放置的气室,气室侧壁上开有气体样品进出口(上出下进),中心有一根热电阻丝,热电阻丝两端用铂铱弹簧作连接引线,以防热电阻丝热胀冷缩,产生形变影响电阻值。

设0 ℃时热电阻丝的电阻值为 R_0 ,通以电流 I 后,热电阻丝产生热量,使温度升高到 t_n ,电阻值变为 R_n ,它与温度的关系可近似表示为

$$R_n = R_0(1 + \alpha t_n) \tag{7-3}$$

式中: α ——热电阻丝的温度系数。

热电阻丝上产生的热量通过气体样品传导,向气室内壁散热,设气室内壁温度为 t_c ,则热电阻丝在单位时间通过气体的散热量为

$$Q = \frac{2\pi l(t_n - t_c)\lambda}{\ln \dfrac{r_c}{r_n}} \tag{7-4}$$

式中：l——热电阻丝的长度；

$\quad r_c$——气室的内半径；

$\quad r_n$——电阻丝的半径。

电流 I 流过热电阻丝所产生的热量为

$$Q' = I^2 R_n \tag{7-5}$$

热平衡时，热电阻丝所产生的热量 Q' 与通过气体传导散失的热量 Q 相等，这时，由式(7-3)、式(7-4)和式(7-5)可得

$$R_n = R_0 \left[1 + \alpha \left(t_c + \frac{I^2 \ln \dfrac{r_c}{r_n}}{2\pi l} \frac{R_n}{\lambda} \right) \right] \tag{7-6}$$

式(7-6)说明，热电阻丝的电阻值 R_n 与混合气体的导热系数 λ 存在着对应关系。如果 λ 愈大，说明散热条件愈好，则热平衡时的温度 t_n 也愈低，导致电阻值 R_n 愈小。当 R_n、α、t_c、I 以及热电阻丝的几何尺寸为一定时，R_n 与 λ 之间为单值函数关系，从而可通过电阻变化测量出导热系数。

式(7-6)是在 $Q = Q'$ 条件得到的，也就是说，热电阻丝所产生的热量全部是通过气体的热传导方式散失的。为满足这一条件，对热电阻丝的材料、几何尺寸和气体的流量均有严格的要求。为减小气体的对流散热，须保证气体流量很小而且稳定；为忽略热电阻丝的热辐射，应使 t_n 与 t_c 相差不大于 200 ℃；为尽可能减小热电阻丝轴向连接体的热传导，所用的热电阻丝的长与直径之比一般要在 2 000～3 000 倍以上。综合考虑上述各种因素，气室各参数的取值范围一般为：R_0 取 15Ω 左右，I 取 100～200 mA，l 取 50～60 mm，r_n 取 0.01～0.03 mm，r_c 取 4～7 mm，t_c 取 50～60 ℃。

测量电桥一般由四个热导池构成，每个热导池中的热电阻丝作为电桥的一个桥臂电阻，如图 7-2 所示。图 7-2 中 R_1、R_3 气室称为测量气室，通以被测气体；R_2、R_4 气室称为参比气室，充以测量下限气体。当流经测量气室的待测组分含量与参比气室中的标准气样相等时，各个热导池的散热条件相同，四个桥臂电阻相等，电桥输出为零。整个电桥置于温度保持基本稳定的环境中，当流经测量气室的待测组分含量发生变化时，R_1、R_3 将发生变化，电桥失去平衡，其输出信号的大小代表了待测组分的含量，并通过显示仪表指示或记录待测组分的百分含量。

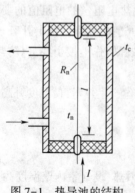

图 7-1　热导池的结构

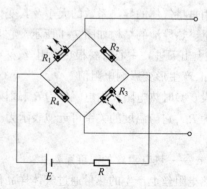

图 7-2　热导式气体分析仪的测量电桥

7.1.2　热磁式检测技术

热磁式检测技术是利用被测气体混合物中待测组分比其他气体有高得多的磁化率以及磁化率随温度的升高而降低等热磁效应来检测待测气体组分的含量的。根据该原理制成的仪表称为热磁式气体分析仪,它主要用来检测混合气体中的氧含量,测量范围为0%~100%。对于气体中氧含量的检测与分析,工业中常用的仪表有热磁式氧气分析仪和氧化锆式气体分析仪。

1. 热磁式氧气分析仪

热磁式氧气分析仪主要是利用氧的磁特性工作的,如氧气比其他组分的磁化率大得多,并且其他组分的磁化率近似相等,随着温度的升高,气体的磁化率将迅速下降。

热磁式氧气分析仪的原理如图7-3所示,发送器是热磁式气体分析仪中的检测部件,在经过了一系列复杂的变换过程后,最终将混合气体中氧含量的变化转换为电信号的变化。发送器的结构是一个中间有通道的环形气室。被测气体由下部进入,到环形气室后沿两侧往上走,最后由上部出口排出。当中间通道上不加磁场时,两侧的气流是对称的,中间通道无气体流动。

在中间通道外面,均匀地绕以热电阻丝(常用铂丝),它既起加热中间通道的作用,同时也起温度敏感元件作用。热电阻丝的中间有一抽头,把热电阻丝分成两个电阻值相等(在相同的温度下)的电阻 R_1、R_2,R_1、R_2 与另两个固定电阻 R_3、R_4 一起构成测量电桥。当电桥接上电源时,R_1、R_2 因发热使中间通道温度升高。若此时中间通道无气流通过,则中间通道上各处温度相同,$R_1 = R_2$,测量电桥输出为零。

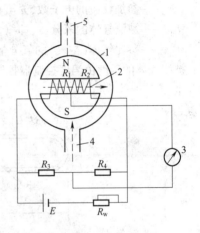

图7-3　热磁式氧气分析仪
1—环形管;2—中间通道;
3—显示仪表;4—被测气体入口;
5—被测气体出口

在中间通道的左端装有一对磁极。当温度为 T_0 时,在环形气室中流动的气体流经该强磁场附近时,若气体中含有氧气等顺磁性介质,则这些气体受磁场吸引而进入中间通道,同时被加热到温度 T;被加热的气体由于磁化率的减小受磁场吸引力变弱,而在磁极左边尚未加热的气体继续受较强的磁场吸引力而进入通道,结果将原先已进入通道,受磁场引力变弱的气体推出。如此不断进行,在中间通道中自左向右形成一连续的气流,这种现象称为热磁对流现象,该气流称为磁风。若控制气样的流量、温度、压力和磁场强度等不变,则磁风大小仅随气样中氧含量的变化而变化。

热磁对流的结果将带走热电阻丝 R_1 和 R_2 上的部分热量,但由于冷气体先经 R_1 处,故 R_1 上被气体带走的热量要比 R_2 上带走的热量多,于是 R_1 处的温度低于 R_2 处的温度,电阻值 $R_1 < R_2$,电桥就有一个不平衡电压输出。输出信号的大小取决于 R_1 和 R_2 之间的差值,也即磁风的大小,进而反映了混合气体中氧含量的多少。

2. 氧化锆式氧量分析仪

氧化锆式氧量分析仪是由氧化锆固体电解质管、铂电极和引线构成,如图7-4所示。氧化锆固体电解质管制成一头封闭的圆管,管径一般为 10 mm 左右,臂厚为 1 mm 左右,长度为 150 mm 左右。内外电极一般都用多孔铂,它是用涂敷和烧结的方法制成的,厚度从几微米到几十微米。电极引线采用零点几毫米的铂丝。圆管内部一般通入参比气体,圆管外部通入被测气体。氧化锆传感器的空心管是由 ZrO_2 和 CaO 按一定比例混合、在高温下烧结的陶瓷,在 600 ~ 800 ℃时它成为氧离子的良好导体。当氧化锆管内侧流过待测气体时,在铂电极间产生的电势 E 为

$$E = \frac{RT}{nF}\ln\frac{P_2}{P_1} \tag{7-7}$$

式中: R ——氧的气体常数,为 8.314J/mol·K ;

　　　F ——法拉第常数,为 96.487×10³C/mol ;

　　　T ——被测气体的绝对温度,K ;

　　　n ——参加反应的电子数, $n = 4$;

　　　P_1 ——被测气体的氧分压,即氧含量的百分比;

　　　P_2 ——参比气体(空气)的氧分量, $P_2 = 20.6\%$ 。

被测气体的温度由温度控制器控制为一定值时,由测得的电势 E 可确定 P_1 ,从而测定出氧的含量。

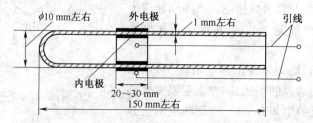

图 7-4　氧化锆式氧量分析仪的结构图

7.1.3　红外线式检测技术

红外线式检测技术是根据气体对红外线的吸收特性来检测混合气体中某一组分的含量的,由此构成的检测仪器称为红外线气体分析仪。这是一种光学式分析仪器,可用于测量炉气或烟气中 SO_2 、 CO_2 、CO 等气体的含量。

1. 红外线及其特征

人的肉眼能看到的光的波长在 0.4 ~ 0.76 μm 之间,红光的波长最长,紫光的波长最短。红外线是波长比红光还要长一些的光波,其波长范围为 0.76 ~ 1 000 μm。红外线气体分析仪主要利用 1 ~ 25 μm 的一段光波。

红外线具有以下两个特征:

(1)由于各种物质的分子本身都具有一个特定的振动频率,只有在红外光谱的频率与分子本身的振动频率相一致时,这种分子才能吸收红外光谱辐射。所以各种气体或液体并不是对红外光谱范围内所有波长的辐射能都具有吸收能力,而是有选择性的,即不同的分子混合物只能吸收某一波长范围或几个波长范围内的红外辐射能。图 7-5 给出了几种不同气体对红外线的吸收特性。

(2) 气体吸收红外辐射后温度上升,若气体的体积一定,则在温度升高的同时,使压力增加。气体吸收红外辐射越多,则温度升高也越多。

2. 光的吸收定律

气体对红外线的吸收遵循朗伯-比尔定律,即红外线通过物质前后的能量变化随着待测组

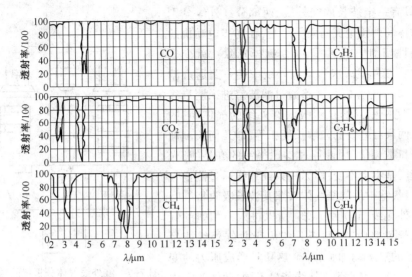

图 7-5 几种不同气体对红外线的吸收特性

分浓度的增加而以指数下降,其公式为

$$I = I_0 e^{-KCl} \tag{7-8}$$

式中:I_0——红外线通过待测组分前的光强度;

$\quad I$——红外线通过待测组分后的光强度;

$\quad K$——待测组分的吸收系数;

$\quad C$——待测组分的浓度;

$\quad l$——红外线通过待测组分的长度。

总之,气体对不同波长的红外线具有选择吸收的能力,其吸收的强度取决于待测气体的浓度。

3. 红外线气体分析仪的检测原理和结构

图 7-6 是红外线气体分析仪检测原理图,下面以 CO_2 气体成分检测为例来说明其检测原理。

一束红外线(波长一般为 $3 \sim 10\ \mu m$)同时照射到工作气室和参比气室,工作气室通入被测气体,参比气室的作用是在待测组分为零时使经两个气室后照射到红外探测器上的红外线强度相等,减小光源波动及环境变化的影响。参比气室中一般充有不吸收红外线的气体,如 N_2 等。若工作气室内通过的气体与参比气室一样不吸收红外线,则红外线到达两个红外探测器的强度也相同;若进入工作气室的气体中含有一定量的 CO_2 气体,由于该气体对波长为 $4.26\ \mu m$ 的红外线有较强的吸收能力,因此使到达红外探测器的红外线能量有所减弱。其输出

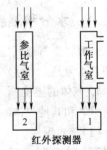

图 7-6 红外线气体
分析仪检测原理图

信号减小。随着被测气体中 CO_2 气体浓度的增加,测量气室中对入射的红外线的吸收程度也相应增加,从而使红外探测器 2 与红外探测器 1 输出信号之间的差值变大。因此,可以根据该差值大小获得被测气体中 CO_2 气体的含量。

红外线气体分析仪的结构原理图如图 7-7 所示,它主要由红外线辐射光源、气室、红外探测器以及电器电路等部分构成。两个几何形状和物理参数都相同的灯丝串联构成了红外线辐射光

源,发射出具有一定波长的红外线,两部分红外线分别由两个抛物体反射镜聚成两束平行光,在同步电动机的切光片周期性切割作用下(即断续遮挡光源),就变成了两束脉冲式红外线。这两束红外线中的一路通过滤波室5进入参比气室6,另一路通过滤波室进入测量气室7,参比气室中密封的是不吸收红外线的气体,它的作用是保证两束红外线的光学长度相等,即几何长度加上通过的窗口数相等,因此通过参比气室的红外线,光强和波长范围基本上不变,而另一束红外线通过测量气室时,因测量气室中的待测气体按照其波长吸收特征吸收相应的红外光线,其光强减弱,所以进入检测室的红外线就被选择性吸收,待测组分气体吸收红外线能量后,气体分子的热运动加强,产生热膨胀形成压力的变化。由于进入检测室两侧红外线能量不同,两侧气室中的待测组分吸收红外线能量也不同,因此左右两侧气室内气体的温度变化也不同,压力变化也就不同,必然是左侧气室内气体的压力大于右侧气室内气体的压力,此压力差推动薄膜产生位移(图7-7中薄膜是鼓向右侧

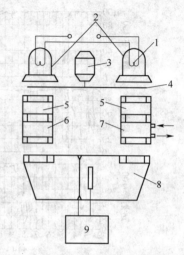

图7-7　红外线气体分析仪的结构原理图
1—红外线辐射光源;2—抛物体反射镜;
3—同步电动机;4—切光片;5—滤波室;
6—参比气室;7—测量气室;
8—红外探测器;9—放大器

的),从而改变了薄膜与另一定片之间的距离,因薄膜与定片组成一个电容器,它们之间距离的变化改变了电容器的电容量,因此电容的大小与样品中待测组分的含量有关。通过测量电容量的变化,就可以间接地确定待测组分的浓度,并在指示记录仪上把它显示出来。显然,待测组分的浓度越大,薄膜电容器的电容量变化越大,输出信号也越大。

7.2　水分和湿度检测

7.2.1　水分和湿度的定义及表示方法

一般将空气或其他气体中的水分含量称为湿度,将固体物质中的水分含量称为含水量。湿度和含水量是工业生产和农业生产的重要参数,也是生产环境条件的重要指标。

1. 气体的湿度

空气和其他气体的湿度可用以下方法表示:

(1)绝对湿度。在一定温度及压力条件下,每单位体积混合气体中所含的水蒸气量称为绝对湿度。单位为 g/m^3。

(2)相对湿度。单位体积混合气体中所含的水蒸气量与同温度下饱和水蒸气量的比值的百分数,一般用符号 RH 表示,饱和水蒸气量是指在一定温度下,单位体积的气体中所能含有的最大水蒸气量。

2. 固体的湿度

固体的湿度又称含水量,通常以物质中所含水分质量(或重量)与总质量(或总重量)之比的百分数来表示。

7.2.2 固体湿度的电测法

1. 红外式

在近红外光谱区,某些波长的红外辐射能量可以被水分子选择性的吸收,而在这些波长之外的红外辐射能量几乎不被水分子吸收。因此,可以利用易被水吸收和不被水吸收的两种波长的红外辐射轮流交替地透过被测固体,取其透过被测固体的辐射强度之比值来测定被测固体的水分。造纸工业中的红外水分测定仪就是利用这个原理测定纸张中的水分的。

2. 电阻式

利用固体物质的电阻值随含水量的不同而不同的特性,可以测量其湿度。例如,测量纸页的电阻值,便可间接地测得纸页的水分,纸页电阻的测量头如图7-8(a)所示。图7-8中1、2、3是用不锈钢制造的电极,它们之间用聚四氟乙烯绝缘,被测纸页在电极下面,这样可以测量纸页表面的电阻值 R_x。当纸页表面水分低于纸页内部水分时,这种测量方法将产生较大误差,最好测量穿透电阻。电极还可装在抄纸机的两辊之间,在生产过程中测量纸页的水分。

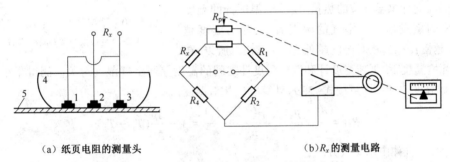

（a）纸页电阻的测量头   （b）R_x 的测量电路

图7-8 纸页电阻的测量头及 R_x 的测量电路

1,2,3—电极;4—聚四氟乙烯;5—被测纸页

电阻 R_x 的测量可以采用电桥法,如图7-8(b)所示,将 R_x 作为自动平衡电桥的一个桥臂。当纸页水分变化时,电桥产生不平衡电压,经电子放大器放大后,驱动可逆电动机转动,带动滑线式变阻器 R_p 的滑动触点,直到电桥重新平衡为止。可逆电动机还同时带动记录笔移动,记下纸页水分的变化。记录仪的刻度要按不同的纸种进行标定。

3. 电容式

由于水的相时介电常数是空气的82倍,干物料吸收水分以后,其介电常数将大大增加,根据物料介电常数与水分的关系,通过测量以物料为电介质的电容器的电容值即可确定物料的水分。

图7-9为用于测量纸页湿度的共面式平板电容式传感器示意图。这种传感器的突出特点是将两个极板安置在同一平面上,以纸页作为电介质构成了所谓共面或平板电容器。在两极板间形成了一个电场,其电感线穿过纸页的情况如图7-9中虚线所示。

电容器的两个极板可以与纸页直接接触(甚至可以加一定压力),也可以中间有一定距离。为了防止极板的边缘效应,极板可以制成同心圆环形式。此外,极板还可制成方形或将极板放置

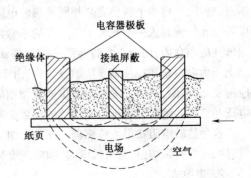

图7-9 共面式平板电容式传感器示意图

在纸页两侧等。

7.2.3　气体湿度的电测法

　　测量气体湿度的方法很多,但其原理不外乎通过物质从其周围的气体中吸收了水分后,引起物理、化学的性质变化,然后通过对这变化量的测量得到物质的吸水量,从而确定物质周围气体的湿度。

1. 测温式

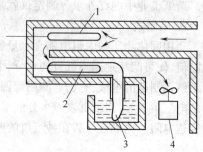

　　干湿球湿度计是测量空气湿度的传统仪表。这种湿度计的工作原理如图 7-10 所示。它由两只温度计组成,一只温度计 1 用来直接测量空气的温度,称为干球温度计;另一只温度计 2 水银包用一块有蒸馏水的润湿的纱布裹上,并保持湿润,称为湿球温度计。风机使温度计水银包周围形成气流。当纱布上的水分蒸发时,会吸收湿球温度计感温部位的热量,使湿球温度计的温度下降。水的蒸发速度与空气的湿度有关,相对湿度越高,蒸发越慢;反之,相对湿度越低,蒸发越快。所以,在

图 7-10　干湿球湿度计的工作原理
1,2—温度计;3—纱布;4—风机

一定的环境温度下,干球温度计和湿球温度计之间的温度差与空气湿度有关。测得了干球温度 T_1 和湿球温度 T_2 后,即可按式(7-9)计算空气相对湿度。

$$RH = \frac{p_n}{p_m} = \frac{p_m - Ap(T_1 - T_2)}{p_m} = 1 - \frac{Ap}{p_m}(T_1 - T_2) \tag{7-9}$$

式中:p_n——气体中水蒸气分压;

　　　p_m——饱和水蒸气分压;

　　　p——大气压;

　　　A——干湿球湿度计常数,取决于湿度计结构、湿球温度、气体种类、特别是周围气体流速。在气体流速超过 2.5~3 m/s 以后,常数 A 趋于不变,为此用风机来保持这一气体流速。

　　传统的方法是用水银温度计测量出干球温度和湿球温度后,根据这两个温度值,查阅相应的表格,确定气体的湿度。这种方法至今仍使用得很广泛,它的优点是设备比较简单,缺点是不能连续测量湿度,测量精度受风速及大气压力变化的影响较大。

　　图 7-11 为另一种根据热传导率之差的测湿原理制成的热敏电阻式湿度传感器的电路原理图及结构图。将两个特性完全相同的热敏电阻器 R_{t1}、R_{t2} 与 R_1 及 R_P 组成电桥。其中 R_{t2} 作为温度补偿元件被封入一个充满干燥空气的小盒内,而 R_{t1} 作为湿敏检测元件,用金属支架固定在有通气孔的小盒内,两个小盒的容积一样。调节电位器 R_P 使传感器在干燥空气中时,电桥电路输出电压为零。这样在传感器接触空气后,由于空气中水汽含量不同,空气的热传导率就会发生相应的变化,检测元件 R_{t1} 的电阻值也随着做相应的变化,从而使电桥失去平衡,电桥输出的不平衡电压和空气的绝对湿度近似成线性的函数关系。

　　这种热敏电阻式湿度传感器由于属于非水分子亲和力型传感器,所以没有滞后现象,不受风、油、灰尘的影响,具有灵敏度高、响应速度快的特点。

2. 电阻式

　　利用湿敏材料吸收空气中的水分而导致本身电阻值发生变化这一原理制成各种湿敏电阻

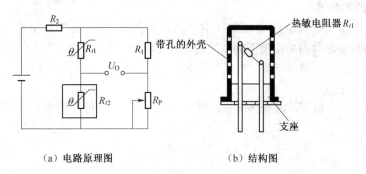

（a）电路原理图　　　　　　　（b）结构图

图 7-11　热敏电阻式湿度传感器电路原理图及结构图

器,通过测量湿敏电阻器受湿度影响后的电阻值即可测得相应的湿度。

3. 电容式

用具有迅速吸湿和脱湿能力的绝缘性高的高分子聚合物制成感湿薄膜,覆盖在叉指形金电极上,然后在感湿薄膜表面上再蒸镀一层多孔金属膜(上电极),构成一个平行板电容器。通常,水的介电常数比高分子聚合物的大得多,当环境中的水分子沿着上电极的毛细微孔进入感湿薄膜而被吸附时,高分子膜的介电常数随着其吸水量增加而增大,从而,高分子湿度电容器的电容值也随着其吸水量增加而增大,而吸水量的多少取决于气体湿度的大小,因此,在一定温度下,高分子湿敏电容器的电容值与气体中相对湿度之间成线性关系。

4. 石英振动式

在石英晶片的表面涂敷聚酯胺高分子膜,当膜吸湿时,由于膜的质量变化而使石英晶片振荡频率发生变化,不同的振荡频率就代表不同程度的湿度。这种湿敏元件在 0~50 ℃时,元件检湿范围是 0~100%RH,误差为±5%RH。

5. 多孔 Al_2O_3 湿度传感器

多孔 Al_2O_3 湿度传感器的基本结构是用高纯度薄铝片,在一定电解液中进行阳极氧化,生成一层厚 10~50 μm 的多孔 Al_2O_3 薄膜,然后在其上蒸镀一层约 30 nm 的多孔金电极,构成 Au-Al_2O_3-Al 的结构,在 Au 和 Al 的两面接上引线作为电极,封装于管壳内,即组成 Al_2O_3 湿度传感器。

由于水的介电常数很大,又具有微弱的导电性,所以 Al_2O_3 湿度传感器的电特性可等效为电容器 C_p 与电阻器 R_p 的并联。随着相对湿度增大,C_p 也增大,但 R_p 却减小,C_p 和 R_p 的取值取决于多孔 Al_2O_3 吸附水汽的数量,因此,通过测定 C_p 和 R_p 可测定环境的湿度。

除以上介绍的几种湿敏器件外,还有硅 MOS 型 Al_2O_3 湿敏传感器,湿敏 MOS 场效应晶体管、二氧化锡湿敏二极管、电容式集成湿度传感器等。

7.3　密度和浓度检测

7.3.1　密度的电测法

固体和液体的相对密度常采用压力为 101.325 kPa、温度为 4 ℃的纯水作为标准物质。气体相对密度,通常为标准状态下的气体密度和该状态下干空气密度之比值。某些专用的测量参数,例如,酒精度、糖度、乳汁度、硫酸度等都和介质的相对密度有一定换算关系。

1. 固体密度的测量

(1)经典法。用天平称量样品在空气中的砝码平衡质量 m,在液体中的砝码平衡质量为 m',查得所用液体在测量时的温度下的密度为 ρ',则可计算求得样品密度为

$$\rho = \frac{m}{m - m'} \times \rho' \qquad (7-10)$$

(2)射线法。若入射到被测物体的射线强度为 I_0,则射线穿过厚度为 h 的被测物体后,强度衰减为

$$I = I_0 e^{-\mu_\rho \rho h} \qquad (7-11)$$

式中:μ_ρ——质量吸收系数;

ρ——被测物体密度。

对于能量很低的 β 和 γ 射线,μ_ρ 和物质种类无关。若 I_0 和 h 一定,则强度衰减 I 为被测物体密度 ρ 的单值函数。

放射源一般根据被测物体确定。对运输气体中的粉末密度,用 ^{90} 锶等放射体的 β 射线,对液体中的粉末密度,用 ^{60} 钴的 γ 射线。检测器用盖革计数管或闪烁计数管。

这种方法的优点是与被测物质不直接接触,因此可用于高温、高压和高黏度介质的密度测量。但是因为射线对人体健康有害,故使用时,应注意防护措施。

2. 流体密度的测量

(1)链条平衡式。链条平衡式密度计如图 7-12 所示,被测液体从管道下方流入,从管道上方流出。浮子底部连接两条铂铱合金制成的链条,链条的另一端固定在管壁上。浮子位于中部时,两条平衡链条呈 U 形。当液体密度增加时,浮力增大,浮子上升,带动链条向上移动,链条间的夹角变小,使作用在浮子上的向下作用力增大,直至增加的浮力和链条给予的向下的力相等时,浮子达到新的平衡;反之,当液体密度减小时,浮力减小,浮子下降。故浮子位置与被测液体密度值相对应。

为了将浮子的位移变成电信号,通过浸没的浮子内的软铁芯和简外的感应线圈,采用差动变压器原理,测量浮子位置,并转换成远传的电信号。

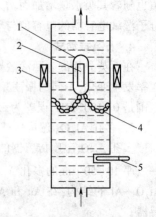

图 7-12　链条平衡式密度计

1—浮子;2—浮子的软铁芯;
3—检测线圈;4—链条;
5—温度监测器

(2)差压法。在被测液体液面下方的容器壁上,设置两个垂直距离为定值 H 的取压孔,用差压传感器测出这两个取压孔的差压 Δp,即可得到液体的密度 ρ

$$\rho = \frac{\Delta p}{gH} \qquad (7-12)$$

式中:g——重力加速度。

7.3.2　浓度的电测法

若总体积为 V 的溶液中溶质 B 的质量为 m_B,则溶质 B 的质量浓度可表示为

$$\rho_B = \frac{m_B}{V} \qquad (7-13)$$

溶质 B 的浓度可表示为

$$C_B = \frac{\rho_B}{M_B} \tag{7-14}$$

式中：M_B——溶质 B 的摩尔质量。

浓度的电测法有以下几种：

1. 电导式

电解质溶液的电导率不仅因溶液的成分不同而不同，就是对同一种溶液，由于含量或浓度不同，它们的电导率也不同。电导率与溶液浓度 C 之间的关系比较复杂。在低浓度区域，随着溶液浓度 C 的增大，溶液电导率也增大，两者近似呈线性关系；在高浓度区域，随着溶液浓度 C 的增加，电导率反而下降，两者之间也近似呈线性关系。因此，测量低浓度区域和高浓度区域（不能测量中间一段浓度）溶液的电导率，可以得知对应的溶液浓度 C。

图 7-13 为测量溶液电导的线路原理图，使被测溶液按箭头方向流过电导池 K，电导池内放置两个极板 1、2。若两极板间距离为 L，两极板之间溶液的截面积为 A，溶液的电导率为 γ，则溶液的电导 G 和电阻 R 的关系为

$$G = \frac{1}{R} = \gamma \frac{A}{L} \tag{7-15}$$

溶液的电导作为电桥的一个臂，电导变化将引起电桥不平衡输出，由毫伏表指示出被测值，从而间接测出溶液的浓度。

2. 电磁感应式

电磁浓度计原理图如图 7-14 所示。利用被测溶液构成一个短路线圈，将两个变压器 T_1 和 T_2 耦合起来。T_1 为激励变压器，其一次绕组通以交流电压时，溶液中便有感应电流 i_1 流过，i_1 的大小和被测溶液的电导率有关，亦即和溶液的浓度有关。溶液中的电流 i_1 在检测变压器 T_2 的二次线圈中感应生成电流 i_2，因此通过对 i_2 的测量可以得到溶液的电导，从而得出相应的浓度。

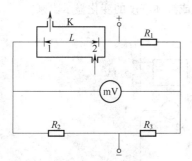

图 7-13 测量溶液电导的线路原理图
K—电导池；1、2—极板

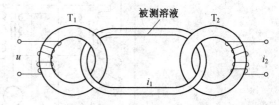

图 7-14 电磁浓度计原理图

3. 光电式

许多溶液的折射率取决于它的浓度，因此利用光电折光仪测量溶液的折射率可间接测量溶液的浓度。

许多物质，如糖类溶液能把通过它们的偏振光的振动平面旋转一定角度。该角度称为旋光度，与溶液浓度成正比。因此，利用光电自动旋光计测量溶液的旋光度，可求得溶液的浓度。

4. 石英晶体微量天平

采用石英晶体作为压电振子的质量-频率转换型压电传感器，被广泛地用来解决各种不同

的微量称重问题,故又称石英晶体微量天平,其工作原理是:在压电振子表面上涂敷一层很薄的能吸收被测气体分子的特殊涂层,当气体分子被压电振子表面上的涂层所吸收时,由于改变了压电振子的质量,使压电振子的谐振频率下降,谐振频率增量近似为

$$\Delta f = -\frac{f_P}{2M}\Delta m \tag{7-16}$$

式中: f_P —— 压电振子原有谐振频率;

$\quad M$ —— 压电振子原有质量;

$\quad \Delta m$ —— 振子表面涂层的质量变化。

当待测气体样品与压电振子的表面涂层相接触时,气体浓度越高,被吸收到涂层内的气体分子越多,压电振子的振动频率的变化与待测的气体浓度成正比。利用石英晶体微量天平作为气体探测器,只要选择合适的振子表面涂层材料,可以实现,乃至 10^{-9} 浓度范围内的气体检测。

石英晶体微量天平具有很高的灵敏度(可达 2.5 MHz/mg),分辨力可达 10^{-1} g,其测量误差一般为 1%~2%,它可以在很宽的温度范围内工作(从 0 ℃以下至 500~550 ℃),其测量结果与重力值及空间位置无关,且具有较强的耐冲击和耐振动的性能,成本不高且容易得到,其应用范围正在逐步扩大。除用于检测混合气体的成分外,还可测量薄膜厚度、湿度、微量杂质的浓度和物质的各种物理、化学参数等。

7.4 成分分析传感器工程应用实例

液体密度的测量常用浮筒式和振筒式。图 7-15 所示为浮筒式密度计。将浮筒置于被测液体中,液体的浮力与密度有关,当液体密度变化时,浮筒受的浮力不同而上、下移动。浮筒与差动变压器的铁芯相连,浮筒上、下移动带动铁芯位移,差动变压器就会有相应的输出。差动变压器的输出通过由图 7-15 中Ⅱ部分的测量和平衡机构变化或液体密度的变化显示出来。

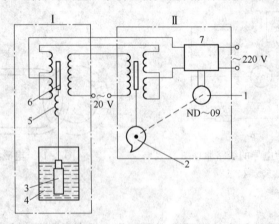

图 7-15 浮筒式密度计

1—可逆电动机; 2—凸轮; 3—浮筒; 4—被测液体; 5—测量弹簧; 6—铁芯; 7—电子放大器

液体静压力的大小与液体的深度差及密度有关,根据这一原理制成吹气式密度计,其原理图如图 7-16 所示。压缩空气经过滤、稳压后,分成两路并由调节针形阀使两路流量相等。一路为参比气路,经标准液后放空;另一路为测量气路,经被测液体排出。标准液体的密度为 ρ_1 ,被测

液体的密度为 ρ_x，两根气管插入液体的深度均为 H，这时两路气体的静压力差 ΔP 为

$$\Delta P = H(\rho_x - \rho_1)$$

通过差压计检测出静压力差 ΔP，经变换或密度值显示出来。

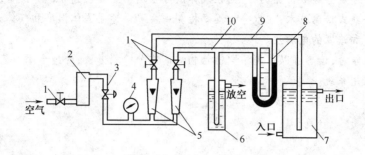

图 7-16　吹气式密度计原理图

1—针形阀；2—过滤器；3—稳压阀；4—压力表；5—流量计；6—标准液体；
7—被测液体；8—差压计；9—测量气路；10—参比气路

图 7-17 为防止酒后开车控制器原理图。图 7-17 中 QM-J$_1$ 为酒敏元件，7809 为集成稳压器，C 为比较器，5G1555 为集成定时器，K$_1$、K$_2$ 为电磁继电器。

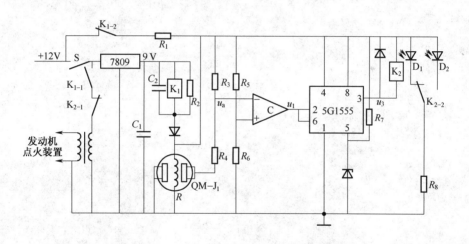

图 7-17　防止酒后开车控制器原理图

若驾驶人没喝酒，在驾驶室内合上开关 S，此时气敏器件的阻值很高，u_a 为高电平，u_1 为低电平，u_3 为高电平，继电器 K$_2$ 线圈失电，其动断触点 K$_{2-2}$ 闭合，发光二极管 D$_1$ 导通，发绿光，表示可以起动发动机。

若驾驶人酗酒，气敏器件的阻值急剧下降，使 u_a 为低电平，u_1 为高电平，u_3 为低电平，继电器 K$_2$ 线圈得电，K$_{2-2}$ 动合触点闭合，发光二极管 D$_2$ 导通，发红光，以示警告，同时动断触点 K$_{2-1}$ 断开，使驾驶人无法起动发动机。

若驾驶人拔出气敏器件，继电器 K$_1$ 线圈失电，其动合触点 K$_{1-1}$ 断开，驾驶人仍然无法起动发动机。动断触点 K$_{1-2}$ 的作用是长期加热气敏器件，保证此控制器时刻处于可工作的状态。

小　结

　　本章主要讲述成分参数检测的方法,在气体成分检测中主要讲述了热导式检测技术、热磁式检测技术和红外线式检测技术;在水分和湿度检测中主要讲述了固体湿度和气体湿度的电测法;最后介绍了密度和浓度的电测法。

　　通过本章的学习,读者可以了解不同性状物体的成分检测方法,并结合工程应用实例开发不同的成分检测应用系统。

习　题

7.1　试比较热导式气体分析仪和热磁式气体分析仪在检测原理上的异同点。

7.2　试比较固体湿度电测法和气体湿度电测法的不同点。

7.3　举例说明浓度和密度的电测法。

第8章 光电式传感器

本章要点:

➢ 光电器件及其应用;

➢ 电荷耦合器件(CCD)及应用;

➢ 光栅元件原理。

学习目标:

➢ 掌握各种光电器件的工作原理;

➢ 以应用实例加深对光电器件的理解和应用。

建议学时:4学时。

引　言

光电式传感器是以光电器件作为转换元件的传感器。它可用于检测直接引起光量变化的非电学量,也可用于检测转换成光量变化的其他非电学量。光电式传感器具有响应快、性能可靠、能实现非接触测量等优点,因而在检测和控制领域获得广泛应用。近年来,新的光电器件不断涌现,激光光源、光导纤维、CCD图像传感器相继出现和成功应用,为光电传感器的进一步应用开创了新篇章。本章首先介绍光谱及光电器件的原理,其次介绍了CCD图像传感器的原理及应用,最后介绍了光栅式传感器的原理及应用。在最后一节给出了光电式传感器工程应用实例。

8.1　光　谱

光电式传感器是将光信号转变为电信号的一种传感器,其理论基础是光电效应。光电传感器用于检测系统中,具有结构简单、稳定可靠、精度高和反应快等特点。

光一般是指能引起视觉的电磁波,这部分的波长范围在 0.38 μm(紫光)到 0.78 μm(红光)之间。它在电磁波中的位置如图 8-1 所示。

光具有波粒二象性,有时表现为波动性,有时表现为粒子性(光子),图 8-1 中光的电磁波谱图描述了光的波动性。波长在 0.78 μm 以上到 300 μm 左右的电磁波称为"红外线",在 0.38 μm 以下称为"紫外线"。红外线和紫外线不能引起视觉,但可以用光学仪器或摄影来察觉发现这种光线的存在,所以在光学上光也包括红外线和紫外线。

在太阳辐射的电磁波中,大于可见光波长的部分被大气层中的水蒸气和二氧化碳强烈吸收,小于可见光波长的部分被大气层中的臭氧吸收,到达地面的太阳光,其波长正好与可见光相同。

光与其他物理量相同,具有相应的物理单位,常用光度量及其单位包括:

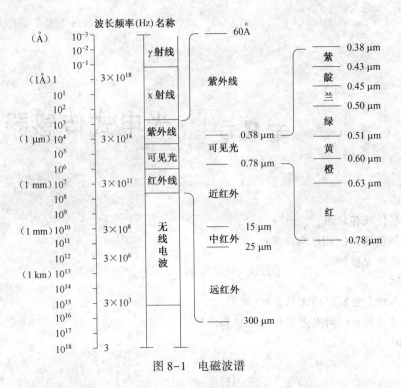

图 8-1　电磁波谱

1. 光通量

光源以辐射形式发射、传播出去并能使标准光度观察者产生光感的能量,称为光通量。即能使人的眼睛有光明感觉的光源辐射的部分能量与时间的比值,用符号 Φ 表示,单位是流明,符号为 1 m。光通量是光源的一个基本参数,是说明光源发光能力的基本量。

2. 发光效率

光源的发光效率通常简称为光效,或光谱光效能。若针对人造光源——灯而言,它是指光源发出的总光通量与灯消耗电功率的比值,也就是单位功率的光通量,即 lm/W。

3. 发光强度

一个光源在给定方向上立体角元内发射的光通量 $d\Phi$ 与该立体角元 $d\Omega$ 之商,称为光源在这一方向上的发光强度,以 I 表示,单位是坎[德拉],符号为 cd。坎[德拉]是国际单位制单位,它的定义是:光源在给定方向上的发光强度。

4. 照度

照度以 E 表示,单位是勒[克斯],符号为 lx。勒[克斯]也是国际单位制单位,1 lm 光通量均匀分布在 $1~m^2$ 面积上所产生的照度为 1 lx,即 $1~lx = 1~lm/m^2$。

照度是工程设计中的常见量,它说明了被照面或工作面上被照射的程度,即单位面积上的光通量的大小。

5. 亮度

表面上一点在给定方向上的亮度,即视线方向上单位面积的发光强度。亮度以 L 表示,单位是埃[德拉]每平方米,符号为 cd/m^2。

以上五个常用的光度单位,从不同侧面表达了物体的光学特征。针对光源的光度单位有光通量、发光效率和发光强度。光通量表征发光体辐射光能的多少,不同的发光体具有不同的能量;发光效率表示光源发光的质量和效率,根据这个参数可以判别光源是否节能;发光强度表明光通量在空间的分布状况,工程上用配光曲线图加以描述;照度是针对被照物而言,表示被照面接受光通量的面密度,用来鉴定被照面的照明情况;亮度则表示发光体在视线方向上单位面积的发光强度,它表明物体的明亮程度。

8.2 光 电 器 件

光电器件的主要功能是通过光电转换元件将光信号转化为电信号,其转换原理依据的是光电效应,光电效应可分为外光电效应和内光电效应两大类,表8-1所示为光电转换器件原理及器件概述。其中,内光电效应又分为光电导效应和光生伏特效应。基于外光电效应的光电器件有光电管、光电倍增管等;基于内光电效应的光电器件有光敏电阻器、光电二极管、光电三极管和光电池等。

表8-1 光电转换器件原理及器件概述

原 理		器 件	应 用 问 题
外光电效应		在光线的作用下,物体内的电子逸出物体表面向外发射,形成光电流的现象称为外光电效应	真空光电二极管、充气光电管、光电倍增管,属光电发射器件	(1)光频率必须高于红限频率; (2)产生的光电流与光强成正比; (3)为使初始状态光电流为零,必须加负截止电压,而且截止电压与入射光的频率成正比
内光电效应	光电导效应	当光照射在半导体材料上,使半导体的电阻率发生变化	光敏电阻器	探测照射光波长小于光电导体材料长波限λ的光线
	光生伏特效应	在光线作用下能够使物体产生一定方向的电动势	光电池、光敏二极管、光敏三极管、光敏场效应晶体管	光电池的光电流与照度线性变化,适用于开关和线性测量。光敏场效应管偏置电流较小,适合于光功率很小的场合

8.2.1 光敏电阻器

光敏电阻器是利用半导体光电导现象来探测光信号的器件。它可以是单晶薄片、多晶薄片、烧结成的多晶薄膜、真空蒸发薄膜、化学淀积薄膜或溅射膜等。

1. 光敏电阻器的结构和原理

光敏电阻器又称光导,几乎都是用半导体材料制成的。光敏电阻器的结构与接线图如图8-2所示。

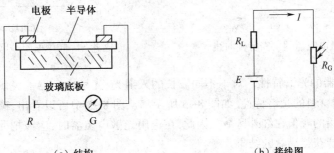

（a）结构　　　　　　　　　　（b）接线图

图8-2 光敏电阻器的结构与接线图

光敏电阻器在受到光的照射时,由于内光电效应使其导电性能增强,电阻值下降,所以流过负载电阻 R_L 的电流及其两端电压也随之变化。光线越强,电流越大,电阻值也变得愈低。当光照停止时,光电效应消失,电阻恢复原值。若把光敏电阻器接成闭合回路,通过改变光照的强度就可改变回路中的电流大小,可将光信号转换为电信号。

光敏半导体材料有硅、锗、硫化镉、硫化铅、锑化铟、硒化镉等。对于不具备发光特性的纯半导体可以加入适量杂质使之产生光电效应特性。用来产生这种效应的物质由金属的硫化物、硒化物、碲化物等组成,如硫化镉、硫化铅、硫化铊、硫化铋、硒化镉、硒化铅、碲化铅等。光敏电阻器应用取决于它的一系列特性,如暗电流、光电流,光敏电阻器的伏安特性、光照特性、光谱特性、频率特性、温度特性以及光敏电阻器的灵敏度、时间常数和最佳工作电压等。

2. 光敏电阻器的特性

(1)暗电阻、亮电阻与光电流。光敏电阻器在未受到光照射时的电阻称为暗电阻(兆欧级),此时流过的电流称为暗电流。在受到光照射时的电阻称为亮电阻(几千欧以下),此时流过的电流称为亮电流。亮电流与暗电流之差称为光电流。

一般暗电阻越大越好,亮电阻越小越好,光敏电阻器的灵敏度越高越好。暗电阻与亮电阻之比一般在 $10^2 \sim 10^6$ 之间。

(2)光敏电阻器的伏安特性。在光敏电阻器两端所加电压和其内部通过的电流的关系曲线,称为光敏电阻器的伏安特性。

一般光敏电阻器如硫化铅、硫化铊的伏安特性曲线如图 8-3 所示。当光照一定时,其电阻值与外加电压无关;所加的电压越高,光电流越大(线性),而且没有饱和现象。在给定的电压下,光电流的数值将随光照增强而增大。

(3)光敏电阻器的光照特性。光敏电阻器的光照特性用于描述光电流 I 和光照强度之间的关系,绝大多数光敏电阻器光照特性曲线是非线性的,如图 8-4 所示。不同光敏电阻器的光照特性是不同的,一般光照越强,光电流越大。由于光敏电阻器光照特性的非线性,故光敏电阻器不宜作为线性测量元件,一般用作开关式光电转换器。

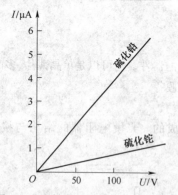

图 8-3　光敏电阻器的伏安特性曲线

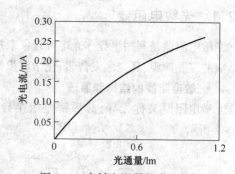

图 8-4　光敏电阻器的光照特性

(4)光敏电阻器的光谱特性。对于不同波长的入射光,光敏电阻器的灵敏度是不同的。几种常用光敏电阻器材料的光谱特性,如图 8-5 所示。从图 8-5 中可以看出,硫化镉的峰值在可见光区域,而硫化铅的峰值在红外区域。因此,在选用光敏电阻器时,应该把元件和光源的种类结合起来考虑,才能获得满意的结果。

(5)光敏电阻器的响应时间和频率特性。光敏电阻器的光电流不能立刻随着光照量的改变而立即改变,即光敏电阻器产生的光电流有一定的惰性,这个惰性通常用时间常数 t 来描述。所谓时间常数即为光敏电阻器自停止光照起到电流下降为原来的63%所需要的时间,因此,时间常数越小,响应越迅速;但大多数光敏电阻器的时间常数都较大,这是它的缺点之一。

图 8-6 所示为硫化镉和硫化铅的光敏电阻器的频率特性。硫化铅的使用频率范围最大,其他都较差。目前正在通过工艺改进达到改善各种材料光敏电阻器的频率特性。

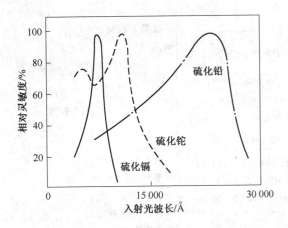

图 8-5 光敏电阻器的光谱特性图

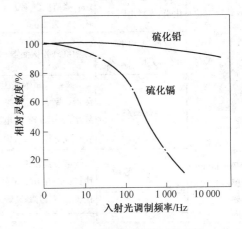

图 8-6 光敏电阻器的频率特性

(6)光敏电阻器的温度特性。随着温度不断升高,光敏电阻器的暗电阻和灵敏度都要下降,同时温度变化也影响它的光谱特性曲线。图 8-7 所示为硫化铅的光谱温度特性曲线。从图 8-7 中可以看出,它的峰值随着温度上升向波长短的方向移动,因此有时为了提高元件的灵敏度,或为了能够接受较长波段的红外辐射而采取一些制冷措施。

几种典型的光敏电阻器见表 8-2,部分国产光敏电阻器的参数见表 8-3。

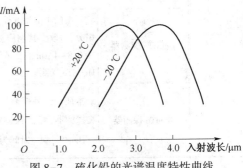

图 8-7 硫化铅的光谱温度特性曲线

表 8-2 几种典型的光敏电阻器

敏感区域	名 称	主 要 特 点	主 要 缺 点	应 用 领 域
对可见光 (0.38~0.78 μm) 敏感的光敏电阻器	CdS 光敏电阻器	光谱灵敏区在 0.3~0.5 μm 之间。照度大,阻值小;照度小,阻值大。中等照度下,光敏电阻器功耗最大。照度越大,响应时间越短	受单晶大小的限制,受光面积小,光电流容量低	制造自动控制元件,如产品计数器、路灯控制、照相曝光控制、电影拾音及激光测距等
	CdSe 光敏电阻器	可见光波段内使用最广泛的一种,光谱响应峰值在 0.67 μm 左右,对红光也很灵敏。有比 CdS 更快的响应速度,大约快 10 倍	灵敏度随工作温度变化较大	

续表

敏感区域	名　称	主　要　特　点	主　要　缺　点	应　用　领　域
对红外光 (0.78～100 μm) 敏感的光敏电阻器	薄膜型 PbS(硫化铅)光敏电阻器	常用的近红外光(适用小于 3 μm)探测器。室温下峰值响应在 2.1 μm。探测率高,响应时间 $\tau=20～200$ μs	低温下响应时间长	不同波段的红外探测
	薄膜型 PbSe(硒化铅)光敏电阻器	中红外光探测器,室温下峰值响应在 3.8 μm,峰值探测率 $D\approx2\times10^{10}$ cm · $\sqrt{Hz}$ /W,响应时间为 2 μs		
	薄膜型 PbTe(锑化铅)光敏电阻器	中红外光探测器。用于 3～5 μm 波段		
	InSb 探测器	在 3～5 μm 波段上应用最广的一种中红外探测器。室温下,它的截止波长可达 7.5 μm。光导型的 Insb 光敏电阻器峰值探测率 $D\approx2\times10^{10}$ cm $\sqrt{Hz}$ /W,响应时间约 6 μs		
	锗掺杂光敏电阻器	峰值波长在 5 μm 左右,锗掺汞的在 10.5 μm,锗掺镉的在 16 μm,锗掺铜的在 23 μm,锗掺锌的在 36 μm,锗掺镓、硼的截止波长可达 150 μm	虽有较高的探测率和较快的响应速度,但是它们中多数需要在深低温条件下工作,这样就限制了实际的使用	
	砷化镓掺杂光敏电阻器	探测波长在 100～400 μm 的极远红外区。这种光敏电阻器有很高的探测率		
	HgCdTe 探测器	新型的本征型红外探测器。调节材料中镉的组分,可改变其响应波长。目前已能设计响应在 0.8～4 μm 波长范围内不同工作波段的各种 HgCdTe 探测器	同其他非本征光电导材料一样,它也必须在深低温条件下才能工作	适于制备高速、高性能的探测器。温度在 77 K 下使用的两种重要的 8～14 μm 波段的探测器
	PbSnTe 探测器	本征型红外探测器。PbSnTe 光伏型和光导型探测器,峰值探测率已达 $D\approx2\times10^{10}$ cm · $\sqrt{Hz}$ /W,响应时间为 10 ns		

表 8-3　部分国产光敏电阻器的参数表

型号	亮电阻/Ω	暗电阻/Ω	光谱峰值波长/Å	时间常数/ms	耗散功率/mW	极限电压/V	温度系数/(%/℃)	工作温度/℃	光敏面/mm²	使用材料
RG-CdS-A	$\leqslant5\times10^4$	$\geqslant1\times10^8$	5 200	<50	<100	100	<1	-40～80	1～2	硫化镉
RG-CdS-B	$\leqslant1\times10^5$	$\geqslant1\times10^8$				150	<0.5			
RG-CdS-C	$\leqslant5\times10^5$	$\geqslant1\times10^8$				150	<0.5			
RG1A	$\leqslant5\times10^3$	$\geqslant5\times10^6$	4 500～8 500	$\leqslant20$	20	10	$\leqslant\pm1$	-40～70		硫硒化镉
RG1B	$\leqslant20\times10^3$	$\geqslant20\times10^6$			20	10				
RG2A	$\leqslant50\times10^3$	$\geqslant50\times10^6$			100	100				
RG2B	$\leqslant200\times10^3$	$\geqslant200\times10^6$			100	100				

型号	亮电阻/Ω	暗电阻/Ω	光谱峰值波长/Å	时间常数/ms	耗散功率/mW	极限电压/V	温度系数/(%/℃)	工作温度/℃	光敏面/mm²	使用材料
RL-18 RL-10 RL-5	$<5\times10^5$ $5\times10^4\sim$ 9×10^4 $<4\times10^4$	$>1\times10^9$ $>5\times10^8$ $>1\times10^9$	5 200	<10 <10 <5	100	300 150 $30\sim50$	<1	$-40\sim80$		硫化镉
81-A 81-B 81-C 81-D 81-E	$<1\times10^4$ $<1\times10^4$ $<5\times10^4$ $<1\times10^5$ $<1\times10^6$	$>1\times10^8$ $>5\times10^6$ $>1\times10^7$ $>2\times10^7$ $>1\times10^8$	6 400	10	15	50	<0.2	$-50\sim60$		硫化镉
82-A 82-B	$<5\times10^3$ $<1\times10^5$	$>1\times10^8$ $>1\times10^{10}$	7 500	5 3	40	50	1	$-40\sim60$		硒化镉
625-A 625-B	$<5\times10^4$ $<5\times10^5$	$>5\times10^7$ $>5\times10^7$	7 400	$2\sim6$	<100 <300	100	1	±40	180 274	

3. 光敏电阻器使用注意事项

光敏电阻器在使用中应注意以下几个问题：

(1)用于测光的光源光谱特性必须与光敏电阻器的光电特性匹配。

(2)要防止光敏电阻器受杂散光的影响。

(3)要防止使光敏电阻器的电参数(电压、功耗)超过允许值。

(4)根据不同用途,选用不同特性的光敏电阻器。一般说,用于数字信号传输时,选用亮电阻与暗电阻差别大的光敏电阻器为宜,且尽量选用光照指数大的光敏电阻器;用于模拟信号传输时,则以选用光照指数小的光敏电阻器为好,因为这种光敏电阻器的线性特性好。

8.2.2　光电池

光电池是在光线照射下,能直接将光能量转变为电动势的光电器件,属于有源器件,实质上就是电压源。光电池的种类很多,有硒光电池、氧化亚铜光电池、硫化铊光电池、硫化镉光电池、锗光电池、硅光电池、砷化镓光电池等。其中,最受重视、应用最广、最有发展前途的是硅光电池和硒光电池,因为它们性能稳定、光谱范围宽、频率特性好、转换效率高、能耐高温辐射等。

硅光电池的价格便宜、转换效率高。使用寿命长,适于接受红外光。硒光电池的光电转换效率低、使用寿命短,适于接收可见光。砷化镓光电池转换效率比硅光电池稍高,光谱响应特性与太阳光谱最吻合,且工作温度最高,更耐受宇宙射线的辐射。因此,它在宇宙飞船、卫星、太空探测器等的电源方面应用最广。

1. 结构原理

硅光电池是在一块 N 型硅片上,用扩散的方法掺入一些 P 型杂质(例如硼)形成 PN 结,硅光电池结构示意图如图 8-8 所示,工作原理图及图形符号如图 8-9 所示。

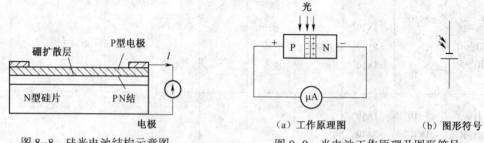

图 8-8　硅光电池结构示意图　　　　　图 8-9　光电池工作原理及图形符号

P 型层做得很薄,目的是光线可以通过 P 型层照射到 PN 结上。当光照射到 PN 结区域时,由于吸收了光子的能量而产生了电子-空穴对,在 PN 结电场作用下,电子被推向 N 型区,而空穴被拉进 P 型区(漂移运动)。结果在 P 型区一边积聚了大量过剩空穴,N 型区一边却积聚了大量电子,使 P 型区带正电荷,N 型区带负电荷,从而在两区之间产生了光生电动势,这就构成了一个光电池。若用导线将 PN 结两端连接起来或接于外电路中,电路中就有电流流过。

硒光电池是在铝片上涂硒,再用溅射的工艺,在硒层上形成一层半透明的氧化镉。在正反两面喷上低溶合金作为电极,如图 8-10 所示。在光线照射下,镉材料带负电,硒材料带正电,形成光电流或光电势。

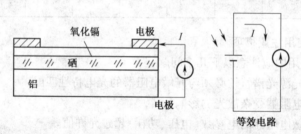

图 8-10　硒光电池结构示意图

2. 主要特性

(1)光电池的光谱特性。硅光电池和硒光电池的光谱特性曲线如图 8-11 所示。从该曲线上可以看出,不同材料的光电池,光谱峰值的位置不同。例如,硅光电池峰值波长在 800 nm 附近;硒光电池峰值波长在 540 nm 附近。

硅光电池的光谱范围广,即为 450~1 100 nm 之间;硒光电池的光谱范围为 340~750 nm。因此,硒光电池适用于可见光,常用于照度计测定光的强度。

在实际使用中,应根据光源性质来选择光电池的类型,也可以根据光电池的特性来选择光源。使用时要注意,光电池光谱值位置不仅和制造光电池的材料有关,同时也和制造工艺有关,而且也随着使用温度的不同而有所移动。

(2)光电池的光照特性。光电池在不同的光强照射下可产生不同的光电流和光生电动势。硅光电池的光照特性曲线如图 8-12 所示。从曲线上可以看出,短路电流在很大范围内与光强成线性关系。开路电压随光强变化是非线性的,并且当照度在 2 000 lx 时就趋于饱和了。因此,当光电池作为测量元件时,应当作电流源的形式来使用,不宜用作电压源。

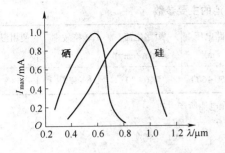

图 8-11　硅光电池和硒光电池的光谱特性曲线

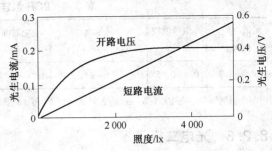

图 8-12　硅光电池的光照特性曲线

光生电动势 U 与照度 E 之间的特性曲线称为开路电压曲线。光电流密度 J 与照度 E 之间的特性曲线称为短路电流曲线。

光电池的短路电流是指外接负载电阻相对于光电池内阻很小时的光电流。而光电池的内阻是随着照度增加而减小的,所以在不同照度下可用大小不同的负载电阻为近似"短路"条件。由实验可知,负载电阻越小,光电流与照度之间的线性关系越好,且线性范围越宽。对于不同的负载电阻,可以在不同的照度范围内,使光电流与光强保持线性关系。所以应用光电池作为测量元件时,所用负载电阻的大小,应根据光强的具体情况而定。总之,负载电阻越小越好。

(3)光电池的频率特性。光电池在作为测量、计数、接收元件时,常用交变光照。光电池的频率特性就是反映光的交变频率和光电池输出电流关系的,如图 8-13 所示。从曲线上可以看出,硅光电池有很高的频率响应,可用在高速计数、有声电影等方面。这是硅光电池在所有光电器件中最为突出的优点。

(4)光电池的温度特性。光电池的温度特性主要是描述光电池的开路电压和短路电流随温度变化的情况。由于它关系到应用光电池设备的温度漂移,影响到测量精度或控制精度等主要指标,因此它是光电池的重要特性之一。光电池的温度特性曲线如图 8-14 所示。从曲线上可以看出,开路电压随温度升高而下降的速度较快,而短路电流随温度升高而缓慢增加。因此,当光电池作为测量元件时,在系统设计中应该考虑到温度的漂移,从而采取相应的措施来进行补偿。

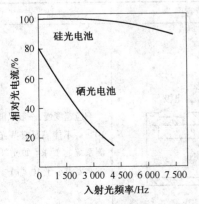

图 8-13　光电池的频率特性曲线

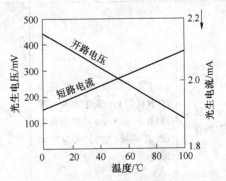

图 8-14　光电池的温度特性曲线

2CR 型硅光电池的主要参数见表 8-4。

表 8-4　2CR 型硅光电池的主要参数

光谱响应范围/μm	光谱峰值波长/μm	灵敏度（nA/mm² · lx）	响应时间/s	开路电压*/mV	短路电流*/(mA/cm²)	转换效率*/%	使用温度/℃
0.4~1.1	0.8~0.95	6~8	$10^{-3} \sim 10^{-4}$	450~600	16~30	6~12 以上	−55~+125

*指测试条件在 $100\ \mathrm{mW/cm^2}$ 的入射光照射下，每 $1\ \mathrm{cm^2}$ 的硅光电池所产生的。

8.2.3　光电二极管

光电晶体管是一种利用光照时，半导体内载流子数目增加的特性制成的半导体光电器件，它与普通的晶体管一样，也具有 PN 结。通常把有一个 PN 结的称为光电二极管；把有两个 PN 结的称为光电三极管（或光电晶体管）。

光电二极管的结构与一般二极管相似。它装在透明玻璃外壳中，其 PN 结装在管顶，可直接受到光的照射。光电二极管的图形符号如图 8-15 所示。光电二极管在电路中一般是处于反向工作状态的，如图 8-16 所示。

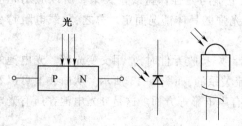

图 8-15　光电二极管的图形符号

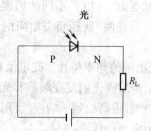

图 8-16　光电二极管接线图

光电二极管根据结电场形成的原因，有金属和半导体接触利用金属的肖特基效应建立的；由同一种半导体材料，经不同的杂质扩散而形成同质结，以及由不同种类半导体材料形成的异质结。因此，光电二极管大致分为肖特基型、异质结型和扩散型（普通 PN 结型，PIN 型和雪崩型），其结构和工作原理见表 8-5。

表 8-5　光电二极管结构和工作原理

类　型	结　构　特　点	结构示意图	特　点
PN 型光电二极管	与普通二极管一样，由 P 区、N 区和 PN 结组成，N 层很厚（0.2~0.3 mm），空间电荷区（耗尽层）较宽，响应时间缩短	光　电极　SiO_2　P^+　N　电极	响应速度慢，一般只能达到 10^{-7} s，不能满足有些光电检测系统的要求（如光纤检测常常要求小于 10^{-8} s）

续表

类 型	结 构 特 点	结构示意图	特 点
PIN 型光电二极管	N 层减薄,在 P 区和 N 区之间增加了 I 层,形成了 PIN 光电二极管		响应速度快,灵敏度高,线性度也较好
APD 型光电二极管（又称雪崩型光电二极管）	利用高的反向偏压使载流子发生雪崩似的激增,得到高的电流增益,具有类似光电倍增管的效果,其增益带宽可以高于 100 GHz		这种器件能对微波频率调制的光产生响应。
肖特基型光电二极管	其特性和 PIN 型光电二极管相似,N 型半导体上覆盖上一层极薄的金属膜(<10 nm),光透过金属膜入射,为避免反射,膜表面涂有抗反射涂层		在可见光和紫外光波段特别有用,具有极高的光吸收系数

光电二极管的主要特性有:伏安特性、光谱响应特性、频率特性及噪声特性。主要参数有:暗电流、光电流、最高工作电压、响应时间、响应度等。

1. 伏安特性

在无光照时,光电二极管和普通二极管有相同的伏安特性,二极管电流 I_D 和 PN 结所加电压 U 之间的关系如图 8-17 所示。

当外加电压 $U<0$(反向电压)时,I_D(反向)随电压 U 增加而增加是少量的。

在有光照时,除有 I_D 之外,还会有光生载流子产生的光电流 I_Φ,I_Φ 和照度 E 有关,在一定的反向电压范围内 I_Φ 和 PN 结上的外加电压 U 大小无关,因此,相当于是一个受光照控制的恒流源,它是反向电流。

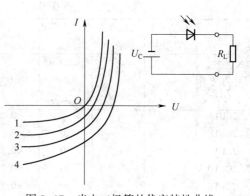

图 8-17 光电二极管的伏安特性曲线

此时通过负载 R_L 的电流 I 为

$$I = I_D - I_\Phi = I_{s0}(e^{\frac{qu}{k_B T}} - 1) - I_\Phi \tag{8-1}$$

式中:I_{s0}——无光照时反向饱和电流;

q——电子电荷量,$q = 1.602 \times 10^{-19}$C;

k_B——玻耳兹曼常量,$k_B = 1.38 \times 10^{-23}$;

T——绝对温度。

2. 光谱响应特性

只有波长一定短的光,其光子能量才能大于半导体材料的禁带宽度 E_g,当它入射到 PN 结区才会激发出光生载流子,产生光生伏特效应。因此,对于每一种半导体材料均有一个光波长的最长限,如硅半导体材料的禁带宽度 $E_g=1.12$ eV,故长波限 λ_p 为 $\lambda_p=\dfrac{1.24\times10^3}{E_g}=\dfrac{1.24}{1.12\ \text{eV}}\times10^3=$ 1.1 μm。此外,虽然波长越短,光子能量越大,但它在光电管芯表面反射损失也最严重,因此对光电二极管亦有一个短波长限 λ_s,对硅为 0.4 μm,这样硅光电二极管的光谱带范围为 0.4 ~ 1.1 μm(响应峰值的波长为 0.9 μm)。

3. 频率特性

当入射光强度被调制成交变时,光电二极管处于交流小信号下工作,此时其输出信号电流将随光信号的调制频率提高而下降。

决定频率特性的是光电二极管的响应时间,因为其响应时间很短,因此光电二极管有较好的频率特性。频率特性以 APD 型光电二极管最好,而 PN 型光电二极管比 PIN 型光电二极管差。

4. 暗电流

暗电流是指无光照条件下,在一定反向电压下的反向漏电流,它是反向饱和电流、复合电流、表面漏电流和热电流之和。

暗电流小、噪声低,光电二极管性能就稳定,检测弱信号能力就强。为减小暗电流影响,有的光电二极管装有环极,环极接电源正极,使表面漏电流不流经负载,克服了表面漏电流的影响。

5. 最高工作电压

在保证无光照时光电二极管中反向电流不超过规定值的前提下,光电二极管上所允许加的最高反向电压。

2CU 型硅光电二极管的参数见表 8-6。

表 8-6　2CU 型硅光电二极管参数

项目　　型号	光谱响应范围/Å	光谱峰值波长/Å	最高工作电压 U_{max}/V	暗电流 /μA	光电流 /μA	灵敏度 /(μA/μW)	响应时间 /s	结电容 /pF	使用温度 /℃
测试条件	—	—	$I_D<0.1\ \mu$A $H<$ $0.1\ \mu$W/cm²	$U=U_{max}$	$U=U_{max}$	$U=U_{max}$, 入射光波长 为 9 000 Å	$U=U_{max}$, 负载电阻为 1 000 Ω	$U=U_{max}$	—
2CU1A			10	<0.2	>80			<5	
2CU1B			20	<0.2	>80			<5	
2CU1C			30	<0.2	>80			<5	
2CU1D			40	<0.2	>80			<5	
2CU1E			50	<0.2	>80			<5	
2CU2A			10	<0.1	≥30			<5	
2CU2B	4 000 ~11 000	8 600 ~9 000	20	<0.1	≥30	≥0.5	10^{-7}	<5	−55 ~ +125
2CU2C			30	<0.1	≥30			<5	
2CU2D			40	<0.1	≥30			<5	
2CU2E			50	<0.1	≥30			<5	
2CU5A			10	<0.1	≥10			<2	
2CU5B			20	<0.1	≥10			<2	
2CU5C			30	<0.1	≥10			<2	

8.2.4 光电三极管

光电三极管的结构与一般三极管很相似,只是它的发射极一般做得很小,以扩大光的照射面积。利用一般三极管的电流放大原理,有锗或硅单晶制造的 PNP 型和 NPN 型两种。如图 8-18 所示,b、e、c 分别表示光电三极管的基极、发射极和集电极,β 表示晶体管的放大倍数,光敏面是基区。其中,图 8-18(a)是无基极引线的光电三极管,基极注入电流来自于光照,图 8-18(b)是使用基极引线的电路,主要用于温度补偿,可实现光、电信号的混合控制,有利于保证工作点稳定,响应加快等;图 8-18(c)为复合型,主要用于提高光电转换灵敏度,增大输出的光电流,但响应速度慢、暗电流影响大。图 8-19 是两种基本应用电路,图 8-19(a)有光照时输出高电平,图 8-19(b)无光照时输出高电平。

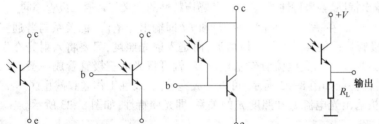

(a) 无基极引线型 (b) 有基极引线型 (c) 复合型

图 8-18 光电三极管引线方式

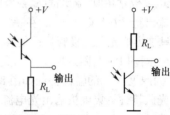

(a) 有光照时输出高电平 (b) 无光照时输出高电平

图 8-19 两种基本应用电路

1. 工作原理

光电三极管的基本结构和普通三极管一样,有两个 PN 结。图 8-20 为 NPN 型,b-c 结为受光结,吸收入射光,基区面积较大,发射区面积较小。当光入射到基极表面,产生光生电子-空穴对,会在 b-c 结电场作用下,电子向集电极漂移,而空穴移向基极,致使基极电位升高,在 c、e 间外加电压作用下(c 为+、e 为-)大量电子由发射极注入,除少数在基极与空穴复合外,大量通过极薄的基极被集电极收集,成为输出光电流。

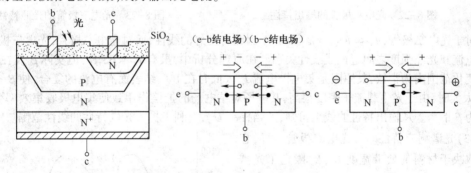

图 8-20 光电三极管的工作原理图

如图 8-21 所示,由移向基极的光生空穴作为基极电流 I_D,它控制发射区的电流扩散,实现光电流放大,光电三极管集电极输出的光电流 I_Φ 为

$$I_\Phi = I_D(1 + \beta) \approx \beta I_D = \beta S_I E \tag{8-2}$$

式中:S_I——b-c 结的光电灵敏度;

E——入射光照强度;

β——放大倍数(一般有几十倍)。

2. 主要特性和参数

光电三极管的主要特性有:输出特性、光照特性、光谱响应特性、频率特性、噪声特性和温度特性;主要参数有:暗电流、光电流、最高工作电压、响应时间、光谱响应特性等。其中,暗电流、光电流、最高工作电压的含义和光电二极管相似,而且暗电流数值也相差不多(大多数在 0.5 μA 以下,一般不超过 1 μA),只是光电三极管的光电流较大,一般有几百微安到几毫安,大的可达几十毫安。而光电二极管仅几微安到几百微安。响应时间和光电特性的含义也和光电二极管相同,只是光电三极管的光电特性线性较差,响应时间要长些。光谱响应特性、响应范围也和光电二极管相似,输出特性、频率特性、温度特性和噪声特性的含义与普通三极管相同。

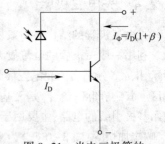

图 8-21　光电三极管的
光电流放大

(1)输出特性(伏安特性)。在一定入射光强下,U_{ce} 和 I_c(即输出光电流)的关系与普通三极管相似,只是影响光电三极管特性的参量不是基极电流,而是入射光照度,只要将入射光在发射极与基极之间的 PN 结附近所产生的光电流看作基极电流,就可将光电三极管看成一般的三极管。在不同照度 E 下的输出特性如图 8-22 所示,可以分成饱和区、线性工作区和截止区。

(2)光照特性。集电极输出光电流 I_Φ 和照度 E 的关系,即光照特性,如图 8-23 所示。

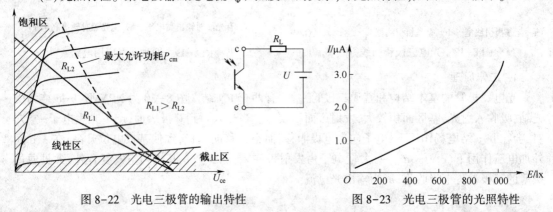

图 8-22　光电三极管的输出特性　　　　图 8-23　光电三极管的光照特性

对于光电二极管,$I_\Phi \propto E^v(v = 1 \pm 0.05)$ 因此有良好的线性,而对光电三极管,光电三极管的输出电流和光照强度之间近似成线性关系。在原理分析中,虽有 $I_\Phi = \beta S_1 E$,但实际 β 仅在 E 的有限变化范围内为常数,其原因是集电极电流 I_c 太低时在 b-e 结表面有电流的复合,使 β 下降;而 I_c 太大时,由于光生载流子密度很高,其电场对结电场的抵偿作用致使集电极收集效率变差,表现为 β 下降。从输出特性曲线上可知,适当提高 U_{ce},有利于扩大光电特性的线性范围。

(3)光谱响应特性。与光电二极管一样,它主要取决于材料的禁带宽度 E_g,E_g 限定了光谱的长限波长,而光谱的短限波长则受管芯表面的反射损失以及复合因素的影响。光电三极管的光谱响应特性如图 8-24 所示。

从光谱响应特性曲线上可以看出,光电三极管存在一个最佳灵敏度的峰值波长。当入射光的波长大于峰值波长时,相对灵敏度要下降,这是由于光子能量太小,不足以激发电子-空穴

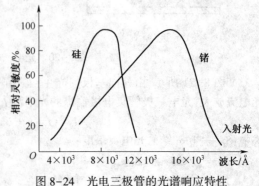

图 8-24　光电三极管的光谱响应特性

对。当入射光的波长小于峰值波长时,相对灵敏度也下降,这是由于光子在半导体表面附近就被吸收,并且在表面激发的电子-空穴对不能到达 PN 结,因而使相对灵敏度下降。

硅管的峰值波长为 900 nm,锗管的峰值波长为 1 500 nm。由于锗管的暗电流比硅管大,因此锗管的性能较差。因此,在可见光或探测炽热状态物体时,一般都选用硅管;但对红外线进行探测时,则采用锗管较合适。

(4)频率特性。频率特性取决于响应时间,对于光电三极管,b-e 结电容较大,其充放电过程对响应时间影响很大,在原理上和光电二极管结电容处于相同地位的 b-c 结电容虽较小,但它影响基极电流 I_b,因此对集电极输出光电流的时间常数影响极大。此外,还有 c-e 结电容,因此光电三极管的响应时间远大于光电二极管,达到 5~10 μs,选用的经验:入射光的调制频率在 10 MHz 以上时,选用 PN 型或硅 APD 型光电二极管,只是在低于 200~300 kHz 时才宜选用光电三极管。

(5)温度特性。光电三极管和普通三极管一样,温度影响电子的热运动,使特性受影响,最敏感的是电流放大倍数 β 和反向饱和电流(暗电流)I_{ce_0}。对硅和锗材料,暗电流随温度上升呈指数规律增加,而光电流的增加则很少,因此对于弱光信号下必须注意温度影响。在电路中采用温度补偿措施,以稳定工作点,改善信噪比。光电三极管的温度特性如图 8-25 所示。

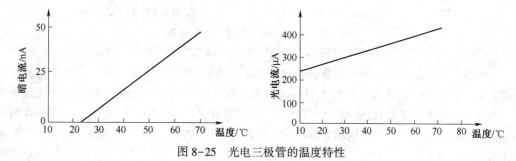

图 8-25 光电三极管的温度特性

3DU 型硅光电三极管的参数见表 8-7。

表 8-7 3DU 型硅光电三极管的参数

项目 测试条件 型号	光谱响应范围/Å	光谱峰值波长/Å	最高工作电压 U_{max}/V	暗电流/μA $U_{ce}=U_{max}$	光电流/μA $U_{ce}=U_{max}$ 入射光照度 1 000 lx	结电容/pF $U_{ce}=U_{max}$ 频率 1 kHz	响应时间/s $U_{ce}=10$ V 负载电阻为 100 Ω	集电极最大电流/mA	最大功率/mW	使用温度/℃
3DU11			10	<0.3	≥0.5	<10		20	150	
3DU12			30	<0.3	≥0.5	<10		20	150	
3DU13			50	<0.3	≥0.5	<10		20	150	
3DU21			10	<0.3	≥1.0	<10		20	150	
3DU22			30	<0.3	≥1.0	<10		20	150	
3DU23			50	<0.3	≥1.0	<10		20	150	
3DU31			10	<0.3	≥2.0	<10		20	150	
3DU32	4 000 ~11 000	8 600 ~9 000	30	<0.3	≥2.0	<10	10^{-5}	20	150	-55~ +125
3DU33			50	<0.3	≥2.0	<10		20	150	
3DU41			10	<0.5	≥4.0	<10		20	150	
3DU42			30	<0.5	≥4.0	<10		20	150	
3DU43			50	<0.5	≥4.0	<10		20	150	
3DU51A			15	<0.2	≥0.3	<5		10	50	
3DU51B			30	<0.2	≥0.3	<5		10	50	
3DU51C			30	<0.2	≥0.1	<5		10	50	

8.2.5 光电式传感器的应用

1. 光电转速传感器

光电转速传感器是利用光电效应原理制成的,工作在脉冲状态下,它将转速的变化转换成光通量的变化,再通过光电转换元件将光通量的变化转换成电量的变化,即利用光电二极管或光电三极管将光脉冲变成电脉冲,然后依据电量和转速的函数关系或通过标定刻度实现转速测量。

光电转速传感器的工作原理如图 8-26 所示。由光电二极管构成的转速计分直射型和反射型两种。

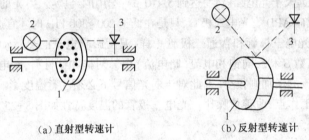

（a）直射型转速计　　　　（b）反射型转速计

图 8-26　光电转速传感器的工作原理
1—调制圆盘;2—白炽灯;3—光电二极管

直射型光电转速传感器的工作原理如图 8-26(a)所示,在待测转速的轴上装有带孔的调制圆盘 1,调制圆盘的一边设置白炽灯 2,另一边设置光电二极管 3,调制圆盘随轴转动,当光线通过盘上小孔到达光电二极管时,光电二极管产生一个电脉冲;转轴连续转动,光电二极管就输出一列与转速及圆盘上的孔数成正比的电脉冲。在孔数一定时,该列电脉冲就和转速成正比。电脉冲经测量电路放大和整形后再送入频率计计数和显示。经换算和标定后,可直接读出被测转轴的转速。

反射型光电式转速计的工作原理如图 8-26(b)所示,在待测转速的轴上固定一个涂上黑白相间条纹的调制圆盘,它们具有不同的反射率,当转轴转动时,白色反射面将光线反射,黑色吸收面不反射;反光与不反光交替出现,

由于调制圆盘黑白相间条纹,转动时光电敏感器件将间断地接收反射光信号,获得与转速及黑白条纹间隔数相关的光脉冲,经光电敏感器件转换成相应的电脉冲信号。当间隔数一定时,该电脉冲与转速成正比。电脉冲送至数字测量电路,即可计数和显示转速。

每分钟转速 n 与脉冲频率 f 的关系如下:

$$n = \frac{f}{N}60 \tag{8-3}$$

式中:N——孔数或黑白条纹数目。

例如:孔数 $N=600$ 孔,光电转换器输出的脉冲信号频率 $f=4.8$ kHz,则

$$n = \frac{f}{N}60 = \frac{4.8 \times 10^3}{600} \times 60 = 480（转）$$

频率可用一般的频率计测量。

光电式转速计一般应用光敏电阻器、光电池和光电三极管三类光电器件作传感元件,相应的基本光电脉冲转换测量电路如图 8-27 所示,其中晶体管都工作在开关状态。

光敏电阻器可以通过较大电流,故在一般情况下,可直接把光敏电阻器看成具有电阻突变特

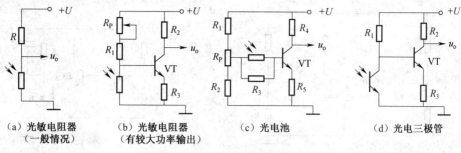

（a）光敏电阻器　　　（b）光敏电阻器　　　（c）光电池　　　（d）光电三极管
　（一般情况）　　　（有较大功率输出）

图 8-27　光电器件基本测量电路

性的电位计,组成电位计式测量电路,而无须采用放大器,如图 8-27(a)所示。在要求有较大功率输出时,则可采用图 8-27(b)所示电路。当无光照射时,光敏电阻器呈现极高的电阻,三极端管饱和导通,u_o 为低电平;反之,u_o 为高电平。

采用光电池作为传感元件时,即使在强光照射下,光电池输出电压也仅有 0.6 V,不足以使三极管饱和导通,故需要对光电池两端施加正向偏压,如图 8-27(c)所示。当无光照射时,光电池无电压输出,电压 U 经电阻分压调整到使三极管截止状态,u_o 输出高电平;当有光照射时,光电池输出电压加上由电压 U 获得的分压能足以使三极管饱和导通,此时 u_o 输出低电平。

采用光电三极管作传感元件时,电路如图 8-27(d)所示。当无光照射时,光电三极管截止,三极管基极处于正向偏置而饱和导通,u_o 输出低电平;当有光照射时,光电三极管导通,三极管基极处于较低电位,由原来的导通状态变为截止状态,u_o 输出高电平。

光电脉冲转换电路如图 8-28 所示。BG_1 为光电三极管,当光线照射 BG_1 时,产生光电流,使 R_1 上电压降增大,导致三极管 BG_2 导通,触发由三极管 BG_3 和 BG_4 组成的射极耦合触发器,使 U_o 为高电平;反之,使 U_o 为低电平。该脉冲信号 U_o 可送到计数电路计数。

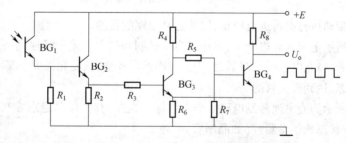

图 8-28　光电脉冲转换电路

由上述分析可知,U_o 电位的高低与光照的有无成对应关系,测量电路可以把光脉冲变为电脉冲,当光脉冲来自被测转轴时,便可根据电脉冲的多少计算出被测转轴的转速。

2. 光电池在光电检测和自动控制方面的应用

光电池作为光电探测使用时,其基本原理与光电二极管相同,但它们的基本结构和制造工艺不完全相同。由于光电池工作时不需要外加偏压,光电转换效率高、光谱范围宽、频率特性好、噪声低等,它已广泛地用于光电读出、光电耦合、光栅测距、激光准直、电影还音、紫外光监视器和燃气轮机的熄火保护装置等。

光电池在光电检测和自动控制方面应用中的几种基本电路如图 8-29 所示。

图 8-29(a)所示为光电池构成的光电跟踪电路,用两只性能相似的同类光电池作为光电接收器件。当入射光通量相同时,执行机构按预定的方式工作或进行跟踪。当系统略有偏差时,电

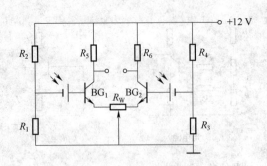
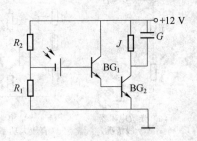

（a）光电跟踪电路　　　　　　　　　（b）光电开关

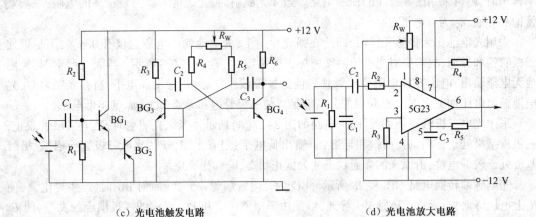

（c）光电池触发电路　　　　　　　　（d）光电池放大电路

图 8-29　光电池应用的几种基本电路

路输出差分信号带动执行机构进行纠正，以此达到跟踪的目的。

图 8-29（b）所示电路为光电开关，多用于自动控制系统中。无光照时，系统处于某一工作状态，如通态或断态。当光电池受光照射时，产生较高的电动势，只要光强大于某一设定的阈值，系统就改变工作状态，达到开关目的。

图 8-29（c）所示为光电池触发电路。当光电池受光照射时，使单稳态或双稳态电路的状态翻转，改变其工作状态或触发器件（如晶闸管）导通。

图 8-29（d）所示为光电池放大电路。在测量溶液浓度、物体色度、纸张的灰度等场合，可用该电路作前置级，把微弱光电信号进行线性放大，然后带动指示机构或二次仪表进行读数或记录。

在实际应用中，主要利用光电池的光照特性、光谱特性、频率特性和温度特性等，通过基本电路与其他电子电路的组合可实现检测或自动控制的目的。

图 8-30 所示为路灯光电自动开关控制器电路。电路的主回路的相线由交流接触器的三个常开触点并联，以适应较大负荷的需要。接触器触点的通断由控制回路控制。

当天黑无光照射时，光电池 2CR 本身的电阻和 R_1、R_2 组成分压器，使 BG_1 基极电位为负，BG_1 导通，经 BG_2、BG_3、BG_4 构成多级直流放大，BG_4 导通使继电器 J 动作，从而接通交流接触器，使常开触点闭合，路灯亮；当天亮时，硅光电池受光照射后，产生 $0.2 \sim 0.5$ V 电动势，使 BG_1 在正向偏压后截止，后面多级放大器不工作，BG_4 截止，继电器 J 释放，使回路触点断开，路灯灭。调

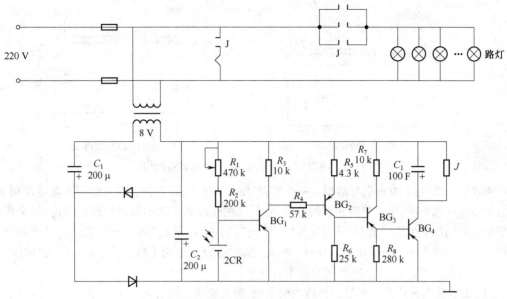

图 8-30　路灯光电自动开关关控制器电路

节 R_1 可调整 BG_1 的截止电压,以达到调节自动开关灵敏度的目的。

8.3　电荷耦合器件

　　CCD 是电荷耦合器件(charge-coupled device)的简称。CCD 是将光学图像转化为电信号的一种装置。1970 年美国贝尔研究所发表了最早的研究报告,因此一种新型半导体器件产生,并被广泛用于影像传感、信息处理和数字存储三个领域。在安全技术防范用的电视监控系统中,基本上都是使用的 CCD 黑白摄像机和 CCD 彩色摄像机,是目前常用的固体摄像器件。CCD 为什么能作为摄像器件呢? 是因为 CCD 具备光电转换、电荷存储、电荷转移的基本功能,根据这些基本功能,CCD 可以把光学图像转换为电信号,即把入射到传感器光敏面上按空间分布的可见光(390~770 nm)、红外辐射光(770~1×10⁶ nm)等光强信息,转换为按时序串行输出的电信号——视频信号,这些视频信号可以复现入射的光辐射图像(即真实的实际图像)。

8.3.1　CCD 的基本原理

　　CCD 是以电荷作为信号的,其基本功能是光电转换、电荷存储、电荷转移和电荷输出。因此,CCD 的工作过程就是信号电荷的产生、存储、转移和输出的过程。根据使用目的的不同,其电荷的注入方式也不同,对于主要用于影像传感的 CCD,电荷的产生是依靠半导体的光电特性,用光注入的方法产生的,另外一种方法为电注入。

1. 光电转换

　　CCD 是 MOS(金属-氧化物-半导体)电容器,与其他电容器一样,MOS 电容器能够存储电荷。图 8-31(a)所示为典型的 P-Si 衬底的 MOS 电容器结构图。

　　在栅极电压 V_g 的作用下,会在衬底中产生一个势阱,如图 8-31(b)所示。当光射入半导体(MOS 电容器)时,激发出光生电子-空穴对。光生多子通过衬底流走,光生少子却被束缚在表面深耗尽状态的势阱中,而势阱中积累的光生少子的数量与入射光的照度成正比。

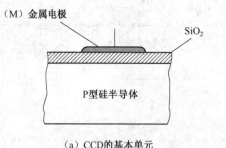
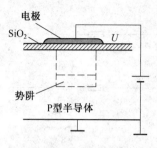

（a）CCD的基本单元　　　　　　　　　（b）具有势阱的CCD单元

图 8-31　典型的 P-Si 衬底的 MOS 电容器结构图

由这样一系列的 MOS 电容器构成一个阵列,便形成了 CCD 器件。在每个栅极电压作用下,都会形成相应的势阱,这些势阱相互间非常靠近,又相互隔离。在不同的积分期间内,每个势阱中积累出不同的光生少子数,可将其称为"电荷包",这些"电荷包"的大小与光学图像中各个相应像素上。照度大小大致成正比。这样,光学图像在 CCD 光敏面上转换成电荷包阵列"图像"。

光学图像投射到 CCD 硅感光区的技术有三种:

（1）MOS 阵列采用掺杂多晶硅作透明栅电极,使光能从正面射入。

（2）硅衬底做得很薄,光可从背面入射。若正面采用不透明电极,增强反射,量子效率会更高。

（3）在每个 MOS 不透光金属栅电极中心开个小孔,光可从该孔射进硅衬底。

2. 电荷存储

在金属栅电极上加上正电压时（衬底接地）,Si-SiO$_2$ 界面处的电势（称为表面势或界面势）发生相应变化,附近 P 型硅中多数载流子——空穴,被排斥,形成耗尽层,如果栅极电压 V_g 超过 MOS 晶体管的开启电压,则在 Si-SiO$_2$ 界面处形成深度耗尽层,栅极电压越大,耗尽层越深,即势阱越深,如同水往低处流,势阱将该区域的自由电子吸引束缚其中,即存储电子。图 8-32（a）所示为没有信号电荷的空阱,即无光照时的特点;图 8-32（b）所示为当有信号电荷时,势阱中填充部分电荷,即有光照时的特点。

势阱中能够容纳多少个电子,取决于势阱的"深浅",即表面势的大小,而表面势又随栅极电压而变化。如果没有外来的信号电荷,耗尽层及其邻近区域在一定温度下产生的电子将逐渐填满势阱,这种热产生的少数载流子电流称为暗电流,以有别于光照下产生的载流子。因此,CCD 必须工作在瞬态和深度耗尽状态才能存储电荷。

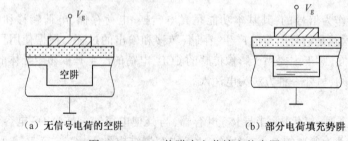

（a）无信号电荷的空阱　　　　　　　　（b）部分电荷填充势阱

图 8-32　CCD 势阱中电荷填充状态图

3. 电荷转移

CCD 是 MOS 结构组成的阵列,从外表看有一个栅极阵列。为了使势阱中的电荷流动,每相隔两个栅的栅电极连接到同一驱动信号上,亦称时钟脉冲,如图 8-33(a)所示,相隔两个栅的栅电极分别接在 ϕ_1、ϕ_2、ϕ_3 电极上,三相时钟脉冲的波形如图 8-33(b)所示,图 8-33(c)说明了在 ϕ_1、ϕ_2、ϕ_3 电极作用下,电荷的转移过程。图 8-33 说明了三相 CCD 的电荷转移过程:

在 t_1 时刻,ϕ_1 为高电平,ϕ_2、ϕ_3 为低电平,此时 ϕ_1 电极下的表面势最大,势阱最深。假设此时已有信号电荷注入,则电荷就被存储在 ϕ_1 电极下的势阱中。

在 t_2 时刻,ϕ_1、ϕ_2 为高电平,ϕ_3 为低电平,则 ϕ_1、ϕ_2 下的两个势阱的空阱深度相同,ϕ_1 下面的电荷将向 ϕ_2 下转移,直到两个势阱中具有同样多的电荷。

在 t_3 时刻,ϕ_2 仍为高电平,ϕ_3 为低电平,ϕ_1 电平由高到低转变,此时 ϕ_1 下的势阱逐渐变浅,使 ϕ_1 下的剩余电荷继续向 ϕ_2 下的势阱中转移。

在 t_4 时刻,ϕ_1、ϕ_3 为高电平,ϕ_2 为低电平,ϕ_2 下的势阱最深,信号电荷都被转移到 ϕ_2 下的势阱中,这就完成了电荷从一个极到另一个极的移动,实现了电荷转移,经过一个时钟周期 T 后,电荷包将向右转移三个电极位置,即一个栅周期(又称一位),在图像中表示一个像素。

如果对所有的电极连续重复上述步骤,就能利用一连串的脉冲把电荷作为独立的小包(代表一个像素)沿着衬底的整个长度进行转移,其工作过程从效果上看类似于数字电路中的移位寄存器,但它不是数字电路的移位寄存器,而是一个模拟的移位寄存器,时钟脉冲相当于移位脉冲,传输电荷的通道称为沟道。图 8-34 为三相电极结构及电荷转移立体图,从图 8-34 中可以更直观地看出,在三相时钟的作用下,电荷转移沟道的形成。

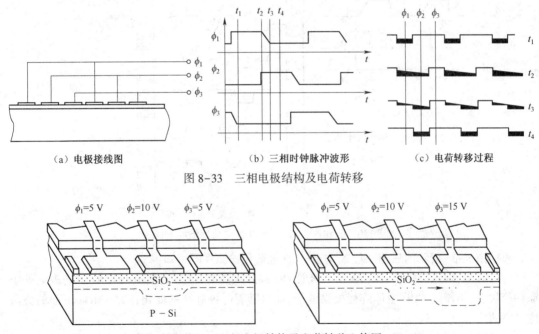

（a）电极接线图　　　（b）三相时钟脉冲波形　　　（c）电荷转移过程

图 8-33　三相电极结构及电荷转移

图 8-34　三相电极结构及电荷转移立体图

4. 电荷输出

实际 CCD 除了具有电容及相应的时钟电极以外,还需要有输入/输出电极。图 8-35 所示为三相两位 N 沟道 CCD 的截面图。图 8-35 中有六个 MOS 电容器(或者说电极)分别连到时钟线 ϕ_1、ϕ_2、ϕ_3 构成 CCD 的主体,而输入二极管(ID),输入栅(IG),输出二极管(OD)和输出栅(OG)构成了 CCD 的输入和输出结构。输入结构把电荷包输入到 CCD 主体中(对电注入式的是如此注入的),输出结构检出 CCD 主体中流出的信息电荷包。

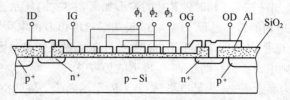

图 8-35　三相两位 N 沟道 CCD 的截面图

图 8-36(a)所示为 CCD 时钟波形和输入、输出信号。图 8-36(b)所示为相应的势阱变化和电荷分布。

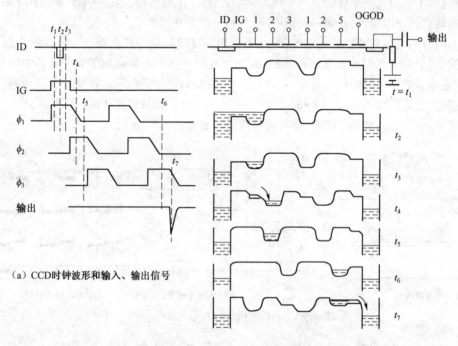

（a）CCD时钟波形和输入、输出信号

（b）势阱变化和电荷分布

图 8-36　三相两位 N 沟道 CCD 电荷传输原理图

根据图 8-36 所示的三相两位 N 沟道 CCD 电荷传输原理图可知：

$t=t_1$ 时刻,输入二极管 ID 和输出二极管 OD 都加很高的正电压,使 ID 和 OD 下的表面处于深耗尽状态,不能向 CCD 主体阵列提供电子,此时随着时钟脉冲的变化,六个 MOS 下面的势阱应是空的。

$t=t_2$ 时刻,输入二极管 ID 的电压降低,ID 下势阱变浅,相应的电子势能变高,使 ID 内高电势能电子穿过 IG 注入第一个 ϕ_1 电极下的深势阱中。注入结束时,ID、IG 和 ϕ_1 三个区域中,电子的最高电势能都相等,三区中电子不再流动。

$t=t_3$ 时,随着 ID 的电压返回原高值,三个区域中电子开始流动,并最终流入 ϕ_1 电极下的深势阱中,形成电荷包。当电子注入结束时,ϕ_1 的表面势与 IG 的表面势相同。随后电荷包的流动将根据时钟脉冲的变化而流动。当 $t=t_7$ 时,ϕ_3 电极上电压变低,把电子赶到 OD 中,从而在输出端得到正比于电荷包大小的输出信号。

8.3.2 CCD 的特性参数

1. 电荷转移效率

电荷转移效率是表征 CCD 性能好坏的重要参数。CCD 的沟道类型不同,电荷转移效率不同,电荷转移效率越高的器件,转换位数也就越高。例如,在达到同样高的总效率下,埋沟 CCD 可以研制的位数比表面沟道大得多。

2. 不均匀度

CCD 成像器件的不均匀性包括光敏元件响应的不均匀与 CCD 的不均匀。光敏元件响应的不均匀是由于工艺过程及材料不均匀引起的;CCD 的不均匀反映在每次电荷转移的效率不一样,越是大规模的器件,均匀性问题越是突出,这往往是成品率下降的重要原因。不均匀度的表示方法目前尚未统一。

3. 噪声

CCD 的噪声可归纳为三类:散粒噪声、转移噪声和热噪声。

(1)散粒噪声。在 CCD 中,无论是光注入、电注入还是热产生的信号电荷包的电子数总有一定的不确定性,也就是围绕平均值上下变化,形成噪声。这种噪声常被称为散粒噪声,它与频率无关,是一种白噪声。

(2)转移噪声。转移噪声主要是由转移损失引起的噪声,这种噪声具有积累性和相关性。积累性是指转移噪声是在转移过程中逐次积累起来的,与转移次数成正比;相关性是指相邻电荷包的转移噪声是相关的,每当有一过量 ΔQ 电荷转移到下一个势阱时,必然在原来势阱中留下一减量 ΔQ 电荷,这份减量电荷叠加到下一个电荷包中,所以电荷包每次转移要引进两份噪声,这两份噪声分别与前、后相邻周期的电荷包的转移噪声相关。

(3)热噪声。热噪声是由于固体中载流子的无规则热运动引起的。

4. 动态范围

动态范围由势阱中可存储的最大电荷量和噪声决定的最小电荷量之比确定。

5. 暗电流

CCD 成像器件在既无光注入又无电注入情况下的输出信号称为暗信号,即暗电流。暗电流的根本起因在于耗尽区产生复合中心的热激发。由于工艺过程不完善及材料不均匀等因素的影响,CCD 中暗电流密度的分布是不均匀的。所以,通常以平均暗电流密度来表征暗电流大小。暗电流的危害有两个方面:限制器件的低频限;引起固定图像噪声。

6. 灵敏度(响应度)

指在一定光谱范围内,单位曝光量的输出信号电压(电流)。曝光量是指光强与光照时间之积,也相当于投射到光敏元上的单位辐射功率所产生的电压(电流),其单位为 V/W(A/W)。CCD 的光谱响应基本上由光敏元材料决定(包括材料的均匀性),也与光敏元结构尺寸差异、电极材料和器件转移效率不均匀等因素有关。

7. 光谱响应

CCD 的光谱响应是指等能量相对光谱响应,最大响应值归一化为 100%所对应的波长,称为峰值波长 λ_{max}。通常将 10%(或更低)的响应点所对应的波长称截止波长。有长波端的截止波长与短波端的截止波长,两种截止波长之间所包括的波长范围称为光谱响应范围。

8. 分辨率

分辨率是摄像器件最重要的参数之一,它是指摄像器件对物像中明暗细节的分辨能力。对红外成像系统来说主要指空间分辨率和温度分辨率。测试时用专门的测试卡。由于篇幅所限在此不做详细论述。

CCD 摄像器件主要用于图像测量。它的功能是把二维光学图像信号转换成一维视频信号输出。主要有两大类型器件:线型和面型。对于线型器件,它可以直接接收一维光信息,而不能直接将二维图像转变为视频信号输出,为了得到整个二维图像的视频信号,就必须用扫描的方法来实现。例如,在扫描仪中使用的是线型 CCD,而在数码照相机中则使用的是面型 CCD。

8.3.3 CCD 摄像器件的类型

1. 线阵 CCD 摄像器件

线阵 CCD 摄像器件原理图如图 8-37 所示,可分为双沟道传输与单沟道传输两种结构。在同样光敏元数情况下,双沟道转移次数为单沟道的一半,故双沟道转移效率比单沟道高。线阵 CCD 摄像器件由光敏区、转移栅、模拟移位寄存器(即 CCD)、电荷注入电路、信号读出电路等几部分组成。光敏元主要有两种结构:MOS 结构和光电二极管结构(CCPD)。由于 CCPD 在灵敏度和光谱响应等光电特性方面优于 MOS 结构光敏元,所以目前普遍采用 CCPD 结构,每一个光电二极管就是一个像素。以线型 CCD 摄像器件为例,如图 8-38 所示,光敏区的 N 个光电二极管排成一列,转移栅位于光敏区和 CCD 之间,它是用来控制光敏元势阱中的信号电荷向 CCD 中转移。模拟移位寄存器(即 CCD)通常有两相、三相等几种结构。以两相(具有两相时钟脉冲 ϕ_1、ϕ_2)为例,光敏元始终进行光积分,当转移栅加高电平时,ϕ_1 电极下也为高电平,光敏区和 ϕ_1 电极下的势阱接通,接通的光信号电荷包并行转移到所对应的 CCD 中;然后,转移栅加低电平,将光敏区和 ϕ_1 电极下的势阱隔断,进行下一行积分;转移到 CCD 中的电荷包,根据驱动一个周期,进行串行传输。第一个驱动周期输出的为第一个光敏元信号电荷包;第二个驱动周期输出的为第二个光敏元信号电荷包,依次类推,第 N 个驱动周期传输出来的为第 N 个光敏元的信号电荷包。当一行的 N 个信号全部读完,产生一个触发信号,使转移栅变为高电平,将新一行的 N 个光信号电荷包并行转移到 CCD 中,开始新一行信号传输和读出,周而复始。

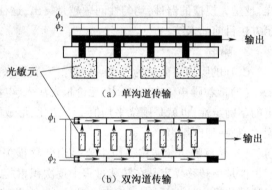

图 8-37 线阵 CCD 摄像器件基本结构简图

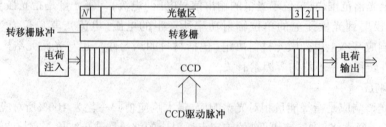

图 8-38 线性 CCD 摄像器件的构成

2. 面阵 CCD 摄像器件

常见的面阵 CCD 摄像器件有两种:行间转移结构与帧转移结构。

图 8-39 所示为行间转移结构,采用了光敏元与垂直 CCD 相间的排列方式,再在垂直阵列的尽头设置一条水平 CCD。在器件工作时,每当水平 CCD 驱动一行信息读完,就进入行消隐。在行消隐期间,垂直 CCD 向上传输一次,即向水平 CCD 转移一行信号电荷;然后,水平 CCD 又开始新的一行信号读出。以此循环,直至将整个一场信号读完,进入场消隐。在场消隐期间,又将新的一场光信号电荷从光敏区转移到各自对应的垂直 CCD 中,进行新一场的信号传输。

图 8-40 所示为帧转移结构,它由三部分组成:光敏区、存储区、水平读出区。这三部分都是 CCD 结构,光敏区与存储区 CCD 的列数及位数均相同,而且每一列是相互衔接的。当光积分时间到后,时钟 A 与时钟 B 均以同一速度快速驱动,将光敏区的一场信息转移到存储区;然后,光敏区重新开始另一场的积分:时钟 A 停止驱动,一相停在高电平,另一相停在低电平。同时,转移到存储区的光信号逐行向水平 CCD 转移,再由水平 CCD 快速读出。光信号由存储区到水平 CCD 的转移过程与行间转移面阵 CCD 相同。

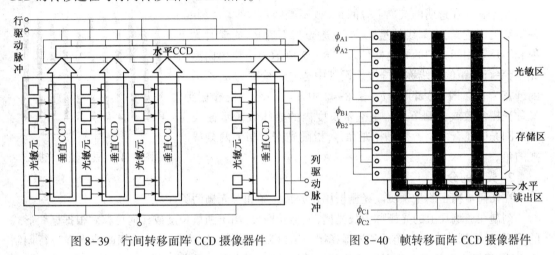

图 8-39 行间转移面阵 CCD 摄像器件　　图 8-40 帧转移面阵 CCD 摄像器件

8.3.4 CCD 的应用

CCD 主要用于图像测量。图 8-41 所示为图像测量中典型的自动调焦系统原理。被测图像经图像传感器(CCD)送入图像采集卡,计算机采集一幅图像后,对其清晰度进行判断,然后根据处理结果发出信号,经数/模转换、功率放大后驱动步进电动机,通过驱动执行机构带动载物平台沿空间三个方向移动,直到被测图像达到最佳清晰度位置。

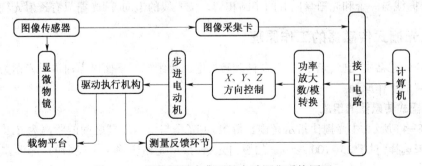

图 8-41 图像测量中典型的自动调焦系统原理

计算机在进行清晰度判断时,是通过清晰度判断函数进行方向控制的。理想的判断函数

（离焦函数）应具备下列特性：

(1)无偏性。当物面与对准面重合时，参数取得极值。

(2)单峰性。调整到峰值点为最佳焦点。

(3)足够的抗干扰能力，以保证可靠检测离焦量。

(4)能反映离焦极性，以便控制调节方向。

8.4　光栅式传感器

8.4.1　光栅的结构及分类

1. 光栅的结构

光栅就是在透明的玻璃上等间距(或不等间距)密集地刻线，使刻线处不透光，未刻线处透光，形成透光与不透光，或者对光反射和不反射相间排列的光电器件。图 8-42 所示为一块黑白型长光栅，平行等距的刻线称为栅线。设其中透光的缝宽为 a，不透光的缝宽为 b，一般情况下，$a=b$。图 8-42 中 $d=a+b$ 称为光栅栅距，又称光栅常数或光栅节距。每毫米长度内的栅线数表示栅线密度。圆光栅还有一个参数是栅距角 γ，指圆光栅上相邻两刻线所夹的角。

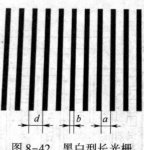

图 8-42　黑白型长光栅

2. 光栅的分类

在几何量精密测量领域。光栅按用途分长光栅和圆光栅两类。

刻制在玻璃尺上的光栅称为长光栅，又称光栅尺，用于测量长度或几何位移。根据栅线形式的不同，长光栅分为黑白光栅和闪烁光栅。黑白光栅是指只对入射光波的振幅或光强进行调制的光栅；闪烁光栅是指对入射光波的相位进行调制，又称相位光栅。根据光线的走向，长光栅还分为透射光栅和反射光栅。透射光栅是将栅线刻制在透明材料上，常用光学玻璃和制版玻璃；反射光栅的栅线刻制在具有强反射能力的金属上，如不锈钢或玻璃镀金属膜(如铝膜)，光栅也可刻制在钢带上再粘接在尺基上。

刻制在玻璃盘上的光栅称为圆光栅，又称光栅盘，用来测量角度或角位移。根据栅线刻制的方向，圆光栅分两种：一种是径向光栅，其栅线的延长线全部通过光栅盘的圆心；另一种是切向光栅，其全部栅线与一个和光栅盘同心的小圆相切。按光线的走向，圆光栅只有透射光栅。

8.4.2　光栅式传感器的工作原理

光栅式传感器由光栅、光路、光电器件和转换电路等组成。下面以黑白透射光栅为例说明光栅式传感器的工作原理。

1. 光栅式传感器的组成

如图 8-43 所示，主光栅比指示光栅长得多，主光栅与指示光栅之间的距离为 d，d 可根据光栅的栅距来选择，对于 25~100 线/mm 的黑白光栅，指示光栅应置于主光栅的"菲涅尔第一焦面上"，即

$$d = \frac{W^2}{\lambda}$$

(8-4)

式中：W——光栅栅距；

　　λ——有效光的波长；

　　d——两光栅的距离。

主光栅和指示光栅在平行光的照射下，形成莫尔条纹。主光栅是光栅测量装置中的主要部件，整个测量装置的精度主要由主光栅的精度来决定。光源和聚光镜组成照明系统，光源放在聚光镜的焦平面上，光线经聚光镜成平行光投向光栅。光源主要有白炽灯的普通光源和砷化镓为主的固态光源。白炽灯的普通光源有较大的输出功率、较大的工作范围，而且价格便宜，但存在着辐射热量大、体积大和不易小型化等弱点，故应用越来越少。砷化镓发光二极管有很高的转换效率，而且功耗低、散热少、体积小，近年来应用较为普遍。光电器件有光电池和光电三极管。它是把光栅形成的莫尔条纹的明暗强弱变化转换为电量输出。一般情况，光电器件的输出都不是很大，需要同放大器、整形器一起将信号变为要求的输出波形。

2. 莫尔条纹

（1）莫尔条纹原理。光栅式传感器的基本工作原理是利用光栅的莫尔条纹现象来进行测量。所谓莫尔条纹，是指当指示光栅与主光册的线纹相交一个微小的夹角，由于挡光效应或光的衍射，这时在与光栅线纹大致垂直的方向上产生明暗相间的条纹，如图 8-44 所示。在刻线重合处，光从缝隙透过形成亮带，如图 8-44 的 a-a 所示。两块光栅的线纹彼此错开处，由于挡光作用而形成暗带，如图 8-44 的 b-b 所示。这时亮带、暗带之间就形成了明暗相间的条纹，即为莫尔条纹。莫尔条纹的方向与刻线的方向相垂直，故又称横向条纹。

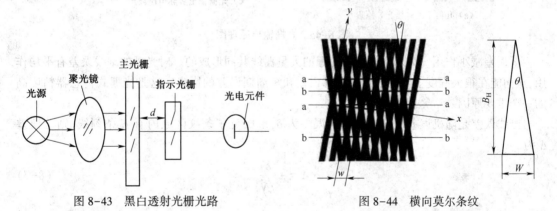

图 8-43　黑白透射光栅光路　　　　　图 8-44　横向莫尔条纹

（2）莫尔条纹特点：

①位移放大作用。相邻两条莫尔条纹间距 B 与栅距 ω 及两光栅夹角 θ 的关系为

$$B = \frac{\omega}{2\sin\dfrac{\theta}{2}} \approx \frac{\omega}{\theta} \tag{8-5}$$

令 K 为放大系数，则

$$k = \frac{B}{\omega} \approx \frac{1}{\theta} \tag{8-6}$$

一般 θ 很小，所以放大系数 k 很大，尽管栅距 ω 很小，而通过莫尔条纹放大作用仍使其清晰可辨，通过调整 θ，可以改变莫尔条纹宽度，从而使光电接收元件能正确接收光信号。例如，对于 100 线/mm 的光栅，栅距为 0.01 mm，当夹角为 0.06° 时，莫尔条纹间距 B 可达 10 mm 放大

了1 000倍。

②运动对应关系。莫尔条纹的移动量和移动方向与主光栅相对于指示光栅的位移量和位移方向有着严格的对应关系。莫尔条纹通过光栅固定点(光电器件)的数量刚好与光栅所移动的刻线数量相等。光栅反向移动时,莫尔条纹移动方向亦相反,从固定点观察到的莫尔条纹光强的变化近似于正弦波变化。光栅移动一个栅距,光强变化一个周期,如图8-45所示。

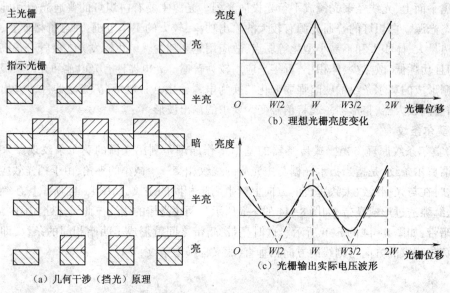

图8-45　光栅输出原理图

③误差减小作用。莫尔条纹是由光栅的大量栅线共同形成的。对光栅的刻线误差有平均作用,从而能在很大程度上消除栅距的局部误差和短周期误差的影响。这是光栅式传感器精度高的一个重要原因。

刻线误差是随机误差。设单个刻线误差为δ,形成莫尔条纹区域内有N条刻线,则总误差Δ为

$$\Delta = \pm \frac{\delta}{\sqrt{N}} \tag{8-7}$$

8.5　光电式传感器工程应用实例

CCD应用技术是一种光、机、电和计算机科学相结合的高科技。它应用范围很广,除广播电视和家用数码摄像机和照相机使用CCD传感器之外,在医学、军事国防、工业生产中都有广泛应用。

CCD特异细胞自动显微系统是以线阵CCD作光电探测器,由微机控制的生物细胞图像自动处理的一种具有自动调焦、视场筛选、自动测光和自动拍摄细胞图像的系统。

其系统框图如图8-46所示。由光学-机械混合式CCD扫描机械输出的显微镜图像,经放大和A/D转换后变换成数字化图像,存入计算机内存。对图像信息分析后,当需要对涂片进行调焦时,计算机启动步进电动机,驱动载物台,使之沿垂直方向上下移动,进行调焦。当需要变换视场时,步进电动机驱动载物台在平面内X、Y两方向移动即可。当图像处理结果表明需要记

录下某个视场时,计算机可进入测光和拍摄子程序,计算出光强的大小,按自动曝光程序,求解出一个合适的曝光时间 T。通过控制接口电路,以实现上紧快门、卷片、开启快门、延时曝光以及快门关闭等操作。

CCD 传感器在军事领域也发挥了很大作用。目前主要用于导航、自动跟踪、侦查等。航空遥感是把高密度线阵 CCD 扫描系统安装在飞机、卫星上,由飞机、卫星完成对地面的一维扫描,由 CCD 传感器在飞行的垂直方向上自扫描,即可实现高分辨率的高空摄影,航空 CCD 扫描系统框图如图 8-47 所示。

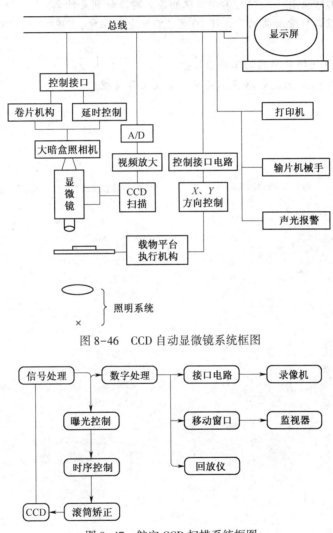

图 8-46 CCD 自动显微镜系统框图

图 8-47 航空 CCD 扫描系统框图

小　结

本章主要介绍了光电器件的基本原理、基本特性参数和应用。学习难点在于如何综合考虑光电器件的特性参数,在不同的应用中选取合适的光电器件。主要考虑的特性参数包括光谱响应、光照特性、频率特性、亮电阻、暗电阻、温度特性等,在使用中应根据具体的应用情况来判断各项参数进行选择,使测量和控制效果达到最佳。光电器件主要应用在光电控制、光探测、光电隔离等方面。

习　题

8.1　光电效应有哪几种?并简述相应的光电器件有哪些?特点分别是什么?

8.2　光电池的种类有哪几种?工作原理和各自特点分别是什么?

8.3　利用光敏二极管及晶闸管设计 10 盏 220 V 电压供电,实现"天黑时灯亮、天亮时灯灭"的自动路灯电路。

8.4　说明 CCD 图像传感器的工作原理。

8.5　试说明以 CCD 为光电转换元件的扫描仪工作原理。

第9章 运动参数检测传感器

本章要点：
➤ 电感式位移测量；
➤ 差动变压器位移计；
➤ 光栅位移测量；
➤ 磁电感应式速度测量；
➤ 电磁脉冲式速度测量；
➤ 应变式加速度计；
➤ 雷达测速仪；
➤ 光纤测速仪；
➤ 光电测速仪。

学习目标：
➤ 掌握位移测量系统和速度测量系统的测量原理；
➤ 掌握电感式位移计、差动变压器位移计、光栅位移计测量原理及应用；
➤ 掌握磁电感应式、电磁脉冲式、应变式、雷达、光纤、光电等类型测速仪的结构和测量原理。

建议学时：2学时。

引 言

位移是指物体或其某一部分的位置对参考点产生了偏移量。位移方式可以是直线位移或角位移。位移的量值范围差异很大，检测可以是接触式或非接触式，加之对检测准确度、分辨率、使用条件等要求不同，因此会有多种多样的检测方法。检测方式可以是模拟式的或者数字式的，检测方法有差动变压器式、霍尔式、电感式等。物体运动的速度可以从物体在一定时间内移动的距离或者从物体移动一定距离所需的时间求得，这种方法只能求某段距离或时间的平均速度，只有一定条件下才能求得瞬时速度。随着生产过程自动化程度的提高，不断开发出了各种速度检测方法，如磁电感应式速度测量、电磁脉冲式速度测量、应变式加速度测量、雷达测速、光纤测速、光电测速等。

9.1 位 置 检 测

9.1.1 开关类传感器类型

开关类传感器常按照工作原理、接线方式、输出形式、供电电源以及外形进行分类。开关类传感器有两种供电形式:交流供电和直流供电。开关类传感器输出多由 NPN、PNP 型晶体管输出,输出状态有动合和动断两种形式。

1. 按照工作原理分类

开关类传感器按照工作原理的分类见表 9-1。其中,接近开关又称无触点行程开关,它能在一定距离(几毫米至几十毫米)内检测有无物体靠近。当物体接近其设定距离时,就发出动作信号,而不像机械式行程开关需要施加机械力。接近开关是指利用电磁、电感或电容原理进行检测的一类开关类传感器。而光电传感器、微波和超声波传感器等由于检测距离可达几米甚至几十米,所以把它们归入电子开关系列。

表 9-1 开关类传感器按照工作原理的分类

大类	小类	主要特点及应用场合
行程开关	限位开关	行程开关是一种无源开关,其工作不需要电源,但必须依靠外力,即在外力作用下使触点发生变化,因此,这一类开关一般都是接触式的。它结构简单、使用方便,但需要外力作用,触点损耗大、使用寿命短。严格说,行程开关不属于传感器范畴
	微动开关	
接近开关	电感式	利用电涡流原理制成的新型非接触式开关元件。能检测金属物体,但有效检测距离非常近
	电容式	利用变介电常数电容式传感器原理制成的非接触式开关元件。能检测固、液态物体,有效距离较电感式远
	霍尔式	根据霍尔效应原理制成的新型非接触式开关元件。具有灵敏度高、定位准确的特点,但只能检测强磁性物体
	干簧管式	又称舌簧管开关,它是利用电磁力吸引电极的原理制成的非接触式开关元件。能检测强磁性物体,有效检测距离较近,在液压、气压缸上用于检测活塞位置
电子开关	光电式	投光器发出的光线被物体阻断或反射,受光器根据是否能接收到光来判断是否有物体。光电开关应用最广泛,具有有效距离远、灵敏度高等优点。光纤式光电开关具有安装灵活,适宜复杂环境的优点,但在多灰尘环境要保持投光器和受光器的洁净

2. 按照接线方式分类

开关类传感器有两线制、三线制和四线制等接线方式。连接导线多采用 PVC 外皮,PVC 芯线,芯线颜色多为棕(bn)、黑(bk)、蓝(bu)、黄(ye)。芯线颜色可能有所不同,使用时应仔细查看说明书。对于接近开关,标准导线长度为 2 m,也可以根据使用者的要求提供其他长度的导线。开关类传感器的主要接线示意图见表 9-2。

表 9-2 开关类传感器的主要接线示意图

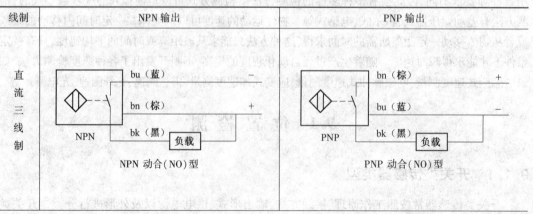

线制	NPN 输出	PNP 输出
直流三线制	NPN bu(蓝) − bn(棕) + bk(黑) 负载 NPN 动合(NO)型	PNP bn(棕) + bu(蓝) − bk(黑) 负载 PNP 动合(NO)型

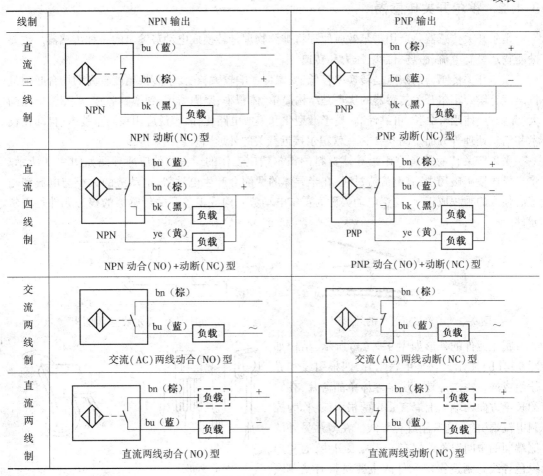

线制	NPN 输出	PNP 输出
直流三线制	NPN 动断(NC)型	PNP 动断(NC)型
直流四线制	NPN 动合(NO)+动断(NC)型	PNP 动合(NO)+动断(NC)型
交流两线制	交流(AC)两线动合(NO)型	交流(AC)两线动断(NC)型
直流两线制	直流两线动合(NO)型	直流两线动断(NC)型

3. 按照外形分类

开关类传感器根据应用场合和检测目的的不同有很多种外形,图 9-1 所示为开关类传感器的常见外形图。

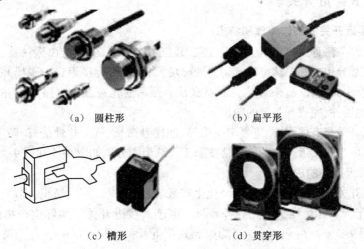

(a) 圆柱形　　　　　　(b) 扁平形

(c) 槽形　　　　　　(d) 贯穿形

图 9-1　开关类传感器的常见外形图

9.1.2　霍尔开关传感器

霍尔开关传感器是应用霍尔效应原理将被测物理量转换成电动势输出的一种传感器。主要被测物理量有电流、磁场、位移、压力和转速等。

霍尔开关传感器的缺点是转换率较低,受温度影响较大,在要求转换精度较高的场合必须进行温度补偿。霍尔开关传感器的优点是结构简单、体积小、坚固耐用、频率响应宽、动态输出范围大、无触点、使用寿命长、可靠性高、易于微型化和集成电路化,故广泛应用在测量技术、自动化技术和信息处理等方面。图9-2为一款霍尔接近开关的外形图。

霍尔开关传感器是应用半导体材料的霍尔效应工作的。霍尔效应原理图如图9-3所示。将半导体置于磁场中,有电流流过时,在半导体的两侧会产生电动势,电动势的大小与电流和磁感应强度的乘积成正比,这个电动势称为霍尔电动势。构成霍尔开关传感器的核心元件是霍尔元件。

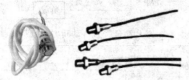

图9-2　霍尔接近开关的外形图

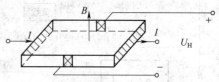

图9-3　霍尔效应原理图

霍尔元件的外形如图9-4(a)所示,结构如图9-4(b)所示。它是由霍尔片、四根引线和壳体组成的。霍尔片是一块半导体单晶薄片,在它的长度方向两端面上焊有 a、b 两根引线,称为控制电流端引线,通常用红色导线。在薄片另外两侧端面的中间对称地焊有 c、d 两根引线,通常用绿色导线。制造霍尔元件的主要材料有锗、硅、砷化铟和锑化铟等半导体材料。霍尔元件的壳体采用非导磁金属、陶瓷或环氧树脂封装。

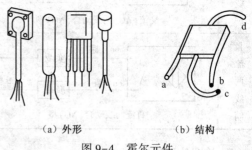

（a）外形　　　　　（b）结构

图9-4　霍尔元件

9.1.3　电感式接近开关

1. 电感式接近开关的工作原理和特点

电感式接近开关俗称无触点电子接近开关,其应用电磁振荡原理,由振荡器、开关电路和放大输出电路等三部分组成。振荡电路产生交变磁场,当金属目标接近这一磁场并达到感应距离时,金属目标内产生涡流,反过来影响振荡器振荡。振荡变化被放大电路处理并转换成开关信号,触发驱动控制器件,完成开关量的输出。

电感式接近开关具有体积小、重复定位精确、使用寿命长、抗干扰性能好、防尘、防水、防油、耐振动等特点。电感式接近开关的原理框图和工作波形图分别如图9-5和图9-6所示。

2. 电感式接近开关的应用

电感式接近开关广泛应用于各种自动化生产线、机床、机械设备、纺织、烟草、钢铁、汽车、冶金、印刷、包装、化工、矿山、科学研究等各领域。电感式接近开关在实际生产中的应用情况如图9-7所示。图9-7(a)、(c)、(d)、(e)为电感式接近开关,图9-7(b)、(f)为防水型电感式接近开关。

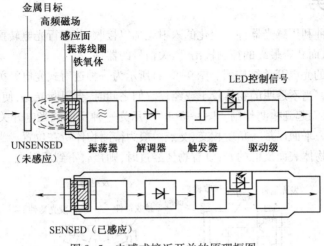

图 9-5 电感式接近开关的原理框图

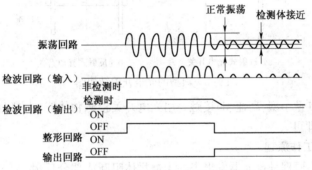

图 9-6 电感式接近开关的工作波形图

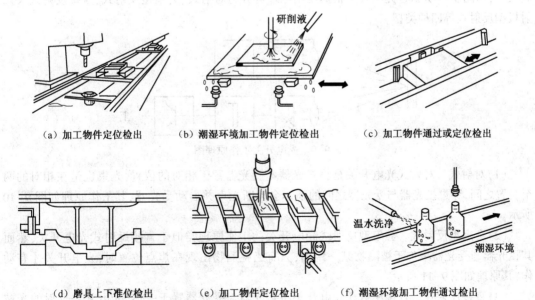

（a）加工物件定位检出　　（b）潮湿环境加工物件定位检出　　（c）加工物件通过或定位检出

（d）磨具上下准位检出　　（e）加工物件定位检出　　（f）潮湿环境加工物件通过检出

图 9-7 电感式接近开关在实际生产中的应用情况

9.1.4　光电开关

光电开关是一种利用感光器件对变化的入射光加以接收,并进行光电转换,同时加以某种形式的放大和控制,从而获得最终的控制输出开、关信号的器件。

图9-8为典型的光电开关结构图。图9-8(a)所示为一种透射式光电开关,其发光器件和接收器件的光轴重合。当不透明的物体位于或经过它们之间时,会阻断光路,使接收器件收不到来自发光器件的光,从而起到检测作用。图9-8(b)所示为一种反射式光电开关,其发光器件和接收器件的光轴在同一平面以某一角度相交,交点一般为待测物体所在位置。当有物体经过时,接收器件将接收到从物体表面反射的光;没有物体经过时,则接收不到反射光。

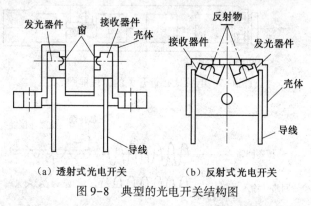

（a）透射式光电开关　　（b）反射式光电开关

图9-8　典型的光电开关结构图

光电开关的特点是小型、高速、非接触。用光电开关检测物体时,大部分只需要其输出信号有高、低(1、0)之分即可。

1. 光电开关的工作原理

光电开关的工作原理是投光器发出来的光被物体阻断或部分反射,受光器最终据此做出判断反应,如图9-9所示。光电开关根据使用原理可分为对射式、会聚型反射式、直接反射式及反射板型反射式等四种类型。

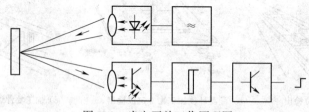

图9-9　光电开关工作原理图

(1)对射式。对射式光电开关是将投光器与受光器置于相对的位置,光束也是在相对的两个装置之间,穿过投光器与受光器之间的物体会阻断光束并启动受光器,其工作原理如图9-10所示。

(2)会聚型反射式。会聚型反射式光电开关的工作原理类似于直接反射式光电开关,然而其投光器与受光器聚焦于被测物某一距离,只有当检测物出现在焦点位置时,光电开关才有动作,其原理如图9-11所示。

(3)直接反射式。直接反射式光电开关将投光器与受光器置于一体,光电开关反射的光被检测物反射回受光器,其原理如图9-12所示。

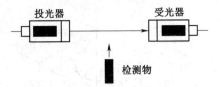
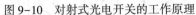

图 9-10 对射式光电开关的工作原理

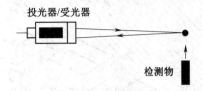

图 9-11 会聚型反射式光电开关的工作原理

(4)反射板型反射式。反射板型反射式光电开关也是将投光器与受光器置于一体,不同于其他模式的是,它采用反射板将光线反射到光电开关。光电开关与反射板之间的物体虽然也会反射光线,但其效率远低于反射板,相当于切断光束,故检测不到反射光。反射板型反射式光电开关的工作原理如图 9-13 所示。若采用镜面抑制反射式光电开关,如图 9-14 所示,受光器只能接收来自回归反射板的光束。此时反射到回归反射板三角锥上的光束由横向变为纵向,受光器只能接收纵向光,可以抑制其他光源的干扰。

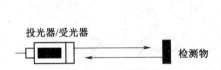

图 9-12 直接反射式光电开关的工作原理图

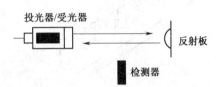

图 9-13 反射板型反射式光电开关的工作原理图

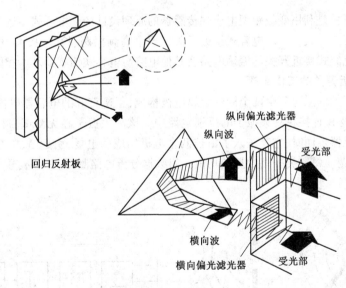

图 9-14 镜面抑制反射式光电开关原理图

2. 光电开关的应用

光电开关广泛应用在工业控制、自动化包装线及安全装置中作为光控制和光探测装置,可在自动控制中用于物体检测、产品计数、料位检测、尺寸控制、安全报警及作为计算机输入接口等。光电开关的具体应用情况如图 9-15~图 9-18 所示。

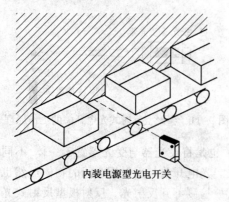

图 9-15　生产线中检测厚纸箱

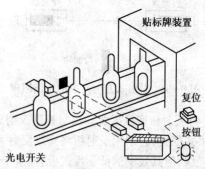

图 9-16　啤酒生产线中检测酒瓶的有无

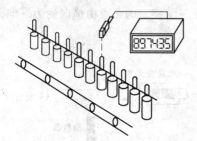

图 9-17　在生产线中用于产品的计数

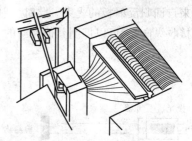

图 9-18　在纺织行业检测梳棉机的断条

9.1.5　电容式接近开关

电容式接近开关是利用变极距型电容式传感器的原理设计的。电容式接近开关采用以电极为检测端的静态感应方式。一般电容式接近开关主要由高频振荡、检波、放大、整形及开关量输出等部分组成。电容式接近开关的振荡电路及其他电路与电容式传感器基本相同。

1. 电容式接近开关的工作原理

电容式接近开关的感应面由两个同轴金属电极构成,很像打开的电容器电极,如图 9-19 所示。电极 A 和电极 B 连接在高频振子的反馈电路中。该高频振子在无测试目标时不感应。当测试目标接近传感器表面时,它就进入了由这两个电极构成的电场,引起 A、B 之间的耦合电容增加,电路开始振荡。每一类振荡的振幅均由一组数据分析电路测得,并形成开关信号。其原理图如图 9-20 所示。

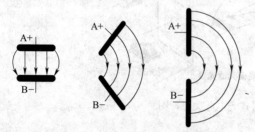

图 9-19　电容式接近开关示意图

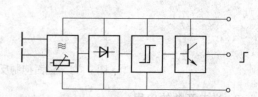

图 9-20　电容式接近开关的原理图

静电电容式接近开关采用以电极为检测端的静电感应方式,其原理图如图 9-21 所示。静电电容式接近开关根据从振荡电路取出的电极电容变化,使振荡电路振荡或停振,从而输出检测信号。静电电容式接近开关的检测对象可为多种多样的固体或液体,广泛应用于液位的检测。

2. 电容式接近开关的应用

(1)在自动化生产线上,检测包装箱内有无牛奶,如图9-22所示。

(2)检测料位或液位,如图9-23所示。

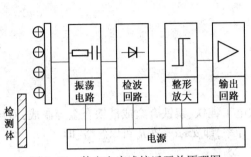

图 9-21　静电电容式接近开关原理图

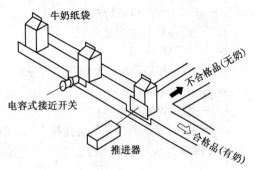

图 9-22　检测包装箱内有无牛奶

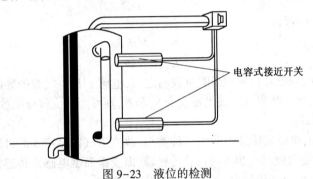

图 9-23　液位的检测

9.2　位　移　检　测

9.2.1　电感式位移测量

电感式传感器是建立在电磁感应定律基础上的,它把被测位移转换成自感系数 L 的变化;然后将自感系数 L 接入一定的转换电路,将位移的变化转换成电信号的变化。

1. 电感式传感器的工作原理

电感式传感器又称自感式传感器或可变磁阻式传感器。图9-24为自感式传感器原理图,它是由铁芯1、线圈2和衔铁3所组成。线圈是套在铁芯上的。在铁芯和衔铁之间有一个空气隙,空气隙厚度为 δ。传感器的运动部分与衔铁相连,运动部分产生位移时,空气隙厚度 δ 产生变化,从而使电感值发生变化。

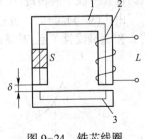

图 9-24　铁芯线圈

由电工学可知,线圈的电感值可按式(9-1)计算,即

$$L = \frac{N^2}{R_m} \tag{9-1}$$

式中:N——线圈的匝数;

R_m——磁路的总磁阻。

如不考虑铁损,且空气隙厚度 δ 较小时,其总磁阻由铁芯与衔铁的磁阻 R_c 和空气隙的磁阻 R_δ 两

部分组成,即

$$R_{m} = R_{c} + R_{\delta} = \frac{l}{\mu S} + \frac{2\delta}{\mu_0 S_0} \tag{9-2}$$

式中:l——铁芯和衔铁的磁路长度;

  μ——铁芯和衔铁的磁导率;

  S——气隙截面积;

  S_0——空气隙的导磁横截面积;

  δ——空气隙厚度;

  μ_0——空气隙的磁导率。

由于铁芯和衔铁通常是用高磁导率的材料,如电工纯铁、镍铁合金或硅铁合金等制成,而且工作在非饱和状态下,其磁导率远大于空气隙的磁导率,即 $\mu \gg \mu_0$,故 R_c 可以忽略,即

$$R_{m} = R_{\delta} = \frac{2\delta}{\mu_0 S_0} \tag{9-3}$$

式(9-3)代入式(9-1)可得

$$L = \frac{N^2}{R_{m}} = \frac{N^2 \mu_0 S_0}{2\delta} \tag{9-4}$$

由式(9-4)可知,当铁芯材料和线圈匝数确定后,电感 L 与空气隙的导磁横截面 S_0 成正比,与空气隙厚度 δ 成反比。如果通过被测量改变 S_0 和 δ,则可实现位移与电感间的转换,这就是电感式传感器的工作原理。

由式(9-4)可知,电感式传感器分为三种类型:改变空气隙厚度 δ 的自感传感器,即变间隙型电感式传感器;改变空气隙截面积 S 的自感传感器,即变截面型电感式传感器;同时改变空气隙厚度 δ 和气隙截面 S 的自感传感器,即螺管型电感式传感器。

2. 电感式传感器的输出特性

由式(9-4)可知,改变空气隙厚度 δ 的自感传感器的输出特性如图9-25所示,其 L 和 δ 呈双曲线关系,其灵敏度为

$$K = \frac{\mathrm{d}L}{\mathrm{d}\delta} = \frac{N^2 \mu_0 S_0}{2\delta^2} = \frac{L}{\delta} \tag{9-5}$$

由式(9-5)可知,在 δ 小的情况下,具有很高的灵敏度,故传感器的初始空气隙厚度 δ_0 的值不能过大,通常 $\delta_0 = 0.1 \sim 0.5$ mm。为了使传感器有较好的线性输出特性,必须限制测量范围,衔铁的位移一般不能超过 $(0.1 \sim 0.2)\delta_0$,这种传感器多用于微小位移测量。

由式(9-4)可知,改变空气隙的导磁横截面积 S_0 的电感式传感器输出特性如图9-26所示,其 L 和 S_0 呈线性关系,其灵敏度为

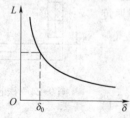

图9-25 变间隙型电感式传感器输出特性

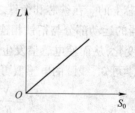

图9-26 变截面型电感式传感器输出特性

$$K = \frac{\mathrm{d}L}{\mathrm{d}S_0} = -\frac{N^2 \mu_0}{2\delta} \tag{9-6}$$

这种传感器在改变截面时,其衔铁行程受到的限制小,故测量范围较大。又因衔铁易做成转动式,故多用于角位移测量。

螺管型电感式传感器,由于磁场分布不均匀,故从理论上来分析较困难。由实验可知,其输出特性为非线性关系,且灵敏度较前两种形式低,但测量范围广,且结构简单,装配容易,又因螺管可以做得较长,故宜于测量较大的位移。

3. 差动电感式传感器原理

上述三种类型的电感式传感器,虽然结构简单、运用方便,但存在着缺点,如自线圈流往负载的电流不可能等于0,衔铁永远受到吸力,线圈电阻受温度影响,有温度误差,不能反映被测量的变化方向等。因此,在实际中应用较少,而常采用差动电感式传感器。

差动电感式传感器是将有公共衔铁的两个相同自感传感器结合在一起的一种传感器。上述三种类型的电感式传感器都有相应的差动形式。图 9-27 为差动变间隙型电感式传感器结构及特性。

假设衔铁的初始位移在气隙的中央,即 $\delta_1 = \delta_2 = \delta_0$,这时,上下两个线圈的电感量相等,即 $L_1 = L_2 = L_0$,由式(9-4)可得此时的电感 L_0 为

$$L_0 = \frac{N^2 \mu_0 S_0}{2\delta_0} \tag{9-7}$$

当衔铁有位移时,假设向上移动 $\Delta\delta$,则上气隙减少 $\Delta\delta$,下气隙增大 $\Delta\delta$,此时上线圈的电感 L_1 增大,下线圈的电感 L_2 减小,即

$$L_1 = \frac{N^2 \mu_0 S_0}{2(\delta_0 - \Delta\delta)}$$

$$L_2 = \frac{N^2 \mu_0 S_0}{2(\delta_0 + \Delta\delta)}$$

因 L_1、L_2 总是接成差动方式,故总的电感变化量为

$$\Delta L = L_1 - L_2 = \frac{N^2 \mu_0 S_0 \Delta\delta}{\delta_0^2 - \Delta\delta^2} \tag{9-8}$$

式(9-8)是差动变间隙型电感式传感器输出特性的数学表达式,其特性曲线如图 9-27(b)所示。当衔铁在中间位置,且 $\delta_0 = \Delta\delta$ 时,略去高阶小量 $\Delta\delta^2$,则

$$\Delta L = \frac{N^2 \mu_0 S_0 \Delta\delta}{\delta_0^2} = 2L \frac{\Delta\delta}{\delta_0} \tag{9-9}$$

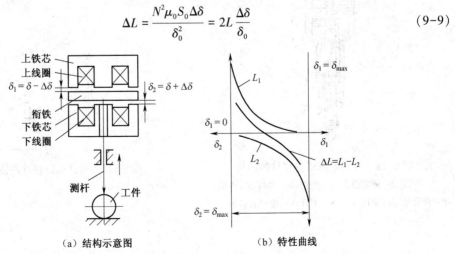

（a）结构示意图　　　　　（b）特性曲线

图 9-27　差动变间隙型电感式传感器结构及特性曲线

由式(9-9)可知,当位移 $\Delta\delta$ 较小时,其输出特性呈线性关系,且灵敏度为

$$K = \frac{\Delta L}{\Delta \delta} = \frac{2L_0}{\delta_0} \tag{9-10}$$

4. 电感式位移计

电感式传感器种类较多,应用广泛。以下介绍轴向电感式位移计的结构。

(1)轴向电感式位移计的结构。图9-28为轴向电感式位移计的结构图。可换测头 10 连接测杆 8,测杆受力后钢球导轨 7 做轴向移动,带动上端的衔铁 3 在线圈 4 中移动。两个线圈接成差动形式,通过引线 1 接入测量电路。测杆的复位靠弹簧 5,端部装有密封套 9,以防止灰尘等脏物进入传感器。

轴向电感式位移计的自由行程较大,且结构简单,安装容易,缺点是灵敏度低,且不宜测量快速变化的位移。

(2)轴向电感式位移计的测量电路。轴向电感式位移计的测量电路是将电感量的变化转换成电压或电流的变化,送入放大器,再由指示仪表或记录仪表指示或记录。

测量电路的形式很多,通常都采用电桥电路,如图9-29所示。电桥的两臂 Z_1 和 Z_2。是电路位移计两个线圈的阻抗(因为线圈的导线具有电阻 R,所以阻抗可看作电阻器 R 和电感器 L 的串联,即 $Z_1 = R_1 + j\omega L_1, Z_2 = R_2 + j\omega L_2$)。电桥的另外两个桥臂为电源变压器二次绕组的两个半绕组,半绕组的电压为 $U_\circ/2$。电桥对角 A、B 两点的电位差为电桥的输出电压 $U_\circ$。假设阻抗 Z_1 上端点处的电位为 0,则 A 点的电位为

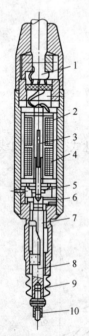

图 9-28 轴向电感式位移计的结构
1—引线;2—固定磁筒;3—衔铁;4—线圈;5—弹簧;
6—防转销;7—钢球导轨;8—测杆;9—密封套;10—测头

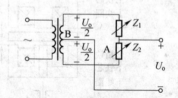

图 9-29 电感式位移计的测量电路

$$U_A = \frac{Z_1}{Z_1 + Z_2} U_\circ \tag{9-11}$$

B点的电位为

$$U_B = \frac{1}{2} U_o \tag{9-12}$$

A、B两点的电位差,即输出电压为

$$U_o = U_A - U_B = \left(\frac{Z_1}{Z_1 + Z_2} - \frac{1}{2} \right) U_o \tag{9-13}$$

由式(9-13)可知:

①当测杆的铁芯或衔铁处于中间位置时,两线圈的电感相等。如果两线圈绕制对称,则阻抗也相等。则输出电压为

$$U_o = \left(\frac{Z_0}{2Z_0} - \frac{1}{2} \right) U_o = 0 \tag{9-14}$$

式中:Z_0——当测杆的铁芯或衔铁处于中间位置时,两个线圈的阻抗值。

②当测杆的铁芯向上移动时,上线圈的阻抗增加,下线圈的阻抗减小,即 $Z_1 = Z_0 + \Delta Z$,$Z_2 = Z_0 - \Delta Z$,则输出电压为

$$U_o = \left(\frac{Z_0 + \Delta Z}{2Z_0} - \frac{1}{2} \right) U_o = \frac{\Delta Z}{Z_0} \frac{U_o}{2} \tag{9-15}$$

③当测杆的铁芯向下移动时,上线圈的阻抗减小,下线圈的阻抗增大,即 $Z_1 = Z_0 - \Delta Z$,$Z_2 = Z_0 + \Delta Z$,则输出电压

$$U_o = \left(\frac{Z_0 + \Delta Z}{2Z_0} - \frac{1}{2} \right) U_o = - \frac{\Delta Z}{Z_0} \frac{U_o}{2} \tag{9-16}$$

由式(9-15)和式(9-16)可知,当测杆的铁芯由平衡位置上下移动相同的距离、产生相同电感增量时,电桥空载输出电压大小相等而符号相反,由此可测得位移的大小和方向。

9.2.2 差动变压器位移计

差动变压器是互感传感器,是把被测位移转换为传感器线圈的互感系数变化量。由于这种传感器通常做成差动的,故称为差动变压器。由于该类传感器具有结构简单、灵敏度高和测量范围广等优点,故被广泛应用于位移量的测量。

1. 差动变压器的工作原理

差动变压器主要由十个线框和一个铁芯组成,在线框上绕有一组一次线圈作为输入线圈,在同一线框上另绕两组二次线圈作为输出线圈,并在线框中央圆柱孔中放入铁芯,如图9-30所示,当一次线圈加以适当频率的电压激励时,根据变压器的作用原理,在两组二次线圈中就产生感应电动势。

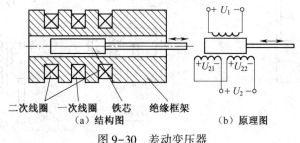

二次线圈　一次线圈　铁芯　绝缘框架
(a)结构图　　　　　　　(b)原理图
图9-30 差动变压器

当铁芯处于中间位置时,由于两组二次线圈完全相同,即两组二次线圈通过的磁感线条数相

等。因而感应电动势 $U_{21} = U_{22}$，则输出电压为

$$U_2 = U_{21} - U_{22} = 0 \qquad (9\text{-}17)$$

当铁芯向右移动时，右边二次线圈内所穿过的磁通要比左边二次线圈内所穿过的磁通多一些，所以互感也大些，感应电动势 U_{22} 也增大，而左边二次线圈中穿过的磁通减少，感应电动势 U_{21} 也减小，则输出电压

$$U = U_{21} - U_{22} < 0 \qquad (9\text{-}18)$$

当铁芯向左移动时，与上述情况恰好相反，则输出电压

$$U = U_{21} - U_{22} > 0 \qquad (9\text{-}19)$$

2. 差动变压器位移计的结构与测量电路

（1）差动变压器位移计的结构。图 9-31 所示为差动变压器位移计的结构。测头 1 通过轴套 2 与测杆 3 连接，活动铁芯 4 固定在测杆上。线圈架 5 上绕有三组线圈，中间是一次线圈，两端是二次线圈，它们都是通过导线 6 与测量电路相连。线圈的外面有屏蔽筒 7，用以增加灵敏度和防止外磁场的干扰。测杆用圆片弹簧 8 作导轨，以弹簧 9 获得恢复力，为了防止灰尘进入测杆，装有防尘罩 10。

此差动变压器位移计的测量范围为 $\pm 0.5 \sim \pm 75$ mm，分辨率可达 $0.1 \sim 0.5$ μm，差动变压器中间部分的线性比较好，非线性误差约为 0.5%，其灵敏度比差动电感式高。当测量电路输入阻抗高时，可用电压灵敏度来表示；当测量电路输入阻抗低时，可用电流灵敏度来表示。当用 400 Hz 以上高频励磁电源时，其电压灵敏度可达 $0.5 \sim 2$ V/(mm·V)，电流灵敏度可达 0.1 mA/(mm·V)。由于其灵敏度较高，测量大位移时可不用放大器，因此，测量电路较为简单。

（2）差动变压器位移计的测量电路。差动变压器位移计的测量电路按输出电压信号及被测值的大小可分为大位移测量电路和微小位移测量电路两种。

①大位移测量电路。大位移测量电路如图 9-32 所示。当只要求测量位移的大小，不要求分辨位移的方向，且测量精度要求不高的情况下，通常采用整流电路整流后送入直流电压表显示位移的大小，如图 9-32(a)、(b)所示。当既要求测量位移的大小，又要求分辨位移的方向，且希望消除零点电压的影响，测量精度较高时，通常采用相敏检波电路，如图 9-32(c)、(d)所示。通过其中的可调电位器，可在测量前将电路预调平衡，以消除零点电压。通过相敏检波电路可分辨位移的方向，数值仍由电压表指示。

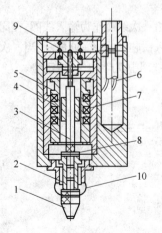

图 9-31　差动变压器位移计的结构

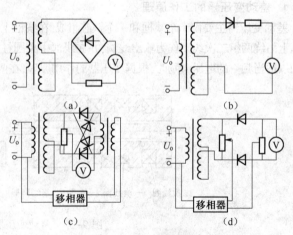

图 9-32　大位移测量电路

②微小位移测量电路。由于测量微小位移,所以输出电压很小,故应采用放大电路测量微小位移。DGS-20C/A型测微仪的框图如图9-33所示。该测微仪由稳压电源、振荡器和指示仪表等组成。测头与桥路将位移转换成电压信号,电压信号经调制后送放大器放大,然后送相敏检波器检波,获得原始位移信号,最后送指示仪表或记录器显示或记录。

DGS-20C/A型测微仪的测量范围一般为几毫米。分辨率可达 $0.1\sim0.5\ \mu m$,工作可靠。缺点是动态性能差,只能用于静态测量。

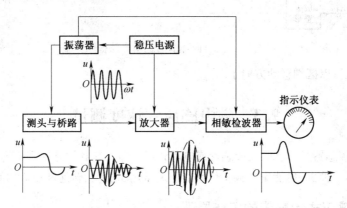

图9-33　DGS-20C/A 型测微仪的框图

9.2.3　光栅位移测量

1. 光栅的结构及分类(见第8.4.1节)

2. 光栅传感器的工作原理

由8.4节分析可知,主光栅移动一个栅距 ω ,莫尔条纹就变化一个周期 2π,通过光电转换元件,可将莫尔条纹的变化变成近似的正弦波形的电信号。电压小的相应于暗条纹,电压大的相应于明条纹,它的波形可看成是一个直流分量叠加一个交流分量。

$$U = U_0 + U_m\sin\frac{2\pi x}{\omega} \tag{9-20}$$

式中:ω——栅距;

　x——主光栅与指示光栅间的瞬间位移;

　U_0——直流电压分量;

　U_m——交流电压分量幅值;

　U——输出电压。

由式(9-20)可知,输出电压反映了瞬时位移的大小,当 x 从 0 变化到 ω 时,相当于电角度变化了 $360°$,如采用 50 线/mm 的光栅时,若主光栅移动了 x mm,即 $50x$ 条。将此条数用计数器记录,就可知道移动的相对距离。

由于光栅传感器只能产生一个正弦信号,因此不能判断 x 移动的方向。为了能够辨别方向,还要在间隔1/4个莫尔条纹间距 B 的地方设置两个光电器件。辨向环节的逻辑电路框图如图9-34 所示。

正向运动时,光敏元件 2 比光敏元件 1 先感光,此时与门 Y_1 有输出,将加减控制触发器置"1",使可逆计数器的加减控制线为高电位。同时 Y_2 的输出脉冲又经或门 H 送到可逆计数器的计数输入端,计数器进行加法计数。反向运动时,光敏元件 1 比光敏元件 2 先感光,计数器进行

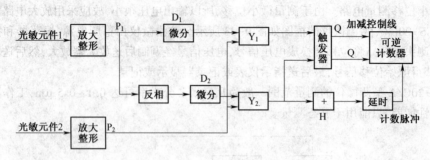

图 9-34　辨向环节的逻辑电路框图

减法计数,这样就可以区别移动方向了。

9.3　磁电感应式速度测量

磁电感应式传感器又称感应式传感器或电动式传感器。它利用导体和磁场发生相对运动产生感应电动势,是一种机-电能量变换型传感器。通常用于振动、转速和扭矩的测量。

9.3.1　磁电感应式传感器的工作原理

根据电磁感应定律,N 匝线圈中的感应电动势 e 决定于穿过线圈的磁通量 ϕ 的变化率,即

$$e = N\frac{\mathrm{d}\phi}{\mathrm{d}t} \tag{9-21}$$

磁电感应式传感器的结构如图 9-35 所示。图 9-35(a)为线圈在磁场中做直线运动时产生感应电动势的磁电感应式传感器。当线圈在磁场中做直线运动时,它所产生感应电动势 e 为

$$e = NBl\sin(\theta)\frac{\mathrm{d}x}{\mathrm{d}t} = NBlv\sin\theta \tag{9-22}$$

式中:B——磁场的磁感应强度;

　l——单匝线圈的有效长度;

　N——线圈的匝数;

　v——线圈与磁场的相对运动速度;

　θ——线圈运动方向与磁场方向的夹角。

当 $\theta = 90°$ 时,式(9-22)可写成

$$e = NBlv \tag{9-23}$$

图 9-35(b)所示为线圈做旋转运动的磁电感应式传感器。此时,线圈在磁场中转动产生的感应电动势 e 为

$$e = NBS\sin(\theta)\frac{\mathrm{d}\theta}{\mathrm{d}t} = NBS\omega\sin\theta \tag{9-24}$$

式中:ω——角速度,$\omega = \dfrac{\mathrm{d}\theta}{\mathrm{d}t}$;

　S——单匝线圈的截面积;

　N——线圈的匝数;

　θ——线圈法线方向与磁场方向之间的夹角。

当 $\theta = 90°$ 时,式(9-24)可写成

$$e = NBS\omega \tag{9-25}$$

由式(9-23)和式(9-25)可以看出,当传感器结构一定时,B、S、N、l 均为常数,因此,感应电动势 e 与线圈对磁场的相对运动速度 dx/dt(或 $d\theta/dt$)成正比。所以,从磁电感应式传感器的直接应用来说,它只是用来测量线速度和角速度。但是,由于速度与位移或加速度之间有内在联系,它们之间存在着积分或微分的关系。因此,如

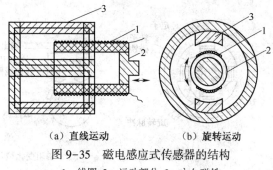

(a)直线运动　　　　(b)旋转运动

图9-35 磁电感应式传感器的结构

1—线圈;2—运动部分;3—永久磁铁

果在感应电动势测量电路中接一个积分电路,那么输出电压就与运动的位移成正比;如果在感应电动势测量电路中接一个微分电路,那么输出电压就与运动的加速度成正比。这样磁电感应式传感器除可测量速度外,还可以用来测量位移和加速度。

9.3.2 磁电感应式传感器的测量电路

磁电感应式速度、加速度测量电路如图9-36所示。该电路用开关S切换,当开关S放在"1"位置时,经过一个积分器,可测量位移的大小;当开关S放在"2"位置时,可测量速度;当开关S放在"3"位置时,经过微分电路,可测量加速度。

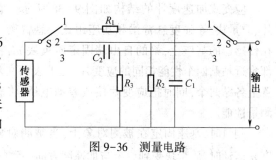

图9-36 测量电路

9.4 电磁脉冲式速度测量

电磁脉冲式转速计是一种数字式仪表。由被测旋转体带动磁性体产生计数电脉冲,根据计数电脉冲个数可得被测转速。

电磁脉冲式转速计的结构如图9-37所示。图9-37(a)为旋转磁铁型,它是将 N 条磁铁均匀分布在转轴上,在测量时,将传感器的转轴与被测物转轴相连,因而被测物就带动传感器转子转动。当转轴旋转时,每转一圈将在线圈输出端产生 N 个脉冲,用计数器计算出在规定时间内的脉冲数就可求出转速的大小。若该转速传感器的输出量是以感应电动势的频率表示的,则其频率 f 与转速 n 的关系可表示为

$$f = \frac{1}{60}Nn \tag{9-26}$$

式中:n——被测物转速,r/min;

　　N——定子或转子端面的齿数。

图9-37(b)为磁阻变化型,它是在旋转测量轴上配置 N 个凸型磁导体。图9-37(c)为磁性齿轮型,它是在旋转测量轴上安装一个磁性齿轮。两种结构均配置由铁芯和检测线圈构成的检测用铁芯线圈(测量头)。当旋转轴转动时,对于图9-37(b)是由于磁路磁阻的变化,使测量线圈上有相应的脉冲输出;对于图9-37(c)是由于磁路磁势的变化,使测量线圈上有相应的脉冲输出。

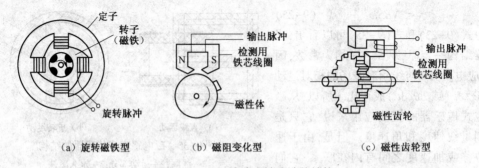

（a）旋转磁铁型　　　　（b）磁阻变化型　　　　（c）磁性齿轮型

图 9-37　电磁脉冲式转速计的结构

9.5　应变式加速度计

　　应变式加速度计的结构如图 9-38 所示。它由应变片、质量块、等强度悬臂梁和基座组成。悬臂梁一端固定在传感器的基座上，梁的自由端固定质量块 m，在梁的根部附近粘贴四个性能相同的应变片，上下表面在对称的位置上各贴两个，同时把应变片接成差动电桥，将获得最佳测量性能。

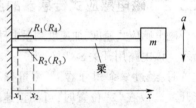

图 9-38　应变片式加速度计结构

　　测量时，基座固定在被测对象上，当被测对象以加速度 a 运动时，质量块受到一个与加速度方向一致的惯性力而使悬臂梁变形，其中两个应变片感受拉伸应变，电阻增大，另外两个应变片感受挤压应变，电阻减小。通过四臂感受电桥变化，将电阻变化转换成电压变化，且电桥输出电压与加速度成线性关系，从而通过检测电桥输出电压，实现对惯性力的测量，即实现对加速度的测量。

　　电桥输出电压与加速度的关系可表示为

$$U_。 = -\frac{6U_i^2 LKm}{Ebh^2}a \tag{9-27}$$

式中：L——悬臂梁的长度；

　　　K——应变片的灵敏系数；

　　　b——悬臂梁的根部宽度；

　　　h——悬臂梁的厚度；

　　　E——悬臂梁的弹性模量；

　　　m——质量块的质量；

　　　a——被测加速度；

　　　$U_。$——差动电桥输出电压；

　　　U_i——电桥激励电压。

　　从式（9-27）可以看出，电桥输出电压与被测加速度成线性关系。这种加速度计可用于常值低频加速度测量，不宜用于测量高频以及冲击和随机振动等。

9.6　雷达测速仪

9.6.1　雷达原理

雷达(Radar)是 Radio Detection and Ranging 缩写的音译,即"无线电探测与测距",它是利用目标对电磁波的反射或散射现象对目标进行检测、定位、跟踪、成像与识别的。雷达是集中了现代电子科学技术各种成就的高科技系统。目前已成功地应用于地面(含车载)、舰载、机载、星载等方面。这些雷达已经和正在执行着各种军事和民用任务。

1. 雷达的发展

1904 年 4 月 30 日,德国的 Christian Huelsmeyer 申请了一项名为 telenobiloscope 的专利。这是一个利用电波来探测远处金属物体的发射–接收机系统。Telemobiloscope 设计用来防止轮船之间的碰撞,但该系统最初没有考虑测距功能。1927 年,Hans E. Hollmann 在对 Huelsmeyer 的装置进行改进的基础上,制造了第一部厘米波段的发射–接收机,它便是"微波"通信系统的"鼻祖"。Hollmann 等三人完善了该系统,使得该系统可以探测到 8 km 远的轮船和 30 km 远、500 m 高空飞行的飞机。以后,上述系统分别形成了舰载(Seetakt)和地基(Freya)两个系统的雷达。该阶段被视为雷达的雏形阶段。

在雷达的早期发展阶段,美国在 1922 年利用连续波干涉雷达检测到木船,1933 年首次利用连续波干涉雷达检测到飞机,1934 年美国海军开始研究脉冲雷达,1935 年英国开始研究脉冲雷达,1936 年首个警戒雷达投入使用,1937—1938 年大量 CH 型号雷达站投入使用,1938 年美国研制出第一台火炮控制雷达,1944 年能够自动跟踪飞机的雷达研制成功,1945 年能够消除背景干扰,显示运动目标的技术使雷达功能进一步完善。在整个第二次世界大战期间,雷达成了电磁场理论最活跃的部分。

20 世纪 60 年代以来,由于航空和航天技术的飞速发展,以及利用雷达探测飞机、导弹、卫星等的需要,对雷达的作用距离、测量精度、分辨率等性能有了更高要求,同时由于发展反弹道导弹、空间卫星探测和监视、军用对地侦察、民用遥感等,使得一些关键技术在雷达中得到应用。如脉冲压缩技术、脉冲多普勒(PD)和动目标检测(MTD)、有源相控阵技术、合成孔径/逆合成孔径雷达技术、超宽带雷达技术(UWB)、高频超视距雷达技术(OTHR)、双/多基地雷达技术、综合脉冲与孔径雷达技术、MIMO 雷达系统、外辐射源雷达、网络雷达系统等。

2. 雷达的分类

现代雷达种类繁多,分类的方式也比较复杂。

(1)按雷达用途分为:预警雷达、搜索警戒雷达、引导指挥雷达、炮瞄雷达、测高雷达、战场监视雷达、机载雷达、气象雷达、航行管制雷达、导航雷达以及防蝗、敌我识别雷达等。

(2)按雷达信号形式分为:脉冲雷达、连续波雷达、脉冲压缩雷达、噪声雷达和频率捷变雷达等。

(3)按角跟踪方式分为:单脉冲雷达、圆锥扫描雷达和隐蔽扫描雷达。

(4)按测量目标的参数分为:测高雷达、两坐标雷达、三坐标雷达和敌我识别雷达等。

(5)按采用的技术和信号处理的方式分为:各种分集制雷达(例如,频率分集、极化分集等)、相参积累和非相参积累雷达、动目标显示(moving target indication, MTI)雷达、动目标检测(moving target detection, MTD)雷达、脉冲多普勒雷达、合成孔径雷达、边扫描边跟踪(track while scan,

TWS)雷达等。

(6)按天线扫描方式分为：机械扫描雷达和电扫描雷达等。

(7)按雷达频段分为：高频超视距雷达、微波雷达、毫米波雷达和激光雷达等。

(8)按雷达工作平台分为：地基、机载、天基、舰载等。

3. 雷达的基本原理

雷达是利用目标对电磁波的反射（又称二次散射）现象来发现目标并测定其位置及其他相关信息的。由雷达发射机产生的电磁能，经收发开关后传输给天线，再由天线将此电磁能定向辐射于大气中，电磁能在大气中以光速（约 3×10^8 m/s）传播，如果目标恰好位于定向天线的波束内，则它将要截取一部分电磁能，目标将被截取的电磁能向各方向散射，其中部分散射的能量朝向雷达接收方向。雷达天线搜集到这部分散射的电磁波后，就经传输线和收发开关反馈给接收机，接收机将这微弱的信号放大并经信号处理后即可获取所需信息，并将结果送至终端显示。雷达工作原理示意图如图9-39所示。

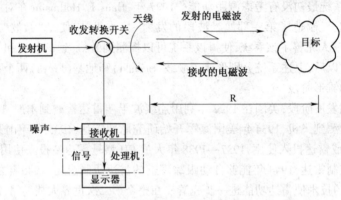

图9-39 雷达工作原理示意图

9.6.2 雷达测速仪简介

雷达测速的基本原理是应用"多普勒效应"，利用持续不断发射出无线电波的装置，对着物体发射出电波，当无线电波在行进的过程中，碰到物体时被反射，而且其反弹回来的电波的波长会随着所碰到的物体的移动状态而改变。经由计算之后，便可得知该物体与雷达之间的相对移动速度。

若无线电波所碰到的物体是固定不动的，那么所反弹回来的无线电波的波长是不会改变的。但若物体是朝着无线电波发射的方向前进时，此时所反弹回来的无线电波的波长会发生变化，借于反弹回来的无线电波的波长所产生的变化，依特定比例关系经由计算之后，便可得知该移动物体与雷达之间物体的相对移动速度。

目前，雷达测速仪主要分为手持测速雷达和车载测速雷达。手持测速雷达主要应用于定点测量，一般用在超速现象较多的路段进行速度测量。可把雷达固定于三脚架上，也可手持测量。车载测速雷达主要应用于巡逻测量或移动电子警察方面。目前，在移动电子警察方面应用较多。由于移动电子警察的特殊要求，一般配移动电子警察的测速雷达要求其微波发射的波瓣尽可能小。

以往的雷达测速仪，由于技术的限制，不能判别出目标的运动方向，因此，当所测区域既有同向又有反向的车时，雷达就无法判别出所测速度到底是哪一辆的。随着技术的发展，有些新型的雷达测速仪已可以判别出目标的运动方向,因此,大大提高了测试的可靠性和可信度。雷达测速超速抓拍系统原理图如图9-40所示。

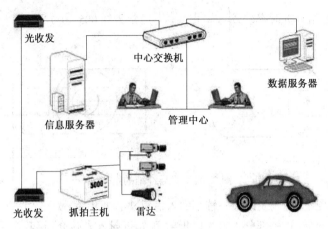

图9-40 雷达测速超速抓拍系统原理图

雷达测速的原理是应用多普勒效应,因此,具有以下特点:

(1)雷达波束比激光光束的照射面大,因此雷达测速易于捕捉目标,无须精确瞄准。

(2)雷达测速设备可安装在巡逻车上,能够在运动中实现车速检测,是"移动电子警察"非常重要的组成部分。

(3)雷达固定测速误差为±1 km/h,运动时测速误差为±2 km/h,完全可以满足对交通违章查处的要求。

(4)雷达发射的电磁波波束有一定的张角,因此有效测速距离相对于激光测速较近,最远测速距离为800 m(针对大车)。

(5)雷达测速仪技术成熟,价格适中。

(6)雷达测速仪发射波束的张角是一个很重要的技术指标。张角越大,测速准确率越易受影响;反之,则影响较小。

雷达测速仪以其价格便宜、测速准确、使用方便和在运动中能够实现检测车速,被公安交管部门作为判断车辆是否超速并进行处罚的首选工具。

9.7 光纤测速

广义地说,凡采用光导纤维的传感器都可称为光纤传感器。光纤传感器是一种新型传感器,其几何形状具有多方面的适应性,可以制成任意形状的光纤传感器;可以制造传感各种不同物理信息(声、磁、温度、旋转等)的器件;具有灵敏度高、响应快、便于远距离遥控、抗电磁干扰、抗腐蚀等突出优点。随着光、电集成技术的发展,它更便于实现敏感元件、光纤等信息处理电路的整体集成。

9.7.1 光纤元件

1. 光纤的结构和导光原理

光纤是一种传输光的细丝,能够将进入光纤一端的光线传到光纤的另一端,其主体材料是二氧化硅或塑料,有时在主体材料中掺入极其微量的二氧化锗或五氧化二磷等,以提高光的折射率。光纤的直径只有几微米到几十微米,通常光纤由两层光学性质不同的材料组成,如图9-41所示,光纤的中间部分是导光的纤芯,纤芯的周围是包层。而且纤芯的折射率略大于包层的折射率($n_2 < n_1$)。它们的相对折射率差 $\Delta\left(\Delta = 1 - \dfrac{n_2}{n_1}\right)$ 通常为 0.005~0.140。

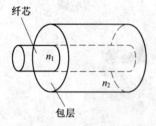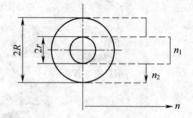

图 9-41 光导纤维的结构

根据几何光学理论,当光线以某一较小的入射角 θ_i 由折射率(n_1)较大的光密介质射向折射率(n_2)较小的光疏介质时,一部分入射光以折射角 θ_r 折射入光疏介质,其余部分以 θ_i 反射回光密介质,如图9-42所示,根据折射定律,光折射与反射的关系为

$$\frac{\sin\theta_i}{\sin\theta_r} = \frac{n_2}{n_1} \tag{9-28}$$

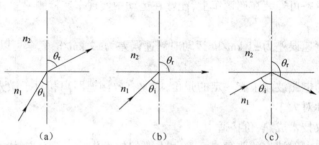

图 9-42 光的折射与反射

当光线的入射角 θ_i 增大到某一角度 θ_{i_0} 时,透射入光疏介质的折射光则折向界面传播($\theta_r = 90°$),称此时的入射角 θ_{i_0} 为临界角,那么,根据折射定律可得

$$\theta_{i_0} = \arcsin\left(\frac{n_2}{n_1}\right) \tag{9-29}$$

由此可知,临界角仅与介质的折射率的比值有关。

当入射角 $\theta_i > \theta_{i_0}$ 时,入射光被全反射,根据这个原理,只要使光线射入光纤端面的光与光轴的夹角小于某个定值,光线就不会射出光纤的纤芯,如图9-43所示。

图9-43中光线 A 为射入光纤端面的入射光线,在纤芯与包层的界面 C 处发生折射及反射,根据 Snell 定律得

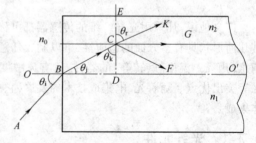

图 9-43 光在光纤中的全反射

$$n_0\sin\theta_i = n_1\sin\theta_j \; ; \; n_1\sin\theta_k = n_2\sin\theta_r$$

即
$$\sin\theta_i = \left(\frac{n_1}{n_0}\right)\sin\theta_j$$

另有
$$\theta_j = 90° - \theta_k$$

则有
$$\sin\theta_i = \left(\frac{n_1}{n_0}\right)\sin(90° - \theta_k) = \frac{n_1}{n_0}\cos\theta_k = \frac{n_1}{n_0}\sqrt{1 - \sin^2\theta_k}$$

$$\sin\theta_i = \frac{n_1}{n_0}\sqrt{1 - \left(\frac{n_2}{n_1}\sin\theta_r\right)^2}$$

$$= \frac{1}{n_0}\sqrt{n_1^2 - n_2^2\sin^2\theta_r} \tag{9-30}$$

n_0 为入射光线 AB 所在空间的折射率,一般皆为空气,故 $n_0 \approx 1$,则得

$$\sin\theta_i = \sqrt{n_1^2 - n_2^2\sin^2\theta_r} \tag{9-31}$$

当 $\theta_r = 90°$ 的临界状态时,

$$\sin\theta_{i_0} = \sqrt{n_1^2 - n_2^2} \tag{9-32}$$

$\sin\theta_{i_0}$ 定义为"数值孔径"NA(numerical aperture)。

根据相对折射率的定义有 $\Delta = (n_1 - n_2)/n_1$,所以得 $\sin\theta_{i_0} \approx n_1\sqrt{2\Delta}$。
arcsinNA 是一个临界角:

$\theta_i > $ arcsinNA,光线进入光纤后都不能传播而在包层消失;

$\theta_i < $ arcsinNA,光线才可以进入光纤被全反射传播。

2. 光纤的主要参数

(1)数值孔径(NA)。数值孔径反映纤芯接收光量的多少,标志光纤接收性能。无论光源发射功率有多大,只有 $2\theta_{i_0}$ 张角之内的光功率能被光纤接收传播。大的数值孔径有利于耦合效率的提高。但数值孔径太大,会引起光信号畸变加重。

(2)光纤模式。光纤模式指光波沿光纤传播的途径和方式,光纤按传输模式分为单模光纤和多模光纤,如图 9-44 所示。

单模光纤以激光二极管作为光源,中心玻璃芯较细,光纤中只允许一种光直线传播,故模间色散很小,可以进行远程通信,整体传输性能非常好,单模光缆和单模光纤端口的价格都比较昂贵。

多模光纤以发光二极管作为光源,中心玻璃芯较粗,允许多束光在光纤中沿着光纤壁不停反射地向前传播,造成较大的模间色散,通信距离较近,只有几千米,整体传输性能不佳,多模光缆和多模光纤端口的价格都相对便宜。

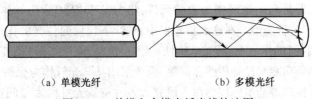

　　(a)单模光纤　　　　　　　　　　　(b)多模光纤

图 9-44　单模和多模光纤光线轨迹图

(3)传播损耗。损耗原因:光纤纤芯材料的吸收、散射,光纤弯曲处的辐射损耗等的影响。传播损耗由式(9-33)定义,单位为 dB。

$$A = al = 20\lg\frac{I_0}{I} \tag{9-33}$$

式中：l——光纤长度；

　　a——单位长度的衰减；

　　I_0——光导纤维输入端光强；

　　I——光导纤维输出端光强。

3. 光纤传感器的分类

（1）按光纤在传感器中的作用。光纤传感器按光纤在传感器中的作用分为三类：一类是传光型，即非功能型光纤传感器，一类是传感型，即功能型光纤传感器。前者多数使用多模光纤，后者常使用单模光纤。第三类是拾光型光纤传感器。功能型、非功能型光纤传感器原理图如图9-45所示。

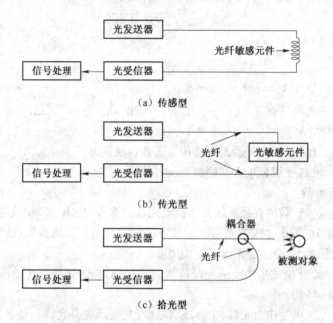

图9-45　功能型、非功能型光纤传感器原理图

在非功能型光纤传感器中，光纤仅作为传播光的介质，对外界信息的"感觉"功能是依靠其他光敏感元件完成的。这样可以利用现有的优质敏感元件来提高光纤传感器的灵敏度。传光介质是光纤，所以采用通用光纤甚至普通的多模光纤就能满足要求。实用化的大都是非功能型光纤传感器。

功能型光纤传感器是利用光纤作为敏感元件，将"传"和"感"合为一体的传感器。光纤陀螺、光纤水听器都属于此种类型。在这类传感器中，光纤不仅仅起传光的作用，而且还利用光纤在外界因素（弯曲、相变）的作用下，其光学特性（光强、相位、偏振态等）的变化来实现传和感的功能。其在结构上比非功能型光纤传感器简单，但须采用特殊光纤作为探头，增加了传感器制造的难度。随着对光纤传感器基本原理的深入研究和各种特殊光纤的大量问世，高灵敏度的功能型光纤传感器必将得到更广泛的应用。

拾光型光纤传感器用光纤作为探头，接收由被测对象辐射的光或被其反射、散射的光。其典型例子有光纤激光多普勒速度计和辐射式光纤温度传感器。

（2）按光调制形式分类：

①强度调制型光纤传感器。这是一种利用被测对象的变化引起敏感元件的折射率、吸收或反射率等参数的变化，而导致光强度变化来实现敏感测量的传感器。有利用光纤的微弯损耗，各物质的吸收特性，振动膜或液晶的反射光强度的变化，物质因各种粒子射线或化学、机械的激励而发光的现象，以及物质的荧光辐射或光路的遮断等来构成压力、振动、温度、位移、气体等各种强度调制型光纤传感器。其优点是结构简单、容易实现、成本低。缺点是受光源强度波动和连接器损耗变化等影响较大。

②偏振调制型光纤传感器。这是一种利用光偏振态变化来传递被测对象信息的传感器。有利用光在磁场中媒质内传播的法拉第效应做成的电流、磁场传感器；利用光在电场中的压电晶体内传播的玻尔效应做成的电场、电压传感器；利用物质的光弹效应构成的压力、振动或声传感器；以及利用光纤的双折射性构成温度、压力、振动等传感器。这类传感器可以避免光源强度变化的影响，因此灵敏度高。

③频率调制型光纤传感器。这是一种利用单色光射到被测物体上反射回来的光的频率发生变化来进行监测的传感器。有利用运动物体反射光和散射光的多普勒效应的光纤速度、流速、振动、压力、加速度传感器；利用物质受强光照射时的拉曼散射构成的测量气体浓度或监测大气污染的气体传感器；以及利用光致发光的温度传感器等。

④相位调制型光纤传感器。其基本原理是利用被测对象对敏感元件的作用，使敏感元件的折射率或传播常数发生变化，而导致光的相位变化，使两束单色光所产生的干涉条纹发生变化，通过检测干涉条纹的变化量来确定光的相位变化量，从而得到被测对象的信息。通常有利用光弹效应的声、压力或振动传感器；利用磁致伸缩效应的电流、磁场传感器；利用电致伸缩的电场、电压传感器以及利用光纤赛格纳克（Sagnac）效应的旋转角速度传感器（光纤陀螺）等。这类传感器的灵敏度很高。但由于须用特殊光纤及高精度检测系统，因此成本高。

9.7.2　光纤测速仪

频率调制光纤传感器是利用外界因素改变光的频率，通过检测光的频率变化来测量被测物理量的。频率调制并没有改变光纤的特性，光纤仅起到传输的作用，而不作为敏感元件。频率调制是基于光学多普勒效应，如一束频率为 f 的光入射到相对于探测器速度为 v 的运动物体上，则从运动物体反射的光频率为 f_s。根据多普勒效应，得到

$$f_s = \frac{f}{1 \mp \dfrac{v}{c}} \approx \left(1 \pm \frac{v}{c}\right)f \tag{9-34}$$

式中：c——光在介质中的传播速度，m/s。在真空中，$c \approx 3.0 \times 10^8$ m/s。

利用多普勒效应，能够检测运动物体的速度。图9-46为光纤血流速度传感器工作原理图，这种传感器属于拾光型光纤传感器。激光源发出频率为 f_0 的线偏振光束，被分束器分为两束：一束经偏振分束器，被一显微镜聚焦后进入光纤，并经光纤传输至光纤探头，射入血液；另一束作为参考光束由超声波源调制。如光导管以 θ 角插入血管，则由光纤探头射出的激光，被直径为7 μm 的移动的血红球散射，经多普勒频移的部分背向散射光信号，由同一光纤反向回送，其频移为

$$\Delta f = 2nv\cos\theta/\lambda$$

式中：n——血液的折射率（$n = 1.33$）；

　　　 v——血流速度（m/s）；

  θ——光纤轴线与血管轴线间的夹角(°);

  λ——激光波长,μm。

  当 $\lambda = 0.632\,8\ \mu m$,$\theta = 60°$,$v = 1$ m/s 时,频移 Δf 约为 2.1 MHz。

  为了区别血流方向,在参考光束中,设置一声光频率调制器——布拉格盒。通过调制,参考光变为有频移的光,其频率为 f_0-f_B(f_B 为超声波频率)。将参考光(f_0-f_B)与频率为 $f_0+\Delta f$ 的多普勒频移光信号进行混频。即使用光外差法检测,采用信噪比较高的雪崩光电二极管(APD)作为光探测器,接收频率为 $f_0+\Delta f$ 的信号,形成光电流,并送入频谱分析仪,分析多普勒频移,从而得到血流速度 v。图 9-46 所示的光纤血流速度传感器的速度测量范围的典型值为 0.04～10 m/s,精度为 5%,所用光纤直径为 150 μm。光纤传感器探头不带电,化学状态稳定,直径小,已用于眼底及动物腿部血管中血流速度的测量,其空间分辨率(10 μm)和时间分辨率(8 ms)都相当高。其缺点是光纤造成流动干扰,且背向散射光非常弱,因此,在设计信号检测电路时必须注意。

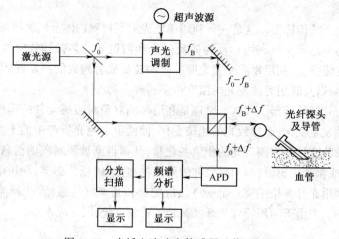

图 9-46 光纤血流速度传感器工作原理图

小　结

  本章主要讲述了运动参数中位移、速度、加速度等物理量的测量方法。其中,位移参数测量主要讲述了电感式位移测量、差动变压器位移计和光栅位移测量三种测量方法。电感式位移计测量电路将电感量的变化转换成电压或电流的变化,送入放大器,再由仪表指示或记录。速度参数测量主要讲述了磁电感应式、电磁脉冲式、光电式、光纤式,雷达等速度测量仪及应变式加速度测量方法。

  通过本章的学习,读者可以了解运动参数测量的各种方法,掌握运动测量的测量原理,根据不同的测量对象及应用领域,应用合适的测量传感器及测量系统。

习　题

  9.1 简述线位移的测量方法及各自的特点。

  9.2 简述差动变压器位移计的测量原理。

  9.3 如何理解光栅的误差平均特性?

  9.4 如何辨别光栅传感器的运动方向?

第10章 显示与记录仪表

本章要点:

➢ 显示仪表;

➢ 记录仪表。

学习目标:

➢ 熟悉显示与记录仪表。

建议学时: 2 学时。

引　言

本章讨论传感器检测系统常用的显示仪表和记录仪表。传感器检测系统通过显示仪表和记录仪表是将传感器检测结果显示给用户。

10.1　显　示　仪　表

凡能将检测仪表或其他装置的各种信息转换为可视的刻度读数、数码、曲线以及各种图形符号的功能都称为显示。

显示仪表是用以显示(指示、记录等)被测信号值的工业自动化仪表。一般是把温度、压力、流量、物位和机械量等传感器送来的检测量用指针或数字指示出来。显示方式有指针、记录笔、打印及显示屏等。显示仪表包括指示仪表和记录仪表,工业自动化行业中习惯称为二次仪表。显示仪表适用于各种温度、压力、液位、速度、长度等物理量的测量与显示。

显示仪表的基本原理颇类似于人用笔在纸上写字画画。仪表中采用的"笔"有机械笔针、电子束和激光束等多种形式;"纸"有普通记录纸、荧光屏、光塑料、液晶和等离子屏等。显示仪表能根据各种变量的输入信息控制"笔"的运动,在"纸"上描绘出过程变量的可见形态,以表示输入信息的大小或状态。在对过程变量进行检测、调节、计算和其他操作过程中,都需要用显示仪表将各种数据、图形、动态趋势等显示给生产操作人员,以便监视和完成必要的操作。

显示仪表分为模拟式指示仪表和数字式显示仪表。模拟式指示仪表的指示部件一般称为指示器,数字式显示仪表的显示部件一般称为显示器,用于计算机人机对话系统的显示装置一般也称为显示器。

在工业控制中,操作人员获取的显示信息绝大多数依靠视觉。显示仪表起着人机联系的作用。

10.1.1 模拟式指示仪表

一般是用指针来指示测量值,有全量程指示和偏差指示两种形式。输入信号是从各种变送器送来的统一信号(直流4~20 mA),也有将指示仪表与传感器直接相连。有的指示仪表还具有控制输出功能。

1. 动圈式指示仪表

动圈式指示仪表的工作原理和磁电式仪表或铁磁电动式仪表的工作原理基本相同,都是用载流线圈与磁场的相互作用而产生偏转力矩。动圈式仪表的测量机构是一个磁电检流计,是根据法国的 A. de 达松伐耳于1882年提出的检流计原理设计的。它由永久磁铁、可动线圈、铁芯、张丝、指针、刻度标尺、平衡锤等构成。图10-1是最常用的动圈式指示仪表测量机构。

图10-1中,由细导线绕成的可动线圈靠金属张丝或轴尖支承在永久磁铁极靴的间隙中。当电流通过可动线圈时感生磁场与永久磁场相互作用产生力矩,驱动线圈偏转,使张丝或游丝变形而产生反力矩,当两力矩平衡时指针稳定在某一位置。指针转角的大小与流过可动线圈的电流成正比,指针在标尺上指示出被测值。

应用中,先用传感器将被测参数转换成电势或电阻,再由测量电路将其转换成流过动圈(可转动的线圈)的电流,此电流使线圈偏转,并带动指针在刻度盘上指示出被测参量数值。

图10-2是动圈指示仪表的标尺和指针。

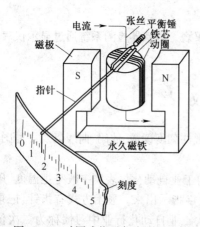

图10-1 动圈式指示仪表测量机构

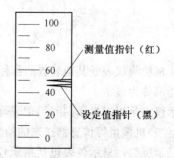

图10-2 动圈指示仪表的标尺和指针

标尺长度为100 mm,指示精度为1级。它有红、黑两根指针。当偏差值等于零时,两根指针重叠。指示器采用张丝支承式结构,灵敏度高,使用寿命长。

动圈式指示仪表原理、结构简单,价格低廉,操作方便,易于维护,测量指示精确度可达1.0级,可与各种敏感元件、传感器和变送器配合。它一般安装在仪表盘上,供操作人员监视和控制现场作业,广泛应用于温度、压力、成分、物位等非电量电测的测量、监视和控制,在过程检测控制仪表中得到广泛的应用,是工业生产中广泛采用的一种模拟式指示仪表。

测量机构与测量线路组成动圈式指示仪表,若再配以给定机构,可组成调节仪表。

如附装能间歇地压下指针的落弓机构,则成为打点记录式仪表。

还可在指针上加装一小铝旗,使其相对于另一电子振荡器的线圈移动,以改变振荡器的工作状态,从而使振荡器输出电流发生阶跃变化,再通过电子放大线路使控制继电器动作而起自动控制或报警作用。

动圈式指示仪表还可实现三位式、比例、比例-积分-微分调节。

但由于测量机构是可动线圈,这种仪表不宜用在振动较大的场合,仪表的安装位置也受到一定限制。

2. 电位差计式记录仪

电位差计是利用补偿法测量直流电动势(或电压)的精密仪器。

当没有电流流过时,电池的正负极间的电势差等于电池的电动势;当有电流流过时,因在电池内阻上有一定电压降(用电压表测量电池两极间的电压,就是这种情形),这时测得的不再是电池的电动势,而只能称为端电压。若能在无电流流过时进行测量,就可直接测量电动势了。补偿法就是这样一种方法。

手动平衡电位差计的工作原理图如图 10-3 所示。

图 10-3(a) 为电压补偿原理图。在图 10-3(a) 中,E_x 为待测电压,E_0 为可以调节的已知电源,G 为检流计。在此回路中,若 $E_0 \neq E_x$,则回路中一定有电流,检流计指针偏转。调整 E_0 值,总可以使检流计 G 指示零值,这就说明此时回路中两电源的电动势必然是大小相等,方向相反,数值上有 $E_x = E_0$ 的关系,因而相互补偿(平衡)。这种测电压或电动势的方法称为补偿法。图 10-3(b) 中,工作电源 E、限流电阻器 R_p、滑线电阻器 R_{AB} 构成辅助回路,待测电源 E_x(或标准电池 E_n)、检流计 G 和 R_{AC} 构成补偿回路。按

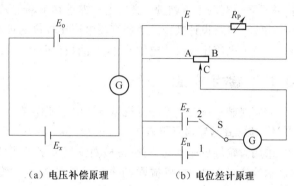

(a) 电压补偿原理 　　(b) 电位差计原理

图 10-3 　手动平衡电位差计的工作原理图

E—已知电源;R_p—限流电阻器;R_{AB}—滑线电阻器;

E_x—待测电压;E_n—标准电池;G—检流计

图 10-3 规定的电源极性接入 E、E_x,双向开关 S 打向 2 位置,调节 C 点,使流过 G 中的电流为零(称达到平衡,若 $E < E_x$ 或 E、E_x 极性接反,则无法达到平衡),则 $E_x = V_{AC} = IR_{AC}$,即 E_x 被电位差 IR_{AC} 所补偿。I 为流过滑线电阻器 R_{AB} 的电流,称为辅助回路的工作电流。若已知 I 和 R_{AC},就可求出 E_x。

实际的电位差计,滑线电阻器 R_{AB} 由一系列标准电阻串联而成,工作电流总是标定为一固定数值 I_0,使电位差计总是在统一的 I_0 下达到平衡,从而将待测电动势的数值直接标度在各段电阻器上(即标在仪器面板上),直接读取电压值,这称为电位差计的校准。

校准和测量采用同一电路,如图 10-3 所示,此时需要将双向开关 S 打向 1 位置,检流计和校准电路连接,调节 C 到对应于标准电池 E_n 的预定值位置 C'(预定值 $R_{AC'}$ 大小由标准电池 E_n 确定)处,再调节 R_p 使检流计指零,这时工作电流准确达到固定数值 I_0,$I_0 = E_n / R_{AC'}$。校准后就可进行测量,开关 S 打向 2 位置,注意不可再调 R_p,只需要移动 C,找到平衡位置,就可以从仪器面板上读出待测电压值。

综上所述,电位差计实际上是通过检流计 G 两次指零来获得测量结果的。电压补偿原理也可从电位差计的"校准"和"测量"两个步骤中理解。

由电位差计工作原理可知:

(1)被测电池和标准电池中无电流通过,因此其电动势不会发生改变。

(2)由于选用的标准电池 E_n、标准电池补偿电阻 R_n 和被测电池补偿电阻 R_e 均具有较高精

度,测量结果较为准确。

(3)不需要测出线路中所流过电流 I 的数值。

补偿方法的特点是不从测量对象中支取电流,因而不干扰被测量的数值,测量结果准确可靠。

电位差计用途很广,配以标准电池、标准电阻等器具,不仅能在对准确度要求很高的场合测量电动势、电势差(电压)、电流、电阻等电学量,而且配合各种传感器,还可用于温度、位移等非电学量的测量和控制。

电位差计分直流电位差计和交流电位差计。直流电位差计用于测量直流电压,使用时调节标准电压的大小,以达到两个电压的补偿;交流电位差计用于测量工频到声频的正弦交流电压。两个同频率正弦交流电压相等时,要求其幅值和相位均相等,因此交流电位差计的线路要复杂一些,并且至少有两个可调量。交流电位差计在市场上只有用于工频的产品,其他频率的交流电位差计均需要自行设计制作。随着直流电流比较仪的理论和技术不断发展和完善,出现了准确度很高的直流电流比较仪式电位差计,其测量误差约为百万分之一数量级。

10.1.2 数字式显示仪表

数字式显示仪表常见的有机械式和电子式两类。

1. 机械式数字显示仪表

采用齿轮等机械传动装置,将检测仪表和字轮式数字显示器连接起来,由机械联动来反映被测变量的变化,实现位移、转速和流量等变量的数字显示,如机械式里程表,如图 10-4 所示。

机械式里程表工作原理简单。汽车车轮的直径确定,车轮圆周长恒定不变,可以计算每走一里路车轮要转多少圈,这个数也恒定不变。只要能自动把车轮转数积累下来,然后除以每千米对应的转数就可得到行驶的里程。

古人使用的"记里鼓车"就是这样的装置。它利用上述原理,加上巧妙的机构使得车轮每转一定圈数就自动敲一下鼓,此时有专人把它记下,就可得到所走的里程。"记里鼓车"装置十分巧妙,白天、黑夜均可使用,盲人也可使用,体现出了我国古代劳动人民的聪明才智。不过,美中不足的是如果车上没有人默记鼓声数目的话,单靠记里鼓车本身还不能累计一共走了多少千米;车停下来之后谁也不知道这车曾经走过多少千米。

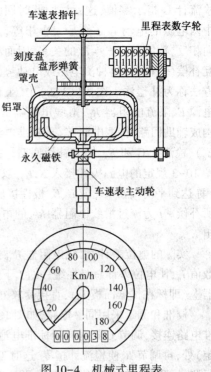

图 10-4 机械式里程表

现在汽车上的里程表克服了"记里鼓车"的不足,既能显示单次行驶里程,也能记忆自从出厂以来一共行驶了多少千米。另外,汽车挡位与发动机转速的比例关系,车辆是否需要大修,是否应该报废等,都有记录可依。

汽车发动机的轴把动力传给变速器,从变速器的输出轴到车轮的传动比是不变的。在变速器的输出轴上装有一根"软轴",一直通到驾驶人面前的里程表中。所谓"软轴"就是像自行车线闸用的拉线那样有钢丝芯的螺旋管,管壁和内芯之间有润滑油,外管固定而内芯可以转动,这个内芯的转速与车轮的转速有着恒定的比例关系。软轴通到车速表,使得指针能把车的行驶速度指示出来。同时,软轴旋转还经过蜗轮蜗杆传到车速表中间的滚轮计数器上,把车轮的转数所代表的里程数累计下来,因为车速和里程都是靠同一根软轴传来的旋转动作驱动的,所以这两个表在一起,前者用指针指示,后者由滚轮计数器累计。

新型小汽车的里程表里包括由同一软轴带动的两个滚轮计数器,分别累计本次里程和总里程。本次里程通常有四位数,供短期计数,这是可以清零的;总里程则有六位数,不能清零。

2. 电子式数字显示仪表

由晶体管和集成电路等元件构成的电子式数字显示仪表按采用的原理、输入信号形式、显示功能、点数可分成多种类型。

按输入信号形式分为电压型和频率型两类。

(1)电压型仪表工作原理。接收电压或电流信号,它的工作原理是把检测信号送入前置放大器,前置放大器将变送器输出的较小电压信号放大,通过模拟/数字(Analog/Digital)转换,将连续电压信号变换成相应的断续数字量信号,经过标度变换以工程单位数值形式显示出来。一般为二-十进制编码信号,然后经数字译码和光电显示器件等将数字显示出来。

大多数被测变量与工程单位显示值之间存在非线性函数关系,在数字显示仪表中,必须配以线性化器进行非线性补偿,并进行各种系数的标度变换,使过程变量按十进制工程单位方式显示。

(2)频率型仪表工作原理。接受脉冲或频率信号,它通过对输入信号进行计数和逻辑控制,累计一定时间间隔内的脉冲数,并将计得的脉冲数转换成相应的二-十进制编码信号,再经译码实现数字显示。也可直接接受来自检测仪表的数字信号,经变换、数据处理后,实现数字显示。

电子式数字显示仪表读数准确方便,测量速度快,能提供数字信号输出,若配以附加功能还可实现测量报警、定值控制。在生产过程中,它与各种检测仪表配合,可用来显示温度、压力和流量等过程变量,以便进行目视观察、数字记录或数据远传处理,也可用于实验室精密测试等方面。

电子式车速里程表应用越来越多,它不用软轴,而是在变速器输出轴上安装脉冲发生器,用导线把电脉冲传到仪表里,用脉冲频率指示速度,用脉冲计数器累计里程。

图10-5是电子式车速里程表的工作原理框图。

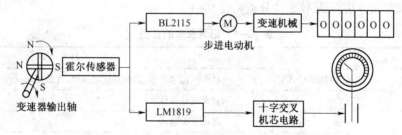

图10-5 电子式车速里程表的工作原理框图

图10-5中步进电动机 M 驱动机械里程记录机构(计数器),步进电动机受控于变送器内霍尔传感器的输出信号。步进电动机由集成电路 BL2115 驱动,步进电动机的转动量与变速器输出轴的转动量成一定速比关系,从而取消了传统的软轴驱动。指示瞬时车速的指针由十字交叉动磁式机芯驱动,其上的集成电路 LM1819 同时接收霍尔传感器输出信号,并输出两路驱动十字交叉线包的电流信号。这两路电流信号决定十字交叉线包的合成磁场方向,合成磁场驱动瞬时车速的指针偏转,用以指示车速。

电子式车速里程表比先前的机械电磁式的更合理,因为它不用软轴传动。但是,由于机械电磁式的价格比较便宜,在目前汽车中用得仍然比较多。

电子式数字显示仪表是一种以十进制数码形式显示被测变量的仪表,能在显示器上显示各种文字、数字、符号或直观的图像,采用的显示器件有等离子显示器件、荧光数码管、液晶显示器和发光二极管(LED)等。

它是在模拟式指示仪表的基础上发展起来的。20 世纪 60 年代末数字集成电路的出现,使数字显示仪表得到迅速发展。

20 世纪 70 年代以来,新型的发光器件不断出现,正在逐渐取代传统的指针式指示仪表。如高辉度的、高分辨率的等离子指示调节仪、彩色液晶显示指示仪和发光二极管偏差指示仪等。

数字显示与模拟指示相比,具有分辨率高、量程大、读数方便、没有视差、便于与计算机相连等优点。其缺点是:不易判读被测量的变化趋势,数字跳动频繁而影响判读。因此,模拟式指示仪表仍然占据显示仪表的一席之地。通常在要求精确读数时才使用数字式显示仪表,它能显示设定值、测量值和偏差值,并有上、下限设定,报警输出和控制功能。

它与各种传感器变送器相配套对被测参数进行显示。一般备有打印输出装置并且可与计算机相连接。20 世纪 70 年代末出现的带有微处理机的各种智能化数字式显示仪表,具有显示精度高、自校准、自诊断等功能,可与计算机进行通信。

与模拟式指示仪表相比,数字式显示仪表具有精度高、功能全、速度快、抗干扰能力强等优点,它体积小、耗电低、读数直观,且能将测量结果以数码形式输入计算机.

10.2 记 录 仪 表

记录仪表(recording instrument)是指"提供温度、压力、真空、流量、氧量等工业过程测量信号量值的指示和记录(存储)的测量仪表"。它除能指示和记录直流信号(mV)外,还可与各种类型的传感器或变送器相配,把被测量转换成仪表可以接受的电学量(如电压、电流和电阻),记录仪表接收检测仪表的输出信号并记录(存储)被测值,即记录仪表即可通过对电学量的测量间接反映被测量,并指示记录(存储)温度、压力、流量等参数。

按照不同分类方法,记录仪表的分类见表 10-1。

表 10-1 记录仪表的分类

分类依据	分　类	备　注
按结构原理	直接驱动式	动圈式记录仪表、线性刻度记录仪、无纸记录仪
	自动平衡式	自动电位差计
		自动平衡电桥
	混合式	—
按显示方式	模拟指示	指针指示、棒柱指示、光柱指示
	模拟记录	划线记录、打点记录
	数字指示	显示器件有荧光数码管、液晶显示器和发光二极管(LED)
	数字记录	
按记录手段	有纸记录	将输入信号记录到纸上
	无纸记录	将输入信号储存在存储器中,需要时可在荧光屏上显示出一段时间内输入信号的变化情况

分类依据	分 类	备 注
按记录通道	单通道(单笔)记录	只能记录及显示一个输入信号
	多通道(单笔)记录	可同时记录及显示多个输入信号
按附属功能	单显示	附属显示功能的记录仪表
	带位式调节等控制作用	附属位式调节控制的记录仪表

　　按照结构原理,记录仪表分为直接驱动式记录仪表、自动平衡式记录仪表和混合式记录仪表。自20世纪50年代问世以来,普遍应用的是自动平衡式记录仪表。20世纪70年代末出现了带微处理机的具有模拟和数字记录功能的混合式记录仪表。

10.2.1 直接驱动式记录仪表

　　最常用的直接驱动式记录仪表是动圈式记录仪表。

1. 动圈式记录仪表的结构

　　在最常用的动圈式指示仪表的测量指示机构基础上,为了便于记录,增加记录纸、记录纸驱动机构和记录笔,构成动圈式记录仪表如图10-6所示(图中未显示记录纸驱动机构)。此外,为减小记录笔和记录纸之间的摩擦力,测量机构产生的偏转力矩比普通测量仪表产生的偏转力矩大很多。

2. 动圈式记录仪表的类型

　　(1)墨水笔记录仪表。对模拟指示仪表的指示器加以改进,带上记录笔和墨水容器,或通过毛细管连接墨水容器与记录笔。当被测量变化时,墨水通过毛细管引到

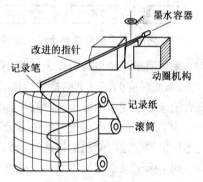

图10-6 动圈式记录仪

记录纸上,画出曲线。使用的记录纸是"普通"纸,价格很低。这种记录便于保存、复制。

　　由于高速书写时可能会出现断线,限制了工作频率的提高,通常工作频率被限制在几赫[兹]之内。为解决这个问题,可使用可变压力墨水系统。记录仪表书写速度越快,笔尖处墨水的压力也越大,即根据书写速度给出适宜的墨水量。经过改进,可使这种记录仪表的工作频率范围从直流扩展到100 Hz左右。和简单的毛细管墨水系统相比,可变压力系统比较复杂。

　　(2)打点式记录仪表。使用压敏纸可以得到一种简易的记录方式。在这种仪表中,V形指针上面有一只落弓,落弓每秒下降一次,或者以适当时间间隔下降,将指针压向记录纸。于是,在压敏纸上得到了一系列标志。这种记录方式不是真正的连续记录,只适合记录缓慢变化的量,而且不用复杂的连接就能得到直线刻度记录。

　　(3)热笔记录仪表。使用热敏记录纸和热记录笔,热敏记录纸与热记录笔接触的地方会出现轨迹,且轨迹颜色随温度改变。因此,随被测量变化就能得到示出的轨迹。这种记录仪表避免了墨水笔记录的许多问题,工作频率范围宽(0~100 Hz),工作可靠,使用比较方便,但结构比较复杂。比如,为了在工作频率范围内获得同样的轨迹浓度,必须考虑记录笔的温度控制。另外,热敏记录纸价格较高。

　　(4)静电笔记录仪表。这种记录仪表用电敏记录纸和高压放电的记录笔产生记录轨迹。利用这个原理还可制成非动圈式记录仪表。

3. 动圈式记录仪表的应用

记录仪表中的记录纸驱动机构一般由驱动机、变速器和走纸机构组成,如图 10-7 所示。

驱动机提供记录纸移动的动力;变速器将驱动机的转速变成与走纸速度相对应的转速;走纸机构根据变速器输出的转速使记录纸按要求的速度移动,记录仪表中常用的驱动机为市电供电的交流同步电动机。变速器为机械变速器,通过改变驱动机与走纸滚筒之间的齿轮进行变速。当主动轮齿数减少,从动轮齿数增加时,减速比增大;反之,减速比减小。变速器输出带动走纸滚筒旋转。因为滚筒两端有圆柱形或棱柱形的齿,而记录纸两端也带有齿孔,工作时,滚筒上的齿嵌在记录纸两侧的齿孔中,因此,齿可通过孔带动记录纸移动,如图 10-8 所示。记录纸上常压有压轮或压片,用来使记录纸与滚筒保持良好的接触。

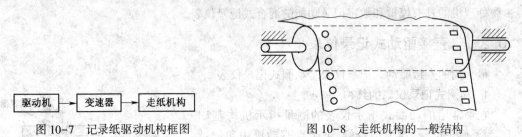

图 10-7 记录纸驱动机构框图　　　　图 10-8 走纸机构的一般结构

采用简单测量机构的仪表,记录笔尖随动圈转动而描绘出来的轨迹是半径 R 为定值的一段圆弧,与此对应的记录纸的横轴应印有一系列圆弧形状的定时线,如图 10-9(a) 所示。这种记录仪表记录的是变形的波形。对同一偏转距离而言,记录笔的长度越长,则变形越小。

为了避免曲线坐标记录的失真,减少由此引起的误差,可以使用图 10-9(b) 所示的记录方式或连杆机构。这时使用的记录纸的恒定时间线是垂直时间轴的直线,即直角坐标图纸。使用两种不同坐标记录纸记录方波和正弦波的结果如图 10-10 所示。

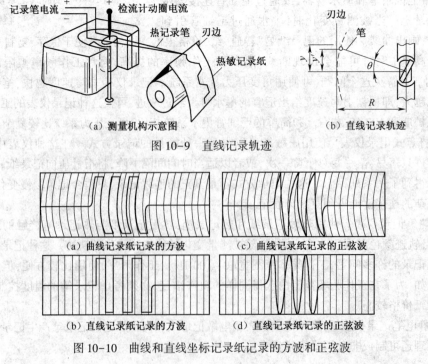

图 10-9 直线记录轨迹

（a）曲线记录纸记录的方波　　　（c）曲线记录纸记录的正弦波

（b）直线记录纸记录的方波　　　（d）直线记录纸记录的正弦波

图 10-10 曲线和直线坐标记录纸记录的方波和正弦波

注意,虽然记录纸上印的分格线可用来校准读数,但记录纸分格与标尺上的分格没有对准,或者记录纸受潮变形等,都会造成附加误差。

图10-9中,热敏记录纸以恒定的速度通过固定的刀口。随着动圈的偏转,记录沿刃边作出。这种方式消除了图形的直观畸变,但没有消除 θ 角与偏转量之间的非线性。

虽然图10-9所示的在直角坐标图纸上获得直接书写记录的方法简单,但必须使用热敏记录纸或电敏记录纸。若用墨水记录,则必须使用图10-11所示的连杆机构,以获得笔尖的近似直线运动。当记录笔的支点到笔尖的距离为 c,支点到滑动点的距离为 b,动圈臂的长度为 a,三者之间保持一定关系且假定偏转角比较小时,x 为一常数。

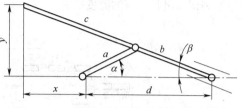

图10-11 获得近似直线运动的连杆机构

10.2.2 自动平衡式记录仪表

自动平衡式记录仪表的特点就是能自动调节其平衡状态。自动平衡式记录仪表是以平衡法作为基本测量原理的仪表。自动平衡式记录仪表工作原理框图如图10-12所示。

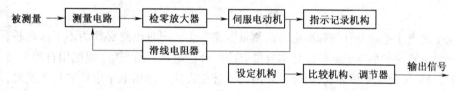

图10-12 自动平衡式记录仪表工作原理框图

自动平衡记录仪表自20世纪50年代问世以来,得到普遍应用的有自动平衡电子电位差计和自动平衡电桥两种电路。

1. 自动平衡电子电位差计电路

电子电位差计是用来测量毫伏级电压信号的显示仪表,可以和热电偶配套使用,主要用来测量温度,也可以用来测量其他能转换成电压信号的各种工艺参数。与热电偶配用时,可根据标尺上指针或记录笔的位置读得测量结果,从而实现对温度的自动连续检测、显示和记录。

图10-13是自动平衡电子电位差计原理框图,它主要由热电偶、测量电路、放大器、可逆电动机、指示记录机构和调节机构等部分组成。

图10-13 自动平衡电子电位差计原理框图

自动平衡电子电位差计根据电压平衡原理工作,采用不平衡电桥电路,用补偿法测量电压。将待测电势与已知标准电势相比较,当两者差值为零时,被测电势就等于已知的标准电势。其工作原理相当于用天平称物体的质量。

下面以热电偶测量温度为例说明自动平衡电子电位差计的工作原理。

如图10-14所示,热电偶输出的直流电势与测量桥路中的电压比较,比较后的差值电压经放大器放大后输出足够大的电压,以驱动可逆电动机,可逆电动机带动滑线电阻器的滑动触点移动,改变滑线电阻器的电阻值,使测量桥路输出电压与热电势相等(大小相等方向相反)。当被测温度变化时,热电势变化,桥路又输出新的不平衡电压,再经放大驱动可逆电动机转动,改变滑动触点的位置,直到达到新的平衡为止。在滑动触点移动的同时,与之相连的指针和记录笔沿着有温度分度的标尺和记录纸运动。滑动触点的每一个平衡位置对应着一定的温度值,因此能自动指示和记录出相对应的温度。

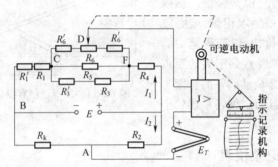

图 10-14 自动平衡电子电位差计工作原理图

R_1—起始电阻;R_2—平衡电阻;R_3—终点电阻;R_4—平衡电阻 ;R_5—工艺电阻(和 R_6 并联后达到 90 Ω);

R_6—滑线电阻器;R_k—参考端温度自动补偿电阻;E—稳压电源;J—晶体管放大器;E_T—热电偶;

R_1'、R_3'、R_6'—微调电阻

自动平衡电子电位差计的标准电势由测量电路产生。测量电路必须为不平衡电桥,否则无法进行测量。自动平衡电子电位差计本身带有冷端补偿电阻,所以热电偶配用自动平衡电子电位差计时,只需要使用补偿导线,而无须采用其他补偿方式。使用电子电位差计测温时,注意分度号应与热电偶及补偿导线的分度号相一致,并要注意连接极性。

实际应用中,电位差计式自动平衡记录仪表的输入信号为直流毫伏电压或温差电偶的电势。输入信号 E_x 与滑线电阻器上的电压 E_D 进行比较,产生的偏差值(E_x-E_D)送入放大器,在放大器中变换成交流信号后进行放大,再经功率放大后驱动伺服电动机。伺服电动机带动滑线电阻器的接点、指针和记录笔一起移动,直到偏差值等于零为止。因此,记录笔描绘的是与输入信号 E_x 相等的 E_c 值。全量程时记录笔的平衡时间小于 3 s。记录纸由同步电动机带动,连续记录。

自动平衡电子电位差计尽管型号品种不同,但其测量原理和基本结构基本相似。

(1)测量电路。电子电位差计中的测量电路是用来产生直流电压,使之与热电偶产生的热电势相平衡,所以它在仪表中起主要作用。它由桥臂各电阻器和稳压电源组成,如图 10-15 所示。

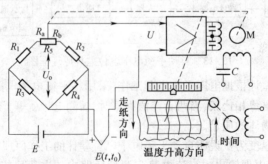

图 10-15 电子电位差计的测量桥路

（2）放大器。电子电位差计中的放大器实际上相当于一个指零仪器,它的作用是将热电偶产生的热电势与测量电路输出的电势比较后的差值信号进行放大,按一定的比例驱动执行机构(可逆电动机)动作。

（3）可逆电动机。可逆电动机在电子电位差计中起执行机构的作用,带动滑动触点实现测量电路输出电压与待测电势自动平衡,并能带动指针和记录笔动作。

（4）指示记录机构。电子电位差计中的指示记录机构可将仪表测得的温度自动记录下来。

（5）调节机构。电子电位差计中的调节机构能将温度自动地调节到给定值,实现温度的自动控制。

2. 自动平衡电桥电路

自动平衡电桥的工作原理与自动平衡电位差计相比较,只是输入测量电路不同,因此这里着重讨论输入测量电路。

在实际应用中,自动平衡电桥可与热电阻 R_t 配合用于测量温度。它是利用平衡电桥的原理工作的,以测量电阻 R_t(如热电阻等)为桥路的一个臂。当环境温度改变时,热电阻电阻值 R_t 随之改变,电桥两端即输出不平衡电压,经放大后带动可逆电动机转动,移动滑线电阻器的触点,使测量电桥重新平衡,如图 10-16 所示。

滑线电阻器的触点跟踪 R_t 的变化来记录测量的温度。这种仪表在实际使用时必须进行线性化处理,才能达到规定的精度。它与各种变送器相配,可记录各种物理参数,如温度、压力、流量、物位

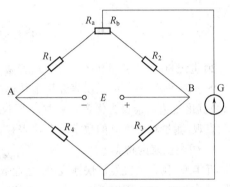

图 10-16　自动平衡电桥工作原理

等,还可与各种温差电偶、热电阻直接相连,广泛用于温度测量。

由于供电电源有直流、交流之分,所以平衡电桥又分直流电桥和交流电桥。为提高抗干扰性能,自动平衡电桥大多是直流电桥。

我国自动平衡式记录仪表的品种已从单笔发展到多笔和多点(3 点、6 点和 12 点)打印记录仪,以及快速记录仪。在国外已开发了各种新型的基于平衡原理的(如电容式、光电式、磁电式等)无触点平衡记录仪。

10.2.3　混合式记录仪表

采用微型计算机的、具有模拟和数字记录功能的仪表称为混合式记录仪表,又称高速打点记录仪。它与平衡记录仪表比较,有下列主要优点:

（1）以表格记录仪形式将不同输入信号的线性化处理和标准接点的温度补偿存储在只读存储器中,以提高精度和节省硬件。

（2）采用新型记录元件,可实现高速多点记录和模拟、数字的混合记录。

（3）具有运算、判别、程序控制功能,显示标度、量程、走纸、报警设定和记录方式等可选。

它在 250 mm 宽的记录纸上,8 s 内可以打印不同颜色的 30 点的输入信号。测量值和日期、时间等均用数字打印。30 点模拟量输入信号通过多路切换开关以 0.2 s 切换一点的速度依次采样,对应于预先设定的测量量程进行放大,然后经过积分型模/数转换器转换成数字量信号。这个数字信号送到运算、控制单元,根据不同的输入信号进行线性化处理和报警运算等,并作为显

示数据存储在随机存取存储器中。同时,这个数据被变换为相应的记录位置数据。

打印是以扫描方式进行的。对应 6 种颜色的色带安装着 6 个打印针头,装在一个打印头上。打印头由步进电动机驱动,从记录纸的一端移向另一端。当与待记录的数据一致时,打印驱动电磁铁动作,打印出对应于那个测量通道号的色点。打印头每扫描一次,记录纸可记录 30 点。扫描一次的时间为 8 s,可来回双向打印。数字、模拟记录可同时进行。测量通道号、测量值与打印记录是非同步的,所以在发光二极管显示部分,根据设定程序来显示。测量条件是通过显示器和面板上的键来设定的。仪表具有标准仪表接口(GP-IB 接口),可与上位计算机进行通信联系,实现数据输出和由外部设定测量条件。混合式记录仪表可以输入多路模拟量信号,进行快速打印记录,一般用于大中型设备和装置(如锅炉、蒸馏塔、反应釜等)温度、压力等数据的采集和记录。20 世纪 70 年代以后的带有阴极射线管显示器的数据采集记录仪,可实现人机对话等多种功能,它以数值与图形相结合的方式显示数据,还备有音频盒式磁带录音机作为外部存储器。

10.3　显示仪表与记录仪表的发展

20 世纪 80 年代初至 90 年代中,随着微电子技术、微处理技术的迅速发展和生产过程自动化水平的不断提高,显示记录仪表经历了从模拟技术(以自动平衡式记录仪表为代表)到数字技术(以微机化显示记录仪为代表)、智能仪器仪表到虚拟仪器仪表和网络化仪器仪表的重要转折。显示直观、测量精确度高的数字调节仪表和记录仪表是工业自动化控制系统中的常见仪表之一。

1. 国内仪表的特点

近年来,我国国民经济快速发展,企业数量急剧增加,价廉物美的数字调节仪表和记录仪表在规模不大、自动化程度不高、人员技能相对较差、成立时间不长的中小企业的应用是很经济、有效的。

随着分布式控制系统(distributed control system,DCS)的价格大幅下降、可编程序控制器(programmable logic controller,PLC)的普及应用,计算机在工业自动化系统中承担显示、控制运算和数据存储等功能,数字调节仪表和多通道、万能输入、大容量测量、数据电子存储功能的新型记录仪表——无纸记录仪得到快速发展,在工业自动化系统中占有重要地位,促进了当时我国石油、化工、冶金、机械等各个行业自动化水平的提高。原来应用的数字调节仪表和记录仪表被替代,总体上它们逐步处于萎缩状况。很多业内人士认为数字调节仪表和记录仪表的发展已走到尽头。

测试信号的种类有 mV、V、mA、TC(thermal couple,热电偶)、RTD(resistance temperature detector,热电阻)等,有的还可直接接收点信号及频率信号。电压信号量程为 ±1 mV~50 V;电流信号量程 10 μA~500 mA;热电偶信号可以接收 B、T、S、E、K、J、R、W、P、A、N 等。热电阻信号可以接收 Cu50、Cu100、Pt50、Pt100、Ni100、Ni120 等。

输入通道数从单通道开始,最多的可以接收 300 多个通道。很多仪表具有通道扩展功能。仪表从单台式向系统式发展。

新型显示记录仪表重要的特点是把模拟趋势记录、字符数字记录、光带式模拟显示、数字显示和指针式指示尽可能结合成一体。有的还配备了绘制坐标和打印报表的功能。

精确度分为显示精确度和记录精确度。显示精确度在量程为 2 V 时,一般为 0.2%~0.5%,有的可达到 0.1%;记录精确度一般为记录纸幅宽的 0.25%~1%,有的已达到 0.13%

配置了丰富的报警功能,如上下限值报警、差值上下限报警、变化率上下限报警等,报警输出方式有面板显示输出、音响输出和继电器接点输出等。

不论是传统自平衡式仪表或是新型的微机化仪表,都有带调节功能的产品。微机化仪表中,加入调节功能只需要增加少量的硬件,便可将调节仪表和显示记录仪表合二为一,提高了产品的性价比。

新型记录仪表多配有与外部仪器进行通信的功能。采用较多的通信方式是 RS-232/422 串行通信和 IEEE488 并行通信。前者主要用来与上位计算机进行通信,使得仪表可以成为上位计算机的远程数据采集终端,后者主要用在实验室的自动测试系统中。

显示记录仪表中一般都具有计算功能,包括加、减、乘、除、平方根、平方、求平均、累加和、绝对值、指数、常用对数、标准差等。

传统显示仪表对热电偶和热电阻信号仅能做电压或者电阻值的线性显示记录,而不能做温度值的线性显示记录。有些数字式温度仪表中,采用硬件分段的方法进行线性化处理,而新型的显示记录仪表采用软件方法进行线性化,事先将热电偶和热电阻非线性函数进行线性化分段从而实现线性化处理。这样,用户可以很方便地实现其他与电压呈非线性关系的测量参数的线性显示和补偿。

过去仪表中采用的方法是在不同类型的热电偶测量通道中加不同的参比端补偿电路,而微机化仪表中采用一个公共半导体温度传感器监测环境温度,然后由软件根据不同类型热电偶做不同参比端补偿计算。

现代仪表一般都配有自动校正功能和自诊断功能。主要特点如下:

(1)国产数字调节仪表和无纸记录仪表有了长足发展;

(2)常规数字产品数量多、品种多,但特色品种少;

(3)性能、外观、可靠性方面比国外同类产品稍逊;

(4)具有通信功能,但目前的 RS-485、RS-232 形式,开放性较差,难接入工厂总线自动化系统。

2. 国外仪表的特点

(1)数字调节仪表和记录仪表已发展成为专门用途的控制站、记录站、网络站。一台数字调节仪表有多回路组态控制,多通道开关量输入/输出逻辑控制功能,无纸记录仪往往有几十个通道测量记录功能,还包含多通道数字调节功能。原来许多典型的、较难控制的专用系统,如锅炉控制、渗碳炉控制、真空烧结炉控制等系统,需要有多个 PID 等组合。以往需要多台数字调节器、手动操作器、报警器和记录仪等组成,现在只需要一台专用数字调节仪表或记录仪表就可实现,同时仪表具有多种通信协议接口,很方便与整个工厂总线自动化系统相连接,实现信息互通。

(2)人性化人机界面设计,可同时显示多种信息和多种方式。组态操作方面既可通过仪表面板按钮方式操作,也可在计算机或手操器上设置参数通过网络下载到仪表中。

(3)仪表在性能和可靠性方面进一步提高,测量精确度为 ±0.1%FS 是普遍水平,采样控制周期越来越短,原来一般为 0.5 s、0.25 s,现在有的甚至出现达到 25 ms 采样控制周期的快速仪表,MTBF(平均故障间隔时间)可靠性更达到几十万小时。

(4)仪表向网络化方向发展,许多仪表有开放式 DeviceNet、Profibus、CC-Link、Ethernet-Link 多种总线接口,方便连接工厂总线自动化系统。

(5)由于仪表自身发展,数字调节仪表和记录仪表在某些领域、控制装置中比采用 DCS、PLC 等方案控制更有效,性价比更高,存在和发展的空间很大。

3. 显示与记录仪表的发展历史

总体来说,显示与记录仪表的发展经历了如下发展历史:

(1)第一代显示与记录仪表是模拟式仪器仪表,其中磁电式模拟仪器仪表有电压表、电流表、功率表和测温表等;电子式模拟仪器有记录仪、电子示波器、信号发生器等。

(2)第二代显示与记录仪表是数字式仪器仪表,包括数字电压表、数字电流表、数字频率计和记忆示波器等。

(3)第三代显示与记录仪表是智能仪器仪表,内含微处理器的第三代仪器仪表。

(4)第四代显示与记录仪表是虚拟仪器仪表和网络化仪器仪表。虚拟仪器仪表以通过计算机为基础,加上特定的硬件接口设备和为实现特定功能而编制的软件而形成的一种新型仪器;网络化仪器仪表则是随着 Internet 的出现而逐渐形成的。

4. 显示与记录仪表的发展趋势

微电子技术、计算机技术、网络通信技术和信息处理技术等日新月异发展的新技术对自动化显示与记录仪表产生了深远的影响,成为工业自动化仪器仪表发展的新动力,使工业自动化仪表不仅能够更高速、更灵敏、更可靠、更简捷地获取对象的全方位信息,而且完全突破了传统的光、机、电的框架,朝着智能化、总线化、网络化、开放性和一体化的趋势发展。

(1)自动化仪表的智能化。现代自动化仪表的智能化是指采用大规模集成电路技术、微处理器技术、接口通信技术,利用嵌入式软件协调内部操作,使仪表具有智能化处理的功能,在完成输入信号的非线性处理、温度与压力的补偿、量程刻度标尺的变换、零点的漂移与修正、故障诊断等基础上,还可完成对工业过程的控制,使控制系统的危险进一步分散,并使其功能进一步增强。这类产品以数字输出形式出现,不但大大提升了仪表性能,而且便于信息沟通,还可通过网络组成新型的、开放式的过程控制系统。

(2)自动化仪表的总线化。过程控制系统自动化中的现场设备通常称为现场仪表。现场仪表主要有变送器,执行器,在线分析仪表及其他检测仪表。现场总线技术的广泛应用,使组建集中和分布式测试系统变得更为容易。然而,集中测控越来越不能满足复杂、远程及范围较大的测控任务的需求,必须组建一个可供各现场仪表数据共享的网络。现场总线控制系统(FCS)正是在这种情况下出现的。它是一种用于各种现场智能化仪表与中央控制器之间的一种开放、全数字化、双向、多站的通信系统。现场总线已成为全球自动化技术发展的重要表现形式,它为过程测控仪表的发展提供了千载难逢的发展机遇,并为实现进一步的高精度、高稳定性、高可靠性、高适应性、低消耗等方面提供了巨大动力和发展空间。同时,各现场总线控制系统制造厂家为了使自己的现场总线控制系统能得到应用,纷纷推出与其控制系统配套的具有现场总线功能的测量仪表和调节阀,形成了较为完整的现场总线控制系统体系。总而言之,总线化现场仪表功能丰富,在 FCS 中,几乎不存在单一功能的现场仪表。如横河川仪生产的 EJA 系列 FF 现场总线压力变送器,具有两个相互独立的 AI(模入)功能模块,分别计算差压和静压。它的自诊断不但可以检测出压力超界、环境温度过高、量程设置错误,而且还能检测出压力传感器、温度传感器以及放大器、模块等硬件故障。

(3)自动化仪表的网络化。现场总线技术采用计算机数字化通信技术,使自动控制系统与现场设备加入工厂信息网络,成为企业信息网络底层,可使智能仪表的作用得以充分发挥。随着工业信息网络技术的发展,以网络结构体系为主要特征的新型自动化仪表,即网络之间互连的 IP 智能现场仪表,代表了新一代控制网络发展的必然趋势。其特点是:Ethernet 贯穿于网络的各个层次,它使网络成为透明的、覆盖整个企业范围的应用实体。它实现了真正意义上的办公自动化与工业自动化的无缝结合,因而称它为扁平化的工业控制网络。其良好的互连性和可扩展性使之成为一种真正意义上的全开放的网络体系结构,一种真正意义上的大统一。因此,基于嵌入式 Internet 的控制网络代表了新一代控制网络发展的必然趋势,新一代智能仪表——IP 智能现场仪表的应用将越来越广泛。

(4)自动化仪表的开放性。测控仪器越来越多地采用以 Windows/CE、Linux、VxWorks 等嵌入式操作系统为系统软件核心和高性能微处理器为硬件系统核心的嵌入式系统技术。未来的仪器仪表和计算机的联系也将会日趋紧密,Agilent 公司表示仪器仪表设备上应当具备计算机的所有接口,如 USB 接口、打印机接口、局域网网络接口等,测量的数据也应通过 USB 接口存储在可移动存储设备中,使用这样的仪器仪表设备和操作一台简易计算机简直是如出一辙。齐备的接口可连接多种现场测控仪表或执行器,在过程控制系统主机的支持下,通过网络形成具有特定功能的测控系统,实现了多种智能化现场测控设备的开放式互联系统。

(5)自动化仪表的一体化。机械和微电子技术紧密结合的机电一体化技术,也促进了自动化仪表的一体化。

现代工业企业中的控制系统将向着智能化、总线化、网络化、开放性和一体化的方向发展。自动智能化仪表越来越广泛的应用在各个领域。高度发展的现代自动控制技术在各行各业中的运用,必然带来自动化仪表更快、更好的发展。

小　结

本章主要介绍了自动测试与检测系统中显示与记录仪表的分类和发展趋势。通过本章的学习,读者可以了解模拟式、数字式显示仪表的特点和应用;直接驱动式记录仪表、自动平衡记录仪表和混合式仪表各自的特点和应用;同时了解显示仪表和记录仪表的发展历史和发展趋势。

习　题

10.1　试述模拟式指示仪表和数字式显示仪表的区别。

10.2　试述动圈式记录仪表结构和工作原理。

10.3　试述自动平衡式记录仪表的分类和工作原理。

10.4　简述显示与记录仪表的发展趋势。

第11章 抗干扰技术

本章要点：
➤ 干扰的来源和传播方式；
➤ 抑制电磁干扰的措施；
➤ 智能检测系统的抗干扰技术。

学习目标：
➤ 掌握干扰的来源、分类；
➤ 了解抑制电磁干扰的措施；
➤ 掌握自动测试及检测系统的抗干扰技术。

建议学时： 2 学时。

引　言

自动测试与检测系统中，被测量或检测信号易受到各种干扰信号的侵袭。干扰来源多种多样，非常复杂，包括机械干扰、热干扰、光干扰、湿度干扰、化学干扰、电磁干扰以及射线辐射干扰等，会影响系统的测控精度，降低系统的可靠性，直接影响系统的正常工作。对于这些客观存在的干扰，必须确认干扰来源，针对不同干扰采取相应的抗干扰措施，尽量消除或减少干扰对系统的影响。

11.1　干扰的来源及分类

11.1.1　干扰与噪声

干扰是指对系统的正常工作产生不良影响的内部或外部因素，干扰是相对有用信号而言的。噪声是绝对的，它的产生或存在不受接收者的影响，是独立的，与有用信号无关。噪声只有达到一定数值、和有用信号一起进入智能仪器并影响其正常工作才形成干扰。因此，噪声可以产生干扰，但干扰不一定是噪声引起的。干扰在满足一定条件时可以消除；噪声在一般情况下难以消除，只能减弱。

11.1.2　干扰的分类

机电系统的干扰因素主要包括电磁干扰、温度干扰、湿度干扰、声波干扰和振动干扰等。电磁干扰指在工作过程中受环境因素的影响，出现的一些与有用信号无关的且对系统性能或信号传输有害的电气变化现象。这些变化可能引起装置、设备或系统的性能降低,是测试与检测系统最主要的干扰因素。

1. 按干扰产生的来源分类

(1)自然噪声:主要来自于各种自然放电现象。

①天电干扰:雷电或大气电离作用以及其他气象引起的干扰电波。

②电磁波干扰:太阳或其他星球辐射的电磁波引起的干扰。

(2)人为噪声:指各种电气设备产生的噪声。

①工频干扰:大功率输电线产生的工频噪声源,会对平行传输的低电平信号线产生明显的干扰作用。

②射频干扰:广播电台或通信发射台发出的电磁波辐射干扰。

③电气设备干扰:动力机械、高频炉、电焊机等产生的干扰或现场的各种强电设备启动或停止产生的噪声干扰等。

2. 按干扰产生的区域分类

(1)外部干扰:来自检测系统外部的干扰,由使用条件和外部环境因素决定。

①电源干扰:电网电压波动或高压电源漏电等产生的干扰。

②各种电磁波辐射干扰。

③其他设备电子开关的通断产生的噪声干扰。

(2)内部干扰:由系统的结构布局、制造工艺等原因引起的干扰。

①由分布电容、分布电感引起的耦合感应,电磁场辐射感应,长线传输造成的波反射。

②多点接地形成电位差引入干扰。

③元器件本身所产生的各种噪声。

3. 按干扰传播的途径分类

(1)传导干扰:通过电路耦合的干扰,例如导线传输、电容耦合、电感耦合等。

(2)辐射干扰:通过空间传输的干扰。

4. 按干扰信号的功能分类

(1)功能性干扰:设备正常工作时产生的信号对其他设备的干扰。

(2)非功能性干扰:无用的电磁泄漏产生的干扰。

5. 按场的性质分类

(1)电场干扰。

(2)磁场干扰。

6. 按干扰的特性分类

(1)频率:射频干扰(低频、高频、微波)、工频干扰(50 Hz)和静态场干扰(静电场、恒定磁场)。

(2)波形:连续波干扰、脉冲波干扰。

(3)带宽:宽带干扰、窄带干扰。

(4)周期性:规则干扰、周期性干扰信号、非周期性干扰信号、随机干扰。

11.1.3　干扰的传导模式

干扰按其进入信号检测通道的方式可分为串模干扰和共模干扰。

1. 串模干扰

串模干扰指叠加在被测信号上的噪声电压。被测信号指有用的直流信号或变化缓慢的交流信号,噪声是指无用的、变化较快且杂乱的交流电压信号。串模干扰信号与被测信号在检测回路中所处的地位相同,二者相加作为输入信号,干扰了系统真正需要检测的输入信号值,如图 11-1 所示。

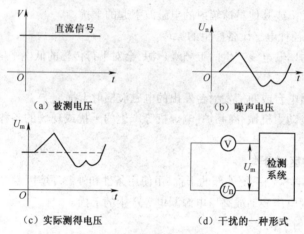

图 11-1　串模干扰示意图

2. 共模干扰

共模干扰是两个信号端相对参考点所共有的。被测信号的参考地点和检测系统的参考地点之间往往存在一定的电位差 U_{cm},称为共模干扰,如图 11-2 所示。

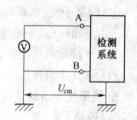

图 11-2　共模干扰示意图

11.1.4　干扰噪声的耦合方式

1. 电容耦合

两根并排的导线之间会构成分布电容,图 11-3 为两根平行导线之间电容耦合示意电路图。其中,A、B 是两根并行的导线,C_m 是两根导线之间的分布电容,Z_i 是导线 B 的对地阻抗。如果导线 A 上有信号 E_N 存在,那么它就会成为导线 B 的干扰源,在导线 B 上产生干扰电压 U_N。显然,干扰电压 U_N 与干扰源 E_N、分布电容 C_m、对地阻抗 Z_i 的大小有关。

2. 互感耦合

在任何载流导体周围空间中都会产生磁场,而交变磁场则对其周围闭合电路产生感应电势。如设备内部的线圈或变压器的磁漏会引起干扰,普通的两根导线平行架设时,也会产生磁干扰,如图 11-4 所示。

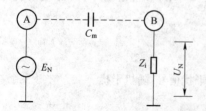

图 11-3　两根平行导线之间电容耦合示意电路图

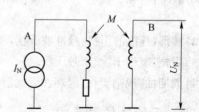

图 11-4　导线之间的互感耦合

如果导线 A 是承载着 10 kV·A、220 V 的交流输电线,导线 B 是与之相距 1 m 并平行走线的信号线,两者之间的互感 M 会使导线 B 感应到高达几十毫安的干扰电压 U_N。如果导线 B 是连接热电偶的信号线,那么几十毫安的干扰噪声足以淹没热电偶传感器的有用信号。

3. 公共阻抗耦合

公共阻抗耦合发生在两个电路的电流流经一个公共阻抗时,一个电路在该阻抗上的电压降会影响到另一个电路,从而产生干扰噪声,如图 11-5 所示。电路 1 和电路 2 是两个独立的回路,但接入一个公共地,拥有公共地电阻 R。当地电流 1 变化时,在 R 上产生的电压降变化就会影响到地电流 2;反之如此,形成公共阻抗耦合。

11.1.5　形成干扰的三个要素

噪声形成干扰必须具有三个条件:

(1)电磁干扰源,即噪声源。

(2)对干扰信号敏感的接收电路或仪器设备,即被干扰体。

(3)干扰信号耦合的通道,即干扰信号的传播途径,如传导、辐射等。

这三个条件被称为形成干扰的三要素。它们之间的联系如图 11-6 所示。

图 11-5　公共阻抗耦合　　　　图 11-6　形成电磁干扰的三要素之间的关系

分析解决干扰问题时,应从三要素入手,消除或抑制噪声源,切断干扰信号进入系统的通道,屏蔽被干扰体。

11.2　抑制电磁干扰的基本方法和措施

了解干扰的来源、性质、传播途径和耦合方式后,就可以从形成干扰的三要素出发,采取相应的抗干扰措施。

11.2.1　基本方法

1. 消除或抑制噪声源

消除或抑制噪声源是最积极主动的措施,它能从根本上消除或减少干扰。在实际工作中,只有一部分噪声源可以消除,大部分噪声源是独立存在,无法消除或抑制的,如自然噪声源、周围电气设备产生的噪声源等。因此,消除或抑制噪声源有一定的局限性。

2. 破坏干扰的耦合通道

干扰的传递方式有两大类:一类是以"路"的形式传递,另一类是以"场"的方式进入。针对不同的干扰传递形式,采用不同的对策。

(1)以"路"的形式传递的干扰,可以采用阻截或低阻通路的方法,使干扰不能进入接收电路。例如:提高绝缘电阻抑制漏电干扰;采用隔离技术切断地环路干扰;采用屏蔽、滤波、接地等技术形成低阻通路,将干扰引开;采用整形、限幅等措施切断数字信号干扰的途径。

(2)以"场"的形式进入的干扰,一般采用屏蔽措施并兼用"路"的抑制干扰措施阻隔干扰。

3. 减小接收电路对干扰的敏感性

不同结构形式的电路对干扰的敏感程度不同。一般高输入阻抗电路比低输入阻抗电路容易受到干扰;模拟电路比数字电路易受到干扰。可以采用滤波、选频、双绞线、对称电路和负反馈等方法减小接收电路对干扰的敏感度。

4. 采用软件抑制干扰

应用微处理器的检测系统中,可以考虑采用软件程序对干扰信号进行分析、判断和处理。既节约了硬件成本,也达到了抑制干扰的目的。

11.2.2 基本措施

通常采用以下几种措施抑制检测系统中的电磁干扰。

1. 屏蔽

屏蔽就是利用屏蔽体阻止或减少电磁能量传播的一种措施;屏蔽体是为了阻止或减小电磁能传输而对装置进行封闭或遮蔽的一种阻挡层,它可以是导电的、导磁的、介质的或带有非金属吸收填料的。屏蔽的目的是隔断"场"的耦合。屏蔽可以分为静电屏蔽、电磁屏蔽和低频磁屏蔽。

(1)静电屏蔽。静电屏蔽可防止静电耦合引起的干扰。它是由导电性能良好的金属作为屏蔽层,并将它接地。由静电学原理可知,具有空腔的金属导体在静电平衡状态下,各点等电位,即导体内部无电感线,场强为零,而且腔内场强也为零。如果使金属导体的某一点接地,则静电场的电感线就在接地的金属导体处中断,使屏蔽层内的电感线不影响外部,同时外部的电感线也不会穿透屏蔽层进入内部。腔内的电感线可抑制干扰源,腔外的电感线可阻截干扰的传播途径,从而起到电场隔离的作用。这种作用称为静电屏蔽,如图 11-7 所示。

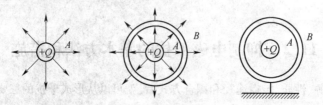

图 11-7 静电屏蔽原理

(2)电磁屏蔽。电磁屏蔽主要用于防止高频电磁场的干扰,干扰频率越高效果越显著。电磁屏蔽原理如图 11-8 所示。

电磁屏蔽是采用导电良好的金属材料做成屏蔽层,利用交变电磁场 Φ_N 对金属屏蔽层的作用,在屏蔽层金属表面和一定深度上产生感应电动势,并形成涡流 i_e。由涡流 i_e 产生的磁场 Φ_e 的方向正好与干扰磁场 Φ_N 方向相反,它能减弱或抵消干扰磁场 Φ_N 的影响,从而达到屏蔽的目的。

(3)低频磁屏蔽。低频磁屏蔽主要防止低频电磁场干扰。屏蔽层选用高导磁材料,同时具有一定的厚度,以减小磁阻,使低频干扰磁通被限制在磁阻很小的屏蔽层内部,抑制其干扰作用。原理如图 11-9 所示。图 11-9 中对线圈屏蔽后,线圈产生的磁通被限制在屏蔽层内,不会对外界产生干扰;同样外界的干扰磁场,也不能进入屏蔽层所包围的空间。

如果要求很高的屏蔽效果,还可以采用多层屏蔽,即第一层采用磁导率较低的铁磁材料,第二层采用磁导率较高的材料,充分发挥其屏蔽作用。

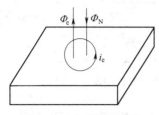

图 11-8 电磁屏蔽原理

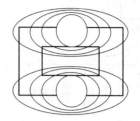

图 11-9 低频磁屏蔽原理

2. 接地

广义接地有两方面的含义,即接实地和接虚地。接实地指的是与大地相连;接虚地是与电位基准点连接,建立系统的基准电位。如果这个基准电位与大地电气绝缘,则称为浮地连接。

接地的目的有两个:一是为了保证系统稳定可靠地运行,防止地环路引起的干扰,称为工作接地;二是为了保证操作人员和设备的安全,避免操作人员因设备绝缘损坏或绝缘性能下降遭受触电危险,称为保护接地。正确合理的接地技术对检测系统极为重要。

(1)地线的种类。地线的种类大致分为以下几种:安全地线、信号源地线、信号地线、负载地线和屏蔽层地线等。

①安全地线:保证人身和设备的安全。通常将电网的中性线、电气设备的机壳或避雷针等与大地连接,避免机壳带电而影响人身和设备安全,如图 11-10 所示。

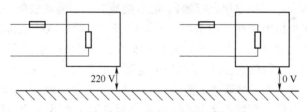

图 11-10 安全地线的连接

②信号源地线:信号源地线是传感器本身的零信号电位基准公共线。

③信号地线:信号地线是信号电流流回信号源的低阻抗路径,如图 11-11 所示。极易引起内部干扰,必须非常重视。

④负载地线:负载电流一般比较大,在地线上产生的干扰作用也很大,通常对负载端单独设置地线,称为负载地线。

⑤屏蔽层地线:为防止静电干扰或电磁干扰而设置的地线,一般直接与大地相连。

(2)地线引发干扰的原因。两个接地点之间有电位差,即地线电压 $U=IR$,形成地环路。地电流走最小阻抗路径,但并不知道地电流的确切路径,因此对地电流失去控制,就会产生干扰,如图 11-12 所示。

(3)信号接地方式。信号接地方式有单点接地、多点接地、混合接地和信号输入通道接地等多种方式。其中,单点接地又分为串联单点接地和并联单点接地。

①单点接地与多点接地。单点接地如图 11-13 所示。其中,图 11-13(a)是串联单点接地,它的结构简单,但易产生公共阻抗耦合干扰;图 11-13(b)是并联单点接地,它不会产生公共阻抗耦合,但接地线过多,比较复杂。

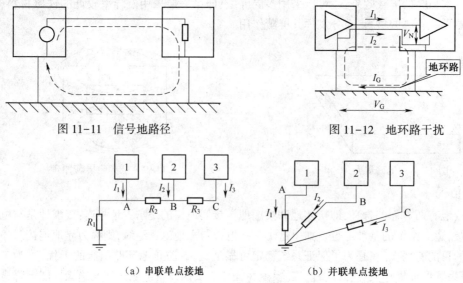

图 11-11　信号地路径　　　　　　　　　图 11-12　地环路干扰

（a）串联单点接地　　　　　　　（b）并联单点接地

图 11-13　多级电路单点接地

根据接地理论分析,低频电路应单点接地,主要避免形成产生干扰的地环路;高频电路采用就近多点接地,主要避免"长线传输"引入的辐射干扰。通常,当频率低于 1 MHz 时,采用单点接地方式比较好;当频率高于 10 MHz 时,采用多点接地方式为好;在 1～10 MHz 之间,如果地线长度不超过信号波长的 1/20,采用单点接地,否则采用多点接地,如图 11-14 所示。

②混合接地(又称分别回流法单点接地)。混合接地即分别回流法单点接地,既包含了单点接地特性,又包含了多点接地特性。如系统内的低频部分需要单点接地,高频部分需要多点接地,但最后所有地线都汇到公共的参考地。图 11-15 所示为混合接地方式,其中地线分三大类:电源地、信号地、屏蔽地。所有的电源地线都接到电源地汇流条,所有的信号地线都接到信号地汇流条,所有的屏蔽地线都接到屏蔽地汇流条。在空间上,将电源地、信号地和屏蔽地汇流条间隔开,以避免通过汇流条间电容器产生耦合。三根总地线最后汇聚一点,通常通过铜接地板交汇,用线径不小于 30 mm 的多股软铜线焊接在接地板上深埋地下。

图 11-14　多点接地　　　　　　图 11-15　混合接地方式

汇流条分为横向汇流条和纵向汇流条,由多层铜导体构成,截面呈矩形,各层之间有绝缘层。采用多层汇流条可以减少自感,防止干扰的窜入。横向汇流条及纵向汇流条的合理安排,会最大限度减小公共阻抗的影响。

③信号输入通道接地。系统中的传感器、变送器和放大器通常采用屏蔽罩,信号的传送使用屏蔽线,这些屏蔽层的接地需要非常谨慎,应遵守单点接地原则。输入信号源有接地和浮地两种情况,相应的接地电路也有两种情况:一是信号源端接地,接收端放大器浮地,则放大器屏蔽层与

信号线屏蔽层连接后,同在信号源端接地;二是接收端放大器接地,信号源端浮地,则信号源屏蔽层与信号线屏蔽层一起连接至接收端放大器接地处。

单点接地是为了避免屏蔽层与地之间产生的回路电流通过屏蔽层与信号线间的分布电容产生干扰信号,从而影响传输的模拟信号质量。

高增益放大器通常用金属罩屏蔽,如图 11-16(a)所示,放大器与屏蔽罩之间存在寄生电容,寄生电容 C_1 和 C_2 构成了放大器输出端到输入端的反馈通路,如不消除此反馈,放大器可能产生振荡。因此将屏蔽罩接到放大器的公共端,如图 11-16(b)所示,使寄生电容短路,从而消除了反馈通道,防止了干扰的产生。

④强电地线与信号地线分开设置。强电地线指电源地线、大功率负载地线等,其上流过的电流非常大。如果它与信号地线共用,就会对信号地线产生很强的干扰,因此需要分开设置。

⑤模拟信号地线与数字信号地线分开设置。模拟信号一般比较弱,数字信号通常比较强,如果两种信号共用一条地线,数字信号就会通过地线电阻对模拟信号构成干扰,因此这两种地线应分开设置。

⑥印制电路板的地线分布。印制电路板的地线宽度由通过它的电流大小决定,一般不小于 3 mm。在可能的条件下,地线越宽越好。旁路电容的地线不能长,应尽量缩短;大电流的零电位地线应尽量宽,而且必须与小信号的地线分开,如图 11-17 所示。其中,噪声地通常是产生噪声的接地端,例如,交流供电电源的地端。

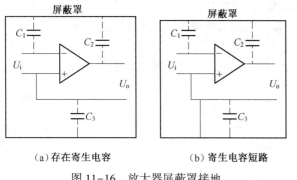

（a）存在寄生电容　　（b）寄生电容短路

图 11-16　放大器屏蔽罩接地

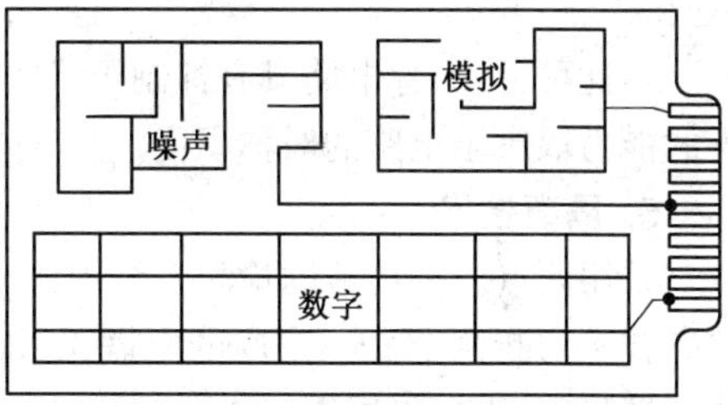

图 11-17　电路板上地线分布

3. 浮空

如果检测装置的输入放大器的公共线,既不接机壳也不接大地,则称为浮空。浮空又称浮置、浮接。浮空的目的是要阻断干扰电流的通路。浮空后,检测电路的公共线与大地(或机壳)之间的阻抗很大,因此,浮空与接地相比能更好地抑制共模干扰电流。图 11-18(a)为目前较流行的浮空加保护屏蔽方式原理图。图 11-18(a)中,检测电路有两层屏蔽,因检测电路与内屏蔽层不连接,因此属于浮置输入。信号线屏蔽层与内屏蔽层连接并在信号源端单点接地。信号输入采用双端差动输入方式。图 11-18(b)所示为它的等效电路,其中 Z_{S1}、Z_{S2} 是信号源内阻及信号引线电阻,Z_{S3} 是信号线的屏蔽电阻,它们的电阻值很小,一般为十几欧[姆];Z_{C1} 和 Z_{C2} 是放大器输入端对内屏蔽层的漏阻抗,Z_{C3} 是内、外屏蔽层之间的漏阻抗。工程设计中,Z_{C1}、Z_{C2} 和 Z_{C3} 的数值通常达到数十兆欧[姆]。

由图 11-18(b)可得,两个接地点产生的地电位差 E_{cm} 被 Z_{C3}、Z_{S3} 分压,Z_{C3} 远大于 Z_{S3},所以 Z_{S3} 上得到的干扰电压 U_{S3} 非常小;同理,U_{S3} 在 Z_{S1} 和 Z_{S2} 上的分压 U_{S1}、U_{S2} 又被 Z_{C1} 和 Z_{C2} 衰减很多,经过两次衰减后干扰信号 U_{S1} 和 U_{S2} 已经很小了,同时进入放大器的差动输入端相减,在理论上共模电压几乎为零。因此,浮空加保护屏蔽系统对抑制共模干扰非常有效。

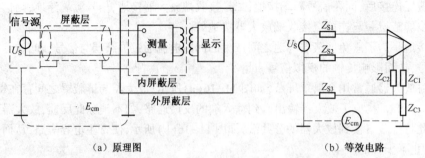

（a）原理图　　　　　　　　　　（b）等效电路

图 11-18　浮空加保护屏蔽方式原理图及等效电路

测量电路的浮空包括该电路的供电电源,即该电路的供电系统应该是单独的浮空供电系统。只有对电路要求高,且采用多层屏蔽的条件下,才采用浮空技术。

4. 对称电路

对称电路又称平衡电路。指双线电路中的两根导线与连接到这两根导线的所有电路,对地或对其他导线的结构对称,且对应的阻抗相等。图 11-19 是简单的对称电路。其中,U_{s1}、U_{s2} 为信号源电压;R_{s1}、R_{s2} 为信号源内阻;U_{N1}、U_{N2} 是两根导线上产生的噪声电压,与信号源串联;R_{L1}、R_{L2} 是负载电阻;I_{N1}、I_{N2} 是噪声电流;I_S 为信号电流;U_L 为负载电压,其表达式为

$$U_L = I_{N1}R_{L1} - I_{N2}R_{L2} + I_S(R_{L1} + R_{L2}) \tag{11-1}$$

因为电路是对称的,所以 $I_{N1} = I_{N2}$, $R_{L1} = R_{L2}$,负载上的噪声电压相互抵消,则

$$U_L = I_S(R_{L1} + R_{L2}) \tag{11-2}$$

由此可见,对称电路具有抑制干扰的能力。但实际电路很难做到完全对称,因此电路抑制噪声的能力取决于电路的对称程度。

5. 隔离技术

采用两点以上接地的检测系统中,干扰产生的原因是不同“地”之间存在电位差。因此采用隔离技术切断两个“地”之间的电联系,即切断地环路电流,是十分有效的方法。隔离技术包括变压器隔离、光电隔离等。

（1）变压器隔离。利用变压器将两个电路隔离开,如图 11-20 所示。电路 1 和电路 2 分别接地,两个地之间存在电位差 U_{cm},可以形成环路电流,产生共模干扰。但因为两个电路之间的信号是通过变压器耦合获得通路的,没有电气上的直接联系,共模电压由于变压器的隔离无法形成回路而得到有效抑制。值得注意的是,电路 1 和电路 2 应分别采用互相独立的电源,以切断两部分的地线联系。

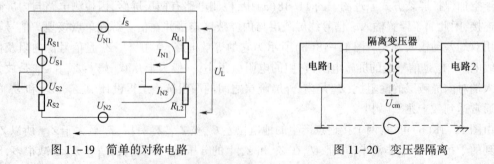

图 11-19　简单的对称电路　　　　　　　图 11-20　变压器隔离

（2）光电隔离。光电隔离是目前最常用的一种隔离技术。它利用光耦合器的开关特性,可以传送数字信号而隔离电磁干扰,即在数字信号通道中进行隔离。实现了外部与计算机的完全

电气隔离。

利用光耦合器的线性放大区,可以传送模拟信号,隔离电磁干扰,即在模拟信号通道中进行隔离。在两个电路之间加入一个光耦合器,如图 11-21 所示。电路 1 的信号通过光耦合器靠光的作用传递给电路 2,切断了两个电路间电的联系,使两个电路之间的地电位差 V_C 不能形成干扰,起到了很好的抗共模干扰的作用。

6. 滤波

滤波是只允许某一频带信号通过或只阻止某一频带信号通过的抑制干扰措施。滤波方式分为模拟滤波和数字滤波,主要应用于信号和电源的滤波。

模拟滤波是通过模拟电路实现滤波,包括无源滤波和有源滤波,是抑制串模干扰的一种常用方式。根据串模干扰频率与被测信号频率的分布特性,可以选用低通、高通和带通滤波器。如果干扰信号频率高于被测信号频率,则选用低通滤波器;如果干扰信号频率低于被测信号频率,则选用高通滤波器;如果干扰信号频率在被测信号频率的两侧,则选用带通滤波器。一般采用电阻器、电容器、电感器等无源元件构成滤波器,图 11-22 所示为输入通道中的无源二级阻容低通滤波器,它的缺点是对有用信号也会造成很大的衰减。为了使小信号达到一定的增益可采用有源滤波器,不仅起到滤波效果,还能提高增益。

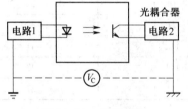

图 11-21　光电隔离

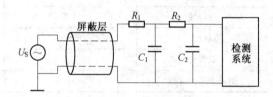

图 11-22　无源二级阻容低通滤波器

数字滤波是指计算机程序对输入信号采样,并用某种计算方法对采样信号进行数字处理,以削弱或滤除干扰噪声造成的随机误差而获得一个真实信号的过程。数字滤波通过程序实现,所以也称为程序滤波。与模拟滤波相比,数字滤波具有可靠性高、稳定性好、修改滤波参数容易、可被多个通道共用和成本低等特点,广泛应用于信号滤波领域。具体内容详见 11.3.2 节。

7. 脉冲电路的噪声抑制

脉冲电路的噪声抑制,通常采用积分电路、脉冲隔离门及削波器等方法。

11.3　自动测试及检测系统的抗干扰技术

以微机为核心的自动测试及检测系统,由检测仪表、输入回路、主机、输出回路、负载及供电电源等环节组成,是典型的微机系统。组成系统的各个部分都有可能引入或形成干扰信号,影响系统的正常工作。因此从系统的硬件和软件两方面入手,讨论自动测试及检测系统的抗干扰技术。

11.3.1　硬件抗干扰技术

硬件是系统的重要组成部分,通过硬件的选型、系统合理布线或硬件连接时采用各种抗干扰措施,都可以达到抑制系统干扰的目的。

1. 信号传输中的干扰抑制

当信号的传输距离较远或传送信号的频率较高时,必须考虑导线的传输特性,此时的导线称为传输线。为了减小传输线的干扰,通常采用屏蔽双绞线作为传输线。

双绞线是由两根互相绝缘的导线扭绞缠绕组成的。为了增强抗干扰能力,可在双绞线的外面加金属编织物或护套,形成屏蔽双绞线,如图 11-23 所示。

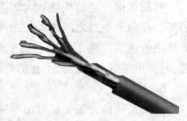

采用双绞线作为信号线是因为外界电磁场会在双绞线相邻的小环路上形成方向相反的感应电势,从而互相抵消减弱干扰作用,使得总感应电势接近于零。双绞线相邻的扭绞处之间为双绞线的节距。节距越小,干扰的衰减率越大,抑制干扰的屏蔽效果越好,见表 11-1。使用双绞线应尽

图 11-23　屏蔽双绞线

量采用一点接地,避免接地电位差的影响;若两组双绞线平行敷设,则应使两组双绞线的扭节节距相等。

表 11-1　双绞线的节距与噪声衰减率

导线	节距/cm	噪声衰减率	抑制噪声效果/dB
空气中平行导线	—	1∶1	0
双绞线	10	14∶1	23
双绞线	7.5	71∶1	37
双绞线	5	112∶1	41
双绞线	2.5	141∶1	43
钢管中平行导线	—	22∶1	27

如果信号的传输距离较远,采用双绞线作为传输线能有效抑制共模噪声和电磁场干扰。但应该注意必须对传输线进行阻抗匹配,以免产生反射,使信号失真。

2. 切断来自电源的干扰

由于任何电源及输电线路都存在内阻和分布电容、电感等,会引起电源的噪声干扰。解决的方法是:采用交流稳压器保证供电的稳定性;利用低通滤波器滤去高次谐波以改善电源波形;在有条件的情况下,可采用分散、独立功能块供电和干扰抑制器,以切断来自电源的干扰。

3. 切断传输通道中的串模干扰

(1)布线隔离:使强、弱电路严格分开,小信号处理电路在空间距离上尽量远离噪声源,如继电器、电动机驱动电路、功率放大电路、供电电路等。

(2)采用硬件滤波电路或过电压保护电路等措施切断传输通道的串模干扰。

4. 切断传输通道中的共模干扰

(1)光电隔离:利用光耦合器将电信号转换为光信号,然后再将光信号转换为电信号,从而实现电气隔离。

(2)继电器隔离:由于继电器的线圈与触点之间没有电气上的联系,可通过驱动继电器线圈来控制触点的闭合或断开。

(3)变压器隔离:利用变压器可以隔离直流信号的特点,对信号和电源进行隔离。交流电源变压器则是保证电气安全的重要措施。

(4)采用多层屏蔽浮空技术:为提高系统抗共模干扰能力,在放大器输入部分浮空的同时,采用双层屏蔽浮空保护。在两屏蔽层之间、放大器输入部分和内屏蔽层之间都不进行电气上的

连接。内屏蔽层不与外屏蔽层相连,而是单独引出一根线作为保护屏蔽端与信号线的屏蔽层相连,从而使保护屏蔽延伸到信号线全长,而信号线的屏蔽在信号源处一点接地,因此输入保护屏蔽及信号屏蔽对信号源稳定,处于等电位状态。所以,屏蔽能用来降低耦合到导线上的共模电压。

(5)平衡对称输入:选用高质量的差动放大器,具有高增益、低噪声、低漂移、宽频带的特点。一个系统的稳定程度取决于信号源、信号引线、负载的平衡以及其他杂散分布参数的平衡。为提高仪器仪表抗共模干扰能力,采用平衡对称输入措施使两线路上所转换的电压相等,以此降低耦合到负载上的共模电压。

11.3.2 软件抗干扰技术

除了硬件抗干扰技术,软件抗干扰技术也是控制系统抗干扰设计的重要组成部分,它的成本低、见效快,能够弥补硬件抗干扰技术的不足。

1. 数字滤波

在检测系统的信号中,常含有各种噪声和干扰,影响了信号的真实性。数字滤波是消除噪声和干扰的一种有效方法。

常用的数字滤波方法主要分为三类,即平均值滤波、程序判断滤波、惯性滤波。

(1)平均值滤波:

①算术平均值滤波。算术平均值滤波是在采样周期 T 内,对采样信号 y 进行 m 次采样,取 m 次采样值的算术平均值作为本次的有效采样结果,其数学表达式为

$$\bar{y}(k) = \frac{1}{m} \sum_{i=1}^{m} y_i \tag{11-3}$$

例 11-1 某压力仪表在采样周期内进行 $m=10$ 次采样,采样数据见表 11-2。

表 11-2 某压力仪表采样数据

序号	1	2	3	4	5	6	7	8	9	10
采样值	24	25	20	27	24	60	24	25	26	23

由表 11-2 可知,采样值明显存在被干扰现象,如第 3 次采样值 20 和第 6 次采样值 60 等都偏离了真实值,此时可以采用算术平均值滤波将干扰分解。算术平均值滤波后,其采样值为

$$\bar{y}(k) = \frac{1}{10}(24 + 25 + 20 + 27 + 24 + 60 + 24 + 25 + 26 + 23)$$
$$= 28 \tag{11-4}$$

最大和最小的干扰值已经被其他采样值平均了,滤去了干扰的影响。

采样次数 m 决定了信号的平滑度和灵敏度。m 越大,系统平滑度提高,灵敏度降低;反之,m 越小,系统平滑度降低,而灵敏度提高。采样次数 m 的取值随被控对象而不同。以工业现场的经验而言,对于流量信号,m 一般取 10 左右;对于压力信号,m 通常取 4 左右;温度、成分等缓变信号,m 取 2 左右或不进行算术平均。

如果使用汇编语言编程,m 一般取 2、4、8 等 2 的整数幂,这样编程非常方便,可以用移位代替除法求平均值。

算术平均值滤波可以减少周期性干扰对采样结果的影响,适用于对受到周期性干扰的信号的滤波。算术平均值法就是通过求 n 个数据信号的算术平均值的方法进行滤波。

例 11-2 片外 RAM 中从 DATA 处开始存放八字节数据信号,编程实现用算术平均值进行

滤波,并将结果存放在累加器 A 中。

程序清单如下:

```
FAVG:  MOV   R7,#8          ;设置计数器
       MOV   DPTR,#DATA     ;指向数据区
       MOV   R5,#0          ;(R6R5)用于存放累加结果
       MOV   R6,#0
LOOP:  MOVX  A,@ DPTR       ;取数
       ADD   A,R5           ;加部分和低位
       MOV   R5,A
       MOV   A,R6           ;取高位
       ADDC  A,#0           ;处理进位
       MOV   R6,A
       INC   DPTR
       DJNZ  R7,LOOP        ;共加八个数
       MOV   R7,#3          ;右移三次计数
LOOP1: CLR   C              ;清进位
       MOV   A,R6           ;先移高四位
       RRC   A
       MOV   R6,A
       MOV   A,R5           ;后移低四位
       RRC   A
       MOV   R5,A
       DJNZ  R7,LOOP1       ;共移三次
       RET
```

在算术平均值滤波程序中,数据个数 n 的取值一般为 2^i,这样便于计算,顺序将累加和右移 i 次即可。为确保精度,本程序采用双字节数加法,将累加和寄存器右移三次的方法达到求算术平均值的目的。

②去极值平均滤波。对于偶然的、明显的脉冲干扰,算术平均值滤波只是将干扰平均到采样结果中,降低了测量精度,此时,适于采用去极值平均滤波。

去极值平均滤波是对连续采样的 m 个数据进行比较,去掉其中的最大值和最小值,计算余下的 $m-2$ 个数据的平均值作为本次采样有效信号。

采用汇编语言编程时,m 通常取 4、6、10 等数值,使 $m-2$ 的值为 2 的整数幂,这样编程非常方便。

如果在一个采样瞬间对被测参数连续采样三次,按大小顺序排列,取大小居中的数据作为有效信号,即采样值是 y_1,y_2,y_3,且 $y_1<y_2<y_3$,则 y_2 是本次采样的有效信号。这种 $m=3$ 的情况是去极值平均滤波的特殊形式,又称中值滤波。

此算法适用于经常遇到尖峰脉冲干扰信号的信号滤波。

例 11-3 某压力仪表在采样周期内进行 $m=9$ 次采样,采样数据见表 11-3。

表 11-3 某压力仪表采样数据

序号	1	2	3	4	5	6	7	8	9
采样值	24	25	20	27	24	60	24	25	26

由表 11-3 可知,第 1~3 次采样值经中值滤波后的有效值是 24;第 4~6 次采样值,经中值滤波后的有效值是 27;第 7~9 次采样值经中值滤波后的有效值是 25。再将有效的三个值 24,27,25 经中值滤波后,得到的最终采样值是 25,去除了尖峰脉冲的干扰信号。

③加权平均滤波。前两种滤波算法存在平滑性和灵敏度的矛盾,为协调两者关系,可以采用加权平均滤波算法。

加权平均滤波是对每次采样值采用不同的权系数,增加新鲜采样值的权重,然后将每次采样值相加,得到本次的有效采样值,即

$$\bar{y}(k) = \sum_{i=1}^{m} C_i y_i \tag{11-5}$$

式中:$C_1, C_2, \cdots, C_m$——加权系数,取值是先小后大,均为小于 1 但总和等于 1 的小数。

$$\sum_{i=1}^{m} C_i = 1 \tag{11-6}$$

加权平均滤波目的是突出信号的某一部分,抑制信号的某一部分。适用于纯滞后较大的对象。

(2)程序判断滤波:

①限幅滤波。待检测的许多物理量的变化需要一定的时间,因此相邻两次采样值之间的变化幅度应该在一定的限度之内。所谓限幅滤波就是比较两个相邻采样瞬间的采样值 y_n 和 y_{n-1} 的大小,求出增量的绝对值 $|y_n - y_{n-1}|$,与由被控对象的实际情况决定的两次采样允许的最大差值 ΔY 进行比较,若 $|y_n - y_{n-1}| \leq \Delta Y$,则取本次采样值 y_n 为有效值;否则,仍取上次采样值 y_{n-1} 作为本次有效值。

即 $|y_n - y_{n-1}| \leq \Delta Y$,则 $y_n = y_n$,取本次采样值为有效值;

$|y_n - y_{n-1}| > \Delta Y$,则 $y_n = y_{n-1}$,取上次采样值为本次有效值。

限幅滤波对随机干扰或采样器不稳定引起的失真有良好的滤波作用。

②限速滤波。如果在相邻采样时刻 t_1, t_2, t_3 所采集的参数分别是 y_1, y_2, y_3,则若 $|y_2 - y_1| \leq \Delta Y$,取 y_2 为本次采样值;$|y_2 - y_1| > \Delta Y$,则 y_2 不采用,仍保留,再继续采样一次,得 y_3;

若 $|y_3 - y_2| \leq \Delta Y$,则取 y_3 为本次采样值;$|y_3 - y_2| > \Delta Y$,则取 $\dfrac{y_2 + y_3}{2}$ 为本次有效采样值。

限速滤波既有采样的实时性,又有连续性。适用于变化较缓慢的参数滤波,如温度、液位等。

(3)惯性滤波。基于程序判断滤波的方法主要是抑制特定的干扰,描述其滤波器的频率特性比较困难。而惯性滤波是基于模拟滤波器的方法设计的,模拟硬件 RC 滤波器的数字实现,RC 滤波电路如图 11-24 所示。

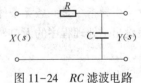

图 11-24 RC 滤波电路

由图 11-24 得出常用的 RC 滤波器传递函数为

$$\frac{Y(s)}{X(s)} = \frac{1}{1 + Ts} \tag{11-7}$$

式中:$T = RC$——滤波器的滤波时间常数。

滤波时间常数大小直接关系到滤波效果。T 越大,滤波器的截止频率(滤出的干扰频率)越低,滤出的电压波纹较小,但输出滞后较大。在实际应用中,由于大的滤波时间常数及高精度的 RC 滤波电路不易制作,所以硬件 RC 滤波器不可能对极低频率的信号进行滤波,因此用软件模仿硬件 RC 滤波器特性制成低通数字滤波器,从而实现一阶惯性的数字滤波。对于变化缓慢的

采样信号(如温度或大型储水池的水位信号),其滤波效果是很好的。

以上讨论了几种数字滤波的方法,它们各有其特点和适用范围。在实际应用中,是否采用数字滤波,采用哪一种数字滤波,都要根据具体情况而定。

2. 指令冗余技术

当计算机受到干扰时,程序计数器(PC)可能会出现错误的指向,程序执行就会脱离正常轨道,俗称“程序跑飞”。对于双操作数或三操作数指令,PC 跑飞到某个操作数存储单元,会误将操作数当作操作码执行,可能又将其后的操作码当作操作数执行,就会出现程序执行混乱的现象。单字节指令只有操作码,操作数是隐含的,所以执行到单字节指令就不容易出现程序跑飞。如果程序只由单字节指令构成,出错的概率就会小一些;相反,如果程序包含有较多的双字节或三字节指令,出错的概率就会大一些。

为了解决程序跑飞的问题,在程序中人为地插入一些空操作指令或将有效的单字节指令重复写,这样即使 PC 指令跑飞到这些指令上,也可以回到正常的轨道上。

这种重复写入的指令或插入的空操作指令就是冗余指令。采用冗余指令的编程方式称为指令冗余技术。这种方法实际上增加了 PC 的落点范围,减小了出错概率。但程序中不能加入太多冗余指令,否则会降低程序运行效率。通常对程序流起决定作用的指令之前以及影响系统工作状态的重要指令之前都应插入两三条 NOP 指令。为了保证程序失控期间不跑飞,最好采用软件容错技术与冗余指令配合使用。

3. 软件陷阱技术

指令冗余使跑飞的程序安定下来是有条件的。首先跑飞的程序必须落入程序区,其次必须执行到冗余指令。如果跑飞的程序落入了非程序区(EPROM 中未使用的空间、程序区中的数据表格区),就需要有相应的方法使系统复位。编制能够使系统复位的程序就称为软件陷阱。

软件陷阱的功能是强行将捕获的程序引向一个指定的地址,在那里有一段专门对程序出错进行处理的程序。软件陷阱可安排在下列地方:

(1)未使用的中断向量区;

(2)未使用的大片 ROM 空间;

(3)数据表格和散转表格;

(4)程序区内的某些位置。

引导指令是一条无条件转移指令,为了加强拦截能力,可在其前面增加若干条空操作指令。假设出错处理程序的入口地址是 ERROR,则软件陷阱为

```
…
NOP
NOP
NOP
JMP   ERROR
```

软件陷阱通常放在未使用的中断向量区、未使用的大量 ROM 空间、程序中的数据表格区、指令串中间的断裂点处,这都是正常指令执行不到的地方,不影响程序的执行效率;一旦程序跑飞落入到这些陷阱区,就会被拉回到正常轨道。软件陷阱的设置视用户程序大小而定,在空间多的情况下,可以多安插软件陷阱指令。一般 1 KB 的程序内要有数个陷阱。

例 11-4　以两数比较的程序演示如何在程序区设置软件陷阱。

```
                ...
        CLR     CY              ;进位标志清零
        MOV     A,M
        SUBB    A,N             ;M-N
        JZ      MNEQU           ;转 M=N 处理程序
        JC      LESS            ;转 M<N 处理程序
BIG:    ...     ...             ;M>N 处理程序
        AJMP    BPIONT          ;转至断裂点
        NOP                     ;设置陷阱
        NOP
        LJMP    ERROR
MNEQU:  ...                     ;M=N 处理程序
        AJMP    BPIONT
        NOP
        NOP
        LJMP    ERROR
LESS:   ...                     ;M<N 处理程序
        ...
        AJMP    BPIONT
        NOP
        NOP
        LJMP    ERROR
BPIONT:RET                      ;断裂点
        NOP                     ;陷阱
        NOP
        LJMP    ERR
                ...
```

4. 看门狗技术

程序因为干扰而出现死循环时,指令冗余技术和软件陷阱技术都不能使程序进入正常的运行,此时可以采用程序监视技术使程序脱离死循环,这就是看门狗技术。应用程序通常采用循环运行方式,每一次循环的时间大致固定。看门狗技术就是不断监测程序循环运行的时间,一旦发现程序运行时间超过了循环设定时间,就认为系统陷入了死循环,强迫程序返回到设置的出错程序入口处,使系统回到正常的轨道。

看门狗技术通常是由软件和硬件共同完成的,软硬件相互配合,取长补短。图 11-25 是一种简单实用的程序运行监视系统。

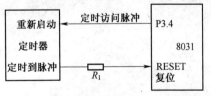

图 11-25 程序运行监视系统

例 11-5 以 8031 为例设计监视程序,选用 T0 进行系统监视,定时时间为 16 ms。

```
MOV  TMOD,#01H  ;设置 T0 为定时访问脉冲
SETB ET0        ;允许 T0 中断
SETB PT0        ;设置 T0 中断为高优先级
MOV  TH0,#0E0H  ;定时时间为 16 ms(6 MHz 晶振)
```

```
SETB TR0          ;启动定时器
SETB EA           ;开中断
```

定时器的设定时间略大于 16 ms，假设为 18 ms。如果程序正常运行，每隔 16 ms 定时器就被重新启动，"定时到脉冲"就不会对 8031 发出复位信号；相反，如果程序跑飞，进入死循环，定时脉冲就不会对定时器发出"重新启动"信号，则定时器计时到 18 ms 时，定时器的"定时到脉冲"就会对 8031 发出复位信号，使 8031 单片机复位，再执行正常的程序。

小　结

本章主要介绍了自动测试与检测系统中干扰的来源、分类，以及干扰的传播途径。其中，电磁干扰是系统最主要的干扰源。本章重点讨论了抑制电磁干扰的措施和方法；针对智能检测系统，从硬件和软件两个方面详细论述了抗干扰技术及应用。

通过本章的学习，读者不仅可以在理论上对自动测试与检测系统中涉及的各种干扰有一定的理解和认识，还能够掌握如何应用硬件和软件的方法解决实际系统的干扰问题，从而增强自动测试与检测系统的抗干扰能力。

习　题

11.1　简述干扰的来源及分类。

11.2　形成干扰的三要素是什么？

11.3　干扰的传导模式有几种？

11.4　干扰噪声的耦合方式有哪些？

11.5　简述抑制电磁干扰的基本方法和主要措施。

11.6　智能检测系统的硬件抗干扰技术有哪些？

11.7　智能检测系统的软件抗干扰技术有哪些？

第 **12** 章 　现代检测技术

本章要点：
➢ 现代检测技术现状；
➢ 现代检测技术趋势；
➢ 无损检测技术；
➢ 虚拟仪器技术；
➢ 智能传感器技术。

学习目标：
➢ 了解现代检测技术的发展和趋势。

建议学时：4 学时。

引　言

随着科技的进一步发展，现代检测技术有了长足的发展，同时也走进了人们的日常生活。本章简要介绍检测技术的自动化、虚拟仪器技术、无损检测技术、智能传感器技术和传感器网络技术。

12.1　检测技术的自动化

检测技术是用指定的方法检验测试某种物体(气体、液体、固体)指定的技术性能指标。适用于各种行业范畴的质量评定，如土木建筑工程、水利、食品、化学、环境、机械、机器、环保等。检测技术与自动化装置将自动化、电子、计算机、控制工程、信息处理、机械等多种学科、多种技术融合为一体并综合运用，广泛应用于交通、电力、冶金、化工、建材等各领域自动化装备及生产自动化过程。检测技术与自动化装置的研究与应用，不仅具有重要的理论意义，符合当前及今后我国科技发展的战略，而且紧密结合国民经济的实情，对促进企业技术进步、传统工业技术改造和现代化有重要意义。自动检测技术已成为实现生产自动化的重要保证和不可缺少的一个组成部分。

12.1.1　自动检测系统的构成

所谓自动检测(automatic detection and measurement)，是指使用自动化仪器仪表或系统，在最少的人工干预下对系统、设备和部件自动进行并完成性能检测和故障诊断，是性能检测、连续监测、故障检测和故障定位的总称。实际上是由计算机对研究对象的整个检测过程，包括数据采集、数据分析处理及检测结果的显示输出进行统一控制而自动完成的,人的作用仅限于编制必要的检测应用程序或做出必要的操作。

自动检测的对象是指生产自动化技术中经常遇到的各种物理量,如位移、长度、速度、转矩、温度、流量、压力、湿度、黏度、水分、成分等,从而实现对工作机械运转状态、生产设备异常状态、产品在线监视。

自动检测是在测量和检验过程中完全不需要或仅需要很少的人工干预而自动进行并完成的。自动检测可以提高自动化水平和程度,减少人为干扰因素和人为差错,可以提高生产过程或设备的可靠性及运行效率。

自动检测的任务主要有两种:一是将被测参数直接测量并显示出来,以告诉人们或其他系统有关被测对象的变化情况,即通常的自动检测或自动测试;二是用作自动控制系统的反馈环节,系统根据参数变化做出相应的控制决策,实施自动控制。

自动检测是一门综合性应用技术。它应用物理学中各种基本效应和电子学中各种最新成就,采用各种传感器将被测非电学量,直接或间接地转换成电学量来进行测量。并通过对电信号的处理,送给自动控制系统以实现自动控制,控制精度在很大程度上决定检测的精度。

现代自动检测技术是计算机技术、微电子技术、信息论、控制论、测量技术、传感技术等学科发展的产物,是这些学科在解决系统、设备、部件性能检测和故障诊断的技术问题中相结合的产物。凡是需要进行性能测试和故障诊断的系统、设备、部件,均可以采用自动检测技术,它既适用于电系统也适用于非电系统。电子设备的自动检测与机械设备的自动检测在基本原理上是一样的,均采用计算机/微处理器作为控制器通过测试软件完成对性能数据的采集、变换、处理、显示/告警等操作程序,而达到对系统性能的测试和故障诊断的目的。

自动检测系统是自动测量、自动计量、自动保护、自动诊断、自动信号处理等诸多系统的总成。在诸多系统中,都包含被测对象、传感器(敏感元件、检测元件、传感元件、测量仪表等)、信号处理单元和输出单元。它们之间的区别仅在于输出单元。若输出单元是显示仪表或记录仪表,则构成自动测量系统;若输出单元是计数器或累加器,则构成自动计量系统;若输出单元是报警装置,则构成自动保护系统或自动诊断系统;若输出单元是处理电路,则构成数据分析系统、自动管理系统或自动控制系统。

以现代电子设备构成的自动检测系统框图,如图12-1所示。

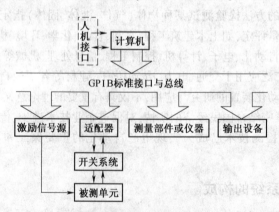

图12-1　以现代电子设备构成的自动检测系统框图

由图12-1可知,自动检测系统包括以下几个组成部分。

1. 计算机

计算机是控制器,是自动检测系统的核心,一般由计算机、单片机等构成。其功能是管理检测周期,控制数据流向,接收检测结果,进行数据处理,检查读数是否在误差范围内,进行故障诊断,输出声光报警信号,将检测结果输出到显示器、打印机等进行显示与记录。计算机通过执行检测应用程序,对检测周期内的每一步骤进行控制,从而实现上述功能。

2. 激励信号源

激励信号源是主动式检测系统必不可少的组成部分。其功能是向被测单元(unit under test, UUT)提供检测所需要的激励信号。根据各种 UUT 的不同要求,激励装置的形式也不同,如交直流电源、函数发生器、D/A 转换器、频率合成器、微波源等。

3. 测量部件或仪器

测量部件或仪器的功能是检测 UUT 的输出信号。根据检测的不同要求,测量仪器的形式也不同,如数字万用表,频率计,A/D 转换器及其他类型的检测仪器等。

4. 开关系统

开关系统的功能是控制 UUT 和自动检测系统中有关部件间的信号通道。即控制激励信号输入 UUT,和 UUT 的被测信号输往测量装置的信号通道。

5. 适配器

适配器的功能是实现 UUT 与自动检测系统之间的信号连接。

6. 人机接口

人机接口的功能是实现操作员和控制器的双向通信。常见的形式为,操作员用键盘或开关向控制器输入信息,控制器将检测结果及操作提示等有关信息送到输出设备进行显示。输出设备的有显示器[如阴极射线管(CRT)显示器、液晶(LCD)显示器、发光二极管(LED)显示器或灯光显示装置等]、打印机、记录仪等。

7. 检测应用程序

自动检测系统是在检测程序的控制下进行性能检测和故障诊断的。检测程序完成人机交互、仪器管理和驱动、检测流程控制、检测结果的分析处理和输出显示、故障诊断等,是自动检测系统的重要组成部分。

由图 12-1 可以发现,在自动检测系统组成中增加了两个重要的组成部分,即计算机和标准接口与总线部分。

计算机主要作为控制器,进行逻辑定时控制,同时能完成大量的复杂计算和分析。

标准接口与总线的基本功能是管理两个不同系统之间的数据、状态和控制信息的传输和交换。

12.1.2　自动检测系统的工作模式

自动检测系统是自动检测技术设备的总体概念,它包括硬设备和软设备,系统也可大可小。小的自动检测系统可以仅由一台智能检测仪器组成,它可以通过标准接口与其他检测设备连接;大的自动检测系统可以由一台计算机控制下的多台智能检测仪器组成。不论哪种情况,自动检测系统的工作模式都是大体相同的。具体如下:

(1)用传感器将电的或非电的被测物理量变换成电学量或者电信号,进而进行必要的放大和预处理,使之达到自动检测仪器所能接受的水平。

(2)实现对被测信号的自动采集和数据处理。

（3）按规定的方式对检测结果做出必要的判断和反馈，并能看到检测结果自动显示出来，有的仪器还能自报结果。

（4）系统具有必要的自检能力。

（5）有标准接口，可随时参与组建成规模更大的检测系统。

自动检测技术与仪器设计就是要研究可以实现自动检测任务的各种测量技术和自动检测仪器及其系统的设计和组建方法。

12.1.3　现代自动检测系统的关键技术

现代检测系统的关键技术主要集中在如下几个方面：

1. 程序控制（简称"程控"）接口技术

计算机程序控制接口技术可实现检测系统与被测单元间的自动连接，是实现检测过程自动化的关键。

2. 虚拟仪器技术

虚拟仪器技术是美国国家仪器公司于 20 世纪 80 年代提出的。是计算机技术和仪器技术深层次结后产生的全新概念的仪器。传统仪器主要以硬件（和固化的软件）形式存在，而虚拟仪器是具有仪器功能的软硬件组合体，虚拟仪器的功能可根据软件模块灵活配置，从而实现并扩充了传统仪器的功能。

3. 专家系统

专家系统与自动检测技术的结合也是自动检测领域的一个重要发展趋势。这将大大提高仪器的故障分析诊断能力。

4. 现场故障检测技术

随着微处理器和大规模集成电路的应用日益普遍，现场故障检测越来越重要。

12.1.4　现代自动检测技术的发展历程

检测自动化是提高生产效率、减轻劳动强度、节省人力的重要措施，是保证产品质量，实现检验的最好方法，也是质量控制自动化的重要基础。因此，自动检测技术已成为实现生产自动化的重要保证和不可缺少的一个组成部分。

随着近代物理学新成就的取得，电子计算机技术和半导体集成技术的发展，给自动检测技术提供了更先进的检测手段，人们认识各种现象和规律的深度在精确度、灵敏度以及测量范围等方面正愈加深广。近年来，检测技术发展很快，主要表现在检测技术和检测仪器的发展，使检测精度、范围、可靠性及使用寿命等都得到不断提高。

科技进步使检测对象与领域在不断增加和扩大。除较多用于工业连续生产过程外，在空间技术、能源开发及环境保护等新领域都得到了长足的发展。其中以遥感、遥测技术在宇航、卫星及空间实验室等技术中的发展尤为迅速。

近代物理学中新的物理效应的应用，使检测手段在不断增强。如利用激光、红外、超声、微波、各种谱线及射线等原理，研制出各种新的传感器件。随着电子技术，特别是半导体材料及工艺的发展，出现了多种灵敏度高、响应速度快、小型轻量的半导体传感器件。与集成组件结合将传感器、放大器和运算器一体化，使检测装置小型化、固体化和数字化。例如，近年来得到迅速发展和应用的一种新颖的摄像器件——电荷耦合器件（charge coupled device）则是将光电转换、信息存储及读取装置均集中在一个半导体表面器件上，成为一种名副其实的固态摄像器件。自动检测技术在工业生产领域也有广泛的应用,如在线检测零件尺寸、产品缺陷、装配定位等;离线检测零件参数、尺寸与形位公差、品质参数等;现代工程装备中,检测环节的成本占50%~70%。在军事上,自动检测技术则大大提高了部队的战斗力,如夜视瞄准系统,利用了红外传感器技术,大大提高了夜间瞄准的准确性。在国防领域,自动检测技术则是先行官,如利用卫星红外线监测系统探测和发现敌方导弹的发射并追踪导弹的飞行轨道。在航天领域中,自动检测技术的作用举足轻重,如火箭测控,检测火箭状况、姿态、轨迹;飞行器测控,检测飞行器姿态、发电机工况,控制与操纵等。自动检测技术在日常生活中的应用也与日俱增,如海啸预报、智能电子警察监测系统、自动收费系统等。自动检测技术更是社会的物化法官,如检查产品质量、监测环境污染、查服违禁药物、识别指纹假钞、侦破刑事案件、探测地质资源等。自动检测技术在机械制造业、化工行业、烟草行业、环境保护、现代物流行业、产品开发、文物保护等领域都有广泛的应用。

自动检测系统的发展经历了三代。

1. 第一代自动检测系统

20世纪50年代就开始研制自动测试系统,第一代自动检测系统是在20世纪60年代后期出现的。其主要特点是计算机作为控制器,进行逻辑定时控制,实现测试数据的自动采集和自动分析,能快速、准确地给出测试结果。其主要缺点是在该类系统中,仪器与仪器、仪器与计算机之间并无标准接口,因此系统的设计和组建者须自行解决接口问题,研制工作量大、技术复杂、费用高,而且系统适应性较差,只用于大量的要求重复、快速、高可靠和对人员健康有害又难于接近的检测场合。

2. 第二代自动检测系统

第一代自动检测系统的主要功能是进行数据自动采集和自动分析,用它完成大量重复的检测工作,承担繁重的数据运算和分析任务,以便快速准确地获得检测结果。起初没有通用接口,它们多数是专用的。后来,为了系统组建方便,美国的HP公司提出自动检测系统中的仪器应该配置标准化的通用仪器接口,能进行系统连接。这样任何一个厂家生产的任何型号的自动检测仪器,都能用同一种标准总线连接成一个自动检测系统。1975年,美国IEEE正式颁布了IEEE 488标准,后来定为国际标准,名为IEC 625标准。这项技术很快为世界许多仪器制造厂家采用。

第二代自动检测系统采用标准接口总线(standard interface bus)如CAMAC总线、GPIB总线、RS-232总线等,把测试系统中各有关部分按积木形式连接起来,从而大大简化了系统设计师和组建者的工作。

(1)总线的概念。大型检测系统中有许多测量分系统或测量节点,分系统向上位机传送数据信息和测量状态、上位机向下位机发布命令或各分系统之间交换信息都通过接口进行。为使不同系统尤其是不同生产厂家的产品能够互联,国际上规定了一些通用标准接口。

总线是指计算机、测量仪器、自动测试系统内部以及相互之间信息传递的公共通路。总线结构有多种国际标准。接口与总线是相辅相成的两个方面,总线更多的是指一种规范、一种结构形式,而接口多指完成通信的硬件系统。

测试系统的组成离不开测试总线,总线本身亦成为测试系统的主要组成部分,根据总线结构功能和性质不同将测试总线分成内部总线和外部总线。业内流行的内部总线主要有VXI和PXI两种,外部总线有GPIB、USB、1394和LXI等,当前发展和应用比较活跃的有USB和LXI总线。在小型化、便携式或实验室应用中,以USB接口的仪器系统有快速发展之势;在广泛使用的Ethernet的基础上发展而成的LXI总线,被认为是第一款真正意义上的外部仪器总线,在分布式和大规模测试系统中有独到的应用空间,为测试技术的应用开辟了一片新天地。

（2）CAMAC 总线系统。CAMAC（computer automated measurement and control）总线是在 20 世纪 60 年代中期开发的,应用于较大型的系统。

CAMAC 总线有一个基本机框,如图 12-2 所示。其中可插入 25 个模块,包括 23 个功能模块（A/D、D/A、可编程放大器、步进电动机控制器等）和 2 个控制模块。25 个模块间的连接构成了一个带有 86 根线的总线,它包括数据传输线、地址线、状态信息线及电源线等。每个功能模块都有自己的地址,控制模块总是占据第 24、25 号位置,该机框内同时提供+6 V、-6 V、+3 V 和-24 V 等电源（图 12-2 中未标出）。

（3）GPIB（general purpose interface bus）总线。该总线是 HP 公司于 20 世纪 70 年代中期推出的,又称 IEEE 488 总线,目前得到广泛应用。它可作为可编程电子仪器的并行接口,该并行总线共有 16 根,其中 8 根为数据线 DIO1～DIO8,3 根为数据传输控制线（HandShaking）DAV、NRFD、NDAC,其余 5 根为接口管理信息线 ATN、IFC、SRQ、REN、EQI,如图 12-3 所示。

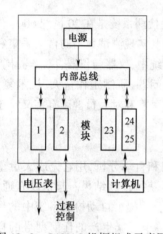

图 12-2　CAMAC 机框组成示意图

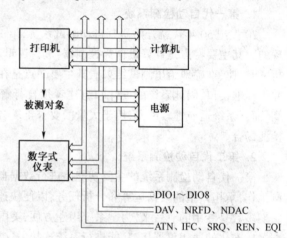

图 12-3　GPIB 总线结构示意图

在 GPIB 连接的自动测试系统中,每个器件,包括计算机、测试仪器、记录绘图仪器等均配有接口,并装有连接母线电缆的插座。整个测试系统采用母线连接,即系统中一切器件的接口中同一条信号线全部通过母线并联在一起。

（4）RS-232-C 总线。RS-232-C 是使用得最早、最多的一种异步串行通信总线。它是由美国电子工业学会（Electronic Industries Association）于 1962 年公布,1969 年最后一次修订而成的。RS 是 Recommended Standard 的缩写,232 是该标准的标识,C 表示第三版。

RS-232-C 用来定义计算机系统的一些数据终端设备（DTE）和数据通信设备（DCE）之间接口的电气特性。CRT、打印机与 CPU 的通信大都采用 RS-232-C 总线。

RS-232-C 标准总线有 25 条信号线,对其机械特性并未做严格规定。不过现在都习惯采用 25 针 D 形插头和插座,只要将插头及插座插紧即可实现连接。各引脚的排列顺序,如图 12-4 所示（图 12-4 所示为插座）。

信号分为两类,一类是 DTE 与 DCE 交换的信号:TXD 和 RXD;另一类是为了正确无误传输上述信号而设计的联络信号:请求传送信号（RTS）、清除发送信号（CTS）、数据准备就绪信号（DSR）、数据终端就绪信号（DTR）、数据载波检测信号（DCD）、振铃指示信号（RI）。

3. 第三代自动检测系统

无论是第一代还是第二代自动检测系统,计算机主要用来作为控制器使用,有些也承担部分

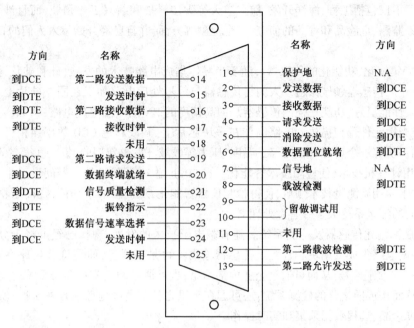

方向	名称		名称	方向
		1 保护地	N.A
到DCE	第二路发送数据 ——14	2 发送数据	到DCE
到DTE	发送时钟 ——15	3 接收数据	到DCE
到DTE	第二路接收数据 ——16	4 请求发送	到DCE
到DTE	接收时钟 ——17	5 消除发送	到DTE
	未用 ——18	6 数据置位就绪	到DTE
到DCE	第二路请求发送 ——19	7 信号地	N.A
到DCE	数据终端就绪 ——20	8 载波检测	到DTE
到DTE	信号质量检测 ——21	9 }留做调试用	
到DTE	振铃指示 ——22	10	
到DCE	数据信号速率选择 ——23	11 未用	
到DCE	发送时钟 ——24	12 第二路载波检测	到DTE
	未用 ——25	13 第二路允许发送	到DTE

DTE：数据终端设备（如个人计算机）
DCE：数据通信设备（如调制解调器）

图 12-4 RS-232-C 引脚排列图

数据运算和处理工作,基本上还是对人工测试的模拟,因此计算机的能力并未充分发挥。

第三代自动检测系统进一步挖掘计算机的强有力软件潜力,用软件来代替某些传统仪器的硬件,如激励信号的发生、测试信号的分析处理功能,大批可供调用的功能模块和元器件库,柔性的系统组建能力,使计算机真正成为测试系统的核心,出现了除计算机外基本上不需要多少附加硬件的虚拟仪器(virtual instrument)。

12.1.5 现代自动检测技术的发展趋势

随着半导体和计算机技术的发展,新型或具有特殊功能的传感器的出现,检测装置也向小型化、固体化及智能化方向发展。现代自动检测技术的应用领域更加宽广。

(1)不断提高监测系统的测量精度、量程范围,延长使用寿命,提高可靠性。科技发展要求测量系统有更高的精度。近年来,研制出许多高精度的检测仪器以满足人们的各种需求。例如:用直线光栅测量直线位移时,测量范围可达 20~30 m,而分辨率可达到微米级;人们已经研制出测量低至几帕(Pa)的微压力和高达几千兆帕(kMPa)的高压力传感器;开发了能测极微弱磁场的磁敏传感器等。

从 20 世纪 60 年代开始,人们对传感器的可靠性和故障率的数学模型进行了大量研究,使监测系统的可靠性和使用寿命大幅度提高。

(2)应用新技术和新的物理效应,扩大检测领域。检测原理多以各种物理效应为基础,近代物理学的进展如纳米技术、激光、红外、超声波、微波、光纤、放射性同位素等新成就为检测技术的发展提供了更多依据,使得图像识别、激光测距、红外测温、C 型超声波无损探伤、放射性测厚、中子探测爆炸物等非接触测量得到迅速发展。

20 世纪 70 年代以前,检测技术主要用于工业部门;如今,检测技术已扩大到整个社会需要的各个方面,不仅包括工程、海洋开发、航空航天等尖端科技和新兴工业领域,而且涉及生物、医疗、环境污染监测、危险品和毒品的侦查、安全检测等方面,并且已经开始渗入人们的日常生活设施之中。

(3)发展集成化、功能化的传感器。随着半导体集成电路技术的发展,硅和砷化镓电子元件的高度集成化向传感器领域渗透。人们将传感器与信号处理电路加工在同一硅片上,从而研制出体积更小、性能更好、功能更强的传感器。如高精度的 PN 结测温集成电路;又如,将排成阵列的上千万个光敏元件及扫描放大电路制作在一块芯片上,制成彩色 CCD 数码照相机、摄像机以及可摄像的手机等。今后还将在光、磁、温度、压力等领域开发出新型的、集成度很高的传感器。

(4)采用计算机技术,使检测技术智能化。自 20 世纪 70 年代微处理器问世以来,人们迅速将计算机技术应用到测量技术领域,使得检测仪器智能化,从而扩展了功能,提高了精度和可靠性,目前研制的测量系统大多带有微处理器。

(5)发展网络化传感器及检测系统。随着微电子技术的发展,现在已经可将十分复杂的信号处理和控制电路集成到单块芯片上。传感器输出不再是模拟量,而是符合某种协议格式(如可即插即用)的数字信号,从而可通过企业内部网络,也可通过网络实现多个系统之间的数据交换和共享,从而构成网络化的检测系统;还可远在千里之外随时随地监测现场工况,实现远程调试、远程故障诊断、远程数据采集和实时操作。

微型计算机技术的发展与应用,使检测技术发生了某些根本变革。这样的检测装置具有按程序操作及运算的功能、进行多参数多次测量求取平均值、提高可靠性的统计处理功能,对传感器输出信号进行非线性补偿、压力温度补偿等以提高测量精度的补偿功能,通过傅里叶变换将时域信号变换成频域信号加以处理,还可实现模拟量到数字量的转换,以及实现采样数据的存储及归算等功能。

信息检测理论的应用,促进了检测技术的进展。在近代检测技术中,随机过程测试与处理的内容越来越多。

在应用随机噪声效应的测试及随机数据的处理中,都涉及相关函数与随机信息功率谱密度函数等内容。在应用计算机进行数据处理时,应用到快速傅里叶变换;而在一些信息被噪声淹没的情况下进行检测时,则应用滤波理论;在利用具有惯性转换元件进行快速测量与动态修正时,还涉及伪随机信号源的有关理论等。

微电子技术、微型计算机技术、现场总线技术与仪器仪表和传感器的结合,构成新一代智能化测试系统,使测量精度、自动化水平进一步提高;集成化、虚拟化、多功能和智能化传感器或测试系统及微型测量系统进一步发展;应用新技术和新物理效应,扩大了检测领域;网络化传感器及检测技术也逐步发展。

自动检测技术进一步应用近代物理学新成就,与仿生学、信息论等新学科结合应用,必将出现更加灵巧、可靠的智能检测仪表。

12.2　虚拟仪器技术

12.2.1　虚拟仪器

1986 年,美国国家仪器公司(National Instruments,NI)提出了"虚拟仪器"的概念。这一概念表明在一定信号调理、数据采集硬件的基础上,用户可根据自己的需求,通过软件来定义和设计自己的仪器功能,采用不同的程序,实现不同的仪器功能。"The Software is Instrument(软件就是仪器)"形象地描述了虚拟仪器的本质。

计算机和软件技术在现代仪器中的作用举足轻重,从根本上改变了传统仪器的面貌,无论是仪器结构,还是基本工作原理,都与传统仪器有了本质区别,不再是一台仪器一种功能、一套电路。仪器功能不再由生产厂商决定,而是可通过通用的硬件平台,用户通过程序实现自己需要的仪器功能。

虚拟仪器包括硬件和软件两部分。

硬件的主要功能是信号调理和数据采集。根据被测信号的种类、特性,需要不同的信号调理单元、不同的数据采集单元。虚拟仪器公司为用户设计了大量模块化的、标准化的、可互换的仪器模块,供用户根据自己的需要予以选择,组建自己的测量系统。

软件包括 I/O 接口程序、驱动程序和用户应用程序。其中,I/O 接口程序和驱动程序大部分由硬件制造者提供,应用程序由用户根据自己的需要编制。国际上大型仪器公司开发了用于编程的集成开发环境,使得用户编制自己的应用程序也变得简单、方便、易学。如 NI 公司的 LabWindows/CVI,是为熟悉 C 语言的工程师提供的用文本行编程的交互式集成开发环境;LabVIEW 是图形化的编程语言开发环境。

为简化硬件电路设计和系统结构,常总线将计算机与各种部件及外设连接起来。为实现标准化、通用化、互换性,国际上大型仪器公司纷纷推出总线标准,规范总线的机械特性、电气特性,使之成为标准总线。20 世纪 70 年代起,随着计算机技术和虚拟仪器技术的不断发展,用于仪器系统的总线标准不断推出,如 PCI 总线、GPIB 总线、VXI 总线、PXI 总线等。

虚拟仪器有多种分类方法,既可按应用领域分,也可按测量功能分,但最常用的是按照构成虚拟仪器的接口总线不同,分为数据采集卡(DAQ)虚拟仪器、通用接口总线 GPIB 虚拟仪器、VXI 虚拟仪器、PXI 虚拟仪器、并行口虚拟仪器、USB 虚拟仪器、IEEE1394 虚拟仪器等。

12.2.2 DAQ 虚拟仪器

1. DAQ 虚拟仪器的结构

数据采集卡 DAQ(data acquisition)虚拟仪器是一种典型的虚拟仪器,一般由计算机和一系列模块化的硬件插卡(仪器卡)构成,配备模块化的应用软件支持硬件的工作,实现测量和分析的功能。DAQ 虚拟仪器具有性价比高、设计手段灵活、通用性强的优点,成为应用最为广泛的一类虚拟仪器。

DAQ 虚拟仪器的组成方式主要有内插式和外挂式。内插式将仪器卡插在计算机的内部总线上;外挂式的仪器卡插入到扩展的外挂机箱里,通过各种不同的通信方式与计算机通信,传递数据和命令。

DAQ 虚拟仪器常用的内总线有 ISA 总线与 PCI 总线。ISA(industrial standard architecture,工业标准结构)总线是 IBM 公司 1984 年为推出 PC/AT 机而建立的系统总线标准,又称 AT 总线,是对 XT 总线的扩展,XT 总线为 8 位微机总线,如早期的 IBM-PC/XT 机。ISA 扩展 I/O 插槽既支持 8 位数据线的接插板,也支持 16 位数据线的接插板。早期的 286、386、486 微机,采用了 ISA 标准总线。PCI(peripheral component interconnect)外围设备互连总线是 Intel 公司于 1993 年正式推出的局部总线标准,是一种支持即插即用(plug and play)功能的总线标准,采用 32 位数据总线,数据传输速率可达 132 Mbit/s,支持各种中高速的外设接口,如网卡、PCI 硬盘卡、图形显示卡等。

在 PC 的 IAS 或 PCI 槽中插入 DAQ 卡实现虚拟仪器功能的方法,安装麻烦,易受干扰,受计算机插槽数量和地址、中断端口的限制,可扩展性差,在一些电磁干扰强的场合,进行屏蔽比较困难,利用外挂式 DAQ 卡,通过串行口进行通信,解决了以上矛盾,可实现低成本、高可靠性的数据采集系统,常用的总线有 USB 总线、IEEE 1394 总线等。

2. DAQ 虚拟仪器硬件设计的关键技术

DAQ 虚拟仪器硬件设计的关键技术包括板卡与总线的接口方式、A/D 与 D/A 转换电路、多路开关、高速缓存、高稳定时钟、高质量电源、高阻抗低噪声低漂移运算放大器、滤波电路、DSP(数字信号处理)器件、控制电路与辅助电源、可编程逻辑器件与逻辑控制电路等,还可将定时器/计数器、数字输入/输出口也做在同一模块上,称为多功能数据采集卡。

多功能数据采集卡(DAQ)的基本功能包括模拟输入(A/D 转换)、模拟输出(D/A 转换)、数字输入/输出(digital I/O)和定时器(timer)/计数器(counter)。

(1)A/D 转换。A/D 转换是 DAQ 模块的核心,被测物理量经过传感器、信号调理电路,再经过 A/D 转换器变为数字量进入计算机。

当用 DAQ 卡采集模拟信号时,必须考虑输入模式、分辨率、输入范围、增益、采样速率、滤波等因素,它们将影响测量质量,见表 12-1。

表 12-1　DAQ 卡参数

参　数	说　明
输入模式	模拟信号输入模式分为单端输入和差动输入。若所有输入信号以一个公共接地点为参考点,信号源与采集端之间的距离较短时,适于采用单端输入模式;若输入信号有不同的参考点,需要采用差动输入模式。差动输入模式可有效消除共模干扰
分辨率	分辨率是数字量变化 1 时对应的模拟量变化。分辨率可用 A/D 转换器位数表示,如 8 位、12 位、16 位。分辨率越高,能够识别的模拟信号变化量越小
输入范围	输入范围是 D/A 转换电路能够接收的最大、最小输入电压的差值。根据信号幅值,选择合适的输入范围,可以得到最佳的分辨率
增益	数据采集卡上可能设计有前置放大器,对来自传感器或信号调理电路的模拟信号放大或缩小,设置合适的增益值,使 D/A 转换能量地细分输入信号
采样速率	采样率越高,对信号的数字表达就越精确。由采样定理,采样频率必须大于或等于信号最高频率的两倍,这样数字信号才能大致不失真地表达原始信号。要有足够高的采样率,才能采集高频信号。采样率是 DAQ 卡的重要指标之一
滤波	干扰信号和噪声会引起输入信号畸变,DAQ 卡上可设计适当的信号调理电路加以滤波

设计或选用 DAQ 模块以及对 DAQ 模块进行配置时,应该根据被测信号的具体情况综合考虑分辨率、输入范围和增益,以便得到最好的测量效果。

(2)D/A 转换。DAQ 虚拟仪器用 D/A 转换器实现信号发生器的功能,产生各种波形,为被测对象提供激励信号,不仅能产生典型信号(如正弦波、三角波、锯齿波、方波等),而且只要提供相关函数,就能将其变为相应的波形输出。D/A 转换器的主要性能指标有精度、速度和分辨率。

(3)数字输入/输出。DAQ 卡上常常设有数字输入/输出(Digit I/O)线,用来采集外围设备的工作状态或控制外围设备的动作执行,建立与外围设备的通信。

(4)定时器/计数器。利用定时器/计数器功能,测量脉冲信号的周期、控制时间、产生脉冲信号等。定时器/计数器的两个主要性能指标是分辨率和时钟频率。

DAQ 虚拟仪器的功能与测量范围的扩大,一方面依赖于新器件的发展和制造,提高 A/D 转换速度是实现高速数据采集的关键,同时还不断向低功耗、高分辨率、高性能方向发展;另一方面,软件是 DAQ 虚拟仪器发展的关键,仪器的运行、数据的处理和分析、测量结果的显示主要依赖于软件,软件的进一步开发能极大地扩展 DAQ 虚拟仪器的功能。

12.2.3 GPIB 虚拟仪器

1. GPIB 虚拟仪器的构成

GPIB 总线是最早的仪器标准总线,是第一代虚拟仪器采用的总线。典型 GPIB 虚拟仪器系统由 PC、GPIB 接口板卡和若干台 GPIB 仪器通过 GPIB 标准总线连接而成,如图 12-5 所示。

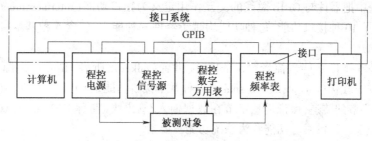

图 12-5　GPIB 虚拟仪器系统

2. GPIB 接口基本特性

(1)典型的连接方式。测试系统使用的全部仪器和计算机均通过一组标准总线相互连接,使得系统组成方便灵活,用户只需要将系统所需要的程控仪器挂接在总线上,就可接入测量系统,仪器数量可按需增减,对其他仪器没有影响。采用这种连接方式使仪器之间可以直接"通话"而无须通过计算机;仪器之间相互传递数据时,计算机可以动态"脱机"操作。总线型连接的缺点在于发送器负载较重,系统运行速度不能太高。

(2)总线构成。GPIB 总线是一条 24 芯(或 25 芯)的无源电缆线,其中 16 条为信号线(8 条数据输入/输出线、3 条挂钩线、5 条管理线),其余为逻辑地或外屏蔽线。

(3)器件容量。凡经过总线与系统相连的设备(包括计算机、各种仪器及其他测量装置)统称为器件。器件容量也就是计算机和仪器的总容量。GPIB 总线最多可挂 15 个器件,这主要是受 TTL(晶体管-晶体管逻辑)接口收发器(驱动器)最大驱动电流(48 mA)的限制。当测试系统有必要使用多于 15 个器件时,只需要在控制器(计算机)上再添置一个 GPIB 接口,就可以多挂14 个器件。

(4)地址容量(31 个听地址,31 个讲地址)。地址是器件(计算机和仪器)的代号,常用数字、符号或字母表示。GPIB 规定采用 5 位二进制码编地址,得到 32 个地址。其中 11111 作为"不讲"命令,故实际的听、讲地址各 31 个。若采用两字节扩大地址编码,前一个字节为主地址,后一字节为副地址,可使听、讲地址容量扩大到 961 个。一个器件若收到了自己的听地址,则表示该器件已受命为听者,应该而且必须参与从总线上接收数据;同样,若收到了讲地址,则表示该器件能够通过总线向其他器件发送数据。

(5)数据传输方式。数据传输方式采用位(bit)并行、字节(byte)串行、双向异步传输方式。最大数据传输速率不超过 1 Mbit/s。位并行是指组成一个数字或符号代码的各个位并行放在各条数据线上同时传递。字节串行是指不同字节按一定顺序逐个串行传递。双向异步传输中双向是指输入数据和输出数据都经由同一组数据线传递;异步是指系统中不采用统一的时钟来控制数据传递速率,而是由发送的仪器相互直接"挂钩"来控制传递速率。这种数据传输方式既不需要太多数据线(只用 8 条),又能兼顾数据传递速度,而且便于接在同一系统中的高速器件和低速器件协调工作。

(6)最大数据传输速率为 1Mbit/s,数据传输距离不超过 20 m。

(7)总线上的信号采用与 TTL 电平相容的正极性、负逻辑。低电平($\leqslant 0.8$ V)为"1",高电平($\geqslant 2.0$ V)为"0"。

由上述基本特性可看出,GPIB 接口系统简单方便、运用灵活、易于实现,为可程控仪器提供了一种通用的接口标准。

3. GPIB 接口控制

GPIB 系统中把器件与 GPIB 总线的交互作用定义为接口功能(interface function)。GPIB 标准接口共定义了 10 种接口功能,每种功能均赋予器件一种能力,包含 5 种基本接口功能和 5 种辅助接口功能。

(1)5 种基本接口功能。控者(controller)、讲者(talker)、听者(listener)、源方挂钩(source hand shake)、受方挂钩(acceptor hand shake)五种基本接口功能是 GPIB 接口功能的核心,用于管理和控制消息字节的传递,保证消息字节在数据输入/输出线(简称 DIO 线)上双向异步准确无误传递,其中控者、听者、讲者功能称为系统功能三要素。

(2)5 种辅助接口功能。5 种辅助接口功能包括服务请求(service request)、并行查询(parallal poll)、远程和本地控制(remote local)、器件触发(device trigger)和器件清除(device clear)功能。

4. GPIB 接口功能实现

GPIB 有关标准对各接口功能的状态和逻辑关系进行了统一而严格的规定,但对如何实现接口功能并无统一要求。通常在原仪器装置的基础上配置 GPIB 接口电路,该电路可以做成卡形(插件形)装于机内,也可以放置在原装置的机外,甚至只使用部分辅助电路,而主要功能由软件完成。

GPIB 接口主要包括三部分:第一部分是接口功能逻辑,完成所选接口功能子集所规定的功能,即接口功能实现电路;第二部分是译码电路,进行接口消息的译码;第三部分是总线收发器,它用规定的逻辑电平在接口电路和总线之间收、发信号。

目前,实现 GPIB 接口主要有四种方法,分别是采用大规模集成电路、采用微程序控制、采用中小规模集成电路、以软件为主,辅以少量配合电路。其中,大规模集成电路使用最多,采用一片至几片集成芯片完成通用接口功能,降低 GPIB 接口的造价,减小了体积、质量和功耗,提高了可靠性,易于实现。通用接口用的大规模集成电路的发展,是 GPIB 接口得以迅速推广的重要原因。

12.2.4 VXI 虚拟仪器

1. VXI 总线

VME 是一种高速工业计算机总线标准,被定为 IEEE 1014 和 IEC 821 标准,已得到广泛应用。VXI(VMEbus extension for instrumentation)是 VME 在仪器领域的扩展。它是继 GPIB 之后,为适应测试系统从分立的台式结构向高密度、高效率、多功能、高性能的模块化结构发展的需要,吸收智能仪器和 PC 仪器的设计思想,于 1987 年推出的一种开放的工业总线规范。它结构紧凑、数据吞吐能力强、定时和同步精确,又具有开放性、模块化以及互换性强的特点,在测量和工业控制领域应用广泛,1992 年 9 月被批准为 IEEE 1155 总线标准。

VXI 总线规范的目标是定义一系列对所有厂商开放的、与现有工业标准相兼容的、基于 VME 总线的模块化仪器标准。国际上现有两个 VXI 总线组织:VXIbus 联合体和 VPP(VXI plug and play)系统联盟。VXIbus 主要负责硬件标准的制定,VPP 的宗旨是通过制定一系列的软件标准提供一个开放的体系结构,使其更容易集成和使用。VXI 的标准体系由这两套标准构成。

2. VXI 总线系统的结构

VXI 总线系统是一种标准的总线式模块化仪器系统,由计算机、主机箱和功能模块组成。

主机箱不仅是整个系统的机械载体,还提供电源、冷却、良好的电磁兼容环境、总线定时等功能。VXI 标准规定主机箱内有 13 个插槽位置,在 0 号插槽中插入控制器,提供系统时钟等公共资源,负责主机箱的初始化和运行时的资源管理,控制管理各模块仪器的正常工作。根据实际,可选择 5 插槽、6 插槽或 8 插槽机箱。

VXI 总线系统中,各种命令、数据、地址和其他信息都是通过总线传递的,主机箱的多层背板上印制了 VXIbus 的各种总线,通过连接器与各个模块相连,成为整个系统的核心。从功能上可以将总线分为八大部分:VME 计算机总线、时钟和同步总线、模块识别总线、触发总线、模拟加法总线、局部总线、星形总线、电源总线。

功能模块是组成 VXI 总线系统的基本逻辑单元,称为"器件",实现一定的功能,如数字万用表、信号发生器、多路开关、计数器等。一个 VXI 总线系统最多可以有 256 个器件,每个器件有一个唯一的逻辑地址。根据器件支持的通信协议将它们分为寄存器基器件(register based device,RBD)、消息基器件(message based device,MBD)、存储器基器件(memory based device,MEMD)和扩展器件(extended device,EXTD)。标准模块的尺寸分为 A、B、C、D 四种。

主计算机及仪器系统:VXI 系统可以是单 CPU 的,也可以是多 CPU 的,主计算机可以通过接口及电缆与主机箱相连,称为外主计算机控制方式,主计算机也可以插在主机箱内部,称为内嵌式主计算机。系统还可以是分层结构,由多个主机箱构成。

采用外主计算机控制方式时,利用各种总线接口把主计算机与 VXI 总线系统连接起来,如图 12-6 所示,包括插入计算机的总线接口卡(如 IEEE 488、MXIbus、IEEE 1394 接口卡等),位于 VXI 主机箱 0 号插槽的 VXI 总线接口(如 IEEE 488-VXI 模块、VXI-MXI 模块、VXI-IEEE 1394 模块等),用接口总线将计算机一侧与 VXI 系统一侧连接。

图 12-6　VXI 总线外主计算机控制方式的结构

使用 IEEE 488 接口可以连接几个主机箱,亦可同时接 IEEE 488 仪器,具有最普通的仪器界面,容易将 VXI 总线仪器与 IEEE 488 仪器混合使用,最多可控制 168 个标准模块,最高传输速率为 1Mbit/s,速度最慢,价格最低。这种结构主要用于对测试速度要求不高并且数据吞量小的场合。

MXIbus(multi-system extension interface bus)是多系统扩展接口总线,是美国 NI 公司 1989 年推出的开放式总线结构,它是一种高速多点的并行总线,终端实时性好、速度快,可连接多达八个 VXI 机箱,实现 VXI 主机箱间的 32 位数据交换,传输速率可达 20~33 Mbit/s,可实现总线优先级仲裁和单线分享中断。一般适用于数据吞吐量大,实时性要求较高的测试系统中;MXI 总线价格较高,电缆信号线较多。

IEEE 1394 又称火线(fire wire),是一种高速串行总线。这种总线在性能、灵活性及易于使用方面具有优势,适于用作仪器接口;支持高性能数据块传输;在进行大量数据传输时,速度与 MXI 总线相当;支持热拔插;组建系统方便灵活,最多可支持 16 个 VXI 主机箱,且价格低。一般适用于对计算机控制速度要求不高,又有大量数据传输的测试系统,尤其在多机箱系统中,可优先考虑。

内嵌式计算机控制方式则不需要其他接口,VXI 总线控制器直接放入主机箱的 0 号插槽中,并具有一台通用计算机的全部功能。其主要特点是外形尺寸小、电磁兼容性好、吞吐量大、能直接控制 VXI 总线及 12 个标准模块,传输速率达 40Mbit/s,速度最快。特别是能利用 VXI 总线提供的所有功能和性能,如硬件中断、触发等。内嵌式计算机的主流是以 Intel CPU 为主控制器的产品,它紧跟通用 PC 的步伐而发展,外部接口以及应用方法与一台 PC 无异。这种结构通常用于要求数据传输速率高、实时性好、体积小的单机箱测试系统。

以上几种体系结构中,内嵌式最为紧凑,数据通信能力最强,硬件利用率最高,但造价较高;采用外主计算机方式时,采用 IEEE 1394 总线结构数据吞吐能力较强,系统的扩展性较好,系统框架造价低;IEEE 488 接口形式是较早期的产品,各种性能都稍差。

3. VXI 虚拟仪器软件结构

在集成 VXI 总线自动测试系统的过程中,软件在测试系统中的作用越来越大,软件的优劣直接关系测试系统是否能正常可靠地工作。

VXI 总线自动测试系统的软件主要包括三个部分:I/O 接口软件(VISA 库)、仪器驱动程序和 VXI 总线自动测试系统应用程序,三者自下而上构成了 VXI 虚拟仪器系统软件体系结构。如图 12-7 所示。

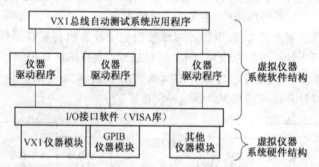

图 12-7　VXI 虚拟仪器系统软件体系结构

仪器厂商在推出硬件模块的同时,要为用户提供 I/O 接口软件,该软件由一个个可调用的操作函数组成,供驱动程序和应用程序调用,以便实现对仪器硬件的控制和操作。为实现 I/O 接口软件的标准化,VPP 系统联盟推出了 VPP4.x 系列规范,称为虚拟仪器软件结构规范 VISA(virtual instrumentation software architecture),将 I/O 接口软件函数集称为 VISA 库。VISA 库作为底层 I/O 接口软件驻留在计算机系统中,是实现计算机系统与仪器之间的命令与数据传递的桥梁和纽带。

仪器驱动程序是完成对某一特定仪器的控制与通信的程序,即模块的驱动程序。仪器驱动程序包括两部分:第一部分为仪器驱动程序与外部软件系统接口模型,第二部分为仪器驱动程序内部设计模型,它们都必须符合 VPP 的两个规范,即 VPP3.1 和 VPP3.2。在 VXI 仪器系统集成时,如果所用 VXI 模块已有厂家提供的符合 VPP 标准的仪器驱动程序,那么可省略其开发过程,用户所需要做的工作就是在应用程序中如何调用这些驱动程序。

应用程序的内容分为两部分:一部分是为完成测试任务所编制的程序,完成对 VXI 模块的操作,如启动、触发,最后得到测试结果;另一部分是用户界面,根据用户的要求,通过鼠标或键盘对虚拟的旋钮、按键和控制器件进行操作,同时把测试的结果在屏幕上表达出来,可以是数字、指针、图表、曲线等,完成人机对话的功能,从而让用户以熟悉的方式控制仪器。当测试速度要求较高时,应用程序的开发环境可选择面向对象的编程语言 VB、VC/VC++及 LabWindows/CVI,当需要快速组建系统而测试速度要求不高的情况下,可选择图形化编程环境 LabVIEW、HP WEE 等。

12.2.5 PXI 虚拟仪器

1. PXI 总线概述

PCI(peripheral component interconnect)外围设备互连总线是 1993 年正式推出的即插即用的局部总线标准,支持全面的自动配置,是目前各种总线标准中定义最完善、性价比最高的一种总线标准,在 PC 和小型工作站中得到广泛的应用。CompactPCI 是一种用于工业计算机的、坚固的、采用模块化结构的、结合了 PCI 电气规范和 Eurocard 封装的总线规范。PXI(PCI extensions for instrumentation)是 PCI 总线在仪器领域的扩展,是一种专为数据采集和自动化应用而量身定制的模块化仪器平台。它将 CompactPCI 总线技术发展成适合于测量系统的机械、电气和软件规范,从而产生了新的虚拟仪器体系结构。1997 年 9 月 1 日,美国 NI 公司发布了这种全新的、具有开放性的模块化仪器总线规范。

PXI 总线在机械结构方面与 CompactPCI 总线的要求基本相同,但对机箱和印制电路板的温度、湿度、振动冲击、电磁兼容性和通风散热等性能提出了要求,与 VXI 总线的要求基本相同。在电气方面 PXI 总线完全与 CompactPCI 总线兼容,不同的是 PXI 总线为适合测控仪器、设备和系统的要求,增加了系统参考时钟、触发总线、星形触发器和局部总线等内容。PXI 将 Microsoft Windows NT 和 Microsoft Windows 2000 定义为其标准软件框架,并要求所有的仪器硬件模块都必须带有按 VISA 规范编写的 WIN32 设备驱动程序,使 PXI 成为一种系统级规范,使得系统易于集成与使用,从而进一步降低用户的开发费用。

2. PXI 仪器的应用

以美国 NI 公司的 PXI-5102 模块为例简要说明 PXI 仪器的应用。

PXI-5102 模块具有两个 8 位的采样通道,20 Ms/s 的采样速率,15 MHz 的带宽,±50 mV~50 V 的信号输入范围,每个通道可存储 663 K 采样数据,主存储器可存储多达 16 M 采样值。软件环境要求的操作系统有:Windows 2000/XP/NT/ME/9x;应用软件有:LabVIEW、LabWindows/CVI、Measurement Studio for Visual C++;驱动程序为 NI-SCOPE。

在 LabVIEW 环境中,安装了驱动程序后,软件会提供一个测试面板,通过该面板测试硬件模块的性能,该面板也可实际应用。用户根据自己需要编程时,可在程序框图窗口打开函数面板 Function,在 All-Functions→NI-Measurements 下找到 NI-SCOPE,打开它,如图 12-8

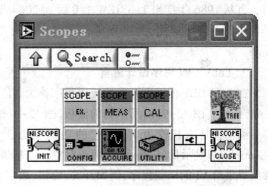

图 12-8 PXI 示波器 Scopes 的函数面板

所示,该函数面板中包括示波器编程的全部函数。

12.2.6　虚拟仪器的开发环境

1. 概述

在计算机和相应的硬件资源确定的情况下,软件便成为虚拟仪器最重要的一部分。不同的程序实现不同的功能,对信号进行不同的分析和处理,得到不同的结果。在现代自动测试系统中,软件的开发所占的比重越来越大,为了给工程师提供更好的开发平台,节约时间和精力,以更简捷的方式、更低的代价开发适合自己特定项目的应用程序,世界上出现了多种虚拟仪器开发平台。目前流行的是 LabWindows/CVI 和 LabVIEW。

LabWindows/CVI 是美国 NI 公司开发的 32 位面向虚拟仪器的软件开发平台,可以在 Windows 98/NT/2000,Mac OS 和 Unix 等多种操作系统下运行。它以 ANSI C 为核心,将功能强大、使用灵活的 C 语言用于数据采集和信号发生以及各种数字信号的分析和处理上,并且将结果以曲线、图形、图表、数字等各种形式显示给用户,也可以用作文件存储。

LabWindows/CVI 为熟悉 C 语言的开发人员提供了一个理想的软件开发环境,将编辑、编译、连接、调试集成在一个交互式的开发环境中。

该环境分为四个主要窗口界面:

(1)工程窗口,用于工程文件的管理;

(2)代码窗口,用于编辑、调试、显示程序的源代码;

(3)函数设置窗口,用于调用 LabWindows/CVI 的库函数;

(4)用户界面,用来设计用户界面,并生成相应的代码。

LabWindows/CVI 通过对话框形式进行交互式操作,大大减少了输入错误,提高了编程效率,工程技术人员可以在该环境中快捷方便地编写、调试和修改应用程序,生成标准 C 程序代码,形成可执行文件后,可脱离 LabWindows/CVI 开发环境,独立运行,用户最终看到的是和实际硬件仪器相似的操作面板。

LabVIEW 是美国 NI 公司推出的一种图形化的集成开发环境,与基于文本的程序设计语言不同,它采用数据流编程方式,用图标、框图和连线来代替文本行。这种编程方法简单、方便、直观、好编、好读。特别是 LabVIEW 提供了大量用于测量和控制的特殊功能和函数,提供了与 MATLAB 和 C 语言的接口,提供了利用网络进行远程测量、控制和数据传输的功能,使得基于 LabVIEW 的虚拟仪器技术在汽车、航空、半导体、通信、机械工程、生物医学领域有着广泛的应用。自从 1986 年推出 LabVIEW 1.0 版到 2004 年 5 月的 LabVIEW 7.1 版,这个虚拟仪器开发平台得到了广泛应用,为工程师们创造了良好的开发环境,推动了虚拟仪器技术的普及和发展。

2. LabVIEW 程序设计语言

在 LabVIEW 环境下开发的应用程序称为 VI,它由前面板(Front Panel)和后面板(Block Diagram)组成。图 12-9(a)所示为前面板,图 12-9(b)所示为后面板(框图面板)。

前面板是人机交互界面,它的功能类似于传统仪器的面板,在这一界面上有控制量(Controls)和显示量(Indicators)两类对象。控制量模拟了传统仪器的输入装置,并把相应的输入数据提供给 VI 的框图程序,例如开关、旋钮、数字设定框等;而显示量则是模拟了仪器的输出装置,将程序运行产生的结果以数据、曲线、图形等显示在前面板上,供用户观察。

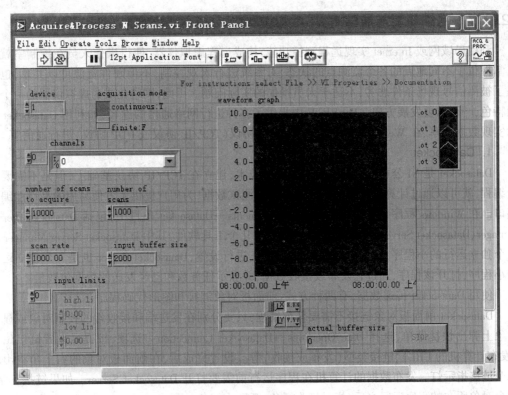

(a)前面板

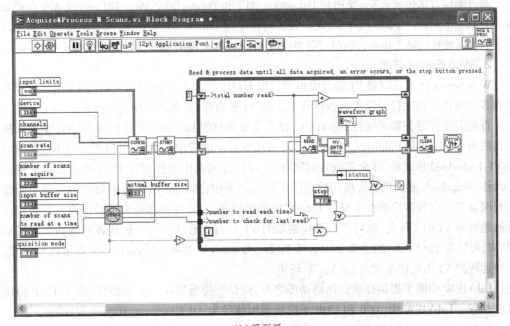

(b)后面板

图 12-9 前面板和后面板

后面板又称代码窗口或流程图,是图形化的源程序,通过编程,实现仪器的运行,后面板向用户提供了编程用到的函数、结构和连线,以及对硬件的驱动等。

12.2.7　网络功能与通信

利用局域网或 Internet 实现远程测控功能,构成远程虚拟仪器,使得操作人员在控制室就可以掌握位于不同地点的各个监测点的状态,对系统进行宏观控制,不但硬件资源可以共享,也解决了被测信号现场条件恶劣,不适于人员操作的实际问题。因此,网络化成为虚拟仪器的一个鲜明特色,一个重要发展方向。LabVIEW 中提供了多种进行网络通信的途径,如利用 Datasocket 技术实现数据共享、在 Web 上发布程序、利用网络协议(TCP/IP 协议或 UDP 协议)进行通信等。

1. Datasocket

Datasocket 是 NI 公司提供的一种网络传输技术,建立在 TCP/IP 协议基础上,但是不需要复杂编程,就可以通过计算机网络共享与发布现场测试数据,为用户提供了方便易用的高性能编程接口。在 Windows 程序菜单中的 National Instruments→Datasocket 条目中,包括 Datasocket Server Manager、Datasocket Server 和 Datasocket 函数库等几个工具软件,其中 Datasocket Server Manager 是一个独立运行的小程序,负责对 Datasocket Server 进行设置,Datasocket Server 也是一个独立运行的小程序,打开该程序,通过它发布或接收数据,并显示任务数和已经发送的数据包数量。

使用 Datasocket 传递数据,有两种方式:前面板对象链接和图形代码程序。

Datasocket 前面板对象链接不需要任何编程,只要分别在发送端和接收端的控制对象或显示对象上弹出快捷菜单,选择 Date Opertions→Datasocket Connection…选项,按提示设置链接位置(发布计算机的 URL)、链接类型(发布或接收)等。设置完成后,在前面板对象的右上角将出现一个链接指示灯。发布数据的计算机在程序运行前需要打开 Datasocket Server。如果链接正常,两个对象所在的程序运行之后,指示灯为绿色,否则为红色。

通过编程方法传输数据,要用到 Datasocket API 和 Datasocket Serve。Datasocket API 在函数面板的 Communication→Datasocket 中,发布数据的程序用 Datasocket Write 函数自动将用户数据转化为字节流以便在网络上传递,接收数据的程序用 Datasocket Read 将字节流还原为原始的形式。

2. Web Server 技术

Web Server 技术可以将 VI 的前面板窗口以 HTML 网页形式发布到互联网上,用户可以在本地的客户端计算机上打开位于远程计算机上的 VI 前面板,并在网页中直接操作。

首先需要在服务器端运行 LabVIEW,打开需要发布的 VI 程序,并且利用 LabVIEW 前面板上工具栏中 Tool→Web Publishing Tool 工具对 Web Server 进行相关设置,可以用三种不同的形式发布 VI:Embedded 形式将 VI 全部嵌入到网页中,可以在网页中直接对这个 VI 前面板中的控件进行操作;Snapshoth 形式将前面板的静态图像嵌入网页中;Monitor 形式将前面板中的动态图像嵌入到网页中。远程客户端在不安装 LabVIEW 的情况下,只要在自己的浏览器中输入发布端服务器的地址和 VI 的文件名,就可以打开控制端的 VI,进行查看或控制。远程客户端如果安装 LabVIEW,可以在 LabVIEW 的主菜单中选择 Tools→Connect to Remote Panel…,按提示进行设置,从而使远程的 VI 出现在本地的 LabVIEW 环境中。

LabVIEW 中除了提供高级的网络功能之外,同样支持低层次的通信协议,即 TCP/IP 协议和 UDP 协议。LabVIEW 中,TCP 和 UDP 子模板调用路径为 All Functions→Communication。

12.3　无损检测技术

无损检测是指在不损害或不影响被检测对象使用性能,不伤害被检测对象内部组织的前提下,利用材料内部结构异常或缺陷引起的热、声、光、电、磁等反应的变化,以物理或化学方法为手段,借助现代化的技术和设备器材,对试件内部及表面的结构、性质、状态及缺陷的类型、性质、数量、形状、位置、尺寸、分布及其变化进行检查和测试的方法。无损检测是工业发展必不可少的有效工具,在一定程度上反映了一个国家的工业发展水平,无损检测的重要性已得到公认。

无损检测技术主要有射线检测(radiography testing,RT)、超声检测(ultrasonic testing,UT)、磁粉检测(magnetic testing,MT)和液体渗透检测(penetrant testing,PT)四种,称为四大常规检测方法。其中,RT 和 UT 主要用于检测工件内部缺陷;MT 和 PT 主要用于检测工件表面的缺陷。其他无损检测方法有目视检测(visual testing,VT)、涡流检测(eddy current testing,ECT)、声发射检测(acoustic emission,AE)、热像/红外(thermal imaging remote testing,TIR)、泄漏试验(leakage test,LT)、交流场测量技术(AC field measurement techniques,ACFMT)、漏磁检验(magnetic flux leakage inspection,MFL)、远场测试检验(far-field test,RFT)、超声波衍射时差法(time of flight diffraction,TOFD)等。

每种无损检测方法都有其局限性,应该根据工件的材质、结构、形状、尺寸,预计可能产生的缺陷种类、部位及走向,选择最合适的检测方法。

无损检测技术发展过程中,出现三个名词:非破坏检测(non-distructive inspection,DNI)、无损测试(non-destructive testing,NDT)、无损评价(non-distructive evaluation)。

现代无损检测不但要检测缺陷的有无,还要给出质量评价。无损检测对于控制和改进产品质量,保证材料、零件和产品的可靠性,保证设备的安全运行以及提高生产效率、减低成本等起着重要作用。随着现代工业科技发展,无损检测技术越来越得到广泛应用,已经形成了一门新兴的独立综合应用技术科学。

无损检测是航空器维修、改装和保持持续适航的重要手段。航空器的无损检测侧重于航空器的原位检测,主要对民用航空器使用过程中因疲劳、腐蚀、过载和意外损伤等原因造成的缺陷进行检测。民用航空器的无损检测包括磁粉检测、渗透检测、涡流检测、超声检测和射线检测。

无损检测广泛应用于冶金、机械、石油天然气、石化、化工、民用航空、航空航天、船舶、铁道、电力、核工业、兵器、煤炭、有色金属、建筑、医疗等行业。

12.3.1 超声检测

超声是频率高于 20 kHz,超出人们耳朵辨别能力并且穿透性很强的声波。

超声的应用有很多,如用超声反射测量距离,利用大功率超声振动来清除附着在锅炉上的水垢,利用高能超声做成“超声刀”消灭、击碎人体内的癌变、结石等,利用超声的反射等效应和穿透力强、能够直线传播等特性进行检测也是其中一个很大的应用领域。

超声检测的应用主要包括在工业上对各种材料的检测和在医疗上对人体的检测诊断。通过它,人们可以探测出金属等工业材料中有没有气泡、伤痕、裂缝等缺陷,可以检测出人们身体的软组织、血流等是否正常。

那么人们是怎么样利用超声来进行检测的呢? 现在通常是对被测物体(比如工业材料、人体)发射超声波,然后利用反射法、多普勒效应、透射法等来获取被测物体内部的信息并经过处理形成图像。

其中:多普勒效应法是利用超声在遇到运动的物体时发生的多普勒频移效应来得出该物体的运动方向和速度等特性;透射法则是通过分析超声穿透过被测物体之后的变化而得出物体的内部特性的,其应用目前还处于研制阶段。

下面介绍目前应用最多的通过反射法来获取物体内部特性信息的方法。

反射法是基于超声在通过不同声阻抗组织界面时会发生较强反射的原理工作的。声波在从一种介质传播到另外一种介质的时候在两者之间的界面处会发生反射,而且介质之间的差别越大反射就会越大,因此对一个物体发射穿透力强、能够直线传播的超声波,然后对反射的超声波进行接收,根据反射超声波的先后、幅度等情况,判断出物体中含有各种介质的大小、分布情况以及各种介质之间的对比差别程度等信息(其中,反射超声波的先后可以反映出反射界面离探测表面的距离,幅度反映介质的大小,对比差别程度等),从而判断出被测物体是否有异常。

在这个过程中就涉及很多方面的内容,包括超声波的产生、接收,信号转换和处理等。其中,产生超声波的方法是通过电路产生激励电信号传给具有压电效应的晶体(比如石英、硫酸锂等),使其振动从而产生超声波;而接收反射回来的超声波的时候,这个压电晶体又会受到反射回来的声波的压力而产生电信号并传送给信号处理电路进行一系列的处理,最后形成图像供人们观察判断。

这里根据图像处理方法的种类(也就是将得到的信号转换成什么形式的图像)又可以分为A型显示、M型显示、B型显示、C型显示、F型显示等。其中A型显示是将接收到的超声信号处理成波形图像,根据波形的形状可以看出被测物体里面是否有异常和缺陷在哪里、有多大等,主要用于工业检测;M型显示是将一条经过辉度处理的探测信息按时间顺序展开形成一维的“空间多点运动时序图”,适于观察内部处于运动状态的物体,如运动的脏器、动脉血管等;B型显示是将并排很多条经过辉度处理的探测信息组合成的二维的、反映出被测物体内部断层切面的“解剖图像”(医院里使用的B超就是用这种原理做出来的),适于观察内部处于静态的物体;而C型显示、F型显示现在用得比较少。

超声波探伤优点是检测厚度大、灵敏度高、速度快、成本低、对人体无害,能对缺陷进行定位和定量。超声波探伤对缺陷的显示不直观,探伤技术难度大,容易受到主客观因素影响,以及探伤结果不便于保存,要求工作表面平滑,要求富有经验的检验人员辨别缺陷种类,适合于厚度较大的零件检验,使超声波探伤也具有其局限性。

超声检测不但可以做到非常准确,而且相对其他检测方法来说更为方便、快捷,也不会对检测对象和操作者产生危害,所以受到了人们越来越普遍的欢迎,有着非常广阔的发展前景。

12.3.2 磁粉检测

铁磁性材料工件被磁化后,由于不连续性的存在,使工件表面和近表面的磁感线发生局部畸变而产生漏磁场,吸附施加在工件表面的磁粉,在合适的光照下形成目视可见的磁痕,从而显示出不连续性的位置、大小、形状和严重程度。

用磁粉显示的称为磁粉探伤,因它显示直观、操作简单、人们乐于使用,故它是最常用的探伤方法之一。不用磁粉显示的,习惯上称为漏磁探伤,它常借助于感应线圈、磁敏管、霍尔元件等来反映缺陷,它比磁粉探伤更卫生,但不如前者直观。由于目前磁力探伤主要用磁粉来显示缺陷,因此,人们有时把磁粉探伤直接称为磁力探伤,其设备称为磁力探伤设备。

磁粉检测就是利用铁磁性工件上面的磁现象来发现铁磁性材料或工件表面及近表面缺陷的方法。当铁磁性工件放在使其饱和的磁场中时,磁感线便会被引导通过工件。如果磁感线遇到工件材料上的不连续(即裂纹、夹渣、气孔等缺陷),而磁感线为了保持自身的连续性,则必须绕过这些缺陷,形成漏磁通。若这些缺陷位于材料的表面或近表面,但由于工件中的磁感线已达到饱和状态,则磁感线就会绕过这些磁导率较低的(磁阻较大)区域而泄漏出工件表面形成“漏磁场"。这样在缺陷的两侧便会产生磁极,将磁粉(或磁悬液)喷洒于有缺陷工件表面,则缺陷磁极吸引磁粉,便可形成明显可见的线状或点状堆积磁痕。

磁粉检测适用于检测铁磁性材料表面和近表面缺陷,例如,表面和近表面间隙极窄的裂纹和目视难以看出的其他缺陷,不适用于检测埋藏较深的内部缺陷;适用于检测铁镍基铁磁性材料,例如,马氏体不锈钢和沉淀硬化不锈钢材料,不适用于检测非磁性材料,例如,奥氏体不锈钢材料;适用于检测工件表面和近表面的延伸方向与磁感线方向尽量垂直的缺陷,但不适用于检测延伸方向与磁感线方向夹角小于20°的缺陷;适用于检测工件表面和近表面较小的缺陷,不适用于检测浅而宽的缺陷;还适用于检测未加工的原材料(如钢坯)和加工的半成品、成品件及在役与使用过的工件;适用于检测管材、棒材、板材、形材和锻钢件、铸钢件及焊接件。

磁粉检测发展过程如下:

1. 发现磁现象

磁现象比电现象发现还要早,远在春秋战国时期,我国劳动人民就发现了磁石吸铁的现象,并用磁石制成了"司南勺",在此基础上制成的指南针是我国古代的伟大发明之一,最早应用于航海业。

2. 奠定理论时期

17世纪法国物理学家对磁力进行了定量研究。19世纪初期,丹麦科学家奥斯特发现了电流周围也存在着磁场,与此同时,法国科学家毕奥、萨伐尔及安培,对电流周围磁场的分布进行了系统的研究,得出了一般规律。英国科学家法拉第首创了磁感线的概念。这些伟大的科学家在磁学史上树立了光辉的里程碑,给磁粉检测的创立奠定了理论基础。

3. 发明时期

18世纪,人们开始从事磁通检漏试验。1868年,英国工程杂志首先发表了利用罗盘仪和磁铁探查磁通以发现炮(枪)管上不连续性的报告。8年之后,Hering利用罗盘仪和磁铁来检查钢轨的不连续性,获得了美国专利。1918年,美国人Hoke发现,由磁性夹具夹持的硬钢块上磨削下来的金属粉末,会在该钢块表面形成一定花样,此花样常与铜块表面裂纹形态相一致,被认为是钢块被纵向磁化而引起的,它促使了磁粉检测的发明。1928年,de Forest为解决油井钻杆的断裂失效,研制出周向磁化法,还提出使用尺寸和形状受控并具有磁性的磁粉的设想,经过不懈的努力,磁粉检测方法基本研制成功,并获得了较可靠的检测结果。

4. 成功应用

1930年,de Forest和Doane将研制出的干磁粉成功应用于焊缝及各种工件的探伤。

5. 磁粉探伤机问世

1934年,生产磁粉探伤设备和材料的MagnaHux(美国磁通公司)创立。这对磁粉探伤机的应用和发展起了很大的推动作用。在此期间,首次用来演示磁粉检测技术的一台实验性的固定式磁粉探伤机装置问世。磁粉检测技术早期被用于航空、航海、汽车和铁路等部门,用来检测发动机、车轮轴和其他高应力部件的疲劳裂纹。20世纪30年代,固定式、移动式磁粉探伤机和便携式磁粉探伤仪相继研制成功,并得到应用和推广,退磁问题也得到了解决。1935年,油磁悬液在美国开始使用。

6. 应用现状

21世纪的今天,磁粉检测已经被大范围的使用,各国对磁粉检测非常重视,作为无损检测设备中,检测成本最低、安全性最高的磁粉检测设备,被各行业大量使用。

12.4 智能传感器技术

智能传感器(intelligent sensor 或 smart sensor)自 20 世纪 70 年代初出现以来,随着微处理器技术的迅猛发展及测控系统自动化、智能化的发展,要求传感器准确度高、可靠性高、稳定性好,而且具备一定的数据处理能力,并能够自检、自校、自补偿。传统的传感器已不能满足这样的要求。另外,为制造高性能的传感器,仅靠改进材料工艺也很困难,需要将计算机技术与传感器技术相结合来弥补其性能的不足。计算机技术使传感器技术发生了巨大的变革,微处理器(或微计算机)和传感器相结合,产生了功能强大的智能传感器。所谓智能传感器,就是一种带有微处理机的,兼有信息检测、信号处理、信息记忆、逻辑思维与判断功能的传感器。

传感器与微处理机结合的途径:

1. 非集成化实现

采用微处理机或微型计算机系统以强化和提高传统传感器的功能,即传感器与微处理机可分为两个独立部分,传感器的输出信号经处理和转化后由接口送到微处理机部分进行运算处理。这就是指的一般意义上的智能传感器,又称传感器的智能化。

2. 集成化实现

借助于半导体技术把传感器部分与信号预处理电路、输入/输出接口、微处理器等制作在同一块芯片上,即成为大规模集成电路智能传感器,简称集成智能传感器。集成智能传感器具有多功能、一体化、精度高、适宜于大批量生产、体积小和便于使用等优点,它是传感器发展的必然趋势,它的实现将取决于半导体集成化工艺水平的提高与发展。

3. 混合实现

由于在一块芯片上实现智能传感器存在很多困难,而且有时也不一定是必需的,所以混合实现是更切合实际的途径。混合实现是将各集成化环节,如敏感元件、信号调理电路、微处理器单元、数字总线接口等,以不同的组合方式的集成在 2~3 块芯片上,并封装在一个外壳内。

已有少数以组合形式出现的智能传感器产品投入市场,如美国 Honeywell 公司推出的 DSTJ-3000 型硅压阻式智能传感器,Par Scientific 公司的 1000 系列数字式石英智能传感器。我国也着手智能传感器的开发与研究,主要是在现有传感器中,采用先进微处理机和微型计算机系统,实现非集成化的传感器智能化。

智能传感器因其在功能、精度、可靠性上较普通传感器有很大提高,已经成为传感器研究开发的热点。随着传感器技术和微电子技术的发展,智能传感器技术也发展很快。

12.4.1 智能传感器的功能和构成

无论是传感器的智能化,还是集成智能化传感器,都是带有微机的兼具检测信息和处理信息功能的传感器,可统称为智能传感器。

和传统的传感器相比,智能传感器具有以下功能。

(1)具有逻辑判断、统计处理功能:可对检测数据进行分析、统计和修正,还可进行线性、非线性、温度、噪声、响应时间、交叉感应以及缓慢漂移等的误差补偿,提高了测量准确度。

(2)具有自诊断、自校准功能:可在接通电源时进行开机自检,可在工作中进行运行自检,并可实时自行诊断测试,以确定哪一组件有故障,提高了工作可靠性。

（3）具有自适应、自调整功能：可根据待测物理量的数值大小及变化情况自动选择检测量程和测量方式，提高了检测适用性。

（4）具有组态功能：可实现多传感器、多参数的复合测量，扩大了检测与使用范围。

（5）具有记忆、存储功能：可进行检测数据的随时存取，加快了信息的处理速度。

（6）具有数据通信功能：智能传感器具有数据通信接口，能与计算机直接联机，相互交换信息，提高了信息处理的质量。

计算机软件在智能传感器中起着举足轻重的作用。由于"计算机"的加入，智能传感器可通过各种软件对信息检测过程进行管理和调节，使之工作在最佳状态，从而增强了传感器的功能，提升了传感器的性能。

智能传感器系统一般构成框图如图12-10所示。其中作为系统"大脑"的微型计算机，可以是单片机、单板机，也可以是微型计算机系统。

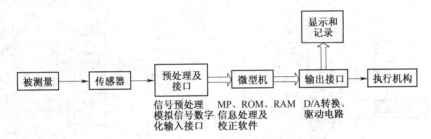

图12-10　智能传感器系统一般构成框图

12.4.2　传感器的智能化

1. 传感器的智能化概念

传感器的智能化指传感器与微处理机可分为两个独立部分，传感器的输出信号经处理和转化后由接口送入微处理机部分进行运算处理。这类智能传感器主要由传感器、微处理器及其相关电路组成。传感器将被测的物理量转换成相应的电信号，送到信号调理电路中，进行滤波、放大、模/数转换后，送到微处理机中。微处理机是智能传感器的核心，它不但可以对传感器测量数据进行计算、存储、数据处理，还可以通过反馈回路对传感器进行调节。

由于微处理机充分发挥各种软件的功能，可以完成硬件难以完成的任务，大大降低了传感器制造的难度，提高了传感器的性能，降低了成本。

微型计算机或微处理机是智能传感器的核心。传感器的信号经一定的硬件电路处理后，以数字信号的形式进入计算机，计算机可根据其内存中驻留的软件实现对测量过程的各种控制、逻辑判断和数据处理以及信息输送等功能，从而使传感器获得智能。

智能传感器中，其控制功能、数据处理功能和数据传输功能尤为重要。实际上，为使智能传感器真正具有智能，控制功能包括：键盘控制功能、量程自动切换功能、多路通道切换功能、数据极限判断与越限报警功能、自诊断与自校正功能。

在数据处理功能方面，智能传感器须具备标度变换功能、函数运算功能、系统误差消除功能、随机误差处理功能以及信号合理性判断功能。在数据传输功能方面，智能传感器应实现各传感器之间或与其他微机系统的信息交换及传输。数据传输可采用并行和串行两种方式，无论采用哪种传输方式，都要在传送的双方配置相同的标准接口。IEEE 48总线和RS-232总线在并行和串行两种数据传送方式中，分别起重要作用。

2. 传感器的智能化实例

图 12-11 是智能式应力传感器的硬件结构图。智能式应力传感器用于测量飞机机翼上各个关键部位的应力大小,判断机翼的工作状态是否正常以及故障情况。

(1)6 路应力传感器,其中每一路应力传感器由四个应变片构成的全桥电路和前级放大器组成,用于测量应力大小。

(2)1 路温度传感器用于测量环境温度,从而对应力传感器进行误差修正。

(3)智能式应力传感器的硬件结构,采用 8031 单片机作为数据处理和控制单元。

(4)多路开关根据单片机发出的命令轮流选通各个传感器通道,0 通道作为温度传感器通道,1~6 通道分别为 6 个应力传感器通道。

(5)程控放大器则在单片机的命令下分别选择不同的放大倍数对各路信号进行放大。该智能式传感器具有较强的自适应能力,它可以判断工作环境因素的变化,进行必要的修正,以保证测量的准确性。

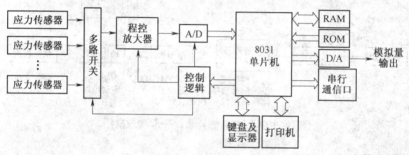

图 12-11　智能式应力传感器的硬件结构图

智能式应力传感器具有测量、程控放大、转换、处理、模拟量输出、打印键盘监控及通过串口与计算机通信的功能。其软件采用模块化和结构化的设计方法,软件结构如图 12-12 所示。

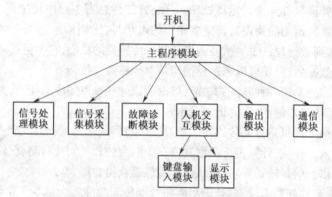

图 12-12　智能式应力传感器的软件结构图

主程序模块完成自检、初始化、通道选择以及各个功能模块调用的功能。其中:信号采集模块主要完成数据滤波、非线性补偿、信号处理、误差修正以及检索查表等功能;故障诊断模块的任务是对各个应力传感器的信号进行分析,判断飞机机翼的工作状态及是否存在损伤或故障。人机交互模块的键盘输入可以查询是否有键按下,若有键按下则反馈给主程序模块,主程序模块根据键意执行或调用相应的功能模块。人机交互模块的显示模块显示各路传感器的数据和工作状态。输出模块主要控制模拟量输出以及控制打印机完成打印任务。通信模块主要控制 RS-232

串行通信口和上位机进行通信。

与传统传感器相比,智能传感器的特点是精度高、可靠性高与稳定性高、信噪比高与分辨率高、自适应性强、性价比高。

3. 现代传感器技术

现代传感器技术是指以硅材料为基础,采用微米($1\ \mu m \sim 1\ mm$)级的微机械加工技术和大规模集成电路工艺来实现各种仪表传感器系统的微米级尺寸化。国外也称它为专用集成微型传感技术(ASIM)。由此制作的智能传感器的特点是微型化。

(1)微型压力传感器已经可以小到放在注射针头内送进血管测量血液流动情况,装在飞机或发动机叶片表面用以测量气体的流速和压力。微型加速度计可以使火箭或飞船的制导系统质量从几公斤下降至几克。

(2)压阻式压力(差)传感器是最早实现一体化结构的。传统的做法是先分别由宏观机械加工金属圆膜片与圆柱状环,然后把两者粘贴形成周边固支结构的"金属杯",再在圆膜片上粘贴电阻变换器(应变片)而构成压力(差)传感器,这就不可避免地存在蠕变、迟滞、非线性特性。采用微机械加工和集成化工艺,不仅"硅杯"一次整体成形,而且电阻变换器与硅杯是完全一体化的;进而可在硅杯非受力区制作调理电路、微处理器单元,甚至微执行器,从而实现不同程度的乃至整个系统的一体化。

(3)比起分体结构,传感器结构本身一体化后,迟滞、重复性指标将大大改善,时间漂移大大减小,精度提高;后续的信号调理电路与敏感元件一体化后可以大大减小由引线长度带来的寄生参量的影响,这对电容式传感器更有特别重要的意义。

(4)微米级敏感元件结构的实现特别有利于在同一硅片上制作不同功能的多个传感器,如ST-3000型智能压力(差)和温度变送器,就是在一块硅片上制作了感受压力、压差及温度三个参量的,具有三种功能(可测压力、压差、温度)的敏感元件结构的传感器。不仅增加了传感器的功能,而且可以通过采用数据融合技术消除交叉灵敏度的影响,提高传感器的稳定性与精度。

(5)微米技术已经可以在一平方厘米大小的硅芯片上制作几千个压力传感器阵列,例如,丰田中央研究所半导体研究室用微机械加工技术制作的集成化应变计式面阵触觉传感器,在$8\ mm \times 8\ mm$的硅片上制作了$1\ 024$个(32×32)敏感触点(桥),基片四周还制作了信号处理电路,其元件总数约$16\ 000$个。

(6)敏感元件构成阵列后,配合相应图像处理软件,可以实现图形成像且构成多维图像传感器。这时的智能传感器就达到了它的最高级形式。

(7)通过微机械加工技术可以制作各种形式的微结构。其固有谐振频率可以设计成某种物理参量(如温度或压力)的单值函数。因此可以通过检测其谐振频率来检测被测物理量。这是一种谐振式传感器,直接输出数字量(频率)。它的性能极为稳定、精度高、不需要A/D转换器便能与微处理器方便地接口;免去A/D转换器,对于节省芯片面积、简化集成化工艺,均十分有利。

(8)没有外部连接元件,外接连线数量极少,包括电源、通信线可以少至四条,因此,接线极其简便。它还可以自动进行整体自校,无须用户长时间地反复多环节调节与校验。

"智能"含量越高的智能传感器,它的操作使用越简便,用户只需要编制简单的使用主程序。这就如同"傻瓜"照相机的操作,比不是"傻瓜"照相机的经典式照相机要简便得多。

可以看出通过集成化实现的智能传感器,为达到高自适应性、高精度、高可靠性与高稳定性,其发展主要有以下两种趋势:其一是多功能化与阵列化,加上强大的软件信息处理功能;其二是发展谐振式压力传感器加软件信息处理功能。

例如,压阻式压差传感器是采用微机械加工技术最先实用化的集成传感器,但是它受温度与静压影响,总精度只能达到 0.1%。致力于改善它的温度性能花费了近 20 余年时间却无重大进展,因而有的厂家改为研制谐振式压力传感器,而多功能敏感元件(如 ST-3000 系列智能变送器),通过软件进行多信息数据融合处理改善了稳定性,提高了精度。

4. 智能传感器的优点

(1)智能传感器不但能够对信息进行处理、分析和调节,能够对所测的数值及其误差进行补偿,而且还能够进行逻辑思考和结论判断,能够借助于一览表对非线性信号进行线性化处理,借助于软件滤波器对数字信号进行滤波。此外,还能够利用软件实现非线性补偿或其他更复杂的环境补偿,以改进测量精度。

(2)智能传感器具有自诊断和自校准功能,可以用来检测工作环境。当工作环境临近其极限条件时,它将发出告警信号,并根据其分析器的输入信号给出相关的诊断信息。当智能传感器由于某些内部故障而不能正常工作时,它能够借助其内部检测链路找出异常现象或出了故障的部件。

(3)智能传感器能够完成多传感器、多参数混合测量,从而进一步拓宽了其探测与应用领域,而微处理器的介入使得智能传感器能够更加方便地对多种信号进行实时处理。此外,其灵活的配置功能既能够使相同类型的传感器实现最佳的工作性能,也能够使它们适合于各不相同的工作环境。

(4)智能传感器既能够很方便地实时处理所探测到的大量数据,也可以根据需要将它们存储起来。存储大量信息的目的主要是以备事后查询,这一类信息包括设备的历史信息以及有关探测分析结果的索引等。

(5)智能传感器备有一个数字式通信接口,通过此接口可以直接与其所属计算机进行通信联络和交换信息。此外,智能传感器的信息管理程序也非常简单方便,例如,可以对探测系统进行远距离控制或者在锁定方式下工作,也可将所测的数据发送给远程用户等。

目前,智能传感器技术正处于蓬勃发展时期,具有代表意义的典型产品是美国霍尼韦尔公司 ST-3000 系列智能变送器和德国斯特曼公司的二维加速度传感器,以及另外一些含有微处理器(MCU)的单片集成压力传感器,具有多维检测能力的智能传感器和固体图像传感器(SSIS)等。与此同时,基于模糊理论的新型智能传感器和神经网络技术在智能传感器系统的研究和发展中的重要作用也日益受到了相关研究人员的极大重视。

目前,智能传感器多用于压力、力、振动、冲击、加速度、流量、温湿度的测量,如美国霍尼韦尔公司的 ST-3000 系列智能变送器和德国斯特曼公司的二维加速度传感器就属于这一类传感器。另外,智能传感器在空间技术研究领域亦有比较成功的应用实例。在今后的发展中,智能传感器无疑将会进一步扩展到化学、电磁学、光学和核物理等研究领域。可以预见,新兴的智能传感器将会在人们生活的各个领域发挥越来越大的作用。

12.5　传感器网络技术

传感器网络有着巨大的应用前景,被认为是将对 21 世纪产生巨大影响力的技术之一。已有的和潜在的传感器应用领域包括军事侦察、环境监测、医疗、建筑物监测等。随着传感器技术、无线通信技术、计算技术的不断发展和完善,各种传感器网络将遍布人们的生活。

1. 传感器网络研究最早起源于军事领域

实验系统有海洋声呐监测的大规模传感器网络,也有监测地面物体的小型传感器网络。现代传感器网络应用中,通过飞机撒播、特种炮弹发射等手段,可以将大量便宜的传感器密集地散布于人员不便于到达的观察区域,如敌方阵地内,收集到有用的微观数据;在一部分传感器因为遭破坏等原因失效时,传感器网络仍能完成观察任务。传感器网络的上述特点使得它具有重大军事价值,可以应用于如下一些场景中:

监测人员、装备等情况以及单兵系统:在人员、装备上附带各种传感器,能让各级指挥员比较准确、及时地掌握己方的保存状态。通过在敌方阵地部署各种传感器,可以了解敌方武器部署情况,为己方确定进攻目标和进攻路线提供依据。

监测敌军进攻:在敌军驻地和可能的进攻路线上部署大量传感器,从而及时发现敌军的进攻行动,争取宝贵的应对时间,并可根据战况快速调整和部署新的传感器网络。

评估战果:在进攻前后,在攻击目标附近部署传感器网络,从而收集目标被破坏程度的数据。

核能、生物、化学攻击的侦察:借助于传感器网络可以及早发现己方阵地上的生化污染,提供快速反应时间从而减少损失;不派人员就可以获取一些核生化爆炸现场的详细数据。

2. 传感器网络应用于环境监测

应用于环境监测的传感器网络,一般具有部署简单、便宜、长期不需要更换电池、无须派人现场维护的优点。通过密集的节点布置,可以观察到微观的环境因素,为环境研究和环境监测提供了崭新的途径。传感器网络研究在环境监测领域已经有很多的实例。这些应用实例包括:对海岛鸟类生活规律的观测、气象现象的观测和天气预报、森林火警、生物群落的微观观测等。

洪灾预警:通过在水坝,山区中关键地点合理地布置一些水压、土壤湿度等传感器,可以在洪灾到来之前发布预警信息,从而及时排除险情或者减少损失。

农田管理:通过在农田部署一定密度的空气温度、土壤湿度、土壤肥料含量、光照强度、风速等传感器,可以更好地对农田管理微观调控,促进农作物生长。

3. 传感器网络应用于建筑及城市管理

各种无线传感器可以灵活方便地布置于建筑物内,获取室内环境参数,从而为居室环境控制和危险报警提供依据。

智能家居:通过布置于房间内的温度、湿度、光照、空气成分等无线传感器,感知居室不同部分的微观状况,从而对空调、门窗以及其他家电进行自动控制,提供给人们智能、舒适的居住环境。

建筑安全:通过布置于建筑物内的图像、声音、气体检测、温度、压力、辐射等传感器,发现异常事件及时报警,自动启动应急措施。

智能交通:通过布置于道路上的速度识别传感器,监测交通流量等信息,为出行者提供信息服务;发现违章能及时报警和记录。

反恐和公共安全:通过特殊用途的传感器,特别是生物化学传感器监测有害物、危险物的信息,最大限度地减少其对人民群众生命安全造成的伤害。

4. 传感器网络的应用前景

随着无线组网技术的发展和应用,无线传感器有了长足的发展。无线传感器网络有着十分广泛的应用前景,它不仅在工业、农业、军事、环境、医疗等传统领域具有巨大的运用价值,在未来还将在许多新兴领域体现其优越性,如家用、保健、交通等领域。我们可以大胆预见,将来无线传感器网络将无处不在,将完全融入人们的生活。比如:微型传感器网最终可能将家用电器、个人计算机和其他日常用品同互联网相连,实现远距离跟踪;家庭采用无线传感器网络负责安全调控、节电等。无线传感器网络才刚刚开始发展,无线传感器网络将是未来的一个十分庞大的网络,其应用可以涉及人类日常生活和社会生产活动的所有领域。

小　结

本章简单介绍了检测技术自动化、虚拟仪器技术、无损检测技术、智能传感器技术。

通过本章的学习,读者可以了解到自动检测技术的发展、无损检测技术、智能传感器技术和传感器网络技术等现代检测技术。

习　题

12.1　简述自动检测系统的构成和工作模式。

12.2　简述自动检测系统的关键技术。

12.3　简述自动检测技术的发展。

12.4　简述虚拟仪器的种类及特点。

12.5　简述无损检测技术及其应用。

12.6　简述智能传感器的构成。

12.7　简述传感器网络技术的应用。

铂铑$_{10}$-铂热电偶(S型)分度表见表 A-1。

表 A-1　铂铑$_{10}$-铂热电偶(S型)分度表(ITS-90)(冷端温度为 0 ℃)

温度/℃	0	10	20	30	40	50	60	70	80	90
	热 电 动 势/mV									
0	0.000	0.055	0.113	0.173	0.235	0.299	0.365	0.432	0.502	0.573
100	0.645	0.719	0.795	0.872	0.950	1.029	1.109	1.190	1.273	1.356
200	1.440	1.525	1.611	1.698	1.785	1.873	1.962	2.051	2.141	2.232
300	2.323	2.414	2.506	2.599	2.692	2.786	2.880	2.974	3.069	3.164
400	3.260	3.356	3.452	3.549	3.645	3.743	3.840	3.938	4.036	4.135
500	4.234	4.333	4.432	4.532	4.632	4.732	4.832	4.933	5.034	5.136
600	5.237	5.339	5.442	5.544	5.648	5.751	5.855	5.960	6.065	6.169
700	6.274	6.380	6.486	6.592	6.699	6.805	6.913	7.020	7.128	7.236
800	7.345	7.454	7.563	7.672	7.782	7.892	8.003	8.114	8.255	8.336
900	8.448	8.560	8.673	8.786	8.899	9.012	9.126	9.240	9.355	9.470
1 000	9.585	9.700	9.816	9.932	10.048	10.165	10.282	10.400	10.517	10.635
1 100	10.754	10.872	10.991	11.110	11.229	11.348	11.467	11.587	11.707	11.827
1 200	11.947	12.067	12.188	12.308	12.429	12.550	12.671	12.792	12.912	13.034
1 300	13.155	13.397	13.397	13.519	13.640	13.761	13.883	14.004	14.125	14.247
1 400	14.368	14.610	14.610	14.731	14.852	14.973	15.094	15.215	15.336	15.456
1 500	15.576	15.697	15.817	15.937	16.057	16.176	16.296	16.415	16.534	16.653
1 600	16.771	16.890	17.008	17.125	17.243	17.360	17.477	17.594	17.711	17.826
1 700	17.942	18.056	18.170	18.282	18.394	18.504	18.612	—	—	—

镍铬-镍硅热电偶(K型)分度表见表 A-2。

表 A-2　镍铬-镍硅热电偶(K型)分度表(冷端温度为 0 ℃)

温度/℃	0	10	20	30	40	50	60	70	80	90
	热 电 动 势/mV									
0	0.000	0.397	0.798	1.203	1.611	2.022	2.436	2.850	3.266	3.681
100	4.095	4.508	4.919	5.327	5.733	6.137	6.539	6.939	7.338	7.737

温度/℃	0	10	20	30	40	50	60	70	80	90
	热 电 动 势/mV									
200	8.137	8.537	8.938	9.341	9.745	10.151	10.560	10.969	11.381	11.793
300	12.207	12.623	13.039	13.456	13.874	14.292	14.712	15.132	15.552	15.974
400	16.395	16.818	17.241	17.664	18.088	18.513	18.938	19.363	19.788	20.214
500	20.640	21.066	21.493	21.919	22.346	22.772	23.198	23.624	24.050	24.476
600	24.902	25.327	25.751	26.176	26.599	27.022	27.445	27.867	28.288	28.709
700	29.128	29.547	29.965	30.383	30.799	31.214	31.214	32.042	32.455	32.866
800	33.277	33.686	34.095	34.502	34.909	35.314	35.718	36.121	36.524	36.925
900	37.325	37.724	38.122	38.915	38.915	39.310	39.703	40.096	40.488	40.879
1 000	41.269	41.657	42.045	42.432	42.817	43.202	43.585	43.968	44.349	44.729
1 100	45.108	45.486	45.863	46.238	46.612	46.985	47.356	47.726	48.095	48.462
1 200	48.828	49.192	49.555	49.916	50.276	50.633	50.990	51.344	51.697	52.049
1 300	52.398	52.747	53.093	53.439	53.782	54.125	54.466	54.807	—	—

铂铑$_{30}$-铂铑$_6$ 热电偶(B型)分度表见表 A-3。

表 A-3 铂铑$_{30}$-铂铑$_6$ 热电偶(B 型)分度表(冷端温度为 0 ℃)

温度/℃	0	10	20	30	40	50	60	70	80	90
	热 电 动 势/mV									
0	−0.000	−0.002	−0.003	0.002	0.000	0.002	0.006	0.11	0.017	0.025
100	0.033	0.043	0.053	0.065	0.078	0.092	0.107	0.123	0.140	0.159
200	0.178	0.199	0.220	0.243	0.266	0.291	0.317	0.344	0.372	0.401
300	0.431	0.462	0.494	0.527	0.516	0.596	0.632	0.669	0.707	0.746
400	0.786	0.827	0.870	0.913	0.957	1.002	1.048	1.095	1.143	1.192
500	1.241	1.292	1.344	1.397	1.450	1.505	1.560	1.617	1.674	1.732
600	1.791	1.851	1.912	1.974	2.036	2.100	2.164	2.230	2.296	2.363
700	2.430	2.499	2.569	2.639	2.710	2.782	2.855	2.928	3.003	3.078
800	3.154	3.231	3.308	3.387	3.466	3.546	2.626	3.708	3.790	3.873
900	3.957	4.041	4.126	4.212	4.298	4.386	4.474	4.562	4.652	4.742
1 000	4.833	4.924	5.016	5.109	5.202	5.2997	5.391	5.487	5.583	5.680
1 100	5.777	5.875	5.973	6.073	6.172	6.273	6.374	6.475	6.577	6.680
1 200	6.783	6.887	6.991	7.096	7.202	7.038	7.414	7.521	7.628	7.736
1 300	7.845	7.953	8.063	8.172	8.283	8,393	8.504	8.616	8.727	8.839
1 400	8.952	9.065	9.178	9.291	9.405	9.519	9.634	9.748	9.863	9.979
1 500	10.094	10.210	10.325	10.441	10.588	10.674	10.790	10.907	11.024	11.141
1 600	11.257	11.374	11.491	11.608	11.725	11.842	11.959	12.076	12.193	12.310
1 700	12.426	12.543	12.659	12.776	12.892	13.008	13.124	13.239	13.354	13.470
1 800	13.585	13.699	13.814	—	—	—	—	—	—	—

镍铬-铜镍(康铜)热电偶(E型)分度表见表 A-4。

表 A-4　镍铬-铜镍(康铜)热电偶(E型)分度表(冷端温度为 0 ℃)

温度/℃	0	10	20	30	40	50	60	70	80	90
	热 电 动 势/mV									
0	0.000	0.591	1.192	1.801	2.419	3.047	3.683	4.329	4.983	5.646
100	6.317	6.996	7.683	8.377	9.078	9.787	10.501	11.222	11.949	12.681
200	13.419	14.161	14.909	15.661	16.417	17.178	17.942	18.710	19.481	20.256
300	21.033	21.814	22.597	23.383	24.171	24.961	25.754	26.549	27.345	28.143
400	28.943	29.744	30.546	31.350	32.155	32.960	33.767	34.574	35.382	36.190
500	36.999	37.808	38.617	39.426	40.236	41.045	41.853	42.662	43.470	44.278
600	45.085	45.891	46.697	47.502	48.306	49.109	49.911	50.713	51.513	52.312
700	53.110	53.907	54.703	55.498	56.291	57.083	57.873	58.663	59.451	60.237
800	61.022	61.806	62.588	63.368	64.147	64.924	65.700	66.473	67.245	68.015
900	68.783	69.549	70.313	71.075	71.835	72.593	73.350	74.104	74.857	75.608
1 000	76.358	—	—	—	—	—	—	—	—	—

铁-铜镍(康铜)热电偶(J型)分度表见表 A-5。

表 A-5　铁-铜镍(康铜)热电偶(J型)分度表(冷端温度为 0 ℃)

温度/℃	0	10	20	30	40	50	60	70	80	90
	热 电 动 势/mV									
0	0.000	0.507	1.019	1.536	2.058	2.585	3.115	3.649	4.186	4.725
100	5.268	5.812	6.359	6.907	7.457	8.008	8.560	9.113	9667	10.222
200	10.777	11.332	11.887	12.442	12.998	13.553	14.108	14.663	15.217	15.771
300	16.325	16.879	17.432	17.984	18.537	19.089	19.640	20.192	20.743	21.295
400	21.846	22.397	22.949	23.501	24.054	24.607	25.161	25.716	26.272	26.829
500	27.388	27.949	28.511	29.075	29.642	30.210	30.782	31.356	31.933	32.513
600	33.096	33.683	34.273	34.867	35.464	36.066	36.671	37.280	37.893	38.510
700	39.130	39.754	40.382	41.013	41.647	42.288	42.922	43.563	44.207	44.852
800	45.498	46.144	46.790	47.434	48.076	48.716	49.354	49.989	50.621	51.249
900	51.875	52.496	53.115	53.729	54.341	54.948	55.553	56.155	56.753	57.349
1 000	57.942	58.533	59.121	59.708	60.293	60.876	61.459	62.039	62.619	63.199
1 100	63.777	64.355	64.933	65.510	66.087	66.664	67.240	67.815	68.390	68.964
1 200	69.536	—	—	—	—	—	—	—	—	—

铜-铜镍(康铜)热电偶(T型)分度表见表 A-6。

表 A-6　铜-铜镍(康铜)热电偶(T 型)分度表(冷端温度为 0 ℃)

温度/℃	0	10	20	30	40	50	60	70	80	90
	热电动势/mV									
−200	−5.603	—	—	—	—	—	—	—	—	—
−100	−3.378	−3.378	−3.923	−4.177	−4.419	−4.648	−4.865	−5.069	−5.261	−5.439
0	0.000	0.383	−0.757	−1.121	−1.475	−1.819	−2.152	−2.475	−2.788	−3.089
0	0.000	0.391	0.789	1.196	1.611	2.035	2.467	2.980	3.357	3.813
100	4.277	4.749	5.227	5.712	6.204	6.702	7.207	7.718	8.235	8.757
200	9.268	9.820	10.360	10.905	11.456	12.011	12.572	13.137	13.707	14.281
300	14.860	15.443	16.030	16.621	17.217	17.816	18.420	19.027	19.638	20.252
400	20.869	—	—	—	—	—	—	—	—	—

Pt_{100} 热电阻分度表见表 A-7。

表 A-7　Pt_{100} 热电阻分度表

温度/℃	0	1	2	3	4	5	6	7	8	9
	电阻值/Ω									
−40	84.27	83.87	83.48	83.08	82.69	82.29	81.89	81.50	81.10	80.70
−30	88.22	87.83	87.43	87.04	86.64	86.25	85.85	85.46	85.06	84.67
−20	92.16	91.77	91.37	90.98	90.59	90.19	89.80	89.40	89.01	88.62
−10	96.09	95.69	95.30	94.91	94.52	94.12	93.73	93.34	92.95	92.55
0	100.00	99.61	99.22	98.83	98.44	98.04	97.65	97.26	96.87	96.48
0	100.00	100.39	100.78	101.17	101.56	101.95	102.34	102.73	103.12	103.51
10	103.90	104.29	104.68	105.07	105.46	105.85	106.24	106.63	107.02	107.40
20	107.79	108.18	108.57	108.96	109.35	109.73	110.12	110.51	110.9	111.29
30	111.67	112.06	112.45	112.83	113.22	113.61	114.00	114.38	114.77	115.15
40	115.54	115.93	116.31	116.70	117.08	117.47	117.86	118.24	118.63	119.01
50	119.4	119.78	120.17	120.55	120.94	121.32	121.71	122.09	122.47	122.86
60	123.24	123.63	124.01	124.39	124.78	125.16	125.54	125.93	126.31	126.69
70	127.08	127.46	127.84	128.22	128.61	128.99	129.37	129.75	130.13	130.52
80	130.9	131.28	131.66	132.04	132.42	132.80	133.18	133.57	133.95	134.33
90	134.71	135.09	135.47	135.85	136.23	136.61	136.99	137.37	137.75	138.13
100	138.51	138.88	139.26	139.64	140.02	140.4	140.78	141.16	141.54	141.91
110	142.29	142.67	143.05	143.43	143.80	144.18	144.56	144.94	145.31	145.69
120	146.07	146.44	146.82	147.20	147.57	147.95	148.33	148.7	149.08	149.46
130	149.83	150.21	150.58	150.96	151.33	151.71	152.08	152.46	152.83	153.21
140	153.58	153.96	154.33	154.71	155.08	155.46	155.83	156.2	156.58	156.95
150	157.33	157.70	158.07	158.45	158.82	159.19	159.56	159.94	160.31	160.68
160	161.05	161.43	161.8	162.17	162.54	162.91	163.29	163.66	164.03	164.40

续表

温度/℃	0	1	2	3	4	5	6	7	8	9
	电阻值/Ω									
170	164.77	165.14	165.51	165.89	166.26	166.63	167.00	167.37	167.74	168.11
180	168.48	168.85	169.22	169.59	169.96	170.33	170.70	171.07	171.43	171.8
190	172.17	172.54	172.91	173.28	173.65	174.02	174.38	174.75	175.12	175.49
200	175.86	176.22	176.59	176.96	177.33	177.69	178.06	178.43	178.79	179.16
210	179.53	179.89	180.26	180.63	180.99	181.36	181.72	182.09	182.46	182.82
220	183.19	183.55	183.92	184.28	184.65	185.01	185.38	185.74	186.11	186.47
230	186.84	187.20	187.56	187.93	188.29	188.66	189.02	189.38	189.75	190.11
240	190.47	190.84	191.2	191.56	191.92	192.29	192.65	193.01	193.37	193.74

Cu_{100}铜热电阻分度表见表 A-8。

表 A-8　Cu_{100}铜热电阻分度表

温度/℃	0	10	20	30	40	50	60	70	80	90
	电阻值/Ω									
−0	100.00	95.70	91.40	87.10	82.80	78.49	—	—	—	—
0	100.00	104.28	108.56	112.84	117.12	121.40	129.96	129.96	134.24	138.52
100	142.80	147.08	151.36	155.66	159.96	164.27	—	—	—	—

参 考 文 献

[1] 徐科军.传感器与检测技术[M].北京:电子工业出版社,2011.

[2] 余成波.传感器与自动检测技术[M].北京:高等教育出版社,2004.

[3] 陈黎敏.传感器技术及其应用[M].北京:机械工业出版社,2010.

[4] 唐文彦.传感器[M].北京:机械工业出版社,2010.

[5] 张宏建,蒙建波.自动检测技术与装置[M].北京:化学工业出版社,2004.

[6] 李红星.自动测试与检测技术[M].北京:北京邮电大学出版社,2008.

[7] 杜维,张宏建,王会芹.过程检测技术及仪表[M].北京:化学工业出版社,1998.

[8] 周祥才,朱兆武.检测技术及应用[M].北京:中国计量出版社,2009.

[9] 常太华,苏杰.过程参数检测及仪表[M].北京:中国电力出版社,2009.

[10] 郭沛飞,贾振元,杨兴.压磁效应及其在传感器中的应用[J].压电与声光,2001,23(1):26-29.

[11] 楼伟进,王扬林,董金祥.压磁式传感元件的优化设计[J].传感器技术,1998,17(3):17-19.

[12] 付广洋.压磁式传感器的结构优化与静态标定[J].传感技术学报,2015,28(4):479-486.

[13] 陈德勇,崔大付,于中尧.微机械氮化硅梁谐振式压力传感器[J].机械强度,2001,23(4):543-547.

[14] 梁森.欧阳三泰.王侃夫.自动检测技术及应用[M].北京:机械工业出版社,2006.

[15] 卢敏.现代自动检测技术的发展现状及趋势[D].南京:南京理工大学出版社,2011.

[16] 贾治国,卢治功.在线厚度检测技术[J].仪表技术,2009(2):19.

[17] 宋文绪,杨帆.传感器与检测技术[M].北京:高等教育出版社,2004.

[18] 唐露新.传感与检测技术[M].北京:科学出版社,2006.

[19] 周乐挺.传感器与检测技术[M].北京:高等教育出版社,2005.

[20] 黄贤武,郑筱霞.传感器原理与应用[M].北京:高等教育出版社,2004.

[21] 孙传友,翁惠辉.现代检测技术及仪表[M].北京:高等教育出版社,2006.

[22] 樊尚春.传感器技术及应用[M].北京:北京航空航天大学出版社,2006.

[23] 刘笃仁,韩南君.传感器原理及应用技术[M].西安:西安电子科技大学出版社,2009.

[24] 郑发农.电子式车速里程表[J].自动化仪表,2000,21(6):19,20,27.

[25] 韩光.显示记录仪表的最新发展:第三届多国仪器仪表展览会观后感[J].自动化仪表,1989,10(9):1-6.

[26] 徐义亨.工业控制工程中的抗干扰技术[M].上海:上海科学技术出版社,2010.

[27] 王幸之.单片机应用系统抗干扰技术[M].北京:北京航空航天大学出版社,2000.

[28] 何立民.单片机应用文集[M].北京:北京航空航天大学出版社,1991.

[29] 杨华舒,楮福涛.单片计算机系统抗干扰的软件途径[J].电子技术应用,2001.

[30] 史勇,谢晓霞.测控系统中的软件抗干扰技术[J].现代电子技术,2006,29(19):99-101.

[31] 邓焱,王磊.LabVIEW7.1测试技术与仪器应用[M].北京:机械工业出版社,2004.

[32] 孔韬,魏瑞轩.自动检测系统的发展现状及关键技术研究[J].航空装备保障技术及发展:航空装备保障技术专题研讨会论文集,2006.

[33] 张俊哲.无损检测技术及其应用[M].2版.北京:科学出版社,2010.

[34] 民航无损检测人员资格鉴定与认证委员会.航空器无损检测综合知识[M].北京:中国民航出版社,2009.

[35] 民航无损检测人员资格鉴定与认证委员会.航空器超声检测[M].北京:中国民航出版社,2009.

[36] 国防科技工业无损检测人员资格鉴定与认证培训教材编审委员会.磁粉检测[M].北京:机械工业出版社,2004.

[37] 民航无损检测人员资格鉴定与认证委员会.航空器涡流检测[M].北京:中国民航出版社,2007.